역사천문학 시리즈 3

시헌력의 완성

역상고성후편에 기술된 태양의 운동

강민정 · 김슬기 · 서원모 · 이면우 · 최승언 공저

교육과학사

이 책은《역상고성후편(曆象考成後編)》(1742)에서 태양의 운동을 기술한 제1권〈일전수리(日躔數理)〉, 제4권 중의〈일전보법(日躔步法)〉, 제7권〈일전표(日躔表)〉를 정리한 것이다.《역상고성후편》은 두 번째 시헌력법서(時憲曆法書)인《역상고성(曆象考成)》(1722)에서 일·월식 예보의 정확도를 개선하기 위하여 케플러(Johannes Kepler, 각백이刻白爾, 개보륵開普勒, 1571~1630)의 타원 궤도를 채용하고 옹정 계묘년(1723)을 역원으로 삼아 태양, 달, 일·월식편을 새로 쓴 세 번째 시헌력법서이다.[1)]

첫 번째 시헌력법서인 명나라 말기의《숭정역서(崇禎曆書)》(1631~1635) 혹은 청나라 초기의《서양신법역서(西洋新法曆書)》(1645)가 16~17세기에 발달한 서유럽 천문학의 이론과 방법을 한문으로 기록하여 중국에 처음 소개했다면, 두 번째 시헌력법서인《역상고성》은 역원을 비롯한 몇몇 천문 상수의 개정 및 일부 계산법과 표의 수정을 빼고는《숭정역서》의 이론 체계를 거의 그대로 유지하면서 내적 정합성과 논리성을 강화하였고, 세 번째 시헌력법서인《역상고성후편》은 다시 서양의 최신 천문학 연구 성과를 흡수하여 태양과 달 운동의 이론 체계를 근본적으로 수정하였다.

당초《숭정역서》의 편찬은 1629년 6월의 일식을 흠천감에서 정확히 예보하지 못함에서 시작되었고,《역상고성》은 서양 천문학이 중국의 천문역법 속으로 완전히 융합해 들어갔음을 보여주며,《역상고성후편》은 타원 궤도를 도입하여 정확한 일·월식 예보라는 과제를 일단락지었다. 우리는 이 세 책의 위상을 시헌력의 시작, 발전, 완성의 3단계로 규정한다.

시헌력의 시작은 자코모 로(Giacomo Rho, 나아곡羅雅谷, 1593~1638), 아담 샬(J. Adam Schall von Bell, 탕약망湯若望, 1591~1666) 등 예수회 선교사들에 의한 서양 천문서의 편역에 의존하였고, 시헌력의 발전은 중국인 학자들의 성과를 매각성(梅瑴成 1681~1764), 하국종(何國宗 1681~1766) 등이 주축이 되어 정리하였으며, 시헌력의 완성은 다시 예수회 선교사인 쾨글러(Ignatius Kögler, 대진현戴進賢, 1680~1746)와 페레이라(Andreas Pereira, 서무덕徐懋德, 1690~1743) 및 중국인 학자 명안도(明安圖, 약 1692~약1764) 등의 협업으로 이루어졌다.

1) 여기에 서술한《역상고성후편》과 그 저자들에 대한 소개는 전통문화연구회 동양고전종합 DB에 올라 있는《역상고성후편》해제의 내용과 대체로 동일함을 밝혀둔다.

쾨글러는 독일 출신 예수회 선교사로, 1696년에 예수회에 들어갔다. 1712~1714년에 바이에른주에 있는 잉골슈타트(Ingolstadt) 대학교에서 수학과 히브리어를 가르쳤으며 1714년에 사제 서품을 받았다. 1716년에 중국에 도착하였고 1717년에 북경으로 불려가 흠천감(欽天監)의 치리역법(治理曆法)을 맡았다. 옹정 3년(1725)에 흠천감 감정(監正)이 되어 1746년 북경에서 사망하기까지 봉직하였다. 옹정 9년(1731)에 예부 시랑(禮部侍郞)이 되었다. 예수회에서는 1732년에 중국성구 교무순시원(中國省區教務巡視員), 1738~1740년에 중국성구 부구장(中國省區副區長), 1741년 후에 다시 순시원을 맡았다. 1723년에 〈황도총성도(黃道總星圖)〉, 1730년 이후에 《역상고성》의 일・월식 예보의 오차를 해결하기 위한 〈일전표〉와 〈월리표(月離表)〉, 1737년~1742년에 《역상고성후편》을 편찬하였다. 1744년에는 천체 관측 기구인 기형무신의(璣衡撫辰儀)를 제작하고 항성을 관측하여 《의상고성(儀象考成)》을 편찬하였다. 자신의 관측 결과를 항상 유럽에 보내어 파리 과학원과 런던 왕립학회의 간행물에 발표하였는데, 이는 후에 할러슈타인(Ferdinand Augustin Haller von Hallerstein, 유송령劉松齡, 1703~1774) 등에 의해 정리 출판되어 다시 유럽에 소개되었다. 이밖에 《책산(策算)》을 저술하여 대수표(對數表, log표)와 그 용법을 소개하기도 하였다.

페레이라는 포르투갈 출신 예수회 선교사이다. 1716년에 중국에 도착하여 화남(華南, 광동(廣東)과 광서(廣西)를 포함한 주강(珠江) 유역)에서 10여 년간 선교 활동을 하였다. 1732~1738년에 예수회 중국성구 구장(中國省區區長)을 맡았다. 옹정 2년(1724)에 북경으로 불려가 흠천감에서 쾨글러를 도왔으며, 옹정 6년(1728)에 흠천감 감부(監副)가 되어 북경에서 사망할 때까지 15년 동안 봉직하였다. 쾨글러와 함께 《역상고성후편》을 편찬하였다.

명안도는 청소년기에 팔기관학(八旗官學)에서 교육받고, 1710년경 흠천감에 들어가 전문적으로 천문역법과 산법을 배웠다. 1712년에 승덕(承德, 현 중국 하북성)의 피서(避暑) 행궁으로 가는 강희제를 생도의 신분으로 수행하여 산법을 배웠으며, 《역상고성》을 편찬할 때 흠천감 오관정(五官正)의 직책으로 관측을 수행하였다. 1730년 이후 쾨글러가 〈일전표〉와 〈월리표〉를 새로 제작했을 때 그 의미를 아는 사람은 쾨글러와 페레이라를 빼고는 오직 명안도뿐이었다고 한다. 《역상고성후편》을 편찬할 때 매각성,

하국종, 쾨글러, 페레이라 등 7명과 함께 오관정의 직책으로 휘편(彙編)을 담당하였다. 《의상고성》의 편찬 때는 옛 항성표의 경・위도에 세차(歲差)를 반영하는 방대한 양의 계산을 수행하였다. 강희제 때 〈황여전람도(皇輿全覽圖)〉의 제작을 위한 대지 측량에서 누락되었던 신강(新疆) 지역의 측량 사업이 1756년(건륭 21)과 1759년에 재개되었을 때 참여하였으며 이 즈음에 흠천감 감정이 되었다. 멱급수(冪級數) 전개식을 연구한 미완의 유고를 자식과 제자가 정리하여 완성한 《할원밀률첩법割圓密率捷法》이 전한다.[2)]

《역상고성후편》은 첫 번째 시헌력법서였던 《서양신법역서》의 방잡함과 내적 모순을 두 번째 시헌력법서인 《역상고성》(1722)의 편찬으로 해결했음에도 1730년 6월의 일식 계산이 실제와 맞지 않게 되자, 그 이론적 기초인 티코 브라헤(Tycho Brahe, 제곡(第谷), 1546~1601)의 체계를 버리고 당시 유럽에서 인정받고 있던 케플러의 제1, 제2법칙을 채용한 것이다. 당초에는 쾨글러가 수년 전에 잉골슈타트 대학의 천문학 교수 그램마티치(N. Grammatici, 약1684~1736)한테서 받은 천문표에 기반하여 케플러의 법칙을 적용하고 옹정 계묘년(1723)을 역원으로 삼아 계산한 〈일전표〉와 〈월리표〉를 《역상고성》의 뒤에 부록하는 데에 그쳤다. 그러나 이 표를 이해하는 사람이 극히 드물자 1737년부터 태양과 달의 이론편과 계산법편을 상세히 서술하고 일・월식의 정확한 예보를 위하여 이론, 계산법, 표를 아우른 교식편을 새로 써서 1742년에 완성한 것이 이 책이다.[3)]

《역상고성후편》의 내용은 태양과 달 및 일・월식 계산을 위한 이론, 계산법, 표로 구성되었다. 오행성과 항성은 다루지 않아서, 《역상고성》을 그대로 이용하도록 하였다. 《역상고성후편》이라는 명칭은 두 책의 이 같은 밀접한 관계를 함의한다. 다만 태양과 달 운행 모형이 완전히 달라졌음에도 동질성을 부각한 것은 강희제(康熙帝 청 성조(淸聖祖), 재위 1661~1722)의 사업을 계승했다는 정치적인 상징성에 무게를 둔 것으로 생각된다.

《역상고성후편》이 《역상고성》과 달라진 주요한 점은 다음과 같다.

첫째, 태양과 달의 운행을 이심원(離心圓) 및 여러 개의 주전원(周轉圓)으로 설명하던 데서 타원 궤도로 바꾸었다.

---

2) 吳文俊 主編, 《中國數學史大系》 第7卷, 北京師範大學出版社, 2000, 456~466쪽
3) 陳美東, 中國科學技術史 天文學卷, 科學出版社, 2016, 708~718쪽

둘째, 평균운행도수를 본천(本天)상에서 제1주전원 중심의 운행 각도로 설명하던 데서 지구와 달 또는 지구와 태양을 연결한 선이 쓸고 지나간 타원 궤도의 면적으로 바꾸고 '면적도수'[積度]라는 새로운 개념을 도입하였다.

셋째, 평균운행도수와 실제운행도수 간 변환에 케플러 방정식 및 뉴턴(Isaac Newton, 1642~1727)의 근사 계산법에 해당하는 기하학적 방법을 사용하였다.

넷째, 망원경을 이용한 정밀 관측으로 지반경차(地半徑差)와 청몽기차(淸蒙氣差)의 값이 현대 천문학의 수치에 가깝게 조정되고, 이에 따라 태양의 지심거리와 이심률이 상당히 정확해졌다.

다섯째, 천문 상수가 개정되었다.

회귀년의 길이가 《역상고성》의 365.2421875일에서 뉴턴의 값인 365.24233442일로, 황도와 적도가 교차하는 각도가 《역상고성》의 23도 29분 30초에서 23도 29분으로 바뀌었다. 이심률은 《역상고성》의 양심차(兩心差) 0.0358977의 절반인 0.01794885에서 0.01690000으로 줄었다. 《역상고성》에서 태양의 평균 지심 거리는 코페르니쿠스(Nicolaus Copernicus, 1473~1543)의 값인 지구 반경의 1142배였는데, 카시니(Dominique Cassini, 1625~1712)의 값인 지구 반경의 2만 626배로 크게 늘었다. 그리고 역원이 《역상고성》의 강희 갑자년(1684)에서 옹정(雍正) 계묘년(1723)으로 바뀐 것 등이다.

여섯째, 달 운행의 보정항에 태양의 운행 속도, 태양과 달 사이 거리. 태양과 황백교점 사이 거리, 태양의 섭동 등에 따른 보정항들을 도입하였다.

일곱째, 황백교각의 변화를 계산하는 데에 뉴턴, 카시니 등의 성과를 도입하였다.

여덟째, 실삭망(實朔望)을 평삭망(平朔望)에 기반하여 계산하던 데서 태양과 달의 실제운행도수를 가지고 직접 계산하는 것으로 바뀌었다.

아홉째, 식심(食甚) 시각의 준거가 태양과 달의 실황경(實黃經) 차에서 지선 거리로 바뀌었다.

《역상고성후편》의 가장 큰 의의는 동아시아 천문 역법에 처음으로 케플러의 제1, 제2법칙을 도입했다는 데에 있다. 그러나 철저히 역산(曆算, 달력과 천체력의 계산)의 관점에 입각하여, 본디 태양을 한 초점에 둔 케플러의 타원 궤도를 지구가 한 초점인 것으로 바꾸고, 케플러의 제3법칙이나 뉴턴의 만유인력 법칙 등 역산에 크게 필요치 않은 내용은 전혀 소개하지 않았다. 17세기 후반부터 18세기 전반까지 이루어진 유럽 천문학의 발전을 철저히 중국식 역산의 관점에서 선별하고 변형하여 소기의 성과를 달성한 것이다. 이로 인하여 우주관에 대한 새로운 사상과 관념이 도입되지 못한 것은 아쉬운 점이다.

조선은 영조 20년(1744)에 이 책을 완질로 구해와서 관상감의 업무와 학습에 사용하였다. 철종 11년(1860)에 관삼감 제조(觀象監提調) 남병길(南秉吉, 1820~1869)이 저술한《시헌기요(時憲紀要)》, 이듬해의《추보첩례(推步捷例)》, 그 이듬해에 남병철(南秉哲, 1817~1863)이 저술한《추보속해(推步續解)》등이 당시 조선에서 이 책을 완전히 이해하여 역산에 사용하였음을 보여준다.

《역상고성후편》의 현존본은 건륭 7년(1742)에 무영전(武英殿)에서 판각한 '건륭 7년 간본(刊本)', 건륭 43년(1778)의《이조당사고전서회요(摛藻堂四庫全書薈要)》초본(抄本), 건륭 46년(1781)의《사고전서》본, 광서(光緖) 32년(1906) 여지서옥(勵志書屋) 간본 등 4종이 알려져 있다.[4)]

건륭 7년 간본의 권두에는 옹정 8년(1730) 6월 28일에 흠천감 감정이 역법의 수정을 주청한 사실부터《역상고성후편》을 완성하고 판각하여 건륭제에게 서문을 청하였으나 서문 대신에 편찬 경과를 쓰도록 명한 건륭 7년 6월 2일의 칙지까지 편찬 전말이 기록되어 있고, 또 같은 해 4월 12일에 재가받은 편찬자 52명의 명단이 있다. 총리(總理)는 장친왕(莊親王) 윤록(胤祿), 무영전 감리(武英殿監理)는 화친왕(和親王) 홍주(弘晝), 휘편은 이부 상서(吏部尙書) 고종(顧琮), 형부 좌시랑(刑部左侍郎) 장조(張照), 공부 우시랑(工部右侍郎) 하국종, 홍려시 경(鴻臚寺卿) 매각성, 흠천감 감정 진애(進愛), 흠천감 감정 대진현, 흠천감 감부 서무덕, 흠천감 오관정 명안도 등 8명인데, 실질적인 저술자는 끄트머리의 대진현, 서무덕, 명안도이다. 그 뒤에 전체 10권의 목록이 있고, 각 권마다 앞에 상세 목록이 있다.

《이조당사고전서회요》본의 권두에는 전체 10권의 목록과 건륭 43년 2월에《사고전서》편수관이 쓴 서문이 있고, 그 뒤에 건륭 7년 간본의 것과 동일한 편찬 전말 및 편찬자 명단이 있으며, 각 권 앞에 상세 목록이 있다. 제1권을 제10892권으로 하여

4) 石云里, 曆象考成後編提要,《中國科學技術典籍通彙 天文卷》第7冊, 河南教育出版社, 1994, 959쪽~963쪽

《사고전서회요》 안에서의 권차를 각 권의 첫머리에 기재하였다.

《사고전서》본은 자부(子部) 천문산법류(天文算法類) 추보지속(推步之屬)의 책으로 제792책에 수록되었다. 권두에는 전체 10권의 목록과 건륭 46년 10월에 《사고전서》 편수관이 쓴 서문이 있고, 편찬 전말과 편찬자 명단은 없다. 각 권 앞에 상세 목록이 있다. 《사고전서》본은 건륭 7년 간본에 비해 글자와 그림의 오류가 많다.

조선에서도 이 책을 간행하였다. 서울대학교 규장각한국학연구원에 소장된(奎5205-v.1-8) 조선본 8권8책 목판본 《역상고성》 중에 〈일전표〉와 〈월리표〉가 《역상고성후편》의 내용이다.

앞서 《시헌력의 시작, 숭정역서에 기술된 태양의 운동》과 《시헌력의 발전, 역상고성에 기술된 태양의 운동》을 펴내고 이제 《시헌력의 완성, 역상고성후편에 기술된 태양의 운동》을 펴내게 되어 감회가 새롭다. 《숭정역서》, 《역상고성》, 《역상고성후편》을 주제별로 읽어나가며 연구 성과를 정리해 두자는 우리 연구 모임의 일차적인 계획 중에 태양편이 마무리되는 순간이기 때문이다. 첫 번째 책 권두의 해제 〈숭정역서와 서광계(徐光啟)〉는 이면우가, 두 번째 책 권두의 해제 〈청나라의 역상고성 제작 배경과 조선에 끼친 영향〉 및 이번에 펴내는 세 번째 책 권두의 해제 〈역상고성후편의 조선 도입〉은 김슬기가 집필했다. 이 세 편의 해제를 통해 중국에서 3대 시헌력법서의 편찬 과정 및 조선에서 시헌력 도입과 운용의 역사적 과정을 엿볼 수 있을 것이다.

앞의 두 책과 달리 이 세 번째 책은 원문과 번역문을 나란히 실어 대조할 수 있도록 하였다. 우리가 원문을 어떻게 이해했는지 직접적으로 드러날 것이다. '내용 정리' 항목에서는 앞의 두 책과 마찬가지로 문장이 아니라 조진(條陳)의 방식을 취하였다. 내용상의 대소 문단에서 뽑은 제목들이 본문의 체계적인 이해를 위한 길잡이 역할을 할 것으로 기대한다. 또한 '내용 정리' 항목에 적극적으로 개입시킨 현대 수식은 본문의 수학적 이해를 꾀하는 독자들에게 밝은 빛이 될 것으로 생각한다. 현대 수식과 천문학적 해설은 대부분 최승언이 달았고, 서양 문헌과 비교한 보충자료는 서원모가 원고를 작성했다.

강독에 사용한 《사고전서》본의 오류들을 건륭 7년 간본에 근거하여 교감할 수 있었다. 향후에는 건륭 7년 간본을 강독의 저본으로 삼으려 한다. 우리가 계획한 이 정리본이 아쉬운 대로 방대한 3대 시헌력법서의 구체적인 내용에 접근하는 한 가지 방편이 되고, 궁극적으로는 조선의 시헌력 자료를 이해하는 바탕이 되기를 다시금 바라마지 않는다. 끝으로 이 책이 세상에 나올 수 있도록 이번에도 출간을 결정해 주시고 편집과 교정에 애써 주신 교육과학사의 모든 분들께 재삼 진심으로 감사드린다.

2023년 계묘년 5월에 저자들이 함께 쓰다.

차례

《역상고성후편曆象考成後編》의 조선 도입

청나라 천문학자들은 옹정 3년(1725)부터 강희제의 3황자 윤지(胤祉, 1677~1732)와 매각성(梅瑴成, 1681~1764), 하국종(何國宗, 1686~1766), 하국주(何國柱, ?~?) 등이 중심이 되어 제작한《역상고성曆象考成》을 사용하여 일월식 현상을 예측했다. 이 사실은 청나라 정부가 조선 정부에 보낸 일월식 자문을 통해 알 수 있다. 청나라는 강희 60년(1721)부터 매번 일월식이 예측될 때마다 조선 정부에 일월식 자문을 보내 그 사실을 알렸는데, 옹정 3년 12월 20일에 조선으로 발송한 자문에는 이듬해(1726) 3월 15일에 보일 월식을《역상고성》체제로 계산했음을 기재했다.[1] 이로써 보건대 아마도 청나라 정부는 옹정 3년부터《역상고성》체제로 역서를 계산하고 일월식을 예측했을 것이다.

그런데《역상고성》체제가 활용된 지 6년 째 되던 때인 옹정 8년(1730)에 문제가 발생했다. 흠천감에서는 그해 6월 청나라 거의 모든 지역과 조선 등지에서 일식이 보일 것이라고 예측했는데, 결과적으로 청나라의 대부분 지역에서 일식이 보이지 않았던 것이다. 당시 옹정제의 명령으로 흠천감에서 일하고 있었던 흠천감정 이그나티우스 쾨글러(Ignatius Kögler 戴進賢, 1680~1749)와 흠천감부 안드레아스 페레이라(Andreas Pereira 徐懋德, 1690~1743)는 이 사태의 원인을《역상고성》체제의 일월식 계산법이 정확하지 않고 계산에 활용한 표(表 table)도 오래되었기 때문이라고 주장했다. 그들은 옹정제에게 보다 정확한 역법을 운용하기 위해서는 역법 교정이 반드시 필요하다고 역설했다. 옹정제는 이 건의를 받아들였고, 쾨글러와 페레이라는《역상고성》체제 가운데 일월식 계산법을 교정하는 작업에 착수했다.[2]

---

1)《동문휘고》권43,〈일월식1〉, 6a.

2) Shi Yunli, "Reforming Astronomy and Compiling Imperial Science in the Post-Kangxi Era:

옹정 10년(1732), 쾨글러와 페레이라는 태양과 달에 관한 새로운 표를 완성했다. 그런데 그들은 이 표에 어떠한 이론적 설명이나 계산 과정을 포함시키지 않았다. 이는 곧 흠천감 천문학자들이 쾨글러와 페레이라 없이는 이 표를 활용하여 일월식 계산을 할 수 없게끔 만들었다. 그로부터 5년 후, 건륭 2년(1737) 예부상서 고종(顧琮, ?~1754)은 이론적 설명 없이는 쾨글러와 페레이라가 5년 전 만든 표를 앞으로 활용할 수 없을 것임을 지적하며 이를 책으로 만들어야 한다고 황제에게 건의했다. 건륭제는 고종의 건의를 받아들여 쾨글러와 페레이라가 역법서 편찬에 참여할 수 있도록 허락했다. 이로써《역상고성후편曆象考成後編》(이후《후편》이라 약칭) 편찬이 시작되었다. 서양 선교사가 제작에 참여한 이 책은 건륭 7년(1742)에 완성되었다.[3)]

그렇다면《후편》은《역상고성》과 어떤 점에서 같고 달랐을까? 먼저《후편》작업을 위한 제도적 환경이《역상고성》의 그것과 유사했다.《후편》의 작업을 담당했던 사람들도《역상고성》때처럼 황자와 중국인 관료들로 구성되었다. 달라진 점이 있다면《역상고성》작업 때에는 배제되었던 서양 선교사가 편찬에 참여할 수 있게 되었다는 점이다.《후편》의 구성이《역상고성》과 동일한 것도 공통점이었다.《후편》의 구성 역시《역상고성》처럼 제1부분에서는 원리를 설명하고, 제2부분에서는 계산 과정을 보여주며, 제3부분에서는 표를 싣고 있었다. 책의 이름 역시《역상고성》의 후속작임을 드러낼 수 있도록《역상고성후편》이라고 지었는데, 이 점도 기존 체제를 바꾸지 않고 그대로 수용하겠다는 점을 드러내는 것이었다.[4)]

이처럼 형식적 · 제도적 측면에서《역상고성》과《후편》은 서로 비슷한 부분이 있었다. 그러나 내용적 측면에서는《후편》과《역상고성》이 상당히 달랐다. 먼저《후편》에는 케플러와 뉴턴의 천문학이 반영되었다.[5)] 태양과 달의 운행 궤도를 타

The Social Dimension of the *Yuzhi lixiang kaocheng houbian* 御製曆象考成後編," *EASTM* 28 (2008), p. 54; 전용훈,《한국 천문학사》(들녘, 2017), 237쪽.

3) Shi Yunli, "Reforming Astronomy and Compiling Imperial Science in the Post-Kangxi Era," pp. 51-56.

4) Shi Yunli, "Reforming Astronomy and Compiling Imperial Science in the Post-Kangxi Era," pp. 59-64.

5) Shi Yunli, Xing Gang, "The First Chinese Version of the Newtonian Tables of the Sun and Moon," in Chen, K-Y., Orchiston, W., Soonthornthum, B., and Strom, R. eds., *Proceedings of the Fifth International Conference on Oriental Astronomy* (Chiang Mai: Chiang Mai

원으로 설명했고, 태양년(회귀년)의 길이, 달의 운동에 관한 계산식, 달에 관한 수치 표(table)가 뉴턴 값을 따른 것이었다. 또한 카시니(Gian Domenico Cassini, 1625~1712)의 관측 결과도 반영되었다. 황도경사각, 대기굴절표, 교식 계산법 등이 그것이다. 유럽에서 유입된 새로운 지식들이 반영됨으로써《후편》은《역상고성》에 비해 태양과 달의 위치 계산을 10배 가까이 정확하게 할 수 있게 했다. 《역상고성》 체제로 계산할 때보다 일월식 현상을 훨씬 정확히 예측할 수 있게 된 것이었다.[6)]

청나라에서 일월식 계산법을 변경한 일은 곧 조선 천문학자들과 청나라 천문학자들의 일월식 예측치가 서로 달라지는 것으로 나타났다. 영조 17년(1741), 관상감 관원들이《역상고성》 체제의 일월식 계산법을 아직 완벽히 터득하지 못했고 역주의 내용 또한 청나라의 역서와 다르다는 문제를 지적하며 관상감 천문학자를 매년 북경에 파견하여 그 방법을 배워올 수 있도록 해달라고 건의했던 것은 이러한 사정과 관련되었던 것으로 보인다.[7)] 쾨글러와 페레이라가 옹정 10년(1732) 완성한 태양과 달에 관한 표는 그들이 감정과 부감으로 있는 동안 일월식을 계산하는 데 활용되었을 것이다. 계산에 활용한 기본 수표가 서로 다른 상황에서 조선의 일월식 계산 결과는 당연히 청나라의 그것과 달라질 수밖에 없었다. 영조는 관상감의 건의를 수용하여 동왕 17년부터 매년 천문학자의 북경 파견을 허락하고, 이를 정례화했다.

이러한 규정이 확립된 해에 북경에 파견된 관상감 천문학자는 안국린(安國麟, 1709~1742)이었다. 그는 역관(譯官) 변중화(卞重和, ?~?)와 함께 북경 천주당을 찾아가 쾨글러와 페레이라를 만났다. 안국린은 쾨글러에게 역법이 차이나는 이유를 물었는데, 쾨글러는 뜻밖에도 청나라가 일월식 계산과 관련하여 개정 작업을 진행해오고 있었고 이 작업은 내년(1742)에 완료될 예정이라는 사실을 알려주었다.[8)]

University, 2006), pp. 91-96.

6) Shi Yunli, "The *Yuzhi Lixiang Kaocheng Houbian* in Korea," in Luís Saraiva, Catherine Jami eds., *The Jesuits, the Padroado and East Asian Science (1552~1773)* (Tokyo: University of Tokyo, 2005), p. 206.

7) 성주덕 편저, 이면우 · 허윤섭 · 박권수 역주,《국역 서운관지》(소명출판, 2003), 288-289쪽.

8)《동문휘고》 보편 권5, 〈사신별단〉, 25a-26b.

조선 천문학자들이 청나라의 역법 개정에 대한 정보를 이렇게 빨리 들었던 것은 시헌력을 학습한 이래로 처음이었다. 당시 안국린은 최신 정보를 알게 된 것과 더불어《교식표交食表》,《팔선표八線表》,《대수팔선표對數八線表》,《대수천미표對數闡微表》,《일월오성표日月五星表》,《율려정의律呂正義》,《수리정온數理精蘊》등 13책과《일식산고日食算稿》와《월식산고月食算稿》를 구해왔다.[9)]

안국린이 구해온 여러 서적 가운데《일식산고》와《월식산고》는 연습문제 풀 듯 일월식을 계산해 놓은 책이었을 것이다. 이 책들은 청나라의 일월식 계산법을 파악하기 위한 중요한 참고문헌이었다. 안국린이 참여한 동지사행이 복명한 영조 18년(1742) 4월 이래로 관상감에서는 이러한 문헌들을 연구하기 시작했던 것으로 보인다. 그런데 이 일을 가장 잘 할 수 있었던 안국린은 귀국한 얼마 후 사망했고, 이러한 가운데 안국린의 사촌형 안국빈(安國賓, 1669~?)이 그 일을 맡을 사람으로 선발되었다. 안국빈의 연구 성과는 약 10개월 뒤 나타났다. 영조 19년(1743) 2월 말, 관상감은 안국빈이 일월식 계산법을 독학으로 터득했다고 하면서 가자할 것을 건의했는데, 안국빈이 계산한 그해 4월의 월식 예측치가 청나라에서 자문을 보내 알려온 월식 예측치와 정확히 일치했던 것이다.[10)]

안국빈은 일월식 계산법을 독학한 다음 해인 영조 19년에 동지사행을 따라 북경에 처음 다녀왔다. 북경에서 그는《역상고성》편찬의 핵심 인물 하국주의 형제 하국신(何國宸, ?~?)을 만나 새 교식법을 의논하고, 자기계산법[紫氣推步之術]·좌향법(坐向法)·연길법(涓吉法) 등 명과학 관련 방법을 배웠다. 또한《신법중성기(新法中星記)》와《오야배시법(五夜排時法)》등 시헌력 체제에 바탕한 중성법 관련 서책도 구해왔다. 이 두 책은 영조 20년(1744) 4월 안국빈이 귀국한 후 조선의 야간 시각법을 정비하는 데 활용되었다. 현행 역법(시헌력)과 다른 체제(대통력)로 운영되고 있는 야간 시각법을 개정할 필요가 있다는 관상감의 청원에 따라, 영조 20년 입추부터 1년 간 금루소(禁漏所)에서 절기별 중성을 관측하기 시작한 것이다. 안국빈은 동료 천문학자 이세연(李世淵, 1684~?), 김태서(金兌瑞, 1714~?)와 함께

9) 같은 기사.
10) 김슬기, "18세기 중·후반 관상감 관원의 정치적 지위 변화: 안국빈(安國賓, 1669~?)의 활동을 중심으로",《한국과학사학회지》43:3 (2021), 647-649쪽.

이 사업에 기용되어 일 년 간 중성을 관측하며 야간 시각법 개정에 힘썼다. 그 결과 영조 21년(1745) 8월 《누주통의》 1책이 편찬되었다.[11)]

영조 20년(1744) 겨울, 안국빈은 동지사행을 따라 두 번째 북경 파견을 다녀왔다. 그는 이 사행에서 《후편》 10책을 구입해 돌아왔다.[12)] 《후편》은 안국빈이 구입해오기 전에도 조선에 몇 차례 수입되었는데, 영조 19년 8월 황력재자행(皇曆齎咨行)으로 파견된 역관 김태서(金泰瑞, 1698~?)가 《후편》 1질(帙)을 가져온 것이 그 첫 번째다.[13)] 두 번째는 영조 20년 1월에 사은사행을 따라 파견된 천문학자 김태서가 북경에서 쾨글러를 만나 《후편》의 《대수표》와 《대수팔선표》를 구해온 것이었다.[14)] 영조 18년(1742) 완성된 《후편》은 2년 뒤 조선에 입수되었고 관상감 천문학자들은 큰 시차 없이 《후편》의 계산법을 학습할 수 있게 되었다.

안국빈의 두 번째 파견 이후 관상감 천문학자들은 비로소 《후편》 체제의 일월식 계산법을 운용할 수 있게 된 것으로 보인다. 안국빈은 북경에서 배워 온 지식을 동료 천문학자들에게 전수하여 일과력과 칠정력을 모두 《역상고성》 및 《후편》 체제에 따라 계산할 수 있게 하였다. 또한 그는 《후편》 체제에서의 가장 중요한 변화인 일월식 계산법에 관해서 이전의 방법과 최신의 방법을 비교한 뒤 그 차이점을 문자책(文字冊)으로 정리하여 알려주었다. 이는 관상감 관원들이 일월식 계산법을 운용할 때 쉽게 참고할 수 있도록 한 조처였을 것이다.[15)]

안국빈을 비롯한 몇몇 천문학자들의 연이은 북경 파견을 통해 청나라의 최신 역법을 수입하고 학습하여 바로 역서와 일월식을 계산하는 데 활용할 수 있게 됨으로써 조선 관상감 천문학자들의 《후편》 체제에 대한 이해도가 높아질 수 있었다. 영조 30년(1754) 윤 4월 17일, 관상감은 이러한 긍정적 상황에 대해 언급하면서 "관상감 관원들이 《후편》 체제를 이해하고 시헌중성법에 따른 야간 시각을 운영할

11) 《승정원일기》 989책, 영조 21년 8월 4일.

12) 《승정원일기》 988책, 영조 21년 7월 16일.

13) 《승정원일기》 988책, 영조 21년 7월 13일. "今五月十一日, 又因觀象監啓辭, 以上年皇曆齎咨官金泰瑞, 彼中新法曆象考成後編一秩, 亦爲得納."

14) 《승정원일기》 1133책, 영조 32년 7월 26일. "癸亥年節行時, 監官員金兌瑞入燕, 又爲購得新法對數表及八線對數表等冊, 此實推算乘除之繩墨宗旨, 其於曆家, 最爲緊要, 而至今行用, 少無差忒, 實爲多幸."

15) 《승정원일기》 988책, 영조 21년 7월 16일.

수 있게 된 것에는 안국빈과 김태서의 공로가 매우 크니 가자해야 한다"는 건의는 이를 뒷받침한다.[16] 안국빈과 김태서는 곧바로 가자되지는 않았지만, 영조 34년(1758) 5월 안국빈의 품계를 한 단계 높여 부른 기록이 있는 것으로 보아[17] 안국빈 등은《후편》체제에 대한 이해도와 활용도를 높인 것에 대한 공로를 종국적으로 인정받았음을 알 수 있다.

이처럼 1740년대 활동한 관상감 관원들은 매년 천문학자의 북경 파견을 허락한 조선 정부의 결정에 따라 영조 18년(1742)에 출간된《후편》체제를 거의 동시에 배워올 수 있었다. 이에 따라 역서를 제작하고 일월식 현상을 예측하며 역주를 작성하는 일을 청나라의 그것과 다르지 않게 수행할 수 있게 되었다. 또한 시헌력을 운용한 지 거의 90년이 다 되도록 대통력 체제에 따라 운영하고 있었던 야간 시각법 체제 역시 1740년대에 이르러 비로소 시헌력 체제에 따라 운영할 수 있게 되었다. 바야흐로 조선 관상감 관원들은《역상고성》체제와《역상고성후편》체제를 제대로 활용할 수 있는 수준에 이르게 된 것이었다.

---

16)《승정원일기》1106책, 영조 30년 윤4월 17일.
17)《승정원일기》1156책, 영조 34년 5월 15일.

범 례

1. 이 책은 청나라 건륭제(乾隆帝)의《어제역상고성후편(御製曆象考成後編)》(이후에는《역상고성후편》으로 칭함)에서 태양편을 모아 원문 정리, 번역, 내용 정리, 해설을 가한 것이다. 다음의 세 부분이다.
   1) 태양 이론편인 제1권〈일전수리(日躔數理)〉
   2) 태양 계산법편인 제4권〈일전보법(日躔步法)〉
   3) 태양 수치표편인 제7권〈일전표(日躔表)〉
2. 이 책에 사용한 저본은《문연각사고전서(文淵閣四庫全書)》제792책(臺灣商務印書館, 1983)이다.
3. 원문 교감에는《중국과학기술전적통휘(中國科學技術典籍通彙)》천문권(天文卷) 제7책((河南教育出版社, 1994)에 영인된 청나라 건륭(乾隆) 7년(1742) 내부간본(內府刊本)을 대교본(對校本)으로 삼았다.
4. 각 권의 각 장마다 먼저 '원문'과 '번역문'을 제시하였다.
   1) 원문은 활자화하여 교감과 표점을 가하였다.
   2) 짧게 끊은 의미 단락별로 원문과 번역문을 같은 행에서 시작하도록 배열하여 대조하기 쉽게 하였다.
   3) 그림은 원문에만 넣되, 원도(原圖)의 부호가 또렷하지 않은 부분이 있으므로 한글을 추가하여 판독이 용이하도록 하였다.
   4) 소주(小註)는 원문과 번역문에서 모두 '【 】'로 묶고 소자로 나타내었다. 다만, 아래 '5)'항의 예외가 있다.

   예) 원문: 宿應, 二十七日一二二五四。【宿應者……丑正三刻十一分有奇也。】

   번역문: 수응(宿應)은 27.12254일이다.【수응은……축정(丑正)3각11분 남짓이다.】

   5) 원문의 작은 글자가 수치의 우수리를 나타낸 경우는 원문에서만 '【 】'로 묶어 소자로 나타내고, 번역문에서는 대자(大字)로 바꾸어 옮겼다.

   예) 원문: 依法求得甲寅線一○○八六六二四【小餘一三】, 寅甲丁角一……

   번역문: 계산법에 따라 계산하면 $\overline{\text{갑인}}$ 의 길이 10,086,624.13, ∠인갑정의

각도……이 나온다.

6) 〈일전표(日躔表)〉는 원문과 번역문에서 모두 표 자체는 생략하고 서설만 실었다.

5. 다음으로 '내용 정리'를 제시하였다.

1) 내용 정리의 방법은 내용의 갈래와 층차를 구분하여 크고 작은 제목을 뽑고 번호를 붙여 조진(條陳)하는 방식을 취하였으며, 수식을 뜻하는 내용은 수식으로 간결히 정리하였다.

2) 원문의 내용을 가능한 한 빠짐없이 정리하였다.

3) 원문에 작은 글자로 쓰여진 소주도 모두 큰 글자로 정리하고, 앞에 '▾' 표시를 하여 구분하였다.

4) 필요에 따라 현대적으로 심화한 수식을 해당 내용의 오른쪽 끝 '[ ]' 표시 안에 소자로 기입하여, 그때그때 수학적 심화 해석과 연관지어 이해할 수 있도록 하였다.

예) $\therefore \overline{\text{축자}} = 8{,}732{,}809.42$ $\left[\overline{\text{축자}} = \dfrac{r \sin T}{\sqrt{1-e^2}}\right]$

예) $\overline{\text{병임}} = \text{현} = \{(\text{현}+\text{고})+(\text{현}-\text{고})\} \div 2 = (19{,}831{,}000+4{,}320.66) \div 2$

$= 9{,}917{,}660.33$

$\left[\text{구} = \overline{\text{병계}} = 2e \sin T',\ \text{현}+\text{고} = 2 - \overline{\text{갑계}} = 2(1-e\cos T'),\ \text{현}-\text{고} = \dfrac{2e^2 \sin^2 T'}{1-e\cos T'}\right.$

$\left.\text{따라서 현} = 1-e\cos T' + \dfrac{e^2 \sin^2 T'}{1-e\cos T'},\ \text{고} = 1-e\cos T' - \dfrac{e^2\sin^2 T'}{1-e\cos T'}\right]$

5) 〈일전표〉는 서설을 위 방법으로 정리한 후에, '표' 항목을 두어 수치 표를 설명하였다. 그 내용은 다음 네 가지이다.

① 표의 형식과 내용의 특징을 간추렸다.

② 표의 처음 한두 면을 이미지로 제시하였다.

③ 현대 수식으로 계산한 값과 원문의 표에 제시된 값을 나란히 게시한 새로운 표를 제시하였다. 다만, 분량이 많은 표는 앞의 일부만 보였다.

④ 계산값과 원문의 표값을 비교한 결과를 간추려 기술하였다.

6. '내용 정리'의 중간 또는 말미에 내용의 심화 이해를 위한 전문적인 해설과 도해 등의 '보충 자료'를 제시하였다.
7. 이해를 돕기 위해 원문, 번역문, 내용 정리 외에 추가한 내용은 다음의 다섯 가지이다.
   1) 작은 글자로 기입한 간주: 간단한 용어 풀이, 간단한 해설 등.
   2) 각주: 내용 이해를 위한 일반적인 주석, 원문 교감과 관련한 주석 등.
      ① 원문의 교감 내용은 원문에 각주를 달았다.
      ② 번역문의 이해를 위한 각주는 번역문에 달았다.
      ③ '내용정리'만을 읽으면서도 번역문의 각주를 참고할 수 있도록 '[ ]' 안에 번역문의 각주 번호를 표시하였다.
      예) 번역문: 북제(北齊 550~557)의 장자신(張子信 ?~약577)[3]이 태양이 24절기에 드는 시간 차가 있음을 처음으로 깨달아 손익률(損益率 가감차)을 세웠다.
      내용정리: ③북제(北齊 550~557)의 장자신(張子信 ?~약577)[3]: 태양이 24절기에 드는 시간 차를 처음으로 인지함. → 손익률(損益率 가감차)을 세움.
      ④ 번역문과 별도로 '내용 정리'의 이해를 위한 각주는 '내용 정리' 부분에 달았다.
   3) '내용 정리'의 중간중간 오른쪽 끝의 '[ ]' 안에 소자로 기입한 현대적 심화 수식
      (곧, 위 '5의 4)'항)
   4) '보충 자료' 항목(곧, 위 '6'항)
   5) 〈일전표〉의 '표' 항목(곧, 위 '5의 5)'항)
8. 용어의 의미가 드러나도록 풀이한 경우에도 수시로 원문의 한자 독음과 글자를 부기하여 원문의 용어를 숙지할 수 있도록 하였다.
   예) 면적도수[적도(積度)], 중간거리점[중거(中距)], 근지점[최비(最卑)]
9. 간결한 표현을 위하여 시간과 도수 단위의 하위 단위들에 띄어쓰기를 하지 않았다.

예) 365일5시간3각3분57초41미38섬2홀26망56진, 축정(丑正)3각11분, 8도7분32초22미

10. 이 책에 특별히 사용한 부호는 다음과 같다.

1) [ ] : '번역문'의 각주 번호를 '내용 정리'에 다시 표시함.

2) ▼ : '원문'의 소자 주석을 '내용 정리'에서 구별시킴.

3) ↦ : 출발점부터 도착점까지 방향이 정해진 구간.

예) 춘분↦추분: 시간의 진행에 따라 춘분에서 출발하여 추분까지.

병↦정↦무: 운행 방향에 따라 '병'에서 출발하여 '정'을 경유하고 '무'까지.

원지점↦근지점: 운행 방향에 따라 원지점에서 출발하여 근지점까지.

4) 번역문과 내용정리에서 도해의 도형을 지칭할 때 다음을 사용함.

① △갑을병: 삼각형 '갑을병'

② ⊾갑을병: 직각삼각형 '갑을병'

③ ∠갑을병: 각 '갑을병'

④ ▽갑을병: 부채꼴 '갑을병'

⑤ □갑을병정: 직사각형 '갑을병정'

⑥ ⏢갑을병정: 사다리꼴 '갑을병정'

⑦ $\overline{\text{갑을}}$: 선분 '갑을'

⑧ $\overset{\frown}{\text{갑을}}$: 호 '갑을'

⑨ 갑$\overset{\frown}{\text{을}}$병: 꺾인 선 '갑을병'

5) MOD(a, b) : 주어진 값 a에서 일정한 수 b를 거듭 덜어내고 남은 값, 즉 나눗셈 $a \div b$의 나머지를 구하는 연산부호.

예) MOD(89, 60)=29

6) COUNT(a, b) : 주어진 순번 a부터 b만큼 헤아려 나간 순번이 무엇인지를 구하는 연산부호.

예) COUNT(갑자, 11)=을해

제 1 부

《역상고성후편(曆象考成後編)》 제1권 〈일전수리(日躔數理)〉

제1장

태양 운행에 관한 총론 [일전총론(日躔總論)]

원문	번역문
欽若授時[1], 以日躔為首務。	천상(天象)에 맞게 달력을 만들려면 맨 먼저 태양의 궤도상 위치를 알아내야 한다.
蓋日出而為晝, 入而為夜, 與月會而為朔, 行天一周而為歲, 歲、月、日皆於是乎紀。	해가 뜨면 낮이 되고 지면 밤이 되며, 달과 만나면 초하루가 되고, 하늘을 한 바퀴 운행하면 1년이 되어, 연・월・일이 모두 이 태양을 기준으로 정해지기 때문이다.
故《堯典》以賓餞永短[2], 定治曆之大經, 萬世莫能易也。	이 때문에 《서경(書經)》 〈요전(堯典)〉에서 일출 시각과 일몰 시각을 관측하여 낮의 길이 측정하기를 달력 제작의 중대한 원칙으로 정하였는데, 이는 영원히 바뀌지 않을 것이다.
其推步之法, 三代以上, 不可考。	태양 운행의 계산법을 삼대(三代 중국 상고시대의 하・은・주) 이전의 것은 살펴볼 수 있는 자료가 없다.
漢、晉諸家, 皆以日行一度, 三百六十五日四分日之一而一周天。	한(漢 B.C.202~220)나라와 진(晉 265~420)나라의 학자들은 모두 태양이 하루에 1도씩 운행하여 $365\frac{1}{4}$일만에 하늘을 한 바퀴 돈다고 하였다.

自北齊張子信, 始覺有入氣之差, 而立損益之率。	북제(北齊 550~557)의 장자신(張子信 ?~약577)[3)]이 처음으로 태양이 24절기에 드는 시간 차가 있음을 깨달아 손익률(損益率 가감차)을 세웠다.
隋劉焯立盈縮躔度, 與四序為升降, 厥法加詳。	수(隋 581~618)나라의 유작(劉焯 544~610)[4)]이 세운 영축전도(盈縮躔度 가감차를 반영한 태양의 위치)[5)]는 사서(四序 평균적인 동지・춘분・하지・추분)와 서로 승강(升降 앞서거나 뒤짐)하여 그 계산법이 더욱 상세하였다.
至元郭守敬, 乃分盈縮初末四限, 較前代為密。	원(元 1271~1368)나라의 곽수경(郭守敬 1231~1316)[6)]에 이르러 마침내 영축초말(盈縮初末 영초한・영말한・축초한・축말한) 4한(限)[7)]을 구분하여 이전 시대보다 더 정밀해졌다.
西法自多禄畝以至第谷, 則立為本天高卑、本輪、均輪諸說, 用三角形推算。其術尤精, 上編言之備矣。	서양에서는 다록묘(多禄畝 Claudios Ptolemaios 100(?)~170(?))[8)]부터 제곡(第谷 Tycho Brahe, 1546~1601)[9)]까지 본천(本天 태양이 평균운행하는 원궤도)이 지구로부터 '멀고 가까움'[高卑][10)] 및 본륜(本輪 주전원)과 균륜(均輪 제2주전원) 등의 설을 세우고 삼각형을 사용하여 계산하였다. 그 계산법이 더욱 정밀한데, 이에 대해서는 《역상고성》 상편에서 자세히 다루었다.
近世西人刻白爾、噶西尼等, 更相推考, 又以本天為橢圓, 均分其面積, 為平行度, 與舊法迥殊。	근세에 서양 사람 각백이(刻白爾 Johannes Kepler, 1571~1630)[11)]와 갈서니(噶西尼 Jean Dominique Cassini, 1625~1712)[12)] 등이 다시 서로 이어 계산하고 연구하여 또 본천을 타원으로, 그 면적을 균분한 것을 평균운행도수로 삼았다. 이는 옛 계산법과 매우 다른 것이다.

然以求盈縮之數，則界乎本輪、均輪所得數之間。

그러나 그 계산법으로 영축의 수치를 계산하면 본륜 모형과 균륜 모형으로 계산한 수치의 사이에 있다.

蓋其法之巧合，雖若與第谷不同，而其理則猶是本天高卑之說也。

그 계산법이 천상과 정교하게 합치하여 제곡(티코 브라헤)의 계산법과 다른 듯하나, 그 원리는 여전히 본천이 지구로부터 '멀고 가까움'[高卑]을 이용하여 설명한다.

至若歲實之轉增，距緯與兩心差之漸近，地半徑差、蒙氣差之互為大小，則亦由於積候，損益舊數，以成一家之言。

감소하던 세실(歲實 회귀년의 길이)의 증가, '황도상의 각 지점이 적도로부터 떨어져 있는 도수'[거위(距緯)]와 양심차(兩心差 '본천 중심~지구' 거리)의 점진적인 감소, 지반경차(地半徑差 지구 반경으로 인한 시차(視差))와 청몽기차[몽기차(蒙氣差 대기 굴절로 인한 시차)]가 감소하거나 증가한 것[13]으로 말하면 축적된 관측 자료를 통해 옛 수치를 늘리거나 줄여서 나름의 학설을 이루었다.

今用其法，並釋其義云。

지금 이 책에서는 그 계산법을 사용하고 아울러 그 의미를 풀이하였다.

---

1) 欽若授時:《書經 堯典》"乃命羲和. 欽若昊天. 曆象日月星辰. 敬授人時."

2) 賓餞永短:《書經 堯典》"分命羲仲. 宅嵎夷. 曰暘谷. 寅賓出日. 平秩東作. 日中星鳥. 以殷仲春. 厥民析. 鳥獸孳尾." "申命羲叔. 宅南交. 曰明都. 平秩南訛. 敬致. 日永. 星火. 以正仲夏. 厥民因. 鳥獸希革." "分命和仲. 宅西. 曰昧谷. 寅餞納日. 平秩西成. 宵中. 星虛. 以殷仲秋. 厥民夷. 鳥獸毛毨." "申命和叔. 宅朔方. 曰幽都. 平在朔易. 日短. 星昴. 以正仲冬. 厥民隩. 鳥獸氄毛."

3) 장자신(張子信): ?~약577. 북제(北齊)의 관료, 의학가, 천문역산가. 수십년 동안 관측과 연구에 몰두한 끝에 570년 전후한 시기에 태양 시운동의 불균일성, 오성 시운동의 불균일성, 달의 시차(視差)가 일식에 끼치는 영향 등 세 가지 중대한 발견을 하였다. 이는 중국 역법사(曆法史)의 시대를 나누는 사건으로 일컬어진다.

4) 유작(劉焯): 544~610. 수(隋)나라의 관료, 유학자, 천문역산가. 장자신의 발견을 역법 계산에 적용한 황극력(皇極曆 604)을 편찬하여 오성의 동태(動態), 주야(晝夜)의 누각(漏刻), 황적도 도차(黃赤道度差) 및 교식의 계산에 등차급수를 처음 사용하고, 일전표(日躔表), 월리표(月離表)와 달의 극황위표(極黃緯表)를 사용하는 계산에 등간격 2차차(次差) 내삽법(內挿法)를 처

음 사용하였다.

5) 영축전도(盈縮躔度): 24절기의 이웃한 절기마다 태양의 실제운행이 평균운행보다 앞서거나 뒤진 도수 및 동지로부터 누적한 도수를 제시한 것이다. 이에 따르면 대설(大雪) 후 4일부터 망종(芒種) 후 4일까지는 실제운행이 앞서며 경칩(驚蟄) 후 4일의 위치차가 최대여서 평균위치보다 실제위치가 144/52도만큼 앞서고, 망종 후 4일부터 대설 후 4일까지는 실제운행이 뒤지며 백로(白露) 후 4일의 위치차가 최대여서 평균위치보다 실제위치가 144/52도만큼 뒤진다. 대칭점과 최대 위치차가 나타나는 점이 동지, 하지, 춘분, 추분보다 약 11일 정도 먼저인 것은 이 시대에 근지점과 원지점이 동지점과 하지점보다 뒤처져 있음이 반영된 것이다.《陳美東, 中國科學技術史 天文學卷, 科學出版社, 2016, 318~319쪽》

6) 곽수경(郭守敬): 1231~1316. 원(元)나라의 관료, 천문역산가. 왕순(王恂)과 함께 수시력(授時曆 1281)을 편찬하여 일월오성의 운동 계산에 3차차(次差) 내삽법을 사용하고, 황적도 도차(黃赤道度差), 적백도 도차(赤白道度差), 태양의 시적위, 주야 누각의 길이 등의 계산에 구면삼각법과 유사한 호시할원술(弧矢割圓術)을 채용하였으며, 교식과 관련된 문제의 계산에 고차함수법을 응용하였다. 그리고 실측 역원법(實測曆元法)을 채용하여 상원 역원법(上元曆元法)의 폐단에서 벗어났다.

7) 영축초말(盈縮初末) 4한(限): 태양의 실제운행이 평균운행보다 앞서는 구간을 영(盈), 뒤지는 구간을 축(縮), '영', '축'의 구간 안에서 최대 위치차 이전을 초(初), 이후를 말(末)로 구분한 것이다. 근지점과 동지점이 일치함을 전제로 하였다. 영초한은 동지부터 동지 후 88.91일까지로, 하루 운행 도수가 동지 때 1도05분남짓에서 1도까지 점차 줄어든다. 영말한은 동지 후 88.91일부터 하지까지로, 하루 운행 도수가 1도에서 0도95분남짓까지 점차 줄어든다. 축초한은 하지부터 하지 후 93.71일까지로, 하루 운행 도수가 0도95분남짓에서 1도까지 점차 늘어난다. 축말한은 하지 후 93.71일부터 동지까지로, 하루 운행 도수가 1도에서 1도05분남짓까지 점차 늘어난다.

8) 다록묘(多禄畝): 프톨레마이오스(Claudios Ptolemaios, 100(?)~170(?))의 한자 표기. 다륵모(多勒某) 등 독음이 유사한 다른 글자로 표기하기도 한다. 2세기 중엽 알렉산드리아에서 활동한 그리스의 점성학자, 지리학자, 천문학자. B.C.2세기에 로도스섬에서 활동한 천문학자 히파르코스(Hipparchos)의 업적을 계승 발전시키고, 독자적인 연구 성과로서 삼각법의 계산 및 달과 행성의 부등속(不等速) 운행 모형을 발전시켜 천동설을 완성였다. 천문학 저서로《알마게스트(Almagest)》가 유명하다.

9) 제곡(第谷): 티코 브라헤(Tycho Brahe, 1546~1601)의 한자 표기. 덴마크의 점성학자, 천문학자. 지구 중심설과 태양중심설의 장점을 취합하여 새로운 천문학 체계를 만들었지만 오래가지 못하였다. 그러나 정밀한 관측값의 축적으로 케플러의 행성운동 3법칙이 나올 수 있는 근간을 구축하였다. 명나라 말기에 선교사들이 전한 서양 천문학을 기반으로 편찬한《숭정역서(崇禎曆書)》는 대체로 티코 브라헤의 이론과 수치를 따랐으며, 청 강희제 때 이를 재정리한《역상고성(曆象考成)》에도 그 영향이 상당히 유지되었다.

10) 본천(本天)의 높고 낮음: 태양이 평균운행하는 원궤도의 중심이 지구 중심과 떨어져 있는 이심 모형을 말한다.

11) 각백이(刻白爾): 케플러(Johannes Kepler, 1571~1630)의 한자 표기. 독일의 천문학자. 티코 브라헤가 남긴 화성 관측 결과를 연구하여 행성운동의 2법칙, 곧 타원궤도의 법칙과 면적속도 일정의 법칙을《신(新)천문학[*Astronomia nova* 1609]》에 발표하였으며, 그 후 조화의 법칙을〈세계의 조화[*Harmonice mundi* 1619]〉에 발표하였다.

12) 갈서니(噶西尼): 카시니(Jean Dominique Cassini, 1625~1712)의 한자 표기. 이탈리아계(系) 프랑스의 천문학자. 목성의 대적반(大赤斑)을 관찰하여 목성의 자전주기를 확정하고, 갈릴레이가 발견한 4개 위성의 운행표를 작성했다. 토성의 자전을 검출해냈고, 위성 4개를 발견

내용 정리

1) 천문역법에서 태양 운행의 중요성

(1) 연, 월, 일을 정하는 기준: 태양의 운행

① 해가 뜨고 짐 → 낮과 밤 → 일(날짜)

② 해가 달과 만남 → 초하루 → 월

③ 해가 하늘을 한 바퀴 운행함 → 연[세(歲)]

(2) 달력 제작의 중대 원칙: 낮의 길이 측정

① 《서경(書經)》 〈요전(堯典)〉: 일출, 일몰 시각을 관측하여 낮의 길이를 측정함.

② 이것은 불변의 원칙.

2) 태양 운행 계산법의 역사

(1) 중국의 태양 운행 계산법 변천

① 삼대(三代 중국 상고시대) 이전: 고찰할 수 있는 자료가 없음.

② 한(漢 B.C.202~220), 진(晉 265~420):

"태양의 1일 운행도수=1도", "태양이 하늘을 한 바퀴 도는 시간=$365\frac{1}{4}$일"

③ 북제(北齊 550~557)의 장자신(張子信 ?~약577)[3]:

태양이 24절기에 드는 시간 차를 인지함. → 손익률(損益率 가감차)을 세움.

했으며, 고리에서 이른바 카시니 간극(Cassini division)을 발견하였다. 행성의 공전궤도에 대해 케플러의 타원에 대응하는 난형(卵形)을 주장하였다. 행성 관측의 업적으로 1669년 파리 천문대 초대 대장에 취임한 후 자손 4대에 걸쳐 그 직을 이어받을 만큼 당시 천문학계에 영향력이 컸다. 저서로 《천문학논문집》(1666) 《천문변량(天文變量)의 요소》(1693) 등이 있다.

13) 지반경차(地半徑差)와……증가한 것: 태양이 중간거리점[중거[中距]]에 있을 때 지평선상에서 태양의 지반경차가 《역상고성》 상편에서 3분이던 것이 《역상고성후편》에서는 10초로 줄어들었고, 청몽기차가 《역상고성》 상편에서 지평선상에서는 34분, 고도 45도에서는 5초이던 것이 《역상고성후편》에서는 지평선상에서 32분, 고도 45도에서 59초이다.

④ 수(隋 581~618)의 유작(劉焯 544~610)[4]이 세운 영축전도(盈縮躔度 가감차를 반영한 태양의 위치)[5]:

사서(四序 평균적인 동지, 춘분, 하지, 추분)와 서로 승강(升降 앞서거나 뒤처짐)함. →계산법이 더욱 상세함.

⑤ 원(元 1271~1368)의 곽수경(郭守敬 1231~1316)[6]:

영축초말(盈縮初末限 영초한, 영말한, 축초한, 축말한) 4한(限)[7]을 구분함. →이전보다 더 정밀해짐.

(2) 서양의 태양 운행 계산법 변천

① 프톨레마이오스[다록묘(多祿畝) 100(?)~170(?)][8]부터 티코 브라헤[제곡(第谷) 1546~1601][9]까지

ㄱ. 본천(本天 태양이 평균운행하는 원궤도)이 지구로부터 '멀고 가까움'[고비(高卑)][10](이심 모형)

ㄴ. 본륜(本輪 주전원)과 균륜(均輪 제2주전원) 모형

ㄷ. 계산에 삼각형을 사용함. → 계산이 더욱 정밀함.

ㄹ. 이에 대해서는《역상고성》상편에서 자세히 다룸.

② 근세의 케플러[각백이(刻白爾) 1571~1630][11]와 카시니[갈서니(噶西尼) 1625~1712][12]

ㄱ. 본천이 타원궤도인 타원 모형.

ㄴ. 타원의 면적을 균분한 것이 평균운행도수임. → 옛 계산법과 판이함.

ㄷ. 영축 계산값: 본륜 모형과 균륜 모형으로 계산한 값 사이에 있음.

ㄹ. 티코 브라헤의 계산법과 비교

- 다른 점: 계산의 결과 → 천상(天象)과 정교하게 합치함.
- 같은 점: 계산의 원리 → 본천이 지구로부터 '멀고 가까움'[高卑]을 이용하여 설명.

③ 천문 상수의 변화

ㄱ. 세실(歲實 회귀년의 길이): 감소하다가 증가함.

ㄴ. '황도상의 각 지점이 적도로부터 떨어져 있는 도수'[거위(距緯)]: 점차 줄어듦.

ㄷ. 양심차(兩心差 '본천 중심~지구' 거리): 점차 줄어듦.

ㄹ. 지반경차(地半徑差 지구 반경으로 인한 시차(視差)): 감소함.

ㅁ. 청몽기차[몽기차(蒙氣差 대기 굴절로 인한 시차)]: 고도에 따라 감소하거나 증가함.[13]

→ 축적된 관측 자료를 통해 옛 수치를 늘리거나 줄여서 나름의 학설을 이룸.

제2장

회귀년의 길이 [세실(歲實)]

원문 / 번역문

원문	번역문
日行天一周，爲歲。周歲之日分，爲歲實。	태양이 하늘을 한 바퀴 운행하는 시간이 연[세(歲)]이고, 1주년의 일분(日分 시간을 일(日)수와 분(分)수로 나타낸 것)이 세실(歲實)이다.
古法日行一度。故周天爲三百六十五度四分度之一，歲實爲三百六十五日四分日之一。【周日爲一萬分，四分之一爲二千五百分。】	옛 역법에서는 태양이 하루에 1도씩 운행한다고 정의하였다. 따라서 주천(周天 하늘의 둘레)은 $365\frac{1}{4}$도, 세실은 $365\frac{1}{4}$일이었다.【주일(周日)은 1만 분,[14] $\frac{1}{4}$일은 2500분이다.】
堯典曰: "朞三百有六旬有六日。" 杜預謂"擧全數而言，則有六日，其實五日四分日之一"是也。	《서경(書經)》〈요전(堯典)〉에 "1주년은 366일"이라고 한 데 대해 두예(杜預)[15]가 "온전한 수치를 들어 말하면 6일이지만 실은 $5\frac{1}{4}$일이다."라고 한 것이 이것이다.
漢末劉洪，始覺冬至後天，以爲"歲實太强"，減歲餘分二千五百，爲二千四百六十二。	한(漢)나라 말엽의 유홍(劉洪)[16]이 처음으로 동지시각이 천상(天象)보다 뒤처짐을 깨달아 세실이 너무 크다고 여기고는 세실의 우수리인 2500분을 2462분으로 줄였다.

晉虞喜、宋何承天、祖沖之謂"歲當有差", 乃損歲餘, 以益天周。歲差之法, 由斯而立。

진(晉)나라의 우희(虞喜)[17]와 남조 송(宋)나라의 하승천(何承天 370~447)[18]·조충지(祖沖之 429~500)[19]는 '동지점의 매년 위치는 당연히 차이가 있다.'라고 하고, 드디어 세실에서 남는 수를 덜어내어 하늘의 둘레[천주(天周)]에 더하였다. 세차법이 이로 말미암아 수립되었다.

元郭守敬, 取劉宋《大明》壬寅[20]以來相距之積日時刻, 求得歲實爲三百六十五日二千四百二十五分。比四分日之一, 減七十五分, 而天周即爲三百六十五度二千五百七十五分矣。

원(元)나라의 곽수경(郭守敬)은 유송(劉宋 남조 송나라) 《대명력(大明曆)》의 임인년(壬寅年)[21] 이후로 당시까지 서로 떨어진 동안의 누적 일수와 시각을 취하여 세실이 365일2425분임을 계산해내었다. 이는 옛 역법의 $\frac{1}{4}$일에 비해 75분만큼 줄어든 것인데, 그 대신 하늘의 둘레는 365도2575분이 되었다.

西法周天, 三百六十度。

서양 역법의 주천(周天)은 360도이다.

第谷定歲實, 爲三百六十五日五時三刻三分四十五秒。以周日一萬分通之, 得三百六十五日二四二一八七五。較之郭守敬, 又減萬分之三有奇。

제곡(第谷 티코 브라헤)은 세실을 365일5시간3각3분45초로 정하였다. 이를 주일(周日) 1만분의 단위로 환산하면 365일2421.875분이 나와서, 곽수경의 세실과 비교할 때 또 $\frac{3}{10000}$일 남짓 줄었다.

以除周天三百六十度, 得每日平行五十九分零八秒一十九微四十九纖五十一忽三十九芒。【即十分度之九分八五六四七三六五八。】

이 세실로 주천 360도를 나누면 1일 평균운행도수로 59분08초19미49섬51홀39망이 나온다.【곧 0.9856473658도이다.】

歲差則謂: "恒星每年東行五十一

세차는 항성이 매년 동쪽으로 51초씩 움직이는

秒。” 不特天自爲天，歲自爲歲，而星又自爲星。其理甚明，其用尤便。上編仍之。

것이라고 하였다. 비단 주천과 세실이 각자 독립적일 뿐만 아니라, 항성도 독립적인 것이니, 그 원리가 매우 분명하고 그 쓰임이 더욱 편리하다. 《역상고성》 상편은 제곡의 이 설을 따랐다.

厥後西人奈端等，屢測歲實，又謂“第谷所減太過”，酌定歲實爲三百六十五日五時三刻三分五十七秒四十一微三十八纖二忽二十六芒五十六塵。以周日一萬分通之，得三百六十五日二四二三三四四二○一四一五。比第谷所定，多萬分之一有奇。

그 후에 서양인 내단(奈端, Isaac Newton 1642~1627)[22] 등이 여러 차례 세실을 측정하여 또 제곡(티코 브라헤)이 지나치게 줄였다고 평하고는 세실을 365일5시간3각3분57초41미38섬2홀26망56진으로 조정하였다. 이를 주일 1만분의 단위로 환산하면 365일2423.344201415분이 나와서, 제곡이 정한 세실보다 $\frac{1}{10000}$일 남짓 크다.

以除周天三百六十度，得每日平行五十九分零八秒一十九微四十四纖四十三忽二十二芒零三塵。【即十分度之九分八五六四六九六九三五一二八二二五。】比第谷所定，少五纖有奇，每年少三十微有奇。

이 세실로 주천 360도를 나누면 1일 평균운행도수로 59분08초19미44섬43홀22망03진이 나온다. 【곧 0.98564696935128225도이다.】 이는 제곡(티코 브라헤)이 정한 태양의 1일 평균운행도수보다 5섬 남짓 작아서, 연간 30미 남짓씩 작게 된다.

蓋歲實之分數增，則日行之分數減。

세실의 분(分)수가 늘면 1일 운행 분(分)수는 줄어드는 것이다.

據今表，推雍正元年癸卯天正冬至，比第谷舊表，遲二刻。日躔平行根，比舊表，少一分一十四秒。【見《推日躔用數》。】

지금 《역상고성후편》의 표에 따라 옹정(雍正) 원년(1723)인 계묘년의 천정동지 시각을 계산하면 제곡(티코 브라헤)의 옛 표에 따른 계산값보다 2각(刻)만큼 더디게 나온다. ‘동지 이튿날 새벽 0시

태양의 경도'[일전평행근(日躔平行根)]가 옛 표에서보다 1분14초만큼 작기 때문이다.[23)] 【제4권 〈일전보법(日躔步法)〉의 제1절 '태양의 경도 계산에 사용하는 천문 상수[推日躔用數]'에 보인다.】[24)]

而第谷去今一百四十餘年，以數計之，其差恰合。是亦取前後兩冬至相距之積日時刻而均分之，非意爲增損也。

그런데 제곡(티코 브라헤)의 시대는 지금부터 140여년 전이므로 이 수를 가지고 계산하면 그 차가 부합한다. 이는 앞 시대와 뒷 시대의 두 동지가 서로 떨어진 동안의 누적 일수와 시각을 취하여 균분한 것이지 의도적으로 줄이거나 늘린 것이 아니다.

至於歲實消長，《統天》、《授時》用之。《新法算書》雖爲之說，而實未用其數。玆不具論。

세실소장(歲實消長 시대가 내려감에 따라 세실을 일정한 비율로 줄이고, 시대를 거슬러올라갈 때는 일정한 비율로 늘리기)은 《통천력(統天曆)》[25)]과 《수시력(授時曆)》[26)]에서 사용하였다. 《신법산서》는 그에 대해 설명은 하였으나[27)] 실제로는 그 수치를 사용하지 않았다. 이 책에서는 자세히 논하지 않는다.

---

14) 주일(周日)이 1만분: 《수시력(授時曆)》과 《대통력(大統曆)》을 기준으로 말한 것이다. 《사분력(四分曆)》은 940분, 《태초력(太初曆)》은 81분, 《건상력(乾象曆)》은 589분, 《대명력(大明曆)》은 39,491분, 《대연력(大衍曆)》은 3,040분 등등 대부분의 역법이 서로 다른 주일 값을 사용하였다.

15) 두예(杜預): 222~284. 서진(西晉)의 관료이자 경학가이다. 《춘추좌씨전집해(春秋左氏傳集解)》가 유명하다.

16) 유홍(劉洪): 동한(東漢) 말의 관료, 박학가, 천문역산가. 중국 역법에서 처음으로 황도와 백도의 교각값 6도1분 및 근점월의 길이 27.55336일을 제시하고, 또 처음으로 달의 불균일 운동을 적용한 《건상력(乾象歷)》(206년)을 편찬하였다.

17) 우희(虞喜): 동진(東晉)의 유학자, 술수가, 천문역산가. 《안천론(安天論》을 저술하여, 무한히 높고 움직이지 않는 하늘에서 일월성신이 각기 운행한다는 설을 주장하였으며, 동지 때 태양의 위치가 50년마다 서쪽으로 1도씩 움직이는 세차(歲差) 현상을 약 A.D.330년에 발견하였다.

18) 하승천(何承天): 370~447. 남조 송(宋)의 관료, 박학가, 천문역산가. 동지시각 및 그때 태양의 위치를 한층 정확하게 수정한 《원가력(元嘉曆)》을 편찬하였다.

19) 조충지(祖沖之): 429~500. 남조 송(宋)과 제(齊)의 관료, 발명가, 천문역산가. 소수점 아래 6자리 정확한 원주율 값을 구해 낸 수학가이기도 하다. 세차 현상을 역법에 도입하여 회귀년(세실)과 다른 항성년(주천)의 수치를 사용함으로써 항성을 기준으로 한 일월오성의 위치를 정확히 나타내고, 처음으로 교점월(交點月)의 길이를 명확히 제시한 《대명력(大明曆)》(463)

내용 정리

1) 세실(歲實)의 개념

(1) 태양이 하늘을 한 바퀴 운행하는 시간 → 연[세(歲)]

(2) 1주년의 일분(日分 시간을 일(日)수와 분(分)수로 나타낸 것) → 세실(歲實)

을 편찬하였다.

20) 壬寅: 문연각 사고전서본 및 건륭(乾隆) 7년 내부간본《역상고성후편》에는 모두 "戊寅"으로 되어 있으나 다음 자료에 근거하여 "壬寅"으로 바로잡아 번역하였다.《원사(元史)》권52〈수시력의(授時曆議) 상(上)〉"今自劉宋大明壬寅以來, 凡測景驗氣得冬至時刻眞數者有六, 取相距積日時刻, 以相距之年除之, 各得其時所用歲餘. 復自大明壬寅距至元戊寅積日時刻, 以相距之年除之, 得每歲三百六十五日二十四分二十五秒, 比《大明曆》減去一十一秒, 定爲方今所用歲餘. 餘七十五秒, 用益所謂四分之一, 共爲三百六十五度二十五分七十五秒, 定爲天周. 餘分強弱相減, 餘一分五十秒, 用除全度, 得六十六年有奇, 日卻一度, 以六十六年除全度, 適得一分五十秒, 定爲歲差."

21) 임인년: 조충지가《대명력》을 편찬하기 직전 해인 A.D.462년이다.

22) 내단(奈端): 뉴턴(Isaac Newton 1642~1627)의 한자 표기. 영국의 수학자, 물리학자, 천문학자. 만유인력과 원심력 및 관성의 법칙, 힘과 가속도의 법칙, 작용-반작용의 법칙을 결합하여 케플러가 발견한 행성의 운동 법칙을 비롯하여 자연계의 여러가지 운동을 수학적으로 설명했다. 1687년에 출판된《프린키피아[*Philosophiae naturalis principia mathematica*] 자연철학의 수학적 원리》는 근대역학과 근대천문학을 확립한 것으로 평가된다.

23) 그리고……나온다:《역상고성후편》의〈태양연근표(太陽年根表)〉에는 계묘년(1723)의 '거동지(距冬至)' 값이 51분53초31미이고,《역상고성 표》의〈태양연근표〉에는 53분07초31미이다.

24) 제4권……보인다:〈일전보법〉의〈추일전용수〉에 주세(周歲) 365일2423.3442분이 제시되었다.

25) 통천력(統天曆): 남송(南宋)의 관료, 천문역산가인 양충보(楊忠輔)가 1199년에 편찬한 역법이다. 회귀년을 $365\frac{2910}{12000}$일=365.2425일로 정하고 삭망월을 $29\frac{6368}{12000}$일=29.53059416일로 정하였으며 세차 운동의 수치 0.0150도/년을 사용하였다. 회귀년의 길이가 시대의 흐름에 따라 줄어듦을 발견하여, 회귀년이 매년 0.00000212일씩 줄어드는 것을 반영하는 두분차(斗分差)의 개념을 도입하였다.

26) 수시력(授時曆): 세실소장(歲實消長)의 수치를 100년마다 1분씩으로 정하였다.

27) 신법산서는……하였으나:《숭정역서(崇禎曆書)》〈일전표(日躔表)〉의 첫 부분인 '역원 후 200항년 표 해설[역원후이백항년표설(曆元後二百恒年表說)]'에서 상세히 논하였다.

2) 세실의 역사적 변화

(1) 중국의 역대 역법에서 세실의 변화 연혁

① 상고시대: 365$\frac{1}{4}$일=365일2500분

• 태양의 1일 운행 도수=1도

주천(周天 하늘의 전체 둘레)=365$\frac{1}{4}$도

▾ 1일=10000분[14], $\frac{1}{4}$일=2500분

•《서경(書經)》〈요전(堯典)〉: "1주년은 366일"

두예(杜預 222~284)[15]의 주: "이는 끝수를 정수로 나타낸 것. 실은 끝수가 5$\frac{1}{4}$일"

② 한(漢)나라 말엽: 365일2462분

• 유홍(劉洪)[16]의 《건상력(乾象曆)》(206년): 동지시각이 천상보다 뒤처짐을 인지함.

→ 세실이 너무 크기 때문 → 세실의 우수리 2500분을 2462분으로 줄임.

③ 진(晉)나라, 남조 송(宋)나라: 세차법(歲差法)이 수립됨.

• 진(晉)나라의 우희(虞喜)[17]: 약 A.D.330년에 세차 현상 발견.

• 남조 송(宋) 하승천(何承天)[18]의 《원가력(元嘉曆)》(443년)과 조충지(祖沖之)[19]의 《대명력(大明曆)》(463년):

"동지점의 매년 위치는 당연히 차이가 있다."

→ 세실의 우수리를 덜어내어 주천에 더함.

④ 원(元)나라: 365일2425분

• 곽수경(郭守敬)의 《수시력》:

조충지의 《대명력》의 임인년(A.D.462)[21] 이후 당시까지 누적 일수와 시각을 가지고 계산.

→ 옛 역법의 $\frac{1}{4}$일에 비해 75분만큼 줄어든 것.

→ 주천은 365도2575분. 옛 역법의 $365\frac{1}{4}$도보다 75분만큼 늘어난 것.

(2) 서양 천문학에서 세실의 변화 연혁

① 서양 역법의 주천(周天)은 불변의 상수: 360도

② 티코 브라헤[제곡(第谷) 1546~1601]: 365일5시간3각3분45초=365일2421.875분

→《신법산서》와《역상고성》의 세실.

→ 곽수경의 세실보다 $\frac{3}{10000}$일 남짓 작음.

→ 태양의 1일 평균운행도수=360도÷세실=59분08초19미49섬51홀39망

▾곧, 0.9856473658도.

• 세차: "항성이 매년 동쪽으로 51초씩 움직이는 현상"

→ 주천의 크기, 세실의 길이, 항성의 운행은 각기 독립적인 것.

→ 그 원리가 매우 분명하고 그 쓰임이 더욱 편리함.

→《역상고성》 상편이 이를 따름.

③ 뉴턴[내단(奈端) 1642~1627][22]: 365일5시간3각3분57초41미38섬2홀26망56진

=365일2423.344201415분

→ 여러 차례 측정하여 결정한 값.

→ 티코 브라헤의 세실보다 $\frac{1}{10000}$일 남짓 큼.

→ 태양의 1일 평균운행도수=360도÷세실

=59분08초19미44섬43홀22망03진

▾곧, 0.98564696935128225도

→ 티코 브라헤의 1일 평균운행도수보다 5섬 남짓 작음 → 연간 30미 남짓.

• 세실의 분(分)수가 늘면 1일 운행 분(分)수는 줄어듦.

3) 《역상고성후편》의 세실

(1) 《역상고성후편》의 표에 따른 계산값과 티코 브라헤의 옛 표에 따른 계산값의 비교

① 옹정(雍正) 원년(1723)인 계묘년의 천정동지 시각: 《후편》이 2각(刻)만큼 늦음.

② 계묘년 '천정동지 이튿날 새벽 0시 때 태양의 경도'[일전평행근(日躔平行根)] : 《후편》이 1분14초만큼 작음.[23]

▾ 본서 제4권 〈일전보법(日躔步法)〉의 제1절 '태양의 경도 계산에 사용하는 천문 상수[推日躔用數]'에 보임.[24]

(2) 《역상고성후편》 세실값의 타당성

① 《역상고성후편》 때부터 티코 브라헤의 시대까지 경과 햇수: 140여년
→ 이를 가지고 계산하면 (1)항의 차에 부합함.

② 《역상고성후편》 세실값: 앞 시대와 뒷 시대의 두 동지시각을 가지고 계산한 것.
→ 두 동지 사이의 누적 일수와 시각을 취하여 균분한 것.
→ 의도적으로 줄이거나 늘린 것이 아님.

4) 세실소장(歲實消長)에 대한 《역상고성후편》의 입장

• 세실소장: 시대가 내려감에 따라 세실을 일정한 비율로 줄이고,
시대를 거슬러 올라갈 때는 일정한 비율로 세실을 늘려주는 것.

(1) 세실소장을 채용한 역법: 《통천력(統天曆)》(1199)[25]과 《수시력(授時曆)》(1281)[26]

(2) 《신법산서》는 그에 대해 설명만 하고 실제 역산에는 사용하지 않음.

(3) 《역상고성후편》에서는 자세히 논하지 않음.

제3장

황도와 적도가 남북으로 떨어진 거리 [황적거위(黃赤距緯)]

원문	번역문
黃赤距緯，古今所測不同。	황적거위는 고금의 측정치가 같지 않다.
自漢以來，皆謂:“黃道出入赤道南北二十四度。”	한(漢)나라 이후로 모두 황도는 적도 남북으로 24도까지 출입한다고 하였다.[28]
元郭守敬所測，爲二十三度九十分三十秒。以周天三百六十度，每度六十分，約之，得二[29]十三度三十三分三十二秒。	원(元)나라 곽수경(郭守敬)의 측정값은 23도90분30초였는데,[30] 주천(周天 천구의 둘레)을 360도, 1도를 60분으로 하는 도분초 단위로 환산하면 23도33분32초가 나온다.
《新法算書》用西人第谷所測，爲二十三度三十一分三十秒。	《신법산서》는 서양인 제곡(第谷, Tycho Brahe, 1546~1601)의 관측값을 사용하여 23도31분30초로 정하였다.
康熙五十二年，皇祖聖祖仁皇帝命和碩莊親王等，率同儒臣，於暢春園蒙養齋開局， 測太陽高度，得黃赤大距爲二十三度二十九分三十秒。	강희 52년(1713)에 황조(皇祖)이신 성조 인황제(聖祖仁皇帝 강희제)[31]가 화석(和碩) 장친왕(莊親王)[32] 등에게 명하여 유신(儒臣 학문적 소양이 있는 신하)들을 거느리고 창춘원(暢春園)의 몽양재(蒙養齋)[33]에 국(局)을 개설하게 하였는데, 이곳에서 태양의 고도를 측정하여 계산해 낸 황적대거(黃赤大距 황도경사각)가 23도29분30초였다.[34]

今監臣戴進賢等歷考，西史第谷所測，蓋在明隆、萬時，而漢時多祿畝所測，爲二十三度五十一分三十秒，較第谷爲多。	지금(《역상고성후편》 편찬 당시) 흠천감의 신하 대진현(戴進賢, Ignatius Kögler, 1680~1746)[35] 등이 역대의 황적대거를 살펴본 결과, 서양의 천문학자 제곡(티코 브라헤)의 관측값은 명나라 융경(隆慶 명 목종(明穆宗)의 연호, 1567~1572), 만력(萬曆 명 신종(明神宗)의 연호, 1573~1620) 연간의 것이고, 한(漢)나라 때 다록묘(多祿畝 Claudius Ptolemaios, 100~170)의 관측값은 23도51분30초로,[36] 제곡의 값보다 컸다.
我朝順治年間，刻白爾改爲二十三度三十分。利酌理、噶西尼，又改爲二十三度二十九分。俱較第谷爲少。	우리나라(청나라)의 순치(順治 청 세조(淸世祖)의 연호, 1644~1661) 연간에[37] 각백이(刻白爾 Johannes Kepler, 1571~1630)가 23도30분으로 고쳤고, 그 후에 리작리(利酌理 Giovanni Battista Riccioli, 1598~1671)[38]와 갈서니(噶西尼 Jean Dominique Cassini, 1625~1712)가 또 23도29분으로 고쳤는데, 모두 제곡의 값보다 작다.
其前後多少之故，或謂:“諸家所用蒙氣差、地半徑差之數，各有不同，故所定距緯亦異。”	이와 같이 시대별로 관측값이 크고 작은 까닭에 대해, 혹자는 ‘여러 천문학자들이 사용한 청몽기차(淸蒙氣差 대기 굴절로 인한 시차(視差))와 지반경차(地半徑差 지구 반경으로 인한 시차(視差))의 수치가 각기 다르기 때문에 황적거위도 달리 정해졌다.’라고 한다.
然合中、西考之，第谷以前，未知有蒙氣差，而多祿畝與古爲近，至郭守敬，則與第谷相若，而去多祿畝，則有十數分之多。	그러나 중국과 서양의 역대 관측값을 종합하여 고찰하면, 제곡(티코 브라헤) 이전에는 청몽기차의 존재를 몰랐는데도 다록묘(프톨레마이오스)의 값은 중국 고대의 값에 가깝고, 곽수경의 값은 제곡의 값과 유사하여 다록묘의 값과는 10수 분에 달하

는 차이가 있다.

康熙年間所用蒙氣差、地半徑差，俱仍第谷之舊， 與刻白爾、噶西尼等所用之數不同，而所測大距，又相去不遠。

강희 연간에 사용한 청몽기차와 지반경차는 모두 제곡(티코 브라헤)의 옛 값을 그대로 사용하여, 각백이(케플러)와 갈서니(카시니)가 사용한 수치와 달랐는데도 황적대거(황도와 적도가 남북으로 떨어진 최대 거리)의 측정값은 큰 차이가 없었다.

由此觀之，則黃赤距度，古今實有不同，而非由於所用差數之異。所當隨時考測，以合天也。

이로 볼 때, 황적거도는 고금의 도수가 실제로 다른 것이지 계산에 사용한 청몽기차와 지반경차의 차이로 인해 달라진 것이 아니다. 따라서 그때그때 고찰하고 실측하여 천상(天象)에 맞추야 한다.

近日西法，並宗噶西尼。故黃赤大距，爲二十三度二十九分。

근래 서양의 천문 역법은 모두 갈서니(카시니)의 설을 모범으로 삼기 때문에 황적대거가 23도29분이다.

至於測量之術、推算之理，《上編》闡奥發微，千古不易。故不復載。

황적대거의 측량법과 계산 원리는 《역상고성》 상편에 깊고 자세히 서술하였다.[39] 그것이 만고에 변치 않을 내용이므로 이 책에는 다시 싣지 않는다.

---

28) 한(漢)나라……하였다: 당대(唐代)의 《개원점경(開元占經)》, 송대(宋代)의 《태평어람(太平御覽)》 등에 인용된 후한 장형(張衡, 78~139)이 《혼천의(渾天儀)》에 황도는 “적도의 안팎으로 각기 24도씩 나간다.[出赤道表裏各二十四度]”라고 하였다. 또, 《진서(晉書)》 권11 〈천문 상(天文上) 의상(儀象)〉에 따르면 후한 유홍(劉洪)의 건상력(乾象曆, 206년)도 황도경사각 24도를 사용하였다.

29) 二: 저본에는 ‘三’으로 되어 있으나 건륭 7년 내부간본에 근거하여 바로잡았다.

30) 원(元)나라……23도90분30초였는데: 수시력(授時曆)의 〈황도출입적도내외거극도급반주야분(黃道出入赤道內外去極度及半晝夜分)〉표에서 동지점과 하지점의 ‘내외도(內外度)’가 23도90분30초이다. 《元史 卷55 志第7 曆4 授時曆經下》

31) 황조(皇祖)인 성조 인황제(聖祖仁皇帝): 《역상고성후편》을 편찬할 때 황제인 건륭제(乾隆帝, 재위 1735~1799)의 할아버지 강희제(康熙帝, 재위 1661~1722)를 가리킨다. ‘황조’는 황제의 할아버지에 대한 경칭(敬稱), 성조(聖祖)는 강희제의 묘호(廟號), 인황제는 그의 시호(謚號)이다.

32) 화석(和碩) 장친왕(莊親王): 강희제의 16번째 아들 윤록(胤祿, 允祿, 1695~1767)을 가리킨다. ‘화석’은 청나라 초기에 친왕(親王)에 봉해진 황자(皇子)에게 주어지던 만주어 호(號)이다.

내용 정리

1) 역대의 황적거위(황도와 적도가 남북으로 떨어진 거리) 값

(1) 한(漢)나라 이후: "황도는 적도 남북으로 24도까지 출입한다"[28]

(2) 원(元)나라 곽수경(郭守敬)의 측정값: 23도90분30초[30]

→ 주천(周天)을 360도, 1도를 60분으로 하는 도분초 단위로 환산하면 23도33분32초

(3) 《신법산서》: 티코 브라헤(1546~1601)의 관측값 23도31분30초를 사용함.

---

33) 창춘원(暢春園) 몽양재(蒙養齋): 창춘원은 강희제 때 명 신종(明神宗)의 외조부인 이위(李偉)의 청화원(淸華園) 터에 건립한 교외의 별궁(別宮)으로, 북경시 서직문(西直門) 밖에 있었다. 몽양재는 팔기자제(八旗子弟: 청대 만주 귀족의 후예)의 교육을 위해 설치한 학관(學官)이다.

34) 이곳에서……23도29분30초였다: 《역상고성》 상편 〈일전역리(日躔曆理)〉에는 강희 53년(1714) 이후로 계속하여 창춘원에서 하짓날 정오 때 태양의 고도를 측정하여 지평고도 73도29분10여초를 얻고 다음과 같이 황도 경사각을 계산했음을 밝히고 있다.

(지평고도 73도29분10여초)+(지반경차 50초)=(지심고도 73도30분)

(지심고도 73도30분)−(적도고도 50도00분30초)=(황적거위 23도29분30초)

35) 대진현(戴進賢): 쾨글러(Ignatius Kögler, 1680~1746)의 한자 표기. 독일 출신의 천주교 선교사, 천문학자, 수학자. 1716년에 청나라에 귀화하여 1725년에 흠천감 감정(監正)이 된 후 별세할 때까지 흠천감에서 공직하였다. 케플러와 카시니의 타원궤도 모형을 해와 달의 운행에 적용한 《역상고성후편》을 편찬하여 《역상고성》을 보완하였다. 그밖의 저서로 《책산(策算)》, 《황도총성도(黃道總星圖)》, 《의상고성(儀象考成)》, 《예감록(睿鑑錄)》 등이 있고 많은 천문 관측 기구를 제작하여 실측에도 노력을 기울였다.

36) 다록묘(多祿畝)의 관측값은 23도51분30초로: 《신법산서》에는 프톨레마이오스의 측정값이 23도51분20초로 기록되었다. 네덜란드의 수학자, 공학자, 천문학자인 메티우스(Adriaan Metius, 1571~1635)의 《천문학강요(Institvtionvm astronomicarum)》에도 23도51분20초로 기록되었다. 《강민정 외, 숭정역서에 기술된 태양의 운동, 교육과학사, 2020, pp68~75》에 상세하다.

37) 순치(順治) 연간에: 케플러의 생존 연대와 비교해 보면, '명나라 말기에'가 되어야 한다.

38) 리작리(利酌理): 리치올리(Giovanni Battista Riccioli, 1598~1671)의 한자 표기. 이탈리아의 천문학자, 예수회 신부. 지구-태양 중심의 티코 브라헤 태양계 모형에 케플러의 타원 궤도를 결합시켰다.

39) 황적대거의……서술하였다: 《역상고성》 상편 〈일전역리〉의 제4장 '황적거위(黃赤距緯)'에 정호삼각형법(正弧三角形法: 구면직각삼각형 계산법)을 사용하여 1분 간격으로 황도상 각 지점의 적위를 구하는 계산법이 도해와 함께 상세히 실려 있다. 《강민정 외 3인, 역상고성에 기술된 태양의 운동, 교육과학사, 2023, 77~81쪽 참조》

(4) 강희 연간의 측정값: 23도29분30초[34]

- 1713년에 강희제가 화석(和碩) 장친왕(莊親王)[32] 등에게 명하여 유신(儒臣)들과 함께 창춘원(暢春園)의 몽양재(蒙養齋)[33]에 국(局)을 개설토록 함.
  창춘원에서 태양의 고도를 측정하여 황적대거(黃赤大距 황도와 적도 사이의 최대 거리)를 계산함.

2) 역대의 황적거위 값 변화: 《역상고성후편》 편찬 시에

흠천감의 신하 쾨글러(Ignatius Kögler, 1680~1746)[35] 등이 비교 검토한 결과.

(1) 프톨레마이오스(Claudius Ptolemaios, 100~170)의 관측값 23도51분30초[36] > 티코의 값

- 티코 브라헤의 값은 명나라 융경(隆慶 1567~1572), 만력(萬曆 1573~1620) 연간의 측정값.

(2) 케플러(Johannes Kepler, 1571~1630)의 값 < 티코의 값

- 순치(順治 1644~1661) 연간[37]에 케플러가 고친 값: 23도30분.

(3) 리치올리(Giovanni Battista Riccioli, 1598~1671)[38]와 카시니(Jean Dominique Cassini, 1625~1712)의 값< 티코의 값

- 리치올리와 카시니가 다시 고친 값: 23도29분

3) 황적거위 관측값이 고금(古今)에 다른 까닭

(1) 일설(一說): 천문학자들이 황적거위 계산에 사용한 다음의 2가지 값이 다르기 때문

① 청몽기차(淸蒙氣差 대기 굴절로 인한 시차(視差))

② 지반경차(地半徑差 지구 반경으로 인한 시차(視差))

(2) 일설에 대한 반박

① 청몽기차의 존재를 몰랐던 티코 브라헤 이전의 값 비교 결과

ㄱ. 프톨레마이오스의 값 23도51분30초≒중국 고대(한(漢)나라 이후)의 값 24도

ㄴ. 곽수경의 값 23도33분32초≒티코 브라헤의 값 23도31분30초

⇒ 곽수경의 값 23도33분32초 < 프톨레마이오스의 값 23도51분30초

⇒10여 분의 차.

② 티코 브라헤의 청몽기차와 지반경차를 준용한 강희 연간의 황적대거 값과 이와 다른 청몽기차와 지반경차를 사용한 동시대의 서양의 황적대거 측정값 비교 결과

ㄱ. 케플러의 값 23도30분≒강희 연간의 값 23도29분30초

ㄴ. 리치올리와 카시니의 값 23도29분≒강희 연간의 값 23도29분30초

⇒ 큰 차이 없음.

(3) 결론: 황적거도(黃赤距度 황도와 적도가 서로 떨어진 도수)는 고금의 도수가 실제로 달라진 것임.

계산에 사용한 청몽기차와 지반경차의 차이로 인해 달라진 것이 아님.

→ 그때그때 실측하여 천상(天象)에 맞추어야 함.

4) 근래 서양에서 사용하는 황적대거 값: 23도29분

• 근래 서양의 천문 역법은 모두 카시니의 설을 모범으로 삼음.

5) 황적대거의 측정 방법과 계산 원리: 《역상고성》 상편에 심도 있게 서술함.

→ 만고에 변치 않을 내용이므로 《역상고성후편》에는 다시 싣지 않음.

서양 보충자료 1 카시니의 태양 관측과 황적대거값

카시니는 1625년 6월 8일에 이탈리아의 페리날도(Perinaldo)에서 출생했다. 그는 1638년에서 1646년 사이에 예수회 제노아 기숙학교에서 공부했다. 1649년에 카시니는 말바시아 공(Marquis Cornelio Malvaisa, 1603~1664)이 볼로냐 근처 판자노(Villa di Panzano)에 세운 천문관측소 연구원이 되었고, 1650년부터 볼로냐 대학 천문학 교수로 가르쳤다. 1669년에 그는 콜베르(Jean-Baptiste Colbert, 1619~1683) 수상의 요청으로 볼로냐를 떠나 파리로 가서 루이 14세가 왕립 학술원(Académie des sciences)의 천문관측소(Observatoire de Paris)를 세우는 일을 도왔다. 이어서 그는 1671년부터 1712년 사망할 때까지 파리 천문관측소장을 역임하며 천문학을 연구했다.

카시니의 정밀한 천문 관측은 1655년 이탈리아 볼로냐의 산페트로니오 대성당(Basilica di San Petronio) 관리 위원들로부터 새로운 해시계(the Meridian Line)를 만들도록 위임받으면서 시작되었다. 산페트로니오 대성당의 해시계는 건물 안에 있는 길이가 67.72m에 달하는 거대한 관측 장비 중 하나이다. 이 해시계는 이탈리아 천문학자, 수학자요, 우주구조학자(cosmographer)인 단티(Ignazio Danti 1536~1586)에 의해 1575년에서 1576년 사이 산페트로니오 대성당 왼쪽 회랑에 만들어졌다. 이 해시계는 시간이 아니라 태양의 남중하는 순간과 그 때 태양의 고도를 측정하기 위한 장치로, 밀폐된 방 안에 그 지역의 남북선을 바닥에 그려놓고, 이 남북선에 수직이 되도록 천정에 구멍을 뚫어, 태양이 정확히 남중할 때 천정에 있는 구멍을 통과하는 태양의 광선이 남북선을 비추도록 했다.

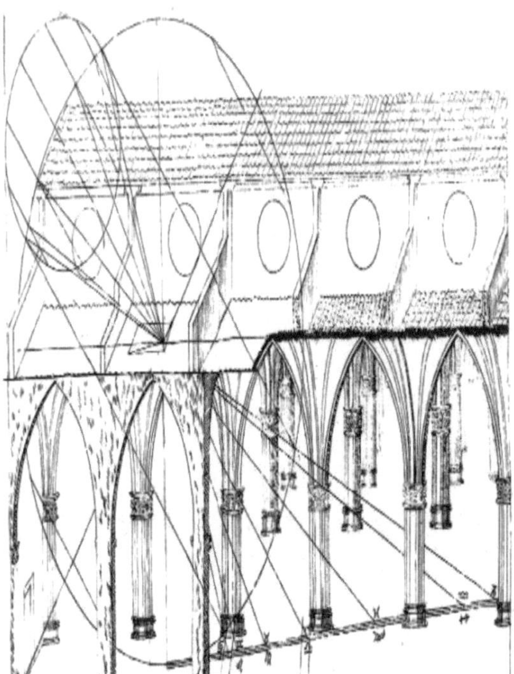

[서양보충 그림 1-1] 산페트로니오 대성당의 해시계 (G. D. Cassini, La meridiana del tempio di S. Petronio tirata [1695])

하지만 단티의 해시계는 문제가 없지 않았다. 태양 광선이 정오에 기둥에 가로막히기도 하고, 바닥에 그려진 선이 정확한 남북선에서 9도 가량 벗어나 있었으며, 태양의 고도를 측정할 수 있는 표시도 없었다. 더군다나 대성당을 확장하려는 계획이 있었기 때문에 시 정부는 대성당의 해시계를 더 크고 정확하게 개축하기를 원했다. 카시니는 이러한 개축 작업을 성공적으로 수행하여, 구멍의 높이를 27.07m로 높이고 바닥에 남북선을 정확히 표시했다([서양보충 그림 1－1].)

그는 이 해시계를 활용하여 정밀한 관측과 연구를 수행할 수 있었으며, 황적대거, 천문 굴절, 태양의 지반경차, 타원 궤도에 대한 통찰을 얻었고, 이는 《역상고성후편(曆象考成後編)》 〈일전수리(日躔數理)〉에도 반영되었다.

카시니의 황적대거에 대한 논의는 《말바시아 천체조견표》(*Ephemerides novissimae motvvm coelestivm Marchionis Cornelii Malvasiae* 1662)에 나타난다. 말바시아가 볼로냐 근처 판자노에 세운 천문관측소의 연구진은 당대에 새롭게 발전하는 관측 방법과 장비를 사용하여 더 정확한 새로운 천문조견표를 만드는 것을 목표로 삼았다. 그 결실인 《말바시아 천체조견표》는 1661년부터 1665년까지의 천체조견표를 수록하고 있으며, 카시니의 편지와 해설을 수록하고 있다.

카시니는 천체조견표를 해설하면서 1460년 레기오몬타누스부터 1660년 자신에 이르기까지 황적대거의 값을 비교한다([서양보충 그림 1－2] 왼편, 〈서양보충 표 1－1〉).

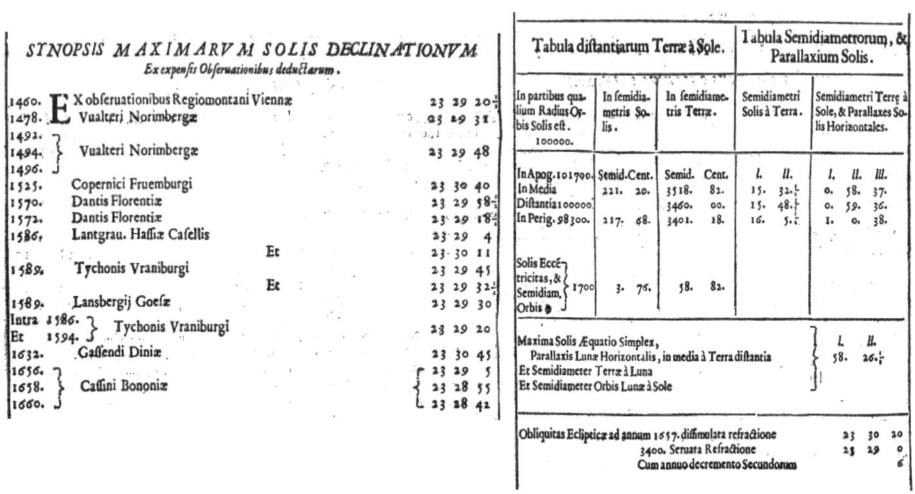
SYNOPSIS MAXIMARVM SOLIS DECLINATIONVM
Ex expenſis Obſeruationibus deductarum.

1460.	EX obſeruationibus Regiomontani Viennæ		23	29	20½
1478.	Vualteri Norimbergæ		23	29	31
1492. 1494. 1496.	Vualteri Norimbergæ		23	29	48
1525.	Copernici Fruemburgi		23	30	40
1570.	Dantis Florentiæ		23	29	58½
1572.	Dantis Florentiæ		23	29	18½
1586.	Lantgrau. Haſſiæ Caſellis		23	29	4
		Et	23	30	11
1589.	Tychonis Vraniburgi		23	29	45
		Et	23	29	32½
1589.	Lansbergij Goeſæ		23	29	30
Intra 1586. Et 1594.	Tychonis Vraniburgi		23	29	20
1632.	Gaſſendi Diniæ		23	30	45
1656.	Caſſini Bononiæ		23	29	5
1658.			23	28	55
1660.			23	28	42

Tabula diſtantiarum Terræ à Sole.			Tabula Semidiametrorum, & Parallaxium Solis.	
In partibus qualium Radius Orbis Solis eſt. 100000.	In ſemidiametris Solis.	In ſemidiametris Terræ.	Semidiametri Solis à Terra.	Semidiametri Terrę à Sole, & Parallaxes Solis Horizontales.
	Semid. Cent.	Semid. Cent.	I. II.	I. II. III.
In Apog. 101700.	221. 20.	3518. 82.	15. 32.½	0. 58. 37.
In Media Diſtantia 100000.		3460. 00.	15. 48.½	0. 59. 36.
In Perig. 98300.	217. 68.	3401. 18.	16. 5.½	1. 0. 38.
Solis Eccentricitas, & Semidiam. Orbis ☉ 1700	3. 76.	58. 82.		

Maxima Solis Æquatio Simplex, Parallaxis Lunæ Horizontalis, in media à Terra diſtantia Et Semidiameter Terræ à Luna Et Semidiameter Orbis Lunæ à Sole — I. 58. II. 26.½

Obliquitas Eclipticæ ad annum 1657. diſſimulata refractione	23	30	20
3400. Seruata Refractione	23	29	0
Cum annuo decremento Secundorum			6

[서양보충 그림 1-2] 카시니의 황적대거 논의(Ephemerides novissimae motuum coelestium Marchionis Cornelii Malvasiae [1662], 184-185.)

[서양보충 표 1-1] 카시니의 역대 황적대거 비교 ([서양보충 그림 1-2]의 왼편에 해당)

년도	천문가	장소	황적대거
1460	레기오몬타누스	비엔나	23도 29분 $20\frac{1}{2}$초
1478	발테루스	뉘렘베르크	23도 29분 31초
1492	발테루스	뉘렘베르크	23도 29분 48초
1494			
1496			
1525	코페르니쿠스	프롬보르크	23도 30분 40초
1570	단티	피렌체	23도 29분 $58\frac{1}{2}$초
1572			23도 29분 $18\frac{1}{2}$초
1586	빌헬름 4세	헤센카셀	23도 29분 4초
			23도 30분 11초
1589	티코	우라니보르그	23도 29분 45초
			23도 29분 $32\frac{1}{2}$초
1589	란스베르게	겐트	23분 29초 30초
1586~1594	티코	우라니보르그	23분 29분 20초
1632	가센디	디뉴	23도 30분 45초
1656	카시니	볼로냐	23도 29분 5초
1658			23도 28분 55초
1660			23도 28분 42초

이어서 카시니는 장반경 100000에 대해 이심률을 1700으로 잡아 지구-태양거리, 태양의 반지름, 지구의 반지름, 태양으로부터 지구까지의 궤도 반지름, 지구로부터 태양까지의 궤도 반지름과 태양의 지평시차값을 제시하고 1657년 황적대거를 굴절을 감안하여 23도 29분으로 정한다([서양보충 그림 1－2] 오른편, 〈서양보충 표 1－2〉). 지반경차(지구 반경으로 인한 천체의 고도 차. 곧, 지구 중심과 지표면을 기준으로 한 천체의 고도 차)의 최대값은 천체가 지평선에 걸려 있을 때 나타나는데, 이를 지평시차라고 한다.

[서양보충 표 1-2] 카시니의 태양의 지심거리, 태양과 달의 지평시차, 황적대거([서양보충 그림 1-2]의 오른편에 해당)

<table>
<tr><th colspan="3">지구와 태양의 거리 표</th><th colspan="5">태양 반경과 지반경차의 표</th></tr>
<tr><td rowspan="2">태양의 궤도 반경 100000에 대한 비</td><td rowspan="2">태양반경에 대한 비</td><td rowspan="2">지구반경에 대한 비</td><td colspan="2">지구에서 관측한 태양의 시반경</td><td colspan="3">태양에서 본 지구의 시반경과 태양의 지평시차</td></tr>
<tr><td>분</td><td>초</td><td>분</td><td>초</td><td>미</td></tr>
<tr><td>원지점 101700</td><td>221.20배</td><td>3518.82배</td><td>15</td><td>$32\frac{1}{2}$</td><td>0</td><td>58</td><td>37</td></tr>
<tr><td>중 거 100000</td><td></td><td>3460.00배</td><td>15</td><td>$48\frac{3}{5}$</td><td>0</td><td>59</td><td>36</td></tr>
<tr><td>근지점 98300</td><td>217.68배</td><td>3401.18배</td><td>16</td><td>$5\frac{1}{4}$</td><td>1</td><td>0</td><td>38</td></tr>
<tr><td>태양의 궤도 반경에 대한 이심률 1700</td><td>3.76배</td><td>58.82배</td><td colspan="5"></td></tr>
<tr><td colspan="5">태양의 최대 단순 등식
달의 지평시차(지구와의 거리가 중거일 때)와
달에서 본 지구의 시반경 및 태양에서 본 달 궤도의 시반경</td><td>58</td><td>$26\frac{1}{3}$</td><td></td></tr>
<tr><td colspan="5">굴절을 생각하지 않은 1657년 황적대거</td><td>23도</td><td>30분</td><td>20초</td></tr>
<tr><td colspan="5">3400, 굴절을 고려한 황적대거</td><td>23도</td><td>29분</td><td>0초</td></tr>
<tr><td colspan="5">연간 감소치</td><td></td><td></td><td>6초</td></tr>
</table>

※ 현재 지구-태양 평균 거리는 약 149,598,023km, 지구의 평균 반경은 약 6,371km, 태양의 평균 반경은 약 696,342km이다. 따라서 태양 반경과 지구 반경에 대한 지구-태양 거리의 비는 각각 대략 214.8배, 23481.1배이다. 그리고 이심률(0.017 혹은 100000에 대한 1700)은 태양 반경과 지구 반경에 대해 각각 대략 3.65배, 399.2배이다. 〈서양보충 표 1-2〉에서 이심률이 지구 반경의 58.82배인 것은 3460×0.017로 나온 숫자이다. 그리고 이심률이 태양 반경의 3.76배인 것은 221.20×0.017로 나온 값이다. 지구 반경에 대한 이심률의 비 계산에 평균 거리의 값 3460배를 사용한 것으로 볼 때, 태양 반경에 대한 이심률의 비 계산에 사용한 값 221.20배도 평균 거리의 값일 것이다. 만약 이것이 원지점 거리의 값이라면 평균 거리의 값은 (221.20배+217.68배)÷2=219.44배이고, 이 값을 사용하면 이심률은 219.44×0.017=3.73배가 된다. 표에서 '221.20배'의 기입 위치가 잘못된 듯하다.

또한 현재 지구에서 본 태양의 시반경은 대략 16분 정도이고, 태양의 지평시차는 8.78초 정도이다. 〈서양보충 표 1－2〉의 중간거리에서 태양의 지평시차 59초 36미는 $\sin^{-1}(1/3460) = 59초36미$로 계산한 값이다. 아마도 이 표를 만들 당시에 지구-태양 사이의 거리를 대략 지구 반경의 3460배로 본 것으로 생각된다.

표와 같이 달이 지구에서 평균거리에 있을 때 지평시차가 58분 $26\frac{1}{3}$초이면 이는 곧 달에서 본 지구의 시반경이고, 그 평균거리가 지구 반경의 $\frac{1}{\sin(58분26\frac{1}{3}초)} \approx$ 58.83배가 된다. 그리고 태양에서 본 달 궤도의 시반경이 58분 $26\frac{1}{3}$초이면 태양에서 지구까지 평균 거리가 달 궤도 반경의 $\frac{1}{\sin(58분26\frac{1}{3}초)} \approx 58.83$배가 된다. 따라서 지구에서 태양까지 평균 거리는 지구 반경의 $(58.83)^2$배$\approx$3460배가 된다. 이처럼 우연히 나타난 동일한 값을 카시니는 '태양의 최대 단순 등식'(Maxima Solis Equatio Simplex)이라고 칭하였다.

현재 지구-달의 평균 거리는 대략 380000km이므로, 지구 반경(대략 6400km)에 의한 달의 지평시차는 대략 $\sin^{-1}(6400/380000) \simeq 58분$ 정도이다.

제4장

대기 굴절로 인한 시차(視差) [청몽기차(淸蒙氣差)]

원문 / **번역문**

淸蒙氣差，西人第谷始發。

청몽기차는 서양 사람 제곡(第谷 티코 브라헤)이 처음 발견하였다.

其義謂: "地中遊氣上騰，能升卑爲高，映小爲大。" 而蒙氣之厚薄、升像之高下，又隨地不同。

그 의미는 땅속의 유기(游氣 부동(浮動)하는 수증기 또는 먼지)가 피어 올라 낮은 물체가 높아 보이게 하고 작은 물체가 커 보이게 할 수 있다는 것이다. 몽기(蒙氣 청몽기)의 후박(厚薄)과 물체의 상(像)을 띄우는 높이는 또 지표면의 상황에 따라 다르다.

其所作蒙氣差表謂: "其國北極出地五十五度測得， 地平上最大蒙氣差三十四分。 自地平以上，其差漸少，至距地高四十五度，猶差五秒。更高，則無蒙氣矣。"

제곡이 만든 몽기차표(蒙氣差表 청몽기차표)에는, 북극고도(北極高度)가 55도인 그의 나라(덴마크)에서 측정한 값이 다음과 같이 기록되었다. 지평선상에서 최대 몽기차가 34분이고, 지평선에서 위로 올라갈수록 몽기차가 점차 작아진다. 지평선으로부터 45도 높이에 이르러도 5초의 몽기차가 있으나 더 높아지면 몽기차가 없다.

厥後西人又言: "北極高四十八度，太陽高四十五度時， 蒙氣差尚有一分餘，自地平至天頂，皆有蒙氣差。" 《上編》具載其說，而表則仍

그 후에 다른 서양인은 말하기를, "북극고도가 48도인 지방에서 태양의 고도가 45도일 때에도 청몽기차가 1분 남짓이나 있고, 지평선부터 천정까지 모두 몽기차가 있다." 하였다. 상편(《역상고성》 상편)에 그 내용을 상세히 실었는데,[40] 표

《新法算書》第谷之舊也。

는《신법산서》에 실린 제곡(티코 브라헤)의 옛 표를 그대로 실었다.[41]

今監臣戴進賢等歷考, 西史第谷所定地平上蒙氣差, 其門人刻白爾, 即謂失之稍大, 而猶未定有確數。

지금(《역상고성후편》 편찬 당시) 흠천감의 신하 대진현(戴進賢 쾨글러) 등이 역대의 청몽기차 값을 살펴본 결과, 서양의 천문학자 제곡(티코 브라헤)이 정한 지평선상의 몽기차를 그의 제자 각백이(刻白爾 케플러)가 실제보다 좀 크다고 하였다. 그러나 정확한 수치를 정하지는 않았다.

至噶西尼, 始從而改正焉。 其說謂: "蒙氣繞乎地球之周, 日月星照乎蒙氣之外。 人在地面, 爲蒙氣所映, 必能視之使高。 而日月星之光線, 入乎蒙氣之中, 必反折之使下。"

갈서니(噶西尼 카시니)가 그 뒤를 이어 비로소 수치를 고쳐 바로잡았다. 그의 설은 다음과 같다. "몽기가 지구의 둘레를 둘러싸고 있는데, 태양 · 달 · 별은 몽기의 밖에서 지구를 비춘다. 지표면에 있는 사람에게는 몽기에 의해 투영되어 반드시 높아 보이게 하고, 태양 · 달 · 별의 광선은 몽기 속으로 비쳐들 때 반드시 반대로 굴절시켜 낮아지게 한다."

故光線與視線, 在蒙氣之內, 則合而爲一, 蒙氣之外, 則岐而爲二。 此二線所交之角, 即爲蒙氣差角。

그러므로 광선과 시선이 몽기 안에서는 합쳐져 하나의 선이 되지만, 몽기 밖에서는 갈라져 두 개의 선이 된다. 이 두 선이 만나는 각도가 곧 몽기차각(蒙氣差角)이다.

第谷已悟其理, 然猶未有算術。

제곡(티코 브라헤)이 이미 그 원리를 알고 있었지만 계산법은 없었다.

噶西尼反覆精求, 謂: "視線與光線所岐, 雖有不同, 而相合則有定處。 自地心過所合處, 作線抵圜

갈서니(噶西尼 카시니)가 반복하여 정밀히 연구해서 다음과 같이 말하였다. "시선과 광선이 갈라지는 방향이 비록 다르기는 하나, 서로 합쳐지는 곳은 일정하다. 지구 중심으로부터 그 합

周，則此線即爲蒙氣之割線。視線與割線，成一角。光線與割線，亦成一角。二角相減，即得蒙氣差角。"

쳐지는 곳을 지나는 선을 그어 원주(圓周)에 닿게 하면 이 선이 곧 몽기의 할선(割線)[42]이 된다. 시선과 할선이 하나의 각을 형성하고, 광선과 할선도 하나의 각을 형성하는데, 이 두 각의 차를 구하면 곧 몽기차의 각도가 나온다."

爰在北極出地高四十四度處，屢加精測，得地平上最大差，爲三十二分一十九秒。蒙氣之厚，爲地半徑千萬分之六千零九十五。視線角與光線角，正弦之比例，常如一千萬與一千萬零二千八百四十一。

그리하여 북극고도가 44도인 곳([서양 보충자료 2] 참조)에서 여러 차례 정밀히 관측한 결과, 지평선상에서 최대 몽기차가 32분19초로 나왔고, 몽기의 두께가 지구 반경의 $\frac{6095}{10,000,000}$ 였다. 따라서 시선각의 정현(正弦 sin값)과 광선각의 정현의 비가 항상 10,000,000과 10,002,841의 비와 같다.

用是以推逐度之蒙氣差，至八十九度，尚有一秒。驗諸實測，較第谷爲密，近日西法並宗之。具詳圖法於左。

이를 이용하여 1도 간격으로 몽기차를 계산하면 89도의 고도에서도 1초의 몽기차가 있다. 이를 실측값과 대조하면 제곡(티코 브라헤)의 값보다 정밀하므로, 근래 서양의 천문역법들이 모두 이를 따른다. 도해를 이용한 계산법[43]을 아래에 구체적으로 상세하게 싣는다.

如圖，甲爲地心，乙爲地面。乙甲爲地半徑一千萬. 丙乙爲蒙氣之厚六千零九十五。丁爲太陽【月星倣此。】，照於蒙氣之戊。

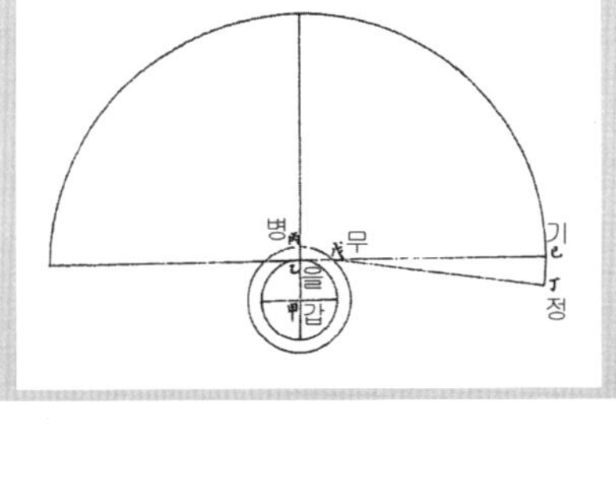

그림과 같이, 갑이 지구 중심, 을이 지표면상의 관측 지점, $\overline{을갑}$이 지구 반경=1천만, $\overline{병을}$이 몽기의 두께=6,095, 정이 태양【달과 별의 경우도 이와 같다.】이고, 태양이 몽기의 '무'점을 비춘다고 하자.

人自地面乙視之，則見日於戊者，當本天之己。己戊乙爲視線，丁戊乙爲光線。是視線常高，光線常卑。視線常直，光線常折在戊點。

사람이 지표면 을에서 바라보면 무에서 태양을 보게 되는데, 이 방향은 본천(本天 태양천)의 '기'에 해당한다. 기무을은 시선이고, 정무을은 광선이다. 이렇게 시선은 항상 높고 광선은 항상 낮으며, 시선은 항상 일직선이고 광선은 항상 '무'점에서 꺾인다.

蒙氣之内，則光線與視線，合同爲戊乙。出乎戊點之外，則視線己戊，光線丁戊，岐而爲二。故己戊丁角，爲蒙氣差角。

몽기의 안에서는 광선과 시선이 합쳐져 동일한 무을이 되고, '무'점 밖으로 나가서는 시선 기무와 광선 정무로 갈라져 두 개의 선이 된다. 그러므로 ∠기무정이 몽기차각이 된다.

試自地心甲出線，過戊點至庚，則庚甲即爲地平上蒙氣之割線。己戊庚角，爲視線與割線所成之角。丁戊庚角，爲光線與割線所成之角。而己戊丁蒙氣差角，即爲兩角之較。

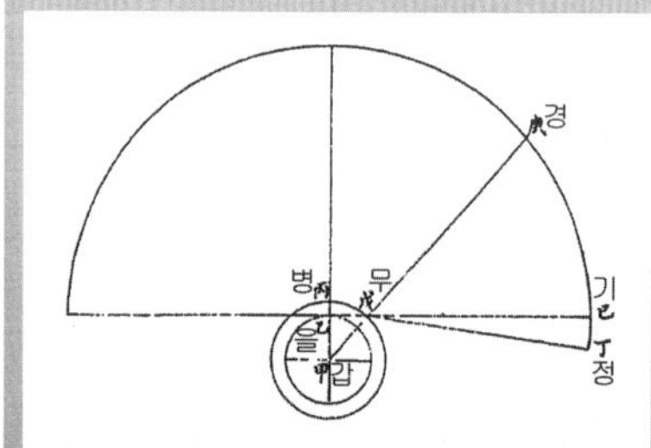

지구 중심 갑으로부터 '무'점을 지나 '경'까지 선을 그으면 경갑이 곧 지평면 위의 몽기의 할선이 된다. ∠기무경은 시선과 할선이 이루는 각이 되고, ∠정무경은 광선과 할선이 이루는 각이 되므로, 몽기차각인 ∠기무정은 곧 두 각의 차가 된다.

今既測得地平上蒙氣差，爲三十二分一十九秒。又測定蒙氣之厚，爲六千零九十五。則己戊庚視線角，與丁戊庚光線角，可以得其比例。

이제 지평선상의 몽기차가 32분19초임을 실측하였고, 또 몽기의 두께가 6,095임을 측정했으므로, 시선각 ∠기무경과 광선각 ∠정무경의 비를 구할 수 있다.

其術用甲乙戊直角三角形, 以甲戊一〇〇〇六〇九五, 與甲乙一千萬之比, 同於乙直角正弦一千萬, 與戊角正弦九九九三九〇八【小餘七一】之比, 而得戊角, 爲八十八度【小餘百分秒之四二】, 卽己戊庚角。

그 계산법은 ⊾갑을무를 이용한다. $\overline{\text{갑무}}$ = 10,006,095와 $\overline{\text{갑을}}$ = 10,000,000의 비가 직각인 ∠을의 정현(sin값) = 10,000,000과 ∠무의 정현 = 9,993,908.71의 비와 같으므로, ∠무 = 88도 $\frac{42}{100}$초가 나온다. 이것이 곧 ∠기무경이다.

又以己戊丁蒙氣差角三十二分一十九秒, 與之相加, 得八十八度三十二分一十九秒【小餘四二】, 卽丁戊庚角。其正弦, 爲九九九六七四八【小餘二五】。

또 몽기차각인 ∠기무정 = 32분19초를 ∠기무경에 더하면 88도32분19.42초가 나오는데, 이것이 곧 ∠정무경이다. 그 정현(sin값)은 9,996,748.25이다.

夫視線角之正弦己辛, 爲九九九三九〇八【小餘七一】, 則光線角之正弦丁壬, 爲九九九六七四八【小餘二五】。

시선각의 정현인 $\overline{\text{기신}}$이 9,993,908.71이면, 광선각의 정현인 $\overline{\text{정임}}$은 9,996,748.25가 되는 것이다.[44)]

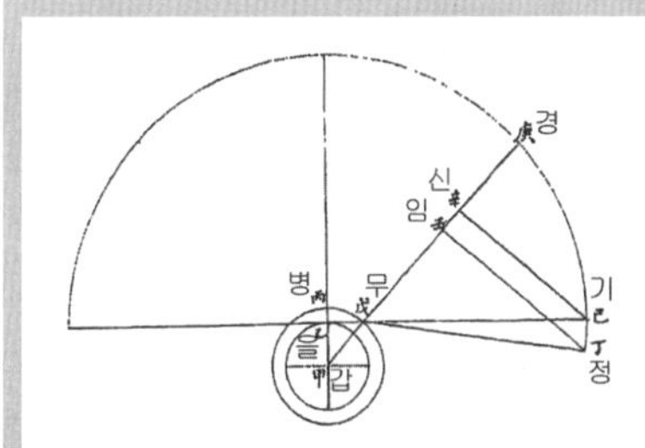

若設己辛爲一千萬, 則丁壬必爲一〇〇〇二八四一。此兩角正弦之比例也。

만약 $\overline{\text{기신}}$을 10,000,000으로 놓는다면, $\overline{\text{정임}}$은 반드시 10,002,841이 된다. 이것이 두 각의 정현의 비이다.

既得兩弦之比例, 而蒙氣差之戊角, 與視線交蒙氣割線之戊角, 同以在地平爲最大, 漸近天頂, 則漸

두 각의 정현의 비를 구하였고, '몽기차의 각도인 ∠무'와 '시선이 몽기의 할선과 교차하는 각도인 ∠무'가 동일하게 지평선에서 최대이고 천

小。則是二者常相因，而逐度之蒙氣差，皆可以兩弦比例而推。

정에 가까워질수록 점차 작아져서 이 두 각은 항상 서로 연동되므로 고도 1도마다의 몽기차를 모두 두 각의 정현의 비를 가지고 구할 수 있다.

如求地平上高二十度癸己弧之蒙氣差，則癸戊乙爲視線，子戊乙爲光線。丑戊甲爲地平上二十度蒙氣之割線，戊乙丙角爲七十度。

만약 지평고도가 $\overset{\frown}{\text{계기}}$ =20도일 때 몽기차를 구한다면, $\overline{\text{계무을}}$이 시선, $\overline{\text{자무을}}$이 광선,[45] $\overline{\text{축무갑}}$이 지평선 위 20도에서 보이는 천체에 대한 몽기의 할선, ∠무을병이 70도가 된다.

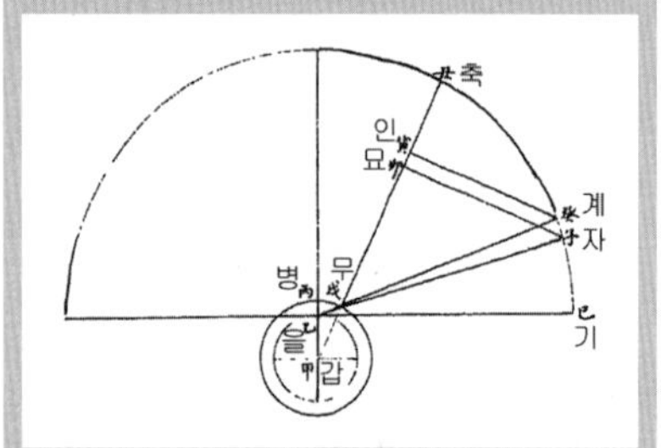

癸戊丑角，爲視線與割線所成之角，其正弦爲癸寅。子戊丑角，爲光線與割線所成之角，其正弦爲子卯。

∠계무축이 시선과 할선이 이루는 각이고 그 정현이 $\overline{\text{계인}}$이며, ∠자무축이 광선과 할선이 이루는 각이고 그 정현이 $\overline{\text{자묘}}$이다.

先用甲戊乙三角形，求得戊角六十九度五十四分一十五秒【小餘五五】，即癸戊丑角。

먼저 △갑무을을 이용하여 구하면 ∠무가 69도54분15.55초로 나오는데, 이것이 곧 ∠계무축이다.[46]

又以一千萬與一〇〇〇二八四一之比，同於癸寅與子卯之比，而得子戊丑角，爲六十九度五十六分五十五秒【小餘九二】。兩角相減，餘癸戊子角二分四十秒【小餘三七】，即地平上二十度之蒙氣差也。餘倣此。

또 10,000,000과 10,002,841의 비가 $\overline{\text{계인}}$과 $\overline{\text{자묘}}$의 비와 같음을 이용하여 ∠자무축=69도56분55.92초를 구한다. 두 각의 차를 구하면 ∠계무자=2분40.37초가 남는데, 이것이 곧 지평선 위 20도에서 보이는 천체에 작용하는 몽기차이다. 그밖의 고도에서도 이와 같은 방법으로 몽기차를 구한다.

내용 정리

1) 청몽기차의 발견: 티코 브라헤가 최초.

2) 청몽기의 의미와 영향

(1) 청몽기: 땅속의 유기(游氣 부동하는 수증기 또는 먼지)가 피어 오른 것.

(2) 청몽기의 영향: 낮은 곳에 있는 물체가 높아 보이게 하고, 작은 물체가 커 보이게 할 수 있음.

---

40) 상편에……실었는데: 《역상고성》 상편 〈일전역리〉의 제5장 〈청몽기차〉에도 위에 서술된 내용이 모두 기술되어 있다. 그러나 티코 브라헤와 근래(역상고성 편찬 당시) 서양인의 측정값이 다른 이유에 대해 '지방에 따라 청몽기차가 다른 것'으로만 해석하였다.

41) 표는……실었다: 《역상고성》 하편 〈일전표〉의 〈청몽기차표〉는 《숭정역서》의 〈청몽기차표〉에서 행과 열을 서로 바꾸고 읽기 편한 2단 구성으로 바꾼 것이다. 내용상 변화는 오자를 수정한 것 외에는 전혀 없다.

42) 할선(割線): 원의 중심과 원주상의 점을 잇는 선을 중심각의 분할선이라는 의미로 일컫는 말이다. 삼각함수 중 시컨트(sec)값을 일컫는 정할(正割)과 코시컨트(cosec)값을 일컫는 여할(餘割)의 '할(割)'도 이 두 값이 모두 원의 중심과 원주상의 점을 지나는 직선상에서 정의되기 때문에 붙은 글자이다.

43) 도해를 이용한 계산법: 《역상고성》 상편 〈일전역리〉의 제5장에도 청몽기차 계산법 도해가 있으나, 여기의 도해와 내용이 완전히 다르다. 《역상고성》에서는 정호삼각형(구면 직각삼각형)을 이용하여 태양의 적위, 관측지의 위도, 관측시각의 태양의 시간각을 가지고 태양의 지심고도를 구하는 방법을 주요하게 다루고 나서, '청몽기차＝겉보기고도－지심고도＋지반경차'의 관계를 이용하여 청몽기차를 구하도록 하였다. 《강민정 외 3인, 역상고성에 기술된 태양의 운동, 교육과학사, 2023, 82~90쪽 참조》

44) 시선각의……것이다: △무기신의 빗변 $\overline{\text{무기}}$와 △무정임의 빗변 $\overline{\text{무정}}$은 모두 지구에서 무한대의 천구까지 거리이므로 위도에 따른 거리차는 무시하고 계산한 것이다. '정'에 있는 천체가 달이든 태양이든 항성이든 청몽기차는 동일하다.

45) $\overset{\frown}{\text{자무을}}$이 광선: 저본의 도해에는 $\overline{\text{자을}}$이 직선으로 잘못 그려져 있다.

46) 먼저……∠계무축이다: △갑무을에서 다음의 비례식을 이용하여 sin(∠무)를 구한다.

($\overline{\text{갑무}}$ 10006095) : ($\overline{\text{갑을}}$ 10000000)＝sin(∠을＝110도) : sin(∠무)

sin(∠무)＝9391202.27

따라서 ∠무＝69도54분15.59초가 나온다. 본문의 계산값 ∠무＝69도54분15.55초은 끝자리에서 반올림 여부에 따라 미소한 차이가 난 것일 뿐이다.

(3) 지표면의 상황의 차이

→ 몽기(蒙氣 청몽기)의 후박(厚薄)의 차 → 물체의 상(像)을 띄우는 높이의 차.

3) 티코 브라헤의 청몽기차 값 ⇒ 티코 브라헤의 청몽기차 표

• 북극고도가 55도인 덴마크에서 측정한 값

(1) 지평선에서 최대 몽기차: 34분

(2) 지평선에서 위로 올라갈수록 몽기차가 점차 작아짐.

(3) 지평고도 45도에서 몽기차: 5초

(4) 지평고도 45도 이상에서 몽기차: 없음.

4) 티코 브라헤 이후 어떤 서양인의 청몽기차 값

• 북극고도가 48도인 지방에서 측정한 값

(1) 지평고도 45도에서 몽기차: 1분 남짓

(2) 지평선부터 천정까지 모두 몽기차가 있음.

5) 《역상고성》 상편의 청몽기차

(1) 〈일전역리〉의 제5장 '청몽기차'에
티코 브라헤의 값과 그 후 어떤 서양인의 측정값이 달랐던 사실을 상세히 서술함.[40]

(2) 〈일전표〉의 제11표 '청몽기차표'에 《신법산서》에 실었던 티코 브라헤의 옛 표를 실음.[41]

6) 《역상고성후편》 편찬 시에 쾨글러가 비교 검토한 역대의 청몽기차 값

(1) 케플러: "티코 브라헤가 정한 지평선상의 몽기차는 실제보다 약간 크다." 그러나 정확한 수치를 정하지는 않음.

• 케플러는 티코 브라헤의 제자

(2) 카시니: 케플러 이후에 청몽기차 값를 바로잡음.

7) 카시니의 청몽기차 이론

(1) 청몽기차의 원리

① 몽기가 지구의 둘레를 에워싸고 있고, 해 · 달 · 별은 몽기의 밖에서 지구를 비춤.

② 지표면에 있는 사람에게는 해 · 달 · 별이 몽기에 의해 굴절되어 실제보다 반드시 높게 보임.

③ 태양 · 달 · 별의 광선은 몽기 속으로 비쳐들 때 반드시 반대로 굴절되어 낮아짐.

(2) 몽기차각(蒙氣差角)

① 광선과 시선이 청몽기 안에서는 합쳐져 하나의 선이 되지만, 청몽기 밖에서는 갈라져 두 개의 선이 됨.

② 시선과 광선이 만나는 각도 ⇒ 청몽기차 각

▾ 티코 브라헤도 이 같은 원리를 알고 있었지만 계산법은 없었음.

(3) 청몽기차의 각도 계산법

① 청몽기 밖에서 두 방향으로 갈라져 있던 시선과 광선이 처음 합쳐지는 지점이 있음.

② 지구 중심으로부터 ①의 지점을 지나 원주(圓周)까지 선을 그음 ⇒ 청몽기의 할선(割線)[42]

③ 몽기차의 각도=(광선과 할선이 만나는 각도)—(시선과 할선이 만나는 각도)

(4) 청몽기차 측정값

▾ 북극고도가 44도인 곳([서양 보충자료 2] 참조)에서 측정한 값

① 지평선에서 최대 청몽기차: 32분19초

② 청몽기의 두께: 지구 반경의 $\frac{6095}{10000000}$배.

③ 다음의 비례식이 항상 성립함.

sin(시선각) : sin(광선각) = 10000000 : 10002841

④ 위의 비례식을 이용하여 1도 간격으로 청몽기차를 계산하면 고도 89도에서 청몽기차: 1초

→ 티코 브라헤의 값보다 실측값에 더 정밀하게 맞음.

⇒ 근래 서양의 방법들이 모두 이를 모범으로 삼음.

8) 카시니의 청몽기차 계산법 도해[43]

[그림 4-1]에서,

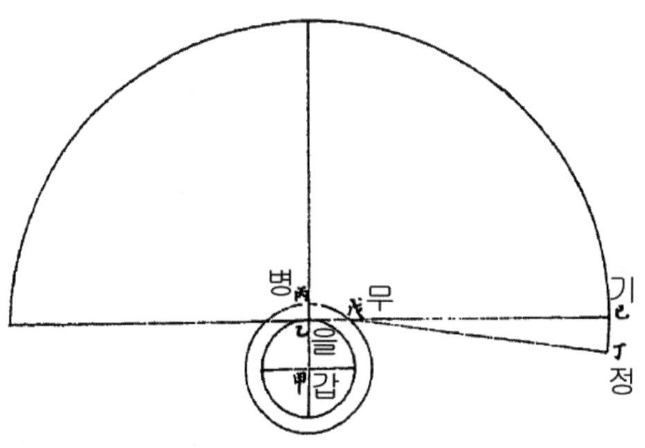

[그림 4-1] 카시니의 청몽기차 계산법 도해1

(1) 갑: 지구 중심

을: 지표면상의 관측 지점

을갑: 지구 반경 1천만

병을: 청몽기의 두께 6095

정: 태양

무: 태양이 비추는 청몽기 최상층의 점

(2) 사람이 지표면 을에서 바라본 태양의 위치: 무 → 본천(本天 태양천)의 '기'에 해당.

기무을: 시선 → 광선의 방향보다 항상 높음, 항상 일직선임.

정무을: 광선 → 시선의 방향보다 항상 낮음, 항상 '무'점에서 꺾임.

(3) 청몽기의 안에서: 광선과 시선이 무을로 합쳐짐.

청몽기의 밖에서: 시선은 기무, 광선은 정무로 갈라짐.

⇒ ∠기무정: 몽기차의 각도

(4) [그림 4-2]에서,

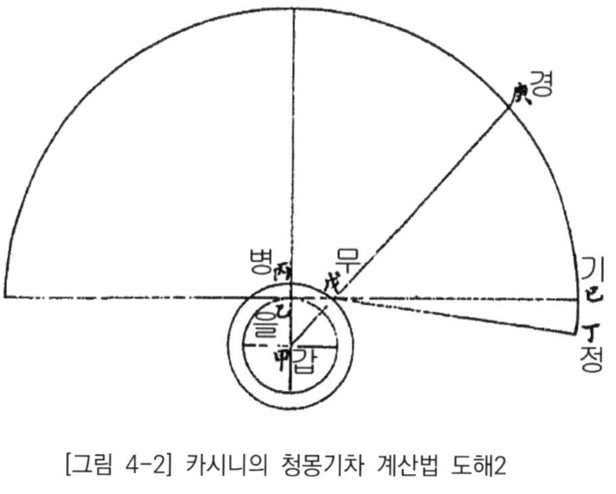

[그림 4-2] 카시니의 청몽기차 계산법 도해2

경갑: 지평면 위의 청몽기의 할선

▾ 지구 중심 갑으로부터 '무'점을 지나 '경'까지 그은 직선

∠기무경: 시선과 할선이 이루는 각

∠정무경: 광선과 할선이 이루는 각

청몽기차의 각도 ∠기무정=(광선각 ∠정무경)—(시선각 ∠기무경)

(5) 다음 두 실측값을 이용하여 '시선각 ∠기무경'과 '광선각 ∠정무경'의 비 구하기

지평선상의 청몽기차 실측값 32분19초

청몽기의 두께 측정값 6095

① ⊿갑을무에서 다음의 비례식을 이용하여 ∠기무경 구하기

($\overline{\text{갑무}}$ 10006095) : ($\overline{\text{갑을}}$ 10000000)={sin(∠을) 10000000} : sin(∠무)

sin(∠무)=9993908.71

∴∠무=88도$\frac{42}{100}$초 ⇒ 시선각 ∠기무경

② 광선각 ∠정무경=(시선각 ∠기무경 88도$\frac{42}{100}$초)+

(청몽기차각 ∠기무정 32분19초)

=88도32분19.42초

sin(∠정무경)=9996748.25

③ [그림 4-3]에서[44],

$\overline{\text{기신}}$=sin(시선각 ∠기무경)=9993908.71

$\overline{\text{정임}}$=sin(광선각 ∠정무경)=9996748.25

∴ $\overline{\text{기신}}$=10000000일 때 → $\overline{\text{정임}}$=10002841

⇒ 시선각과 광선각의 sin값의 비

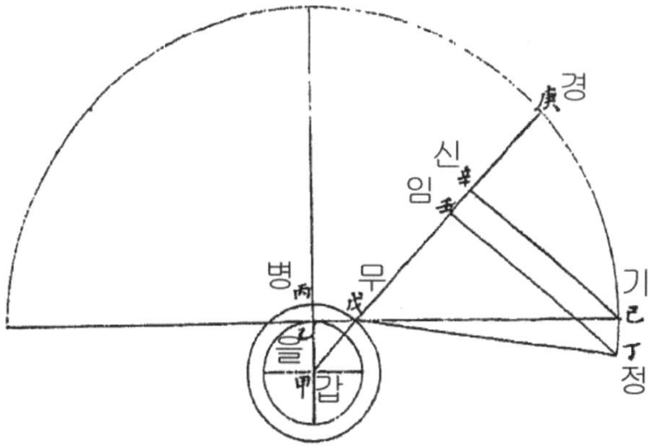

[그림 4-3] 카시니의 청몽기차 계산법 도해3

④ '청몽기차의 각도인 ∠ 무'와 '시선이 몽기의 할선과 교차하는 각도인 ∠ 무'는 모두 지평선에서 최대이고 천정에 가까워질수록 점차 작아짐.

→ 이 두 각은 항상 서로 연동됨.

→ 고도 1도마다의 청몽기차각을 이 두 각의 sin값의 비를 가지고 구할 수 있음.

(6) 지평고도 20도에서의 몽기차각 구하기

[그림 4－4]에서,

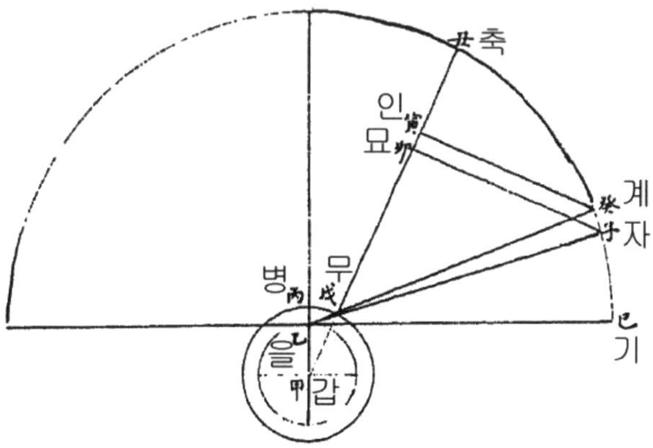

[그림 4-4] 카시니의 청몽기차 계산법 도해4

$\overset{\frown}{\text{계기}}$: 지평고도 20도

$\overline{\text{계무을}}$: 시선

$\overset{\frown}{\text{자무을}}$: 광선[45]

$\overline{\text{축무갑}}$: 지평선 위 20도에서 청몽기의 할선

∠무을병: 70도

∠계무축: 시선과 할선이 이루는 각 → 시선각

$\overline{\text{계인}}$ = sin(∠계무축)

∠자무축: 광선과 할선이 이루는 각 → 광선각

$\overline{\text{자묘}}$ = sin(∠자무축)

① △갑무을에서 다음의 비례식을 이용하여 sin(∠무) 구하기.

($\overline{\text{갑무}}$ 10006095) : ($\overline{\text{갑을}}$ 10000000) = sin(∠을 = 110도) : sin(∠무)

∴ ∠무 = 69도54분15.55초 ⇒ 시선각 ∠계무축[46]

② 앞의 '(5)'항에서 구한 시선각과 광선각의 sin값의 비를 이용하여 광선각 구하기

ㄱ. 다음의 비례식을 이용하여 광선각 ∠자무축 구하기

10000000 : 10002841 = sin(시선각 ∠계무축 69도54분16초) : sin(광선각 ∠자무축)

∴ sin(광선각 ∠자무축) = 9393870.31

∠자무축 = 69도56분55.92초 ⇒ 광선각

ㄴ. ∠계무자 = (광선각 ∠자무축 = 69도56분55.92초) — (시선각 ∠계무축 = 69도54분15.55초)

= 2분40.34초 ⇒ 지평선 위 20도에서 나타나는 청몽기차

(7) 그밖의 고도에서도 '(6)'항과 같은 방법으로 청몽기차를 구함.

서양 보충자료 2 카시니의 굴절표

서양에서 천문 굴절의 현상은 고대인에게 완전히 알려지지 않은 것은 아니다. 프톨레마이오스는 《알마게스트》에선 굴절을 거의 무시했지만, 《광학》 제5권에서는 천문 굴절을 다룬다. 프톨레마이오스의 광학 이론은 1028년과 1038년 사이에 저술된 알하이삼(Ibn al-Hytham 965~1040)의 《광학서》(Kitāb al-Manāẓir)를 통해 계승되고 더욱 발전했다. 《광학서》는 12세기 말이나 13세기 초에 라틴어로 번역되어 중세 시대에 지대한 영향을 주었다. 천문 굴절을 관측하고 이론적으로 설명하고 수치표를 작성하여 실제적으로 천문 관측에 사용할 수 있게 공헌한 사람은 티코 브라헤였다. 티코의 굴절 이론은 《숭정역서(崇禎曆書)》의 〈일전역지〉에 소개되었고, 그의 굴절표는 〈일전표〉에 수록되었다. 《역상고성》 상 · 하편도 티코의 굴절 이론을 제시하고 티코의 굴절표를 그대로 사용하였다.

《역상고성후편》의 〈일전수리(日躔數理)〉는 카시니가 티코의 수치를 바로잡았다고 하며 카시니의 굴절 이론을 소개한다. 〈일전수리〉에서는 간략하게 소개되어 있지만, 카시니의 굴절 이론이 정설로 확립되기까지는 수없는 정밀 관측, 굴절표의 보완, 이론적인 논쟁을 거쳐야 했다. 카시니의 굴절표는 세 가지 형태로 발전했다.

1) 카시니의 첫째 굴절표

먼저 카시니는 《말바시아 천체조견표》의 해설 부분에서 최초의 굴절표와 태양의 시차표를 제시했다([서양보충 그림 2-1]). 이 표는 천정거리(①)와 고도(②)에 따라 여름(③)과 봄 · 가을(④), 겨울(⑤)의 세 가지 계절을 구분하여 굴절값을 보여주며, 원지점(⑥), 중거(⑦), 근지점(⑧)에 따라 시차를 나타낸다. 이 굴절표는 굴절의 최대값을 여름엔 32분 20초, 봄가을엔 32분 40초, 겨울은 33분으로 잡았고, 최대 시차는 케플러처럼, 원지점에선 58초, 중거에선 59초, 근지점에선 60초로 잡았다.

173

Tabula Refractionum. / Tabula Parallaxium Solis.

Distantia à Vertice. G.	Altitudo. G.	Refractio Æstiua. l	ll	Refractio Æquinoctialis. l	ll	Refractio Hyberna. l	ll	In Apogæo. ll	In med. long. ll	In Perigæo. ll
0	90	0	0	0	0	0	0	0	0	0
1	89	0	1	0	1	0	1	1	1	1
2	88	0	2	0	2	0	2	2	2	2
3	87	0	3	0	3	0	3	3	3	3
4	86	0	4	0	4	0	4	4	4	4
5	85	0	5	0	5	0	6	5	5	5
6	84	0	6	0	6	0	7	6	6	6
7	83	0	7	0	7	0	8	7	7	7
8	82	0	8	0	9	0	10	8	8	8
9	81	0	9	0	10	0	11	9	9	9
10	80	0	10	0	11	0	12	10	10	10
11	79	0	11	0	12	0	14	11	11	11
12	78	0	12	0	13	0	15	12	12	12
13	77	0	13	0	15	0	17	13	13	13
14	76	0	14	0	16	0	18	14	14	14
15	75	0	16	0	18	0	20	15	15	15
16	74	0	17	0	19	0	21	16	16	16
17	73	0	18	0	20	0	22	17	17	17
18	72	0	19	0	21	0	24	18	18	18
19	71	0	20	0	22	0	25	19	19	19
20	70	0	21	0	23	0	26	20	20	20
21	69	0	22	0	25	0	28	21	21	21
22	68	0	24	0	27	0	30	22	22	22
23	67	0	25	0	28	0	31	23	23	23
24	66	0	26	0	29	0	33	24	24	24
25	65	0	27	0	30	0	34	25	25	25
26	64	0	28	0	31	0	35	25	26	26
27	63	0	30	0	33	0	37	26	27	27
28	62	0	31	0	34	0	38	27	28	28
29	61	0	33	0	36	0	40	28	29	29
30	60	0	34	0	38	0	42	29	30	30
31	59	0	35	0	39	0	43	30	30	31
32	58	0	37	0	41	0	45	31	31	32
33	57	0	38	0	42	0	47	32	32	33
34	56	0	40	0	44	0	49	32	33	34
35	55	0	41	0	46	0	51	33	34	34
36	54	0	43	0	48	0	53	34	35	35
37	53	0	45	0	50	0	55	35	36	36
38	52	0	47	0	52	0	57	36	37	37
39	51	0	49	0	54	0	59	37	37	38
40	40	0	50	0	55	1	1	38	39	39
41	59	0	52	0	57	1	3	39	39	39
42	48	0	54	0	59	1	5	39	39	40
43	47	0	56	1	1	1	7	40	40	41
44	46	0	58	1	4	1	10	40	41	42
①	②	③		④		⑤		⑥	⑦	⑧

Distantia à Vertice. G.	Altitudo. G.	Refractio Æstiua. l	ll	Refractio Æquinoctialis. l	ll	Refractio Hyberna. l	ll	In Apogæo ll	In Med. Lõg. ll	In Perigæo. ll
45	45	0	59	1	6	1	13	41	42	42
46	44	1	1	1	8	1	16	41	43	43
47	43	1	3	1	10	1	18	42	43	44
48	42	1	5	1	13	1	21	43	44	45
49	41	1	7	1	15	1	24	44	45	45
50	40	1	10	1	18	1	27	44	45	46
51	39	1	12	1	21	1	30	45	46	47
52	38	1	15	1	24	1	33	46	47	47
53	37	1	18	1	27	1	36	46	47	48
54	36	1	20	1	29	1	38	47	48	48
55	35	1	23	1	32	1	42	48	48	49
56	34	1	27	1	37	1	47	48	49	50
57	33	1	30	1	41	1	52	49	50	50
58	32	1	34	1	46	1	57	49	50	51
59	31	1	38	1	50	2	2	50	51	51
60	30	1	42	1	54	2	7	50	51	52
61	29	1	46	1	58	2	12	51	52	52
62	28	1	51	2	3	2	17	51	52	53
63	27	1	55	2	8	2	23	52	53	53
64	26	2	0	2	15	2	30	52	53	54
65	25	2	6	2	21	2	30	53	53	54
66	24	2	12	2	27	2	43	53	54	55
67	23	2	18	2	34	2	50	53	54	55
68	22	2	25	2	42	3	0	54	55	56
69	21	2	31	2	51	3	10	54	55	56
70	20	2	39	2	59	3	20	54	55	56
71	19	2	49	3	9	3	30	55	56	57
72	18	3	0	3	21	3	42	55	56	57
73	17	3	11	3	33	3	56	55	56	57
74	16	3	24	3	47	4	11	56	57	58
75	15	3	36	4	2	4	29	56	57	58
76	14	3	54	4	21	4	49	56	57	58
77	13	4	12	4	43	5	15	57	57	58
78	12	4	32	5	5	5	38	57	58	59
79	11	4	58	5	32	6	7	57	58	59
80	10	5	28	6	6	6	44	57	58	59
81	9	6	4	6	46	7	28	57	58	59
82	8	6	47	7	33	8	21	57	58	59
83	7	7	44	8	35	9	27	58	59	60
84	6	8	55	9	53	10	52	58	59	60
85	5	10	32	11	38	12	45	58	59	60
86	4	12	48	14	4	15	20	58	59	60
87	3	16	6	17	19	18	53	58	59	60
88	2	21	4	22	30	23	57	58	59	60
89	1	27	56	28	51	19	46	58	59	60
90	0	32	10	32	40	33	0	58	59	60
①	②	③		④		⑤		⑥	⑦	⑧

CLARIS.

[서양보충 그림 2-1] 《말바시아 천체조견표》 태양의 굴절과 시차표(*Ephemerides novissimae motuum coelestium Marchionis Cornelii Malvasiae*, p. 173)

카시니는 자신의 만든 굴절과 시차표를 11가지 관측 사례를 통해 검증하고 다음과 같이 서술한다(*Ephemerides novissimae motuum coelestium Marchionis Cornelii Malvasiae* [1662], 186).

> Cuiuscumq; radij in aeris superficiem obliquè incidentis distantiam à Centro terrae per refractionem decurtari sui partibus $\frac{2841}{10000000}$
>
> Aeris altitudinem esse terreni semidiametri $\frac{6095}{10000000}$
>
> 대기의 표면으로 비스듬히 떨어지는 각각의 광선의 지구 중심으로부터 거리는 굴절을 통해 그 거리의 $\frac{2841}{10000000}$만큼 짧아지며 대기의 높이는 지구의 반지름의 $\frac{6095}{10000000}$이다.

이 굴절률이 카시니의 굴절 이론의 실제적인 성과이며, 굴절과 시차표의 이론적인 토대이다. 〈일전수리〉는 굴절율의 정립 과정을 다음과 같이 소개한다. 북극고도가 44도인 곳에서 여러 차례 정밀히 관측하여, 최대 굴절값은 32분 19초, 대기의 두께는 지구 반지름의 $\frac{6095}{10000000}$, 시선각의 사인값과 광선각의 사인값의 비가 10000000과 10002841의 비와 같으며, 이를 이용해서 1도 간격으로 굴절을 계산할 수 있다고 서술한다. 〈일전수리〉는 북극고도 44도라고만 언급하는데, 이 지역은 볼로냐라고 추정할 수 있다.

대기 굴절에 대한 카시니와 〈일전수리〉 해설의 연관성을 추정하면 [서양보충 그림 2-2]와 같다.

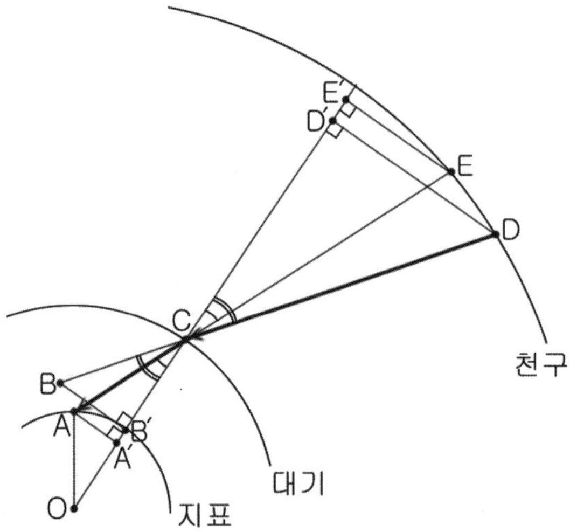

[서양보충 그림 2-2] 대기 굴절에 대한 카시니와 〈일전수리〉 해설 연계

천구상의 D점에 있는 광원의 빛이 대기 표면의 C점으로 입사하면서 굴절되어 지표의 A점에 닿을 때 〈일전수리〉에서 말한 '시선각의 사인값과 광선각의 사인값의 비'는 다음 비례식으로 표현된다.

(시선각의 사인값 EE′) : (광선각의 사인값 DD′) = 10000000 : 10002841

따라서 D점에서 출발한 광선이 대기를 통과한 후 B점에 도달하지 않고 지구 중심에 가까운 A점에 도달할 때 다음의 비례관계가 성립한다. 그림에서 삼각형 CAA′는 CEE′와 닮은꼴이고, CBB′는 CDD′와 닮은꼴이기 때문이다.

AA′ : BB′ = 10000000 : 10002841

최대 굴절각이 0.5도 정도이므로 B점은 거의 A점 바로 위에 있게 되어 삼각형 OAA′와 삼각형 OBB′가 닮은꼴에 근접한다. 이 닮은꼴 삼각형을 이용하면 아래의 비례관계가 성립한다.

OA : OB ≈ AA′ : BB′ = 10000000 : 10002841

굴절된 후 도달점 A까지 지구 중심 O로부터 거리 OA가, 굴절이 없을 때 도달점 B까지 거리 OB보다 $\frac{2841}{10000000}$만큼 짧아진 것이다. 위에 인용한 카시니의 말은 이 점을 지시한 것으로 생각된다.

이렇게 보면, 대기 굴절에 대한 카시니와 〈일전수리〉의 해설의 연관성은 다음의 비례식으로 쓸 수 있다.

$$OA : OB \approx EE' : DD' = 10000000 : 10002841$$

2) 둘째 굴절표

카시니의 굴절표가 그대로 받아들여진 것은 아니다. 특히 카시니가 가르치고 활동했던 볼로냐 대학의 예수회 소속 학자인 리치올리와 멩골리(Pietro Mengoli)는 카시니의 굴절 이론을 맹렬히 비판했다.

카시니의 둘째 굴절표는 1672~1673년에 있었던 남아메리카 프랑스령 기아나의 수도 카옌(Caïenne)에서 탐사 활동을 기초로 만들어졌다. 이 탐사는 엄밀하게 과학적인 목적으로 시행된 거의 유례가 없는 활동으로 천문학 영역에서는 태양과 행성의 운동, 굴절, 시차의 문제를 중점적으로 규명하고자 했다. 이 시기를 택한 것은 1672년 가을에 화성이 15년 만에 태양과 반대편에 위치하여 지구와 가장 근접해서 운행하기 때문이었다. 또한 카옌 섬을 택한 것은 이 섬이 북위 4도 56분 지역으로 적도와 가까워서 일 년에 두 번 춘·추분 때 태양이 천정을 통과하는데, 이 때는 굴절이 거의 없기 때문이었다. 카옌에서의 천문 관측은 리셰르(Jean Richer, 1630~1696)에 의해 이루어졌다.

카시니는 〈천문학의 주요 요소〉(Les Elemens de l'astronomie)란 논문을 통해 리셰르의 카옌에서의 관측과 자신의 파리에서의 관측을 비교하고 태양의 굴절과 지반경차 등 관측에 중요한 천문상수를 논증했다. 먼저 그는 티코의 굴절표보다 자신의 《말바시아 천체조견표》가 정확하다는 것을 확인했다. 또한 태양의 시차가 케플러가 제안한 값의 1/6에 불과하다는 것을 확인하고, 계절을 구분하지 않고 굴절값을 하나로 통합했다. 둘째 굴절표는 《말바시아 천체조견표》의 여름 굴절값을 그대로 가져왔고, 시차(제4열, 제8열, 제12열)는 조견표의 값의 1/6을 취해 만들었으며, 최대값은 10초이다([서양보충 그림 2-3]).

TABLE DES REFRACTIONS & des Parallaxes du Soleil.

천정거리 Distance au Zenith.	고도 Hauteur.	굴절 Réfraction.		시차 Parallaxe du Soleil.	천정거리 Distance au Zenith.	고도 Hauteur.	굴절 Réfraction.		시차 Parallaxe du Soleil.	천정거리 Distance au Zenith.	고도 Hauteur.	굴절 Réfraction.		시차 Parallaxe du Soleil.
G	G	′	″	″	G	G	′	″	″	G	G	′	″	″
0	90	0	0	0	30	60	0	34	5	60	30	1	42	8
1	89	0	1		31	59	0	35		61	29	1	46	
2	88	0	2		32	58	0	37		62	28	1	51	
3	87	0	3		33	57	0	38		63	27	1	55	
4	86	0	4		34	56	0	40		64	26	2	0	
5	85	0	5		35	55	0	41		65	25	2	6	
6	84	0	6	1	36	54	0	43	6	66	24	2	12	
7	83	0	7		37	53	0	45		67	23	2	18	
8	82	0	8		38	52	0	47		68	22	2	25	
9	81	0	9		39	51	0	49		69	21	2	31	
10	80	0	10		40	50	0	50		70	20	2	39	
11	79	0	11		41	49	0	52		71	19	2	49	9
12	78	0	12	2	42	48	0	54		72	18	3	0	
13	77	0	13		43	47	0	56		73	17	3	11	
14	76	0	14		44	46	0	58		74	16	3	24	
15	75	0	16		45	45	0	59	7	75	15	3	36	
16	74	0	17		46	44	1	1		76	14	3	54	
17	73	0	18		47	43	1	3		77	13	4	12	
18	72	0	19	3	48	42	1	5		78	12	4	32	
19	71	0	20		49	41	1	7		79	11	4	58	
20	70	0	21		50	40	1	10		80	10	5	28	
21	69	0	22		51	39	1	12		81	9	6	4	
22	68	0	24		52	38	1	15		82	8	6	47	
23	67	0	25		53	37	1	18		83	7	7	44	
24	66	0	26	4	54	36	1	20		84	6	8	55	
25	65	0	27		55	35	1	23	8	85	5	10	32	
26	64	0	28		56	34	1	27		86	4	12	48	
27	63	0	30		57	33	1	30		87	3	56	6	
28	62	0	31		58	32	1	34		88	2	21	4	
29	61	0	33		59	31	1	38		89	1	27	56	
30	60	0	34	5	60	30	1	42		90	0	32	20	10

[서양보충 그림 2-3] 카시니의 둘째 굴절·시차표 (G. D. Cassini, "Les Elemens de l'astronomie verifiez par Monsieur Cassini par le rapport de ses Tables aux Observations de M. Richer faites en l'Isle de Caïenne ..." [1684], 21)

4) 셋째 굴절표

카시니의 셋째 굴절표는 1695년에 산페트로니오 대성당의 관측을 재검토할 때 나타난다([서양보충 그림 2-4]). 둘째 굴절표는 1도 간격으로 일률적으로 배열했다면,

셋째 굴절표는 천정거리가 70도까지는 1도 간격으로, 70도부터 82도까지는 30분 간격으로, 82도부터 90도까지는 10분 간격으로 배열했다. 천정거리 90도인 최대 굴절값은 32분 19초이다. 시차의 최대값은 10초이지만, 동일한 시차가 나타나는 고도대가 약간씩 이동되었다는 것을 보여준다(〈서양보충 표 2-1〉).

[서양보충 표 2-1] 둘째 굴절표와 셋째 굴절표의 시차 비교

시차(초)	0	1	2	3	4	5	6	7	8	9	10
1684 (천정거리)	0-5	6-11	12-17	18-23	24-29	30-35	36-44	45-54	55-70	71-89	90
1695 (천정거리)	0-4	5-8	9-14	15-21	22-28	29-34	35-41	42-50	51-61	62-76	76-90

천정거리 굴절 시차 천정거리 굴절 시차 천정거리 굴절 시차 천정거리 굴절 시차

71

Tauola delle Refrazioni, e Parallassi del Sole.

Gradi della distanza dal Vertice. Gradi. Minuti.		Refrazione. Minuti Seconde		Parallasse. Seconde.	Gradi della distanza dal Vertice. Gradi. Minuti.		Refrazione. Minuti Seconde		Parallasse. Seconde.
0.	0.	0.	0.	0.	47.	0.	1.	3.	7.
1.	0.	0.	1.	0.	48.	0.	1.	5.	7.
2.	0.	0.	2.	0.	49.	0.	1.	7.	7.
3.	0.	0.	3.	0.	50.	0.	1.	10.	7.
4.	0.	0.	4.	0.	51.	0.	1.	12.	8.
5.	0.	0.	5.	1.	52.	0.	1.	16.	8.
6.	0.	0.	6.	1.	53.	0.	1.	18.	8.
7.	0.	0.	7.	1.	54.	0.	1.	20.	8.
8.	0.	0.	8.	1.	55.	0.	1.	23.	8.
9.	0.	0.	9.	2.	56.	0.	1.	27.	8.
10.	0.	0.	10.	2.	57.	0.	1.	30.	8.
11.	0.	0.	11.	2.	58.	0.	1.	34.	8.
12.	0.	0.	12.	2.	59.	0.	1.	38.	8.
13.	0.	0.	13.	2.	60.	0.	1.	42.	8.
14.	0.	0.	14.	2.	61.	0.	1.	46.	8.
15.	0.	0.	16.	3.	62.	0.	1.	51.	9.
16.	0.	0.	17.	3.	63.	0.	1.	55.	9.
17.	0.	0.	18.	3.	64.	0.	2.	0.	9.
18.	0.	0.	19.	3.	65.	0.	2.	6.	9.
19.	0.	0.	20.	3.	66.	0.	2.	12.	9.
20.	0.	0.	21.	3.	67.	0.	2.	18.	9.
21.	0.	0.	22.	3.	68.	0.	2.	25.	9.
22.	0.	0.	24.	4.	69.	0.	2.	31.	9.
23.	0.	0.	25.	4.	70.	0.	2.	39.	9.
24.	0.	0.	26.	4.	70.	30.	2.	44.	9.
25.	0.	0.	27.	4.	71.	0.	2.	49.	9.
26.	0.	0.	28.	4.	71.	30.	2.	54.	9.
27.	0.	0.	30.	4.	72.	0.	3.	0.	9.
28.	0.	0.	31.	4.	72.	30.	3.	5.	9.
29.	0.	0.	33.	5.	73.	0.	3.	11.	9.
30.	0.	0.	34.	5.	73.	30.	3.	17.	9.
31.	0.	0.	35.	5.	74.	0.	3.	24.	9.
32.	0.	0.	37.	5.	74.	30.	3.	31.	9.
33.	0.	0.	38.	5.	75.	0.	3.	38.	9.
34.	0.	0.	40.	5.	75.	30.	3.	45.	9.
35.	0.	0.	41.	6.	76.	0.	3.	53.	9.
36.	0.	0.	43.	6.	76.	30.	4.	2.	10.
37.	0.	0.	45.	6.	77.	0.	4.	12.	10.
38.	0.	0.	47.	6.	77.	30.	4.	22.	10.
39.	0.	0.	49.	6.	78.	0.	4.	33.	10.
40.	0.	0.	50.	6.	78.	30.	4.	45.	10.
41.	0.	0.	52.	6.	79.	0.	4.	58.	10.
42.	0.	0.	54.	7.	79.	30.	5.	12.	10.
43.	0.	0.	56.	7.	80.	0.	5.	28.	10.
44.	0.	0.	58.	7.	80.	30.	5.	44.	10.
45.	0.	0.	59.	7.	81.	0.	6.	3.	10.
46.	0.	1.	1.	7.	81.	30.	6.	23.	10.

72

Gradi della distanza dal Vertice. Gradi. Minuti.		Refrazione. Minuti Seconde		Parallasse. Seconde.	Gradi della distanza dal Vertice. Gradi. Minuti.		Refrazione. Minuti Seconde		Parallasse. Seconde.
82.	0.	6.	47.	10.	87.	0.	16.	6.	10.
82.	10.	6.	55.	10.	87.	10.	16.	48.	10.
82.	20.	7.	4.	10.	87.	20.	17.	31.	10.
82.	30.	7.	13.	10.	87.	30.	18.	20.	10.
82.	40.	7.	23.	10.	87.	40.	19.	10.	10.
82.	50.	7.	33.	10.	87.	50.	20.	6.	10.
83.	0.	7.	43.	10.	88.	0.	21.	4.	10.
83.	10.	7.	54.	10.	88.	10.	22.	6.	10.
83.	20.	8.	5.	10.	88.	20.	23.	11.	10.
83.	30.	8.	16.	10.	88.	30.	24.	21.	10.
83.	40.	8.	28.	10.	88.	40.	25.	30.	10.
83.	50.	8.	41.	10.	88.	50.	26.	43.	10.
84.	0.	8.	55.	10.	89.	0.	27.	55.	10.
84.	10.	9.	9.	10.	89.	10.	29.	4.	10.
84.	20.	9.	24.	10.	89.	20.	30.	7.	10.
84.	30.	9.	39.	10.	89.	30.	31.	8.	10.
84.	40.	9.	55.	10.	89.	40.	31.	42.	10.
84.	50.	10.	13.	10.	89.	50.	32.	9.	10.
85.	0.	10.	32.	10.	90.	0.	32.	19.	10.
85.	10.	10.	51.	10.					
85.	20.	11.	12.	10.					
85.	30.	11.	34.	10.					
85.	40.	11.	56.	10.					
85.	50.	12.	21.	10.					
86.	0.	12.	47.	10.					
86.	10.	13.	15.	10.					
86.	20.	13.	44.	10.					
86.	30.	14.	16.	10.					
86.	40.	14.	50.	10.					
86.	50.	15.	26.	10.					

Tauola

[서양보충 그림 2-4] 카시니의 셋째 굴절표(G. D. Cassini, *La meridiana del tempio di S. Petronio tirata* [1695], 71-72)

《역상고성후편(曆象考成後編)》 〈일전표(日躔表)〉의 굴절표는 이 셋째 굴절표를 저본으로 만들었다고 보인다. 다만 〈일전표〉에서는 천정거리 75도까지는 1도 간격, 천정거리 75도부터 83도까지는 30분 간격, 83도부터 90도까지는 10분 간격으로 배열되었다([서양보충 그림 2-5]).

欽定四庫全書

御製曆象考成後編 卷七

六十五

천정거리		굴절		고도		천정거리		굴절		고도		천정거리		굴절		고도		천정거리		굴절		고도	
距天頂		蒙氣差		距地平		距天頂		蒙氣差		距地平		距天頂		蒙氣差		距地平		距天頂		蒙氣差		距地平	
度	分	分	秒	度	分	度	分	分	秒	度	分	度	分	分	秒	度	分	度	分	分	秒	度	分
三四	〇〇		四〇	五六	〇〇	六七	〇〇	二	一八	二三	〇〇	八四	三〇	九	三九	五	三〇	九〇	〇〇	三二	一九	〇	〇〇
三三	〇〇		三八	五七	〇〇	六六	〇〇	二	一二	二四	〇〇	八四	二〇	九	二四	五	四〇	八九	五〇	三二	〇九	〇	一〇
三二	〇〇		三七	五八	〇〇	六五	〇〇	二	〇六	二五	〇〇	八四	一〇	九	〇九	五	五〇	八九	四〇	三一	四二	〇	二〇
三一	〇〇		三五	五九	〇〇	六四	〇〇	二	〇〇	二六	〇〇	八四	〇〇	八	五五	六	〇〇	八九	三〇	三一	〇〇	〇	三〇
三〇	〇〇		三四	六〇	〇〇	六三	〇〇	一	五五	二七	〇〇	八三	五〇	八	四一	六	一〇	八九	二〇	三〇	〇七	〇	四〇
二九	〇〇		三三	六一	〇〇	六二	〇〇	一	五一	二八	〇〇	八三	四〇	八	二八	六	二〇	八九	一〇	二九	〇四	〇	五〇
二八	〇〇		三一	六二	〇〇	六一	〇〇	一	四六	二九	〇〇	八三	三〇	八	一六	六	三〇	八九	〇〇	二七	五五	一	〇〇
二七	〇〇		三〇	六三	〇〇	六〇	〇〇	一	四二	三〇	〇〇	八三	二〇	八	〇五	六	四〇	八八	五〇	二六	四三	一	一〇
二六	〇〇		二八	六四	〇〇	五九	〇〇	一	三八	三一	〇〇	八三	一〇	七	五四	六	五〇	八八	四〇	二五	三〇	一	二〇
二五	〇〇		二七	六五	〇〇	五八	〇〇	一	三四	三二	〇〇	八三	〇〇	七	四三	七	〇〇	八八	三〇	二四	二一	一	三〇
二四	〇〇		二五	六六	〇〇	五七	〇〇	一	三〇	三三	〇〇	八二	三〇	七	一三	七	三〇	八八	二〇	二三	一一	一	四〇
二三	〇〇		二六	六七	〇〇	五六	〇〇	一	二七	三四	〇〇	八二	〇〇	六	四七	八	〇〇	八八	一〇	二二	〇六	一	五〇
二二	〇〇		二四	六八	〇〇	五五	〇〇	一	二三	三五	〇〇	八一	三〇	六	二三	八	三〇	八八	〇〇	二一	〇四	二	〇〇
二一	〇〇		二二	六九	〇〇	五四	〇〇	一	二〇	三六	〇〇	八一	〇〇	六	〇三	九	〇〇	八七	五〇	二〇	〇六	二	一〇
二〇	〇〇		二一	七〇	〇〇	五三	〇〇	一	一八	三七	〇〇	八〇	三〇	五	四四	九	三〇	八七	四〇	一九	一〇	二	二〇
一九	〇〇		二〇	七一	〇〇	五二	〇〇	一	一五	三八	〇〇	八〇	〇〇	五	二八	一〇	〇〇	八七	三〇	一八	二〇	二	三〇
一八	〇〇		一九	七二	〇〇	五一	〇〇	一	一二	三九	〇〇	七九	三〇	五	一二	一〇	三〇	八七	二〇	一七	三一	二	四〇
一七	〇〇		一八	七三	〇〇	五〇	〇〇	一	一〇	四〇	〇〇	七九	〇〇	四	五八	一一	〇〇	八七	一〇	一六	四八	二	五〇
一六	〇〇		一七	七四	〇〇	四九	〇〇	一	〇七	四一	〇〇	七八	三〇	四	四五	一一	三〇	八七	〇〇	一六	〇六	三	〇〇
一五	〇〇		一六	七五	〇〇	四八	〇〇	一	〇五	四二	〇〇	七八	〇〇	四	三三	一二	〇〇	八六	五〇	一五	二六	三	一〇
一四	〇〇		一四	七六	〇〇	四七	〇〇	一	〇三	四三	〇〇	七七	三〇	四	二二	一二	三〇	八六	四〇	一四	五〇	三	二〇
一三	〇〇		一三	七七	〇〇	四六	〇〇	一	〇一	四四	〇〇	七七	〇〇	四	一二	一三	〇〇	八六	三〇	一四	一六	三	三〇
一二	〇〇		一二	七八	〇〇	四五	〇〇		五九	四五	〇〇	七六	三〇	四	〇二	一三	三〇	八六	二〇	一三	四四	三	四〇
一一	〇〇		一一	七九	〇〇	四四	〇〇		五八	四六	〇〇	七六	〇〇	三	五三	一四	〇〇	八六	一〇	一三	一五	三	五〇
一〇	〇〇		一〇	八〇	〇〇	四三	〇〇		五六	四七	〇〇	七五	三〇	三	四五	一四	三〇	八六	〇〇	一二	四八	四	〇〇
九	〇〇		九	八一	〇〇	四二	〇〇		五四	四八	〇〇	七五	〇〇	三	三八	一五	〇〇	八五	五〇	一二	二一	四	一〇
八	〇〇		八	八二	〇〇	四一	〇〇		五二	四九	〇〇	七四	〇〇	三	二四	一六	〇〇	八五	四〇	一一	五六	四	二〇
七	〇〇		七	八三	〇〇	四〇	〇〇		五〇	五〇	〇〇	七三	〇〇	三	一一	一七	〇〇	八五	三〇	一一	三四	四	三〇
六	〇〇		六	八四	〇〇	三九	〇〇		四九	五一	〇〇	七二	〇〇	三	〇〇	一八	〇〇	八五	二〇	一一	一二	四	四〇
五	〇〇		五	八五	〇〇	三八	〇〇		四七	五二	〇〇	七一	〇〇	二	四九	一九	〇〇	八五	一〇	一〇	五一	四	五〇
四	〇〇		四	八六	〇〇	三七	〇〇		四五	五三	〇〇	七〇	〇〇	二	三九	二〇	〇〇	八五	〇〇	一〇	三二	五	〇〇
三	〇〇		三	八七	〇〇	三六	〇〇		四三	五四	〇〇	六九	〇〇	二	三一	二一	〇〇	八四	五〇	一〇	一三	五	一〇
二	〇〇		二	八八	〇〇	三五	〇〇		四一	五五	〇〇	六八	〇〇	二	二五	二二	〇〇	八四	四〇	九	五五	五	二〇
一	〇〇		一	八九	〇〇	三四	〇〇		四〇	五六	〇〇	六七	〇〇	二	一八	二三	〇〇	八四	三〇	九	三九	五	三〇

[서양보충 그림 2-5] 《역상고성후편(曆象考成後編)》의 굴절표

보충자료 1 청몽기차각

청몽기차는 빛이 대기에 의하여 굴절하는 현상을 나타내는 것으로, 대기의 두께, 온도, 압력 등에 의하여 영향을 받기는 하나 그 차가 그리 크지 않다. 이 때문에 시헌력법서에서는 굴절률을 상수로 다루었다. 《역상고성후편》에서 청몽기의 두께를 지구 반경의 $\frac{6095}{10000000}$로 본 것은 청몽기에 영향을 주는 대기의 두께를 지구 반경(대략 6,400km)에 대하여 대략 3.9km 정도로 본 것이다. 지구 전체 대기 질량의 80%가 모여 있는 대류권(對流圈)의 높이(지표에서 약 8km~18km까지)와 비교하면 그 $\frac{1}{3}$ 이하

의 두께이다. 그리고 고도가 0인 지평선에서 관측한 청몽기차각 32분 19초를 이용하여 대기의 굴절률을 1.0002841로 보았다. 따라서 [보충그림 1－1]과 같이 빛이 들어오는 대기층의 법선(본문에서는 “할선”)에 대하여 입사각(θ_{in})과 굴절각(θ_{re})사이에 다음과 같이 스넬의 법칙(Snell's law)이 성립한다.

$$\sin\theta_{in} = 1.0002841 \times \sin\theta_{re} \tag{1}$$

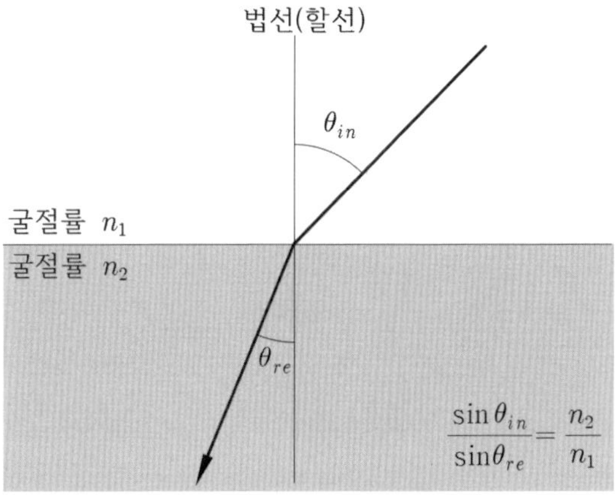

[보충그림 1-1] 스넬의 법칙

[보충그림 1－2]와 같이 지구 대기를 통해 빛이 들어오는 천체의 지평고도가 A라 하면, $\triangle EOP$에서 $\dfrac{\sin(90° + A)}{10006095} = \dfrac{\sin\theta_{re}}{10000000}$이 성립하기에

$$\sin\theta_{re} = \frac{1}{1.0006095}\cos A \tag{2-1}$$

가 되고, (1)식에 의하여

$$\sin\theta_{in} = \frac{1.0002841}{1.0006095}\cos A \tag{2-2}$$

가 된다. 대기의 굴절률이 n일 때 청몽기차각은

$$R = \theta_{in} - \theta_{re} \approx (n-1)\tan(90 - A) \tag{3-1}$$

로 어림된다. 이 어림은 대기의 두께가 지구 반경에 비하여 무시할 정도로 작기에 $1.0006095^2 \simeq 1.00122 \simeq 1$로 취한 것이다.[47)]

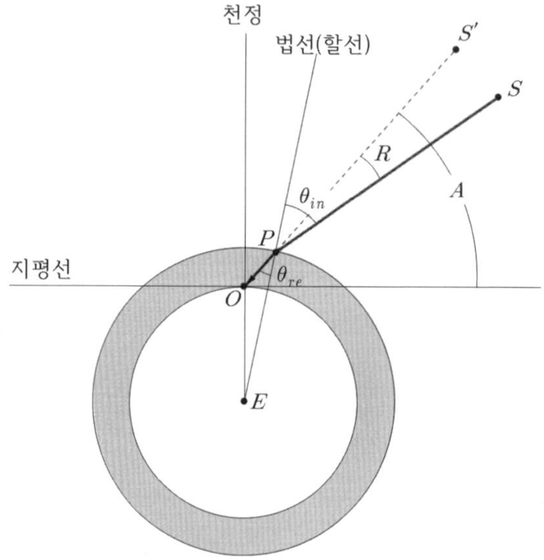

[보충그림 1-2] 대기 굴절

이 어림은 지구의 대기를 평면 대기로 근사하여 구한 대기 굴절과 동일하다. [보충그림 1-3]에서 평면 대기는 $n+1$층으로 구성되어 있고, 제n층의 굴절률을 μ_{n-1}로 표시하였다. 이제 스넬의 법칙에 의하여 P에서는 $\mu\sin z = \mu_n \sin z_n$, 그 다음에서는 $\mu_n \sin z_n = \mu_{n-1}\sin z_{n-1}$, 그 다음에서는 $\mu_{n-1}\sin z_{n-1} = \mu_{n-2}\sin z_{n-2}$, … 그리고 Q에서는 $\mu_1 \sin z_1 = \mu_0 \sin\zeta$가 되어 굴절된 빛이 O에서 관측된다. P에서부터 Q까지 빛의 굴절을 더하면 결국 $\mu\sin z = \mu_o \sin\zeta$가 된다. $z = R+\zeta$, $\mu = 1$이고 $\sin z = \sin(\zeta + R) \simeq \sin\zeta + R\cos\zeta = \mu_o \sin\zeta$이기에 청몽기차각은

47) $\sin\theta_{in} = \sin(\theta_{re}+R) = \sin\theta_{re}\cos R + \cos\theta_{re}\sin R \simeq \sin\theta_{re} + R\cos\theta_{re}$ (여기서 $R \ll 1$)이 된다. $\sin\theta_{re} = \frac{1}{1.0006095}\cos A$, $\sin\theta_{in} = \frac{1.0002841}{1.0006095}\cos A$을 위 식에 대입하면 $\frac{1.0002841}{1.0006095}\cos A = \frac{1}{1.0006095}\cos A + R\sqrt{1-\left(\frac{1}{1.0006095}\cos A\right)^2}$이 된다. 따라서 $\frac{0.0002841}{1.0006095}\cos A = R\sqrt{1-\left(\frac{1}{1.0006095}\cos A\right)^2}$이 되고, $R = \frac{0.0002841\times\cos A}{\sqrt{1.0006095^2-\cos^2 A}} \simeq 0.0002841 \times \frac{\cos A}{\sin A}$ (여기서 $1.0006095^2 \simeq 1$)이다. $n = 1.0002841$이기에 $R \simeq (n-1)\cot A$가 된다.

$$R = (\mu_o - 1)\tan\zeta \tag{3-2}$$

가 된다. (3-1)식에서 $\zeta = 90° - A$, $\mu_o = n$이기에 이 두 식은 동일하다. 이렇게 계산한 결과가 [보충그림 1-4]에 점선으로 그려진 그래프이다.

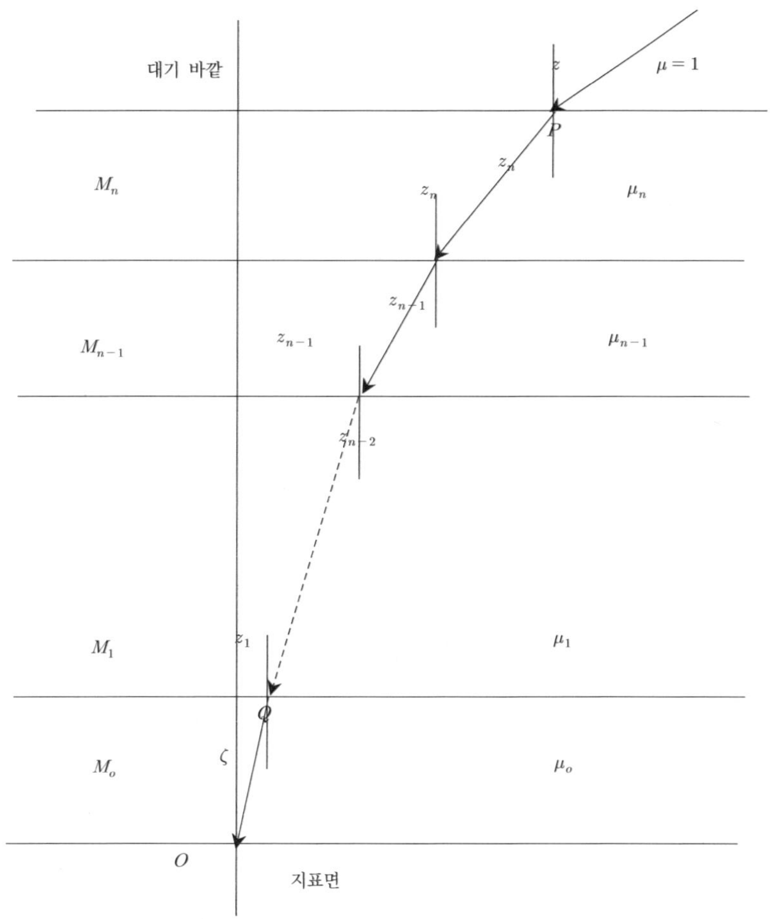

[보충그림 1-3] 평면 대기

관측에 의하여 고도가 0도일 때 32분 19초를 얻었다. [보충그림 1-5]를 다시 보자. 지반경차를 무시할 수 있는 천체가 '정'의 위치에 있을 때, '을'에서 보면 '기'에 있는 것처럼 보이므로 고도 A는 0도이다. 그리고 청몽기 두께를 h라 하자. △을무갑에서

$$\sin\theta_{re} = \frac{1}{1+h} \tag{4}$$

이 된다. 그리고 청몽기차각 $R = \angle$기무정 $= 32$분19초이고 청몽기의 굴절률이 n이면 (1)식은 $\sin\theta_{in} = n\sin\theta_{re}$로 나타낼 수 있고, $\theta_{in} = \theta_{re} + R$이기에

$$\sin(\theta_{re} + R) = n\sin\theta_{re} \tag{5}$$

가 된다. 이제 (5)식은 $\sin\theta_{re}\cos R + \cos\theta_{re}\sin R = n\sin\theta_{re}$이기에

$$n = \cos R + \sin R\cot\theta_{re} = \cos R + \sqrt{h^2 + 2h}\,\sin R \tag{6}$$

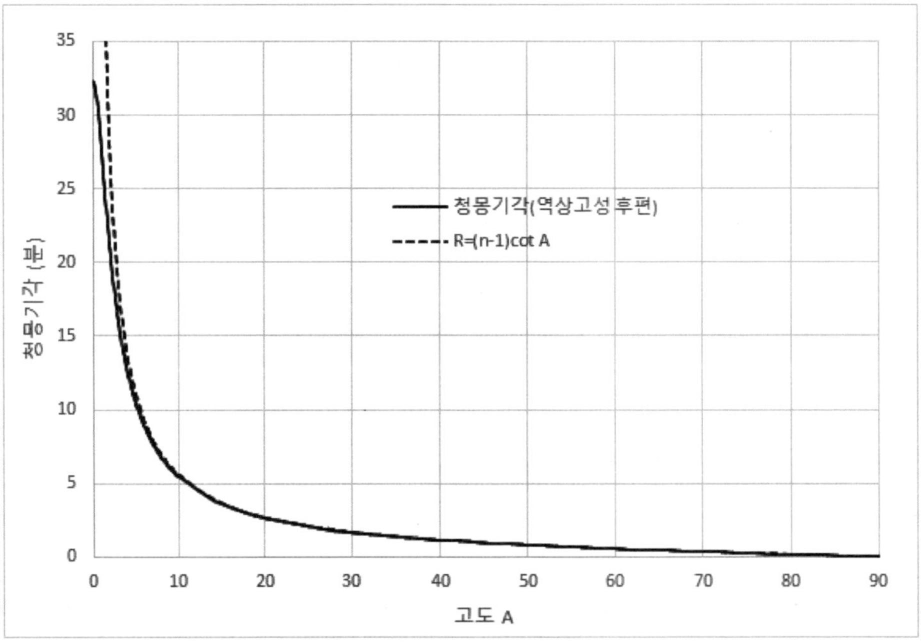

[보충그림 1-4] 대기 굴절 계산값과 《역상고성후편》의 청몽기차각

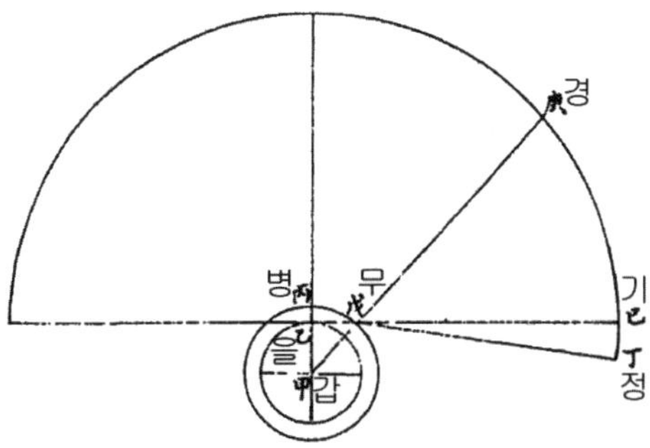

[보충그림 1-5] [그림 4-2]와 동일

이 된다. $1+h=1.0006095$일 때, $\theta_{re}=88°$가 되고, $n=1.000284073$을 얻는다. 굴절률 n은 청몽기의 두께 h와 고도 0도일 때의 청몽기차각 R에 따라 결정되고 이 값은 항상 일정하다.

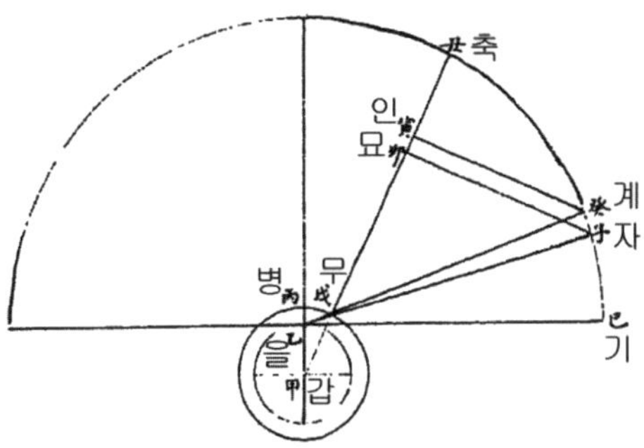

[보충그림 1-6] [그림 4-4]와 동일

이제 [보충그림 1−6]의 △을무갑에서 ∠무을갑 = 90° + A가 된다. 따라서

$$\sin\theta'_{re}=\frac{\sin(90°+A)}{1+h}=\frac{\cos A}{1+h} \tag{6}$$

가 된다. 그런데

$$\sin(\theta'_{re}+R')=n\sin\theta'_{re} \tag{7}$$

이기에 (7)식을 다시 쓰면

$$R'=\sin^{-1}\left(\frac{n\cos A}{1+h}\right)-\sin^{-1}\left(\frac{\cos A}{1+h}\right) \tag{8}$$

이 된다. n은 항상 일정하기에 (8)식을 이용하면 고도 A에 대한 청몽기차각 R'를 구할 수 있다. $n = 1.0002841$이고 $h = 1.0006095$일 때 이렇게 구한 값을 [보충그림 1−4]에 실선 그래프로 그렸다. 대기 굴절의 현대 계산식과 그래프는《강민정 외 3인, 역상고성에 기술된 태양의 운동, 교육과학사, 2023, 89~90쪽》을 참고할 수 있다.

제5장

지구 반경으로 인한 시차(視差) [지반경차(地半徑差)]

원문	번역문
地半徑差者，視高與實高之差也。	지반경차는 지평고도[시고(視高)]와 지심고도[실고(實高)]의 차이다.
太陽距地平近則差角大，漸高則漸小。	태양이 지평선에 가까우면 각도 차가 크고, 태양의 고도가 점차 높아질수록 각도 차가 차츰 작아진다.
又太陽在最卑，距地心近，則差角大。在最高，距地心遠，則差角小. 在中距，爲適中。	또 태양이 근지점[최비(最卑)]에 있어서 지구 중심과 가까우면 각도 차가 크고, 원지점[최고(最高)]에 있어서 지구 중심에서 멀면 각도 차가 작으며, 중간거리점[중거(中距)]에 있으면 각도 차가 딱 중간이다.
《新法算書》用歌白尼所定地半徑與中距日天半徑之比例爲一與一千一百四十二，地平上最大差爲三分。	《신법산서(新法算書)》는 가백니(歌白尼 Nicolaus Copernicus, 1473~1543)[48]가 정한 지구 반경과 '중간거리점에서 태양천[일천(日天)]의 반경'의 비인 '1 : 1142'를 사용하여 지평선상에서 최대 지반경차가 3분이었다.
《上編》仍之，其測量、推算之法，言之詳矣。	《역상고성》 상편은 이 값을 계승하면서 그 측량법과 계산법을 상세히 논하였다.

自後噶西尼等謂: "日天半徑甚遠, 無地半徑差。而測量所係, 只在秒微, 又有蒙氣, 雜乎其內, 最爲難定。"	그 후 갈서니(噶西尼 카시니) 등은 다음과 같이 말하였다. "태양천[일천]의 반경은 매우 커서 지반경차가 거의 없다. 그런데 측량의 분해능(分解能)은 겨우 초(秒) 단위, 미(微) 단위에 불과하며 또 청몽기차가 그 안에 섞여 있어서 값을 정하기가 매우 어렵다."
因思: "日月星之在天, 惟恒星無地半徑差。若以日與恒星相較, 可得其準。 而日星不能兩見, 是測日不如測五星也。"	그리고 다음과 같이 생각하였다. "하늘에 있는 해와 달과 별 중에 오직 항성만이 지반경차가 없으므로, 만약 태양을 항성과 비교한다면 관측의 기준을 얻을 수 있다. 그러나 태양과 항성은 동시에 볼 수 없으니, 태양을 관측하기보다는 차라리 오성(五星 다섯 행성)을 관측하는 것이 낫다."
土木二星在日上, 去地尤遠, 地半徑差愈微。	토성과 목성은 태양의 위에 있어서 지구로부터 더 멀므로 지반경차가 더욱 작다.
金水二星, 雖有時在日下, 而其行繞日, 逼近日光, 均爲難測。	금성과 수성은 비록 태양의 아래에 있을 때도 있지만 태양을 감싸고 운행하여 태양빛에 아주 가깝기 때문에 마찬가지로 관측하기가 어렵다.
惟火星, 繞日而亦繞地, 能與太陽衝。	오직 화성만은 태양을 감싸고 돌 뿐만 아니라 지구도 감싸고 돌아서 태양과 정 반대의 위치[충(衝)]에 있을 수 있다.
故夜半時, 火星正當子午線, 於南北兩處測之, 同與一恒星相較。其距恒星若相等, 則是無地半徑差。若相距不等, 即爲有地半徑差。其不等之數, 即兩處地半徑差之較。	그러므로 한밤 중에 화성이 정확히 자오선에 있을 때 남북의 두 지점에서 동시에 관측하여 동일한 항성과 비교한다. 항성과의 거리가 만약 서로 같다면 이는 지반경차가 없는 것이다. 그러나 만약에 항성과의 거리가 같지 않다면 지반경차가 있는 것이며, 그 같지 않은 도수가 곧 두

곳에서 관측되는 지반경차의 차이다.

且火星衝太陽時, 其距地較太陽爲近, 則太陽地半徑差, 必更小於火星地半徑差也。

그리고 화성이 태양의 '정 반대 위치'[충(衝)]에 있을 때는 지구와의 거리가 지구와 태양 사이의 거리보다 가까우므로, 태양의 지반경차는 반드시 화성의 지반경차보다 더 작다.

噶西尼用此法, 推得火星在地平上最大地半徑差, 爲二十五秒。比例得太陽在中距時地平上最大地半徑差, 爲一十秒。

갈서니가 이 방법을 사용하여 계산한 결과, 지평선상에서 화성의 최대 지반경차가 25초였고, 비례관계를 이용하여 계산한 결과, 태양이 중간 거리점[중거(中距)]에 있을 때 지평선상에서 나타나는 최대 지반경차는 10초였다.

驗之交食, 果爲脗合。 近日西法, 並宗其說。

이 값을 교식(交食 일식과 월식)에서 검증해 보면 과연 정확히 맞아떨어진다. 근래 서양의 천문역법들은 모두 그 설을 따른다.

今用所定地半徑差, 求地半徑與日天半徑之比例, 中距爲一與二萬零六百二十六, 最高爲一與二萬零九百七十五, 最卑爲一與二萬零二百七十七。

이제 이렇게 정해진 지반경차를 사용하여 지구 반경과 태양천[일천] 반경의 비를 구하면 중간거리점[중거]에서는 '1 : 20626'이고,[49] 원지점[최고(最高)]에서는 '1 : 20975'이고, 근지점[최비(最卑)]에서는 '1 : 20277'이다.

以求地平上最大之地半徑差, 最高爲九秒五十微, 最卑爲一十秒一十微。

이 값을 가지고 지평선상의 최대 지반경차를 구하면 원지점에서는 9초50미이고, 근지점에서는 10초10미이다.

測算之法, 並述於左。

측량법과 계산법을 모두 왼쪽(아래)에 서술한다.

康熙十一年壬子秋分前十四日, 火星與太陽衝。

강희 11년(1672) 임자년 추분 전 14일에 화성이 태양의 정반대 위치[충]에 있었다.

西人噶西尼於富郎濟亞國, 測得火星距天頂五十九度四十分一十五秒。利實爾於噶耶那島, 測得火星距天頂一十五度四十七分五秒。

서양인 갈서니(카시니)는 부랑제아국(富郎濟亞國 프랑스)에서 관측하여 화성의 천정거리 59도40분15초를 얻고, 리실이(利實爾 Jean Richer 1630~1696)[50]는 갈야나(噶耶那 French Guiana)섬[51]에서 관측하여 화성의 천정거리 15도47분05초를 얻었다.

同時用有千里鏡能測秒微之儀器, 與子午線上最近一恒星, 測其相距。

이와 동시에 초 단위, 미 단위까지 관측할 수 있는 천문관측기구[의기(儀器)]인 망원경[천리경(千里鏡)]을 사용하여, 자오선상에 있는 가장 가까운 항성과 의 거리를 측정하였다.

噶西尼所測火星, 較低一十五秒。

그 결과 갈서니가 관측한 화성이 15초만큼 낮았다.

【如噶西尼測得火星距恒星下四十分一十五秒, 利實爾測得火星距恒星下四十分。又逐日細測恒星距天頂, 噶西尼測得爲五十九度, 利實爾測得爲一十五度七分五秒。各與所測火星距恒星之數相加, 即各得火星距天頂之度。】

【말하자면 갈서니는 화성이 항성으로부터 아래로 40분15초만큼 떨어져 있음을 측정하고, 리실이는 화성이 항성으로부터 아래로 40분만큼 떨어져 있음을 측정하였다. 그리고 항성의 천정거리를 매일 세밀히 측정한 결과, 갈서니의 관측값은 59도이고 리실이의 관측값은 15도7분5초였다. 이 값을 각자가 측정한 화성과 항성 사이의 거리에 각기 더하면 곧 화성의 천정거리가 각각 나온다.】

以之立法。甲爲地心, 乙爲富郎濟亞地面, 丙爲天頂, 丁爲噶耶那島地面, 戊爲天頂, 己爲火星, 丙戊己庚爲子午線。

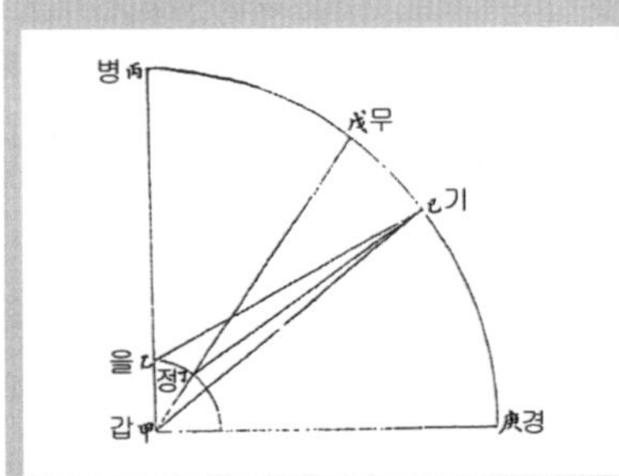

이 값들을 가지고 계산법을 세우면 다음과 같다. '갑'을 지구 중심, '을'을 부랑제아국(프랑스)의 지표면, '병'을 그곳의 천정, '정'을 갈야나섬의 지표면, '무'를 그곳의 천정, '기'를 화성, 병무기경을 자오선이라고 하자.

【如兩地面不同在一子午線，則須按東西里差，求其同一子午線之高度。見《上編·日躔曆理》。】

【만약 두 지표면이 동일한 자오선 아래에 있지 않다면 동서이차(東西里差)를 살펴 화성이 동일 자오선에 도달했을 때의 고도를 구해야 한다. 그 방법은 《역상고성》 상편의 〈일전역리(日躔曆理)〉에 보인다.[52]】

己乙丙角爲乙處火星視距天頂五十九度四十分一十五秒，己丁戊角爲丁處火星視距天頂一十五度四十七分五秒。【地面爲視距，地心爲實距。】

∠기을병은 을에서 측정한 화성의 '겉보기 천정거리'[시거천정(視距天頂)] 59도40분15초이고, ∠기정무는 정에서 측정한 화성의 겉보기 천정거리 15도47분5초이다.【지표면에서 관측되는 각은 '겉보기 천정거리'[시거(視距)]이고, 지구 중심에서 형성되는 각은 '실제 천정거리'[실거(實距)]이다.】

辛爲恒星. 辛甲丙角爲乙處恒星距天頂之度，辛甲戊角爲丁處恒星距天頂之度。因恒星距地甚遠，地面所視，與地心無異. 故無地半徑差。

'신'은 항성이다. ∠신갑병은 을에서 측정한 항성의 천정거리이고, ∠신갑무는 정에서 측정한 항성의 천정거리이다. 항성은 지구에서 아주 멀기 때문에 지표면에서 관측되는 겉보기 천정거리가 지구 중심에서 형성되는 실제 천정거리와 다르지 않다. 따라서 지반경차가 없다.

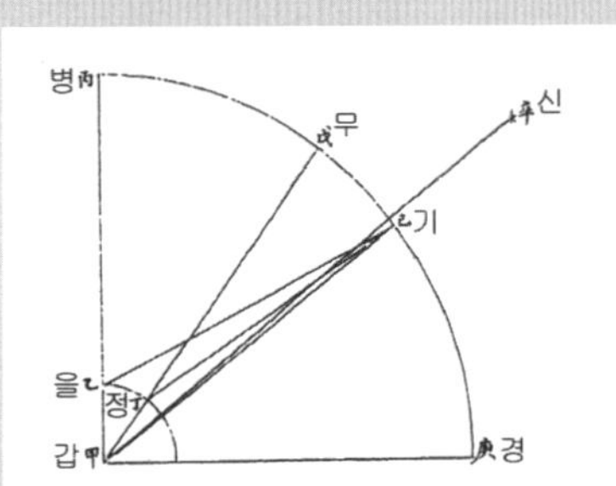

假若火星亦無地半徑差，則乙處火星實距天頂，當爲己甲丙角，丁處火星實距天頂，當爲己甲戊角。而火星與恒星之相距，即同爲己甲辛角，無高低之異。

만약 화성도 지반경차가 없다면 을에서 화성의 실제 천정거리[실거천정(實距天頂)]는 당연히 ∠기갑병이 되고, 정에서 화성의 실제 천정거리는 당연히 ∠기갑무이 된다. 따라서 화성과 항성 사이의 거리가 동일하게 ∠기갑신이 되어 높고낮은 차이가 없을 것이다.

乃乙處所測火星距天頂，爲己乙丙角，較之實距天頂之己甲丙角，低一乙己甲角。是即乙處之地半徑差也。

그런데 을에서 관측한 화성의 천정거리는 ∠기을병으로, 실제 천정거리[실거천정]인 ∠기갑병보다 ∠을기갑만큼 커서 그만큼 고도가 낮다. 이것이 곧 을에서 나타나는 지반경차이다.

丁處所測火星距天頂，爲己丁戊角，較之實距天頂之己甲戊角，低一丁己甲角。是即丁處之地半徑差也。

정에서 관측한 화성의 천정거리는 ∠기정무로, 실제 천정거리인 ∠기갑무보다 ∠정기갑만큼 커서 그만큼 고도가 낮다. 이것이 곧 정에서 나타나는 지반경차이다.

夫火星之距恒星一也。因乙處所測火星，距天頂遠，故乙己甲差角大。丁處所測火星，距天頂近，故丁己甲差角小。

화성이 항성으로부터 떨어진 실제 거리는 일정한데, 을에서 관측한 화성은 천정으로부터 거리가 멀기 때문에 지반경차 각도인 ∠을기갑이 크다. 반면에 정에서 관측한 화성은 천정으로부터 거리가 가깝기 때문에 지반경차 각도인 ∠정기갑이 작다.

則乙處所測火星距恒星，較丁處低一十五秒，即兩差角相減所餘之丁己乙角。乃兩處地半徑差之較也。

그렇다면 을에서 관측한 화성이 항성으로부터 떨어진 거리가 정에서 관측한 거리보다 커서 화성이 더 낮아 보인 15초가 곧 두 지반경차 각도의 차를 구하여 남은 ∠정기을이다. 이것이 바로 두 곳에서 나타난 지반경차의 차이다.

既得地半徑差較丁己乙角，而欲求地平上最大差甲壬乙角，則以兩處所測火星距天頂之正弦相減，與地半徑差較秒數之比，即同於半徑一千萬，與地平上最大差秒數之比。

지반경차의 차 ∠정기을을 구한 후에 지평선상에서 나타나는 최대 지반경차인 ∠갑임을을 구하려면, '두 곳에서 관측한 화성의 천정거리에 대한 정현(正弦 sin값)의 차'와 '지반경차의 차로 나온 초 단위 수'와의 비가 곧 '반경 1천만'과 '지평선상의 최대 지반경차를 초 단위로 나타낸 수'의 비와 같음을 이용한다.

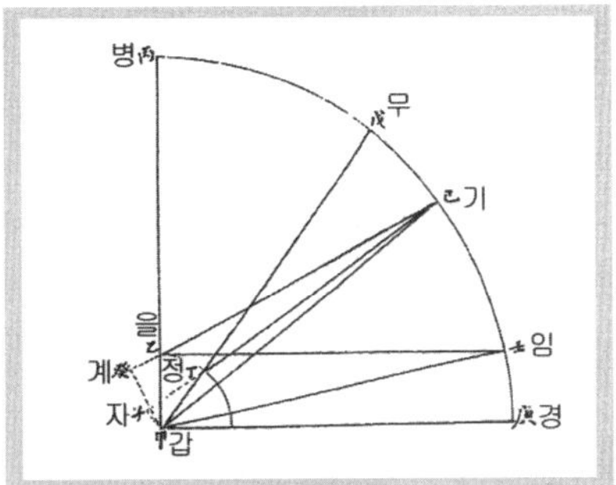

蓋將己乙線, 引長至癸, 自甲作甲癸垂線, 成甲癸乙直角形。 癸爲直角, 乙角與己乙丙爲對角, 即乙處火星距天頂之度。

$\overline{\text{기을}}$을 계까지 연장하고 갑으로부터 수선 $\overline{\text{갑계}}$를 그어 ⊿갑계을을 만든다. ∠계는 직각이고 ∠을은 을에서 관측한 화성의 천정거리인 ∠기을병과 맞꼭지각[대각(對角)]이다.

甲癸爲地半徑差乙己甲角之正弦, 【甲己爲半徑故。】 甲乙爲地半徑, 即最大差甲壬乙角之正弦。【甲壬爲半徑故。】

$\overline{\text{갑계}}$는 지반경차인 ∠을기갑의 정현이고【갑기가 반경이기 때문이다.】 $\overline{\text{갑을}}$은 지구 반경으로서, 곧 최대 지반경차인 ∠갑임을의 정현이다.【갑임이 반경이기 때문이다.】

其法爲乙角正弦與甲癸之比, 同於癸直角正弦一千萬與甲乙之比, 檢表而得壬角也。

그 계산법은, ∠을의 정현과 $\overline{\text{갑계}}$의 비가 '직각인 ∠계의 정현 1천만'과 $\overline{\text{갑을}}$의 비와 같음을 이용하여 $\overline{\text{갑을}}$을 구한 후에 정현표(sin표)를 검색하여 ∠임을 구한다.

又將己丁線, 引長至子, 自甲作甲子垂線, 成甲子丁直角形。 子爲直角, 丁角與己丁戊爲對角, 即丁處火星距天頂之度。

또 $\overline{\text{기정}}$을 자까지 연장하고 갑으로부터 수선 $\overline{\text{갑자}}$를 그어 ⊿갑자정을 만든다. ∠자는 직각이고 ∠정은 정에서 관측한 화성의 천정거리인 ∠기정무와 맞꼭지각[대각]이다.

甲子爲地半徑差丁己甲角之正弦. 甲丁與甲乙等, 亦爲最大差甲壬

$\overline{\text{갑자}}$는 지반경차인 ∠정기갑의 정현이고 $\overline{\text{갑정}}$은 $\overline{\text{갑을}}$과 같으므로 이 역시 최대 지반경

乙角之正弦。

차인 ∠갑임을의 정현이다.

其法爲丁角正弦與甲子之比，同於子直角正弦一千萬與甲丁之比，亦檢表而得壬角也。

그 계산법은, ∠정의 정현과 $\overline{\text{갑자}}$의 비가 '직각인 ∠자의 정현 1천만'과 $\overline{\text{갑정}}$의 비와 같음을 이용하여 $\overline{\text{갑정}}$을 구한 후에 역시 정현표를 검색하여 ∠임을 구한다.

夫兩視距天頂之正弦，與兩地半徑差正弦之比，既皆同於一千萬與最大差正弦之比，則兩視距天頂正弦相減之較，與兩地半徑差正弦相減之較之比，亦必同於一千萬與最大差正弦之比。

'두 곳의 겉보기 천정거리[시거천정]의 정현'과 '두 곳의 지반경차의 정현'의 비가 모두 '1천만'과 '최대 지반경차의 정현'의 비와 같으므로, '두 곳의 겉보기 천정거리의 정현의 차'와 '두 곳의 지반경차의 정현의 차'의 비도 반드시 '1천만'과 '최대 지반경차의 정현'의 비와 같다.

又地半徑差角甚小，其兩正弦之較，與兩角度之較，可以相爲比例。則兩視距天頂正弦相減之較，與兩地半徑差相減所餘秒數之比，亦必同於一千萬與最大差秒數之比矣。

또 지반경차 각도가 매우 작으므로, 그 두 정현의 차와 두 각도의 차가 서로 비례한다고 할 수 있다. 그렇다면 '두 곳의 겉보기 천정거리[시거천정]에 대한 정현의 차'와 '두 곳의 지반경차의 차를 구하여 남은 초 단위 수'의 비가 또한 반드시 '1천만'과 '최대 지반경차를 초 단위로 나타낸 수'의 비와 같다.

故以己乙丙角五十九度四十分一十五秒之正弦八六三一三八六，與己丁戊角一十五度四十七分五秒之正弦二七二〇二三六相減，餘五九一一一五〇爲一率。乙己丁角一十五秒爲二率，一千萬爲三率，求得四率二十五秒【小餘三

따라서 ∠기을병 59도40분15초의 정현 8631386과 ∠기정무 15도47분05초의 정현 2720236의 차를 구하여 남은 5911150을 1률로 삼는다. ∠을기정 15초를 2율로 삼고, 1천만을 3률로 삼아서 계산하면 4율로 25.37초가 나온다. 이것이 곧 ∠갑임을로, 지평선상에서 나타나는 화성의 최대 지반경차이다.

七】。即甲壬乙角，爲火星在地平上最大之地半徑差也。

既得火星地半徑差甲壬乙角， 而欲求太陽地半徑差甲丑乙角， 據歌白尼、第谷測得火星距地甲壬，與太陽距地甲丑之比， 如一百與二百六十六。

화성의 지반경차 ∠갑임을을 구했으므로 태양의 지빈경차 ∠갑축을을 구하려면, 가백니(코페르니쿠스)와 제곡(第谷 티코 브라헤)가 관측한 지구에서 화성까지 거리 $\overline{\text{갑임}}$과 지구에서 태양까지 거리 $\overline{\text{갑축}}$의 비가 100과 266의 비와 같음에 의거한다.

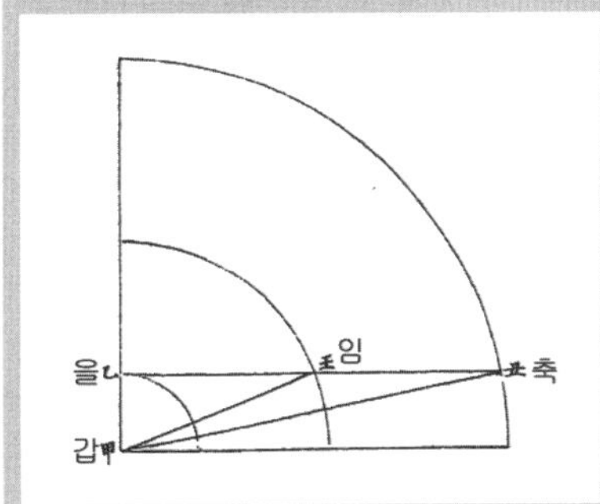

其法，當先用甲乙壬形，以乙角正弦爲一率，甲壬爲二率，壬角正弦爲三率，甲乙爲四率。此第一比例也。

그 계산법은, 우선 △갑을임을 이용하여, ∠을의 정현을 1률로 삼고, $\overline{\text{갑임}}$을 2율로 삼고, ∠임의 정현을 3률로 삼고, $\overline{\text{갑을}}$을 4율로 삼는다. 이것이 첫 번째 비례식이다.

次用甲乙丑形，以甲丑爲一率，乙角正弦爲二率，甲乙爲三率，丑角正弦爲四率。此第二比例也。

다음으로 △갑을축을 이용하여, $\overline{\text{갑축}}$을 1률로 삼고, ∠을의 정현을 2율로 삼고, $\overline{\text{갑을}}$을 3률로 삼고, ∠축의 정현을 4율로 삼는다. 이것이 두 번째 비례식이다.

然第二比例之二率、三率，即第一比例之一率、四率。而一率、四率相乘，原與二率、三率相乘之數等。

그런데 두 번째 비례식의 2율과 3률이 곧 첫 번째 비례식의 1률과 4율이며, 1률과 4율을 서로 곱하면 원래 2율과 3률을 서로 곱한 수와 같다.

故即以甲丑二六六爲一率，甲壬一○○爲二率，壬角二十五秒【小餘三七】爲三率，求得四率九秒【小餘五三】，進爲一十秒。爲丑角度，【因壬丑二角甚小，正弦與角度，可以相爲比例。故壬角用秒，丑角亦得秒。】即太陽在地平上最大之地半徑差也。

따라서 곧 갑축 266을 1률로 삼고 갑임 100을 2율로 삼고, ∠임 25.37초를 3률로 삼아서 계산하면 4율로 9.53초가 나오는데, 반올림하면 10초가 된다. 이것이 ∠축으로,【∠임과 ∠축이 매우 작으므로 정현과 각도가 서로 비례한다고 할 수 있다. 따라서 이 비례식에 초 단위의 ∠임을 사용하면 ∠축도 초 단위로 나온다.】곧 지평선상에서 나타나는 태양의 최대 지반경차이다.

又按《上編·日躔》求地半徑差法，以兩處恒星距天頂相減，餘四十三度五十二分五十五秒，爲戊丙弧，即戊甲丙角。

그리고 《역상고성》 상편 〈일전역리(日躔曆理)〉의 지반경차 계산법[53]에 따라 계산하면 다음과 같다. 두 곳에서 관측한 항성의 천정거리의 차를 구하여 남은 43도52분55초가 무병이 되는데, 이것이 곧 ∠무갑병이다.

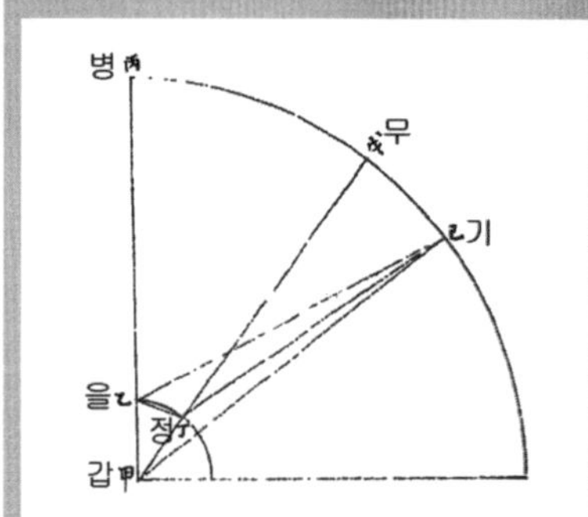

先用乙甲丁三角形，甲乙、甲丁二邊，俱命爲一千萬。以甲角折半之正弦倍之，得七四七三○二三，爲乙丁邊。又以甲角與半周相減，餘數半之，得六十八度三分三十二秒三十微，爲乙角，亦即丁角。

먼저 △을갑정을 사용하여, 갑을과 갑정 두 변을 모두 1천만으로 정의한다. ∠갑의 절반의 정현을 2배하면 7473023이 나오는데, 이것이 을정이다. 또 ∠갑과 180도[반주(半周)]의 차를 구하여 남은 수의 절반을 취하면 68도3분32초30미가 나오는데, 이것이 ∠을이며 또한 ∠정이다.

次用乙己丁三角形。此形有乙丁

다음으로 △을기정을 사용한다. 이 삼각형에서

邊, 有己乙丁角五十二度一十六分一十二秒三十微, 【半周內, 減去甲乙丁角, 又減去己乙丙角, 餘即己乙丁角。】 有己丁乙角一百二十七度四十三分三十二秒三十微, 【半周內, 減去甲丁乙角, 加己丁戊角, 即己丁乙角。】 有乙己丁角一十五秒,【乙丁二角相併, 與半周相減, 餘即己角。與前地半徑差較合。】 求得己丁邊八一二七五一二五一五四【小餘二九】。

을정을 알고, ∠기을정 52도16분12초30미를 알고,【180도에서 ∠갑을정을 빼고 또 ∠기을병을 빼어 남은 수가 곧 ∠기을정이다.】 ∠기정을 127도43분32초30미를 알고,【180도에서 ∠갑정을을 빼고 또 ∠기정무를 더하면 곧 ∠기정을이다.】 ∠을기정 15초를 알므로,【∠을과 ∠정을 서로 합하여 180도와의 차를 구하면 남은 수가 곧 ∠기이다. 이는 앞의 계산에서 두 곳의 지반경차의 차와 일치한다.】 이 값들을 가지고 계산하면 기정 81275125154.29가 나온다.

次用己丁甲三角形。 此形有甲丁邊, 有丁己邊, 有丁外角一十五度四十七分五秒.【即丁處火星距天頂。】

다음으로 △기정갑을 사용한다. 이 삼각형에서 갑정을 알고, 정기를 알고, '정'의 외각 15도47분5초를 안다.【곧 '정'에서 관측한 화성의 천정거리이다.】

將己丁線, 引長至子, 成甲子丁直角形。 丁角正弦二七二〇二三六【小餘五】, 即甲子邊。 丁角餘弦九六二二九〇六, 即丁子邊。 以丁子與己丁相加, 得己子八一二八四七四八〇六〇【小餘二九】, 爲股。 甲子爲勾, 求得弦八一二八四七四八一一二, 爲甲己邊。 與甲壬等, 即火星距地心數。

기정을 '자'까지 연장하여 ⊿갑자정을 만든다. ∠정의 정현 2720236.05가 곧 갑자이고, ∠정의 여현(餘弦 cos값) 9622906이 곧 정자이다. 정자와 기정을 서로 더하면 기자 81284748060.29가 나온다. 이것을 고(股 직각삼각형의 긴 밑변)로 삼고, 갑자를 구(勾 직각삼각형의 짧은 밑변)로 삼아서 계산하면 현(弦 직각삼각형의 빗변) 81284748112가 나온다. 이것이 갑기로서, 갑임과 같으며, 곧 화성이 지구 중심으로부터 떨어진 수치이다.

48) 가백니(歌白尼): 코페르니쿠스(Nicolaus Copernicus, 1473~1543)의 한자 표기. 폴란드의 천문학자, 고대 그리스의 아리스타르코스(Aristarchos of Samos, 기원전 310 무렵~230)의 태양 중심설을 발전시켜 지동설(地動說)을 제창하였다. 지동설의 원전으로 일컬어지는 《천구의 회전에 대하여(De revolutionibus orbium coelestium)》(1543)를 저술하였다.

49) 현대 천문학에서 사용하는 '지구반경: 지구궤도반경'의 대략적인 비 '1 : 23400'에 상당히 근

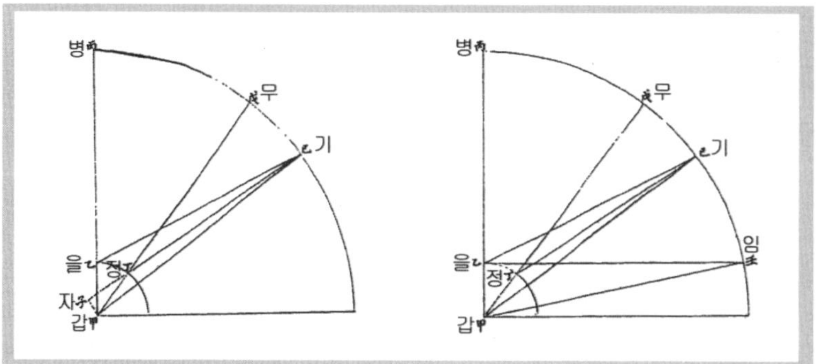

以地半徑較之, 其比例爲一與八千一百二十八。

지구 반경을 이 값과 비교하면 그 비가 1 대 8128이 된다.

又以甲壬爲一率, 甲乙爲二率, 一千萬爲三率, 求得四率一二三〇【小餘二四】, 爲壬角之正弦。

또 $\overline{\text{갑임}}$을 1률로 삼고, $\overline{\text{갑을}}$을 2율로 삼고, 1천만을 3률로 삼아서 계산하면 4율로 1230.24가 나오는데, 이것이 ∠임의 정현이다.

檢表, 得二十五秒【小餘三七】, 爲火星在地平上最大差。與前法所得數同。

이 수를 가지고 정현표를 검색하면 25.37초가 나오는데, 이것이 화성이 지평선상에 있을 때 나타나는 최대 지반경차로서, 앞의 계산법으로 구한 수치와 같다.

【《上編》求日纏地半徑差, 亦可用前法算。但兩處所測太陽, 一在天頂南, 一在天頂北, 其差角爲地半徑差總。當以兩距天頂之正弦相加, 與地半徑差總秒數之比, 同於一千萬與地平上最大差秒數之比耳。】

【《역상고성》 상편에서 구한 태양의 지반경차도 앞의 방법(카시니의 계산법)을 사용하여 계산할 수 있다. 다만, 《역상고성》 상편에서는 두 곳에서 관측한 태양이 한 곳에서는 천정의 남쪽에 있고 한 곳에서는 천정의 북쪽에 있어서[54] '두 곳에서 항성을 기준으로 한 관측 각도 차[차각(差角)]'가 두 곳에서 나타난 지반경차의 합에 해당한다. 그러므로 당연히 '두 곳의 천정거리의 정현을 서로 더한 값'과 '지반경차의 초 단위 수의 합'의 비가 '1천만'과 '지평선상에 서 나타나는 최대 지반경차의 초 단위 수'의 비와 같음을 이용해야 함이 다를 뿐이다.[55]】

접한 값이다.

50) 리실이(利實爾): 리셰르(Jean Richer, 1630~1696)의 한자 표기. 프랑스의 천문학자. 1672년~1673년 사이에 카시니(Jean Dominique Cassini, 1625~1712)가 이끄는 프랑스 과학 아카데미의 요청에 따라 남아메리카에 있는 프랑스령 기아나(French Guiana)에서 천체 관측을 수행하였고, 진자 실험을 통하여 위도에 따른 중력의 변화를 관찰하였다.

51) 갈야나(噶耶那)섬: 갈야나는 프랑스령 기아나의 한자 표기. 수도 카옌이 대서양 연안 카옌강 입구의 섬에 있다. 규아나(圭亞那)라고도 표기한다. 북위 4도56분14초, 서경 52도19분34초이다. 카시니가 프랑스 파리(북위 48도51분24초, 동경 2도21분08초)에서 화성을 관측할 때 리셰르가 이곳에서 동일한 화성을 관측하였다. 《청사고(淸史稿)》 지(志) 25 〈시헌(時憲) 6 · 옹정계묘원법(雍正癸卯元法) 상〉의 '일전개법지원(日躔改法之原)'에 "리실이(리셰르)는 동일 자오선상의 갈야나섬에서[利實爾於同一子午線之噶耶那島]" 관측했다고 하였지만 실은 경도 차가 55도에 이르러서, 카시니가 리셰르의 실측값을 사용할 때는 경도의 차를 보정하여 파리와 동일한 자오선상에 남중한 화성의 고도로 변환하였다.《John W. Olmsted, The Expedition of Jean Richer, Isis, Autumn, 1942, Vol.34, No.2 (Autumn, 1942), pp.117-128; Stable URL: https://www.jstor.org/stable/226212》

52) 그 방법은……보인다: 동서이차(東西里差)는 동일한 천문현상의 발생 시각이 경도에 따라 달라지는 차를 일컫는다. 지평경차(地平經差)라고도 한다. 《역상고성》 상편 〈일전역리(日躔曆理)〉의 제14장 〈24절기에 접하는 시각[절기시각(節氣時刻)]〉에 동일한 절기에 접하는 시각이 동서편도(東西偏度: 경도) 1도마다 4분의 시간 차가 발생하므로, 기준점보다 동쪽 지방에서는 경도 1도마다 4분의 시각을 더해주고, 서쪽 자방에서는 빼주도록 하였다. 여기서는 파리에서 관측한 남중 화성이 기아나의 자오선에서 남중하려면 경도 55도의 차이에 따라 55도×4분/도＝3시간40분만큼 시간이 더 지나야 하므로, 이 시간 동안 발생하는 화성 적위의 변화를 관측 고도에 반영해 주는 것이다. 구체적인 방법은 다음과 같다. 파리에서 남중고도를 관측하기 전과 후에 기아나에서 화성의 남중고도를 관측한 값을 $a_{전}$, $a_{후}$라 하면 24시간 동안 변한 화성의 남중고도 변화는 $a_{후}-a_{전}$이다. 따라서 기아나가 만약 파리와 같은 경도상에 위치한다고 가정하면 그 때의 화성의 남중고도는 $a_{후}-\frac{3시간39분}{24시간}(a_{후}-a_{전})=a_{전}+\frac{24시간-3시간39분}{24시간}(a_{후}-a_{전})$가 된다.

53) 역상고성……계산법: 《역상고성》 상편 〈일전역리(日躔曆理)〉의 제3장 〈지반경차(地半徑差)〉에 제시된 도해를 가리킨다. 《강민정 외 3인, 역상고성에 기술된 태양의 운동, 교육과학사, 2023, 55~76쪽 참조》

54) 한 곳에서는……있어서: 강희 54년(1715) 5월 29일 정오에 북경의 창춘원(暢春園)에서 측정한 태양의 지평고도는 73도16분00초23미, 광동(廣東)의 광주부(廣州府)에서 측정한 태양의 지평고도는 90도06분21초48미였다.

55) 그러므로……뿐이다: 《역상고성》 상편의 관측값인 창춘원(暢春園)에서 측정한 태양의 지평고도 73도16분00초23미, 광주부(廣州府)에서 측정한 태양의 지평고도 90도06분21초48미, 창춘원에서 지반경차＝51초05미, 광주부에서 지반경차＝20미를 비례식에 대입하여 계산하면 지평선상에서 최대 지반경차 2분58초32미가 나온다. 이는 《역상고성후편》의 하지 때 최대 태양 지반경차 9초50미에 비해 매우 큰 값인데, 《역상고성》 편찬 당시에 관측값이 정밀하지 않았기 때문으로 생각된다.

내용 정리

1) 지반경차의 정의와 규칙

(1) 정의: 지평고도[시고(視高)]와 지심고도[실고(實高)]의 차

(2) 규칙

① 지평선에 가까울수록 크고 고도가 높아질수록 차츰 작아짐.

② 태양이 근지점[최비(最卑)]에 있으면 → 지구 중심과 가까움 → 각도 차가 큼.
태양이 원지점[최고(最高)]에 있으면 → 지구 중심과 멂 → 각도 차가 작음.
태양이 중간거리점[중거(中距)]에 있으면 → 각도 차가 딱 중간임.

2) 시헌력에서 이전에 사용한 지반경차

(1) 《신법산서(新法算書)》

① 가백니(歌白尼 Nicolaus Copernicus, 1473~1543)[48]가 정한 다음의 비를 사용함.
(지구 반경) : (중간거리점에서 태양천[일천(日天)]의 반경) = 1 : 1142

② 지평선상에서 최대 지반경차가 3분.

(2) 《역상고성(曆象考成)》 상편, 하편, 표

① 《신법산서》의 값 계승.

② 측량법과 계산법을 상세히 기술함.

3) 카시니의 새로운 지반경차

(1) 문제 의식: 지반경차 값은 정확히 정하기가 매우 어려움.

① 태양천[일천]의 반경은 매우 커서 지반경차가 거의 없음.

② 측량의 분해능(分解能)은 겨우 초(秒) 단위, 미(微) 단위에 불과함.

③ 청몽기차가 측량값에 섞여 있음.

(2) 지반경차 측정을 위한 기준 및 관측 대상

① 해, 달, 별 중에 오직 항성만이 지반경차가 없음 → 항성을 기준으로 비교.

② 태양과 항성은 동시에 볼 수 없음 → 태양 대신 오성(五星 다섯 행성)을 관측.

(3) 관측 대상 행성의 선정

① 토성, 목성: 태양보다도 멀어 지반경차가 더 작음 → 관측 대상으로서 부적합.

② 금성, 수성: 태양보다 가까울 때도 있으나
태양을 감싸고 돌아 태양빛에 아주 가깝기 때문에 관측하기 어려움.
→ 관측 대상으로서 부적합.

③ 화성: 태양 뿐 아니라 지구도 감싸고 돎.
→ 태양과 정 반대의 위치[충(衝)]에 있을 수 있음.
→ 관측 대상으로서 적합.

(4) 화성 관측을 이용한 태양의 지반경차 측정 구상

① 한밤중에 화성이 정확히 자오선에 있을 때 남북의 두 지점에서 관측.

② 두 곳에서 각각 화성을 동일한 항성과 비교,

ㄱ. 두 곳에서 관측한 '화성~항성'의 거리가 같다면 → 지반경차가 없음.

ㄴ. 두 곳에서 관측한 '화성~항성'의 거리가 다르다면 → 지반경차가 있음.

ㄷ. 두 곳에서 관측한 '화성~항성'의 거리 차 ⇒ 두 곳에서 나타난 지반경차의 차.

③ 화성이 태양과 정 반대의 위치[충]에 있을 때: '지구~화성' 거리 < '지구~태양' 거리
→ 태양의 지반경차 < 화성의 지반경차

(5) 카시니의 계산 결과

① 지평선상에서 화성의 최대 지반경차: 25초

- (4)의 방법으로 측정하여 계산함.

② 태양이 중간거리점[중거(中距)]에 있을 때 지평선상에서 나타나는 최대 지반경차: 10초

ㄱ. 비례관계를 이용하여 계산함.

ㄴ. 이 값을 일식과 월식에서 검증해 보면 정확히 맞아떨어짐.

ㄷ. 근래 서양의 천문역법은 모두 카시니의 지반경차를 따름.

(6) 카시니의 지반경차를 이용하여 계산한 '지구반경 : 태양천반경'의 비

① 중간거리점[중거]에서 '1 : 20626'[49]

② 원지점[최고(最高)]에서 '1 : 20975'

③ 근지점[최비(最卑)]에서 '1 : 20277'

(이심률 $e=(20975-20626)\div 20626=(20626-20277)\div 20626\simeq 0.0169$가 된다.)

(7) '지구반경: 태양천반경'의 비를 이용하여 계산한 원지점과 근지점에서 최대 지반경차

① 태양이 원지점에 있을 때 지평선상에서 최대 지반경차: 9초50미

($\sin^{-1}(1/20975)\simeq$ 9초50미)

② 태양이 근지점에 있을 때 지평선상에서 최대 지반경차: 10초10미

($\sin^{-1}(1/20277)\simeq$ 10초10미)

3) 지반경차 산정을 위해 카시니가 수행한 관측

(1) 관측 시기: 1672년 추분 전 14일. 화성이 태양의 정 반대 위치[충]에 있을 때.

(2) 관측자와 관측지

① 카시니는 프랑스 파리에서 관측.

② 리실이(利實爾 리셰르Jean Richer 1630~1696)[50]는 갈야나(噶耶那 기아나French Guiana)섬[51]에서 관측.

(3) 관측 결과

• 미(微) 단위의 분해능을 지닌 망원경을 이용함.

① 화성의 천정거리는 카시니가 59도40분15초, 리셰르가 15도47분05초.

② 항성에서 아래로 화성까지 거리는 카시니가 40분15초, 리셰르가 40분.

  • 자오선상에 있는 가장 가까운 항성을 이용함.

③ 항성의 천정거리는 카시니가 59도, 리셰르가 15도7분05초.

  • ②+③=①

  ⇒ 카시니가 관측한 화성이 15초만큼 낮음.

4) 카시니의 관측값을 이용한 카시니의 지반경차 계산법 도해

(1) 관측지 두 곳에서 화성의 지반경차 구하기

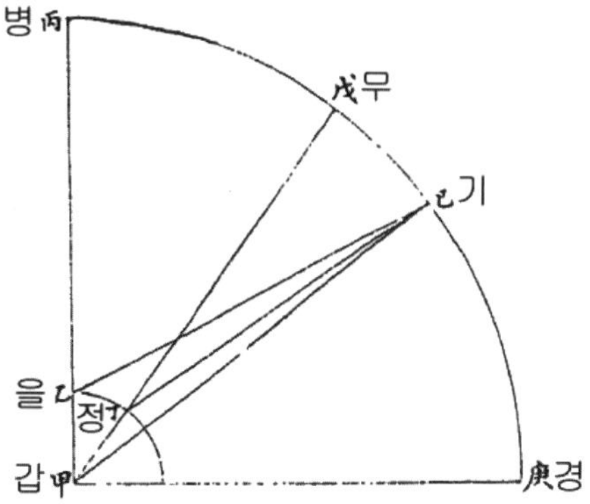

[그림 5-1] 지반경차 구하기 1

① [그림 5－1]에서,

갑: 지구 중심

을: 프랑스 파리의 지표면

병: 프랑스 파리의 천정

정: 프랑스령 기아나의 지표면

무: 프랑스령 기아나의 천정

기: 화성

병무기경: 자오선

- 두 관측지가 동일한 자오선 아래에 있지 않은 경우는 동서이차(東西里差)로 인해 발생하는 적위 차를 가감하여 파리와 동일 자오선에 남중한 화성의 고도로 보정해 줌.[52]
- 동서이차의 보정 방법은 《역상고성》 상편의 〈일전역리(日躔曆理)〉에 보임.

② ∠기을병: 을에서 측정한 화성의 겉보기 천정거리[시거천정(視距天頂)] 59도 40분15초

∠기정무: 정에서 측정한 화성의 겉보기 천정거리 15도47분5초

- 지표면에서 관측되는 각: 겉보기 천정거리[시거(視距)]
  지구 중심에서 형성되는 각: 실제 천정거리[실거(實距)]

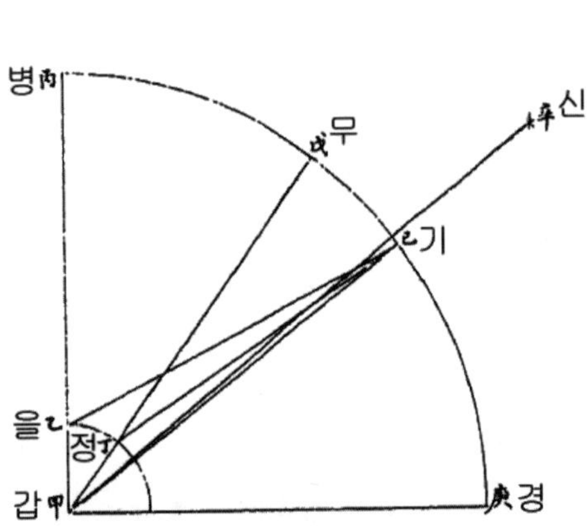

[그림 5-2] 지반경차 구하기 2

③ [그림 5－2]에서,

'신': 항성

∠신갑병: 을에서 측정한 항성의 천정거리

∠신갑무: 정에서 측정한 항성의 천정거리

ㄱ. 항성은 지구로부터 아주 멀리 떨어져 있음.

→ 겉보기 천정거리＝실제 천정거리

→ 지반경차가 없음.

ㄴ. 만약에 화성도 지반경차가 없다면,

을에서 화성의 실제 천정거리＝∠기갑병

정에서 화성의 실제 천정거리＝∠기갑무

⇒ 화성과 항성 사이의 거리가 동일하게 ∠기갑신

→ 두 지역에서 항성에 대해 화성이 높고낮은 차이가 없을 것.

④ 을에서 화성의 지반경차: ∠을기갑

ㄱ. ∠을기갑＝(을에서 관측한 천정거리 ∠기을병)—(을에서 실제 천정거리 ∠기갑병)

ㄴ. (∠기을병) ＞ (∠기갑병) → 화성의 지심고도가 지평고도보다 ∠을기갑 만큼 낮음.

⑤ 정에서 화성의 지반경차: ∠정기갑

ㄱ. ∠정기갑＝(정에서 관측한 천정거리 ∠기정무)—(정에서 실제 천정거리 ∠기갑무)

ㄴ. (∠기정무) ＞ (∠기갑무) → 화성의 지심고도가 지평고도보다 ∠정기갑 만큼 낮음.

⑥ 을과 정에서 화성의 지반경차의 차: ∠정기을＝15초

ㄱ. '화성~항성'의 실제 각거리는 일정함.

ㄴ. 을에서 관측한 화성: 천정거리가 큼 → 지반경차 ∠을기갑이 큼.

정에서 관측한 화성: 천정거리가 작음 → 지반경차 ∠정기갑이 작음.

ㄷ. 두 곳에서 지반경차의 차 ∠정기을＝∠을기갑 —∠정기갑

⑦ ∠정기을 15초＝(을에서 관측한 '항성~화성' 각거리)—(정에서 관측한 '항

성~화성' 각거리)

• 항성을 기준으로 관측한 화성의 위치가 정에서보다 을에서 더 낮아 보인 15초

(2) 지평선상에서 나타나는 화성의 최대 지반경차 구하기

① 두 곳에서 나타난 지반경차의 차 ∠정기을을 이용하여 지평선상에서 나타나는 최대 지반경차 ∠갑임을을 구하려면 다음의 비례식을 이용함.

ㄱ. {sin(화성의 천정거리 1)—sin(화성의 천정거리 2)} : {(지반경차 1)—(지반경차 2)}

=(반경 1천만) : {지평선상의 최대 지반경차}

ㄴ. {(지반경차 1)—(지반경차 2)}를 초 단위로 대입하여 {지평선상의 최대 지반경차}를 초 단위로 구함.

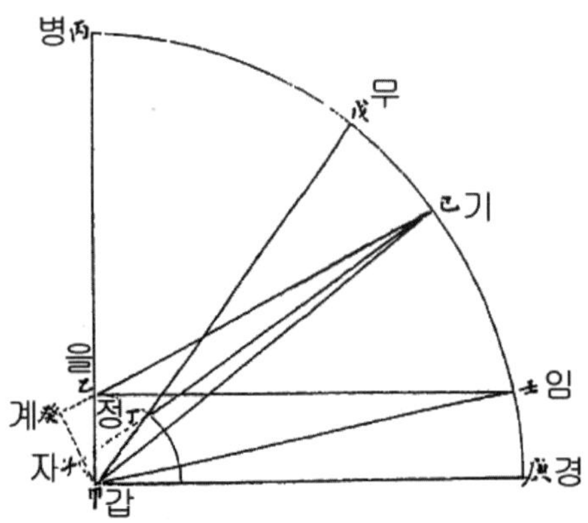

[그림 5-3] 지반경차 구하기 3

② 을에서 화성의 천정거리, 지반경차, 최대 지반경차의 관계 구하기

ㄱ. [그림 5-3]과 같이,

$\overline{기을}$을 '계'까지 연장하고 '갑'으로부터 수선 $\overline{갑계}$를 그어 만든 △갑계을에서,

∠계=직각

∠을: ∠기을병과 맞꼭지각

∠기을병: 을에서 관측한 화성의 천정거리

$\overline{\text{갑계}}$ =sin(지반경차 ∠을기갑)

▾ $\overline{\text{갑기}}$ =반경

$\overline{\text{갑을}}$ =지구 반경=sin(최대 지반경차 ∠갑임을)

▾ $\overline{\text{갑임}}$ =반경

ㄴ. 다음의 비례식을 이용하여 $\overline{\text{갑을}}$ 구하기.

sin(∠을) : $\overline{\text{갑계}}$ = sin(∠계=90도) : $\overline{\text{갑을}}$

sin(∠을) : $\overline{\text{갑계}}$ = 1천만 : $\overline{\text{갑을}}$

ㄷ. $\overline{\text{갑을}}$ 을 가지고 sin표를 검색하여 최대 지반경차 ∠임을 구함.

③ 정에서 화성의 천정거리, 지반경차, 최대 지반경차의 관계 구하기

ㄱ. [그림 5-3]과 같이

$\overline{\text{기정}}$ 을 '자'까지 연장하고 '갑'으로부터 수선 $\overline{\text{갑자}}$ 를 그어 만든 ⊿갑자정에서,

∠자=직각

∠정: ∠기정무와 맞꼭지각

∠기정무: 정에서 관측한 화성의 천정거리

$\overline{\text{갑자}}$ =sin(지반경차 ∠정기갑)

$\overline{\text{갑정}}$ = $\overline{\text{갑을}}$ ⇒ sin(최대 지반경차 ∠갑임을)

ㄴ. 다음의 비례식을 이용하여 $\overline{\text{갑을}}$ 구하기.

sin(∠정) : $\overline{\text{갑자}}$ = sin(∠자=90도) : $\overline{\text{갑정}}$

sin(∠정) : $\overline{\text{갑자}}$ = 1천만 : $\overline{\text{갑정}}$

ㄷ. $\overline{\text{갑정}}$ 을 가지고 sin표를 검색하여 최대 지반경차 ∠임을 구함.

④ ②와 ③의 비례식을 이용하여 천정거리 차, 지반경차 차, 최대 지반경차의 관계 구하기

ㄱ. 앞서 구한 다음의 두 비례식으로부터,

sin(∠을) : $\overline{\text{갑계}}$ = 1천만 : $\overline{\text{갑을}}$

sin(∠정) : $\overline{\text{갑자}}$ = 1천만 : $\overline{\text{갑정}}$

다음의 새로운 비례식이 도출됨.

{sin(∠을)—sin(∠정)} : ($\overline{\text{갑계}}$—$\overline{\text{갑자}}$) = 1천만 : $\overline{\text{갑을}}$

여기서,

{sin(∠을)—sin(∠정)}={sin(화성의 천정거리 1)—sin(화성의 천정거리 2)}

($\overline{\text{갑계}}$—$\overline{\text{갑자}}$)={sin(지반경차 1)—sin(지반경차 2)}

$\overline{\text{갑을}}$=$\overline{\text{갑정}}$=sin(최대 지반경차)

ㄴ. 지반경차 각도가 매우 작아서 다음과 같이 근사할 수 있으므로,

sin(지반경차)≒지반경차

{sin(지반경차 1)—sin(지반경차 2)}≒{(지반경차 1)—(지반경차 2)}

위 비례식을 다음의 비례식으로 쓸 수 있음.

{sin(화성의 천정거리 1)—sin(화성의 천정거리 2)} : {(지반경차 1)—(지반경차 2)}

=1천만 : (최대 지반경차)

여기서, {(지반경차 1)—(지반경차 2)}와 (최대 지반경차)는 모두 초 단위 수.

⑤ 관측값을 대입하여 화성의 최대 지반경차 구하기

ㄱ. sin(화성의 천정거리 1)=sin(∠기을병 59도40분15초)=8631386

sin(화성의 천정거리 2)=sin(∠기정무 15도47분05초)=2720236

{sin(화성의 천정거리 1)—sin(화성의 천정거리 2)}

=8631386—2720236=5911150

ㄴ. {(지반경차 1)—(지반경차 2)}=∠을기정 15초

ㄷ. '④ㄴ'에서 구한 비례식에 이 두 값을 대입하면 다음 비례식이 됨.

5911150 : 15초 = 1천만 : (최대 지반경차)

∴ 최대 지반경차=25.37초 ⇒ ∠갑임을 ⇒ 지평선상에서 나타나는 화성의 최대 지반경차.

(3) 화성의 지반경차를 이용하여 태양의 지반경차 구하기

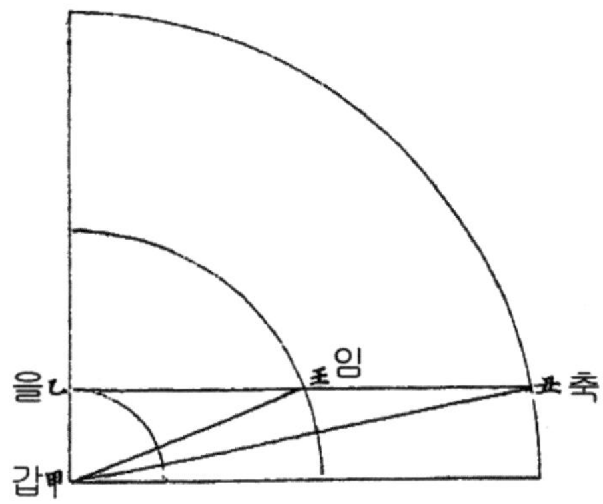

[그림 5-4] 지반경차 구하기 4

① [그림 5-4]에서,

∠갑임을: 화성의 지반경차

∠갑축을: 태양의 지빈경차

② $\overline{\text{갑임}}$: 지구에서 화성까지 거리

$\overline{\text{갑축}}$: 지구에서 태양까지 거리

코페르니쿠스와 티코 브라헤의 관측값은 다음의 비가 성립함.

$\overline{\text{갑임}} : \overline{\text{갑축}} = 100 : 266$

③ ⊾갑을임에서 다음의 비례식이 성립함.

$\sin(\angle \text{을}) : \overline{\text{갑임}} = \sin(\angle \text{임}) : \overline{\text{갑을}}$

④ ⊾갑을축에서 다음의 비례식이 성립함.

$\overline{\text{갑축}} : \sin(\angle \text{을}) = \overline{\text{갑을}} : \sin(\angle \text{축})$

⑤ ③과 ④로부터 다음의 비례식이 성립함.

$(\overline{\text{갑축}}\ 266) : (\overline{\text{갑임}}\ 100) = (\angle \text{임 } 25.37\text{초}) : (\angle \text{축})$

∴∠축=9.53초≒10초 ⇒ 지평선상에서 태양의 최대 지반경차.

▾ ∠임과 ∠축이 아주 작기 때문에 비례식에서 sin값을 각도로 어림함.

5) 《역상고성》 상편 〈일전역리(日躔曆理)〉의 지반경차 계산법에 따른 도해[53]

(1) 두 곳에서 화성과 항성의 관측값을 이용하여 '화성~지구 중심' 거리 구하기

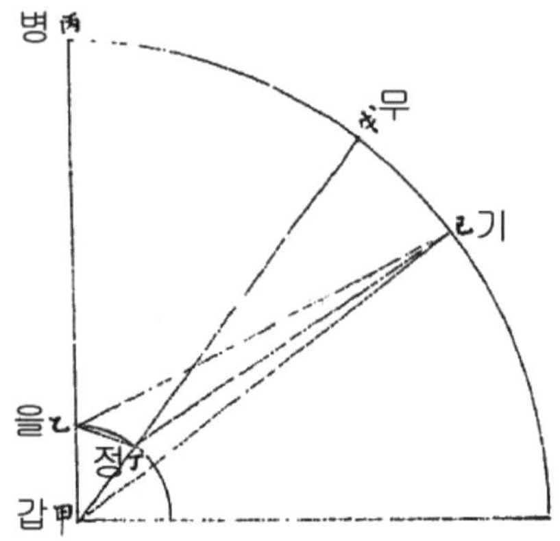

[그림 5-5] 지반경차 구하기 5

① [그림 5-5]에서,

$\overset{\frown}{\text{무병}}$: 두 곳에서 관측한 항성의 천정거리의 차 43도52분55초 ⇒ ∠무갑병

(카시니의 59도와 리셰르의 15도7분5초의 차=43도52분55초)

② △을갑정에서,

$\overline{\text{갑을}}$ = $\overline{\text{갑정}}$ = 1천만

$\overline{\text{을정}}$ = 2×sin(∠갑/2) = 7473023

∠을 = ∠정 = (180도—∠갑)÷2 = 68도3분32초30미

③ △을기정에서,

∠기을정 = (180도—∠갑을정—∠기을병) = 52도16분12초30미

∠기정을 = (180도—∠갑정을+∠기정무) = 127도43분32초30미

∠을기정 = {180도—(∠을+∠정)} = 15초 ← 두 곳의 지반경차의 차

다음의 비례식이 성립함.

sin(∠을기정) : $\overline{\text{을정}}$ = sin(∠기을정) : $\overline{\text{기정}}$

∴ $\overline{\text{기정}}$ = 81275125154.29

④ △기정갑에서,

'정'의 외각=15도47분5초 ← '정'에서 관측한 화성의 천정거리.

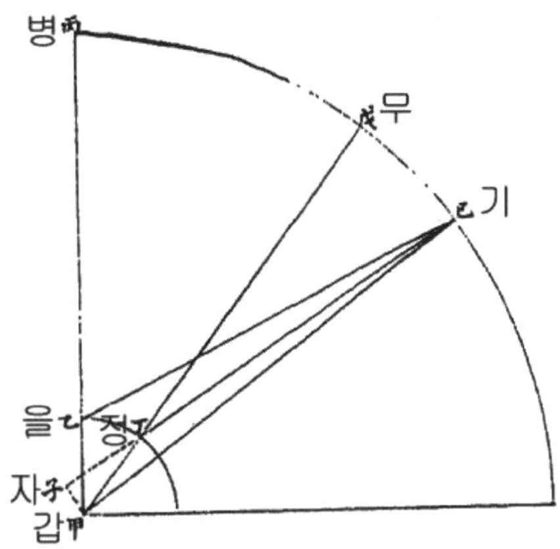

[그림 5-6] 지반경차 구하기 6

⑤ [그림 5-6]과 같이 $\overline{\text{기정}}$을 '자'까지 연장하여 만든 ⊾갑자정에서,

sin(∠정)=2720236.05 ⇒ $\overline{\text{자갑}}$

cos(∠정)=9622906 ⇒ $\overline{\text{정자}}$

⑥ $\overline{\text{기자}}=\overline{\text{정자}}+\overline{\text{기정}}$=81284748060.29 ⇒ ⊾갑기자의 고(股 긴 밑변)

$\overline{\text{갑자}}$ ⇒ ⊾갑기자의 구(勾 짧은 밑변)

현(弦 빗변)= $\sqrt{\text{고}^2+\text{구}^2}$ =81284748112= $\overline{\text{갑기}}$

= $\overline{\text{갑임}}$ ⇒ '화성~지구 중심'의 거리

⑦ 지구반경과 '화성~지구 중심' 거리의 비가 다음과 같음.

지구반경 : '화성~지구 중심' = 1 : 8128

(2) 지평선상에서 화성의 최대 지반경차 구하기

⑧ [그림 5-7]의 ⊾갑을임에서 다음의 비례식을 이용하여 sin(∠임)을 구함.

$\overline{\text{갑임}}$: $\overline{\text{갑을}}$ = 1천만 ; sin(∠임)

sin(∠임)=1230.24

⑨ sin(∠ 임)값을 가지고 정현표를 검색하면,

∠ 임=25.37초 ⇒ 지평선상에서 화성의 최대 지반경차

• '4)'항에 보인 카시니의 지반경차 계산법 결과와 일치함.

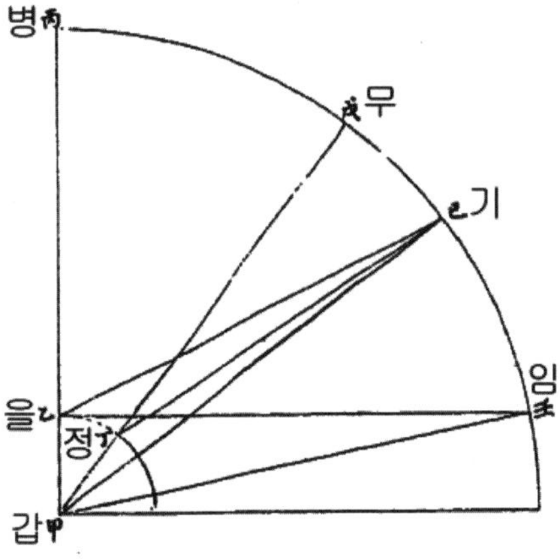

[그림 5-7] 지반경차 구하기 7

(3) 《역상고성》 상편에 제시된 태양의 지반경차 계산에도 카시니의 방법으로 구할 수 있음.

① 한 곳에서는 태양이 천정의 남쪽에, 다른 한 곳에서는 천정의 북쪽에서 관측됨.[54]

② (두 곳에서 항성을 기준으로 한 관측 각도 차)=(두 곳에서 나타난 지반경차의 합)

③ 다음의 비례식으로 지평선상에서 태양의 최대 지반경차를 구함.[55]

{sin(태양의 천정거리 1)+sin(태양의 천정거리 2)} : {(지반경차 1)+(지반경차 2)} =(반경 1천만) : {지평선상의 최대 지반경차}

보충자료 2 《역상고성》 상편 〈일전역리(日躔曆理)〉의 지반경차 계산 순서

《역상고성》 상편 〈일전역리〉의 지반경차 계산법 순서

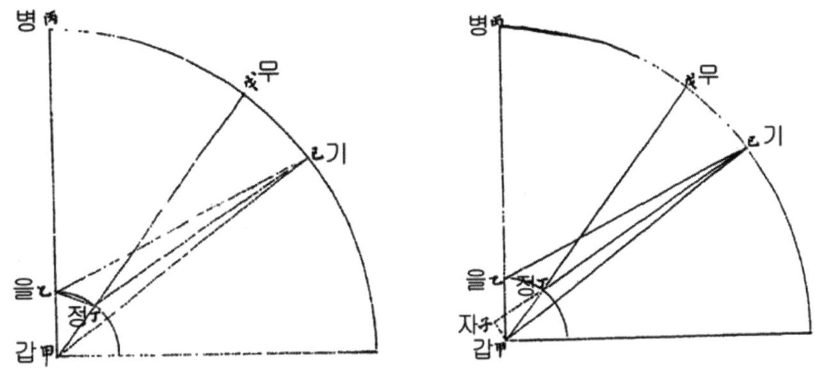

	도	분	초	도	비고
기을병 각=을에서 화성의 시거천정	59	40	15	59.67083333	
기정무 각=정에서 화성의 시거천정	15	47	5	15.78472222	
삼각형 을갑정에서					
갑 각	43	52	55	43.88194444	
을정의 길이				0.747302366	
을 각	68	3	32.5	68.05902778	
삼각형 을기정에서					
기을정 각	52	16	12.5	52.27013889	※ 갑임의 길이를 삼각형 기정갑에서 코사인 법칙을 이용하여 구한 값과 본문에서 구한 값이 일치한다.
기정을 각	127	43	32.5	127.7256944	
을기정 각	0	0	15	0.004166667	
기정의 길이				8127.451665	
삼각형 기정갑에서					
정의 외각	15	47	5	15.78472222	
삼각형 갑자정에서					
자갑의 길이=sin('정')				0.272023664	
정자의 길이=cos('정')				0.962290562	
기자의 길이				8128.413955	
갑임의 길이				8128.41396	
화성 최대 지반 경차	0	0	25.37578	0.007048826	

서양 보충자료 3 카시니의 지반경차 산정

카시니는 리셰르가 카옌에서 관측한 자료를 기초로 지반경차 값을 수정한다. 그는 〈천문학의 주요 요소〉(Les Elemens de l'astronomie)에서 파리와 카옌에서 화성과 화성 주위에 있는 한 항성의 남중고도를 비교하여 화성의 지반경차를 산정하고 이를 통해 태양의 지반경차 값을 제시한다.

카시니가 택한 항성은 물병자리(Aquaris)의 물 부분에 있는 세 별로 바이에르(Johann Bayer) 항성표에서 물병자리 프시1(ψ^1), 프시2(ψ^2), 프시3(ψ^3)으로 표시된다. 카시니가 파리와 카옌에서 남중고도를 비교할 수 있었던 별은 '프시1'(적경 23시 16분, 적위 −9도)로 현대에는 '물병자리 91'이라 불리며 삼중성계로 알려진 별이었다.

카옌 시각으로 1672년 9월 8일은 화성이 태양과 충이 되어 화성-지구의 거리가 가장 가까운 때였다. 카시니는 9월 4일, 9월 8일, 9월 23일에 파리와 카옌에서 관측한 이 별의 남중고도와 화성의 남중고도를 제시하고, 이 세 관측을 종합하여 화성의 지평시차(지평선상에서 나타나는 최대 지반경차)를 계산한다.

물병자리 '프시1'과 비교할 때, 화성은 9월 4일에는 12초, 9월 8일에는 13초, 9월 23일에는 17초만큼 파리가 카옌보다 더 낮게 관측되었지만, 카시니는 9월 9일부터 24일 사이의 관측을 종합하여 15초의 차이가 난다고 산정한다. 이어서 그는 세 관측값을 살피면서 화성 상단 끝의 남중고도는 파리에서 30도19분45초이고, 카옌에서는 74도12분55초로 제시한다. 천정거리는 그 여각이므로 파리에서는 59도49분15초이고 카옌에서는 15도47분5초이다. 카시니는 이 값을 바탕으로 화성의 지평시차를 계산한다. 카옌에서 겉보기 천정고도의 사인값은 27202이고, 파리에서 겉보기 천정고도의 사인값은 86314이며, 사인값의 차이는 59112이다. 이 값은 반지름 100000에 대한 비율이며, 따라서 시차의 차이 15초에 해당하는 화성의 지평시차는 $25\frac{1}{3}$초이다.

카시니는 화성의 지평시차를 기초로 태양의 시차, 화성이 충의 위치에 있을 때 화성-지구, 태양-지구의 거리, 태양의 크기와 지구의 크기의 비율 등을 산정한다. 카시니는 코페르니쿠스와 티코의 가설에 따라 태양-지구의 거리와 화성이 충의 위치에 있을 때 화성-지구의 거리 비는 $2\frac{2}{3}$ 대 1이라고 본다. 지반경차는 거리와 반비례하므로 중거(평균거리)에서 태양의 지반경차와 충의 위치에 있는 화성의 지반경차의 비는 1 대 $2\frac{2}{3}$ 혹은 $9\frac{1}{2}$ 대 $25\frac{1}{3}$이 된다. 따라서 충의 위치에 있는 화성의 지평시차 $25\frac{1}{3}$초에 해당하는 태양의 지평시차는 $9\frac{1}{2}$초가 된다. 또한 충의 위치에 있는 화성의 지평시차가 $25\frac{1}{3}$초라면, 이때 지구-화성 거리는 지구 반지름의 8100배이며, 태양의 지평시차가 $9\frac{1}{2}$초라면, 태양-지구의 거리는 21600배이다.

마지막으로 카시니는 태양의 크기를 논의한다. 중거에서 태양의 겉보기 반지름이 16분 6초, 곧 966초이며, 그 100분의 1은 $9\frac{2}{3}$초에 해당된다. 앞에서 계산한 태양의 지평시차는 $9\frac{1}{2}$초이인데, 관측에서는 $9\frac{1}{2}$초와 $9\frac{2}{3}$초의 차이를 감지할 수 없다. 이렇게 볼 때 어림잡아 태양의 지름은 지구의 지름보다 100배 크고, 태양의 면은 지구보다 10000배 크고, 태양의 구적은 지구보다 1000000배가 된다고 계산하는 것이 편리하다.

보충자료 3 《역상고성후편》〈일전수리〉의 지반경차 계산

1. 화성의 지반경차를 구한 카시니의 방법

[보충그림 3−1]에서 '을'에서 관측한 '기'(화성)의 천정거리를 $\angle$병을기 $= z_1$, 그 때의 지반경차는 $\angle$을기갑 $= \theta_1$, 본천의 반경=1이라 하자. 최대 지반경차를 $\angle$을임갑 $= \theta_{max}$이라 하자. $\triangle$계기갑에서 $\overline{\text{을갑}}\sin z_1 = \overline{\text{계갑}}$이고, $\overline{\text{을갑}} = \sin\theta_{max}$, $\overline{\text{계갑}} = \sin\theta_1$이기에

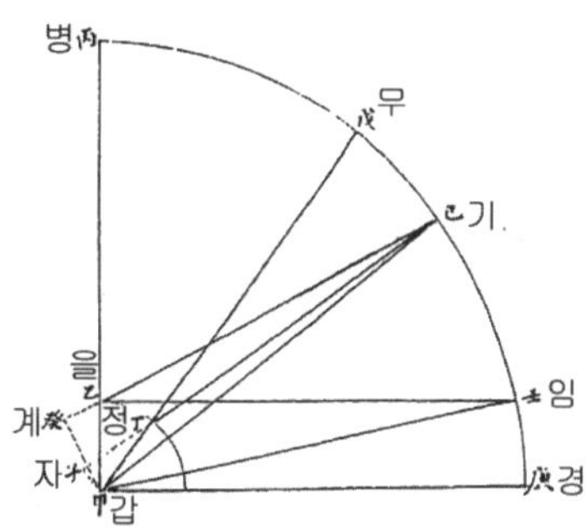

[보충그림 3-1] [그림 5-4]와 동일

$$\sin\theta_{max}\sin z_1 = \sin\theta_1 \qquad (1)$$

이 성립한다. 같은 방법으로 '정'에서 관측한 '기'의 천정거리를 $\angle$무정기 $= z_2$, 그 때의 지반경차는 $\angle$정기갑 $= \theta_2$라 하자. 그러면 $\triangle$자기갑에서 $\overline{\text{정갑}}\sin z_2 = \overline{\text{자갑}}$이고, $\overline{\text{정갑}} = \overline{\text{을갑}} = \sin\theta_{max}$, $\overline{\text{자갑}} = \sin\theta_2$이기에

$$\sin\theta_{max}\sin z_2 = \sin\theta_2 \qquad (2)$$

가 성립한다. 그런데 우리는 두 곳의 지반경차 θ_1과 θ_2의 값은 모른다. 단지 두 곳에서 관측한 항성과 화성 사이의 거리에 의하여 그 차이 $\Delta\theta = \theta_1 - \theta_2$를 알 뿐이다. 이제 (1)-(2)를 해보면

$$\sin\theta_{\max}(\sin z_1 - \sin z_2) = \sin\theta_1 - \sin\theta_2 \tag{3}$$

이 된다. (3)식을 정리하면

$$\sin\theta_{\max} = \frac{\sin\theta_1 - \sin\theta_2}{\sin z_1 - \sin z_2} \tag{4}$$

가 된다. 그런데 $\theta_1 \ll 1$, $\theta_2 \ll 1$, $\theta_{\max} \ll 1$이기에

$$\sin\theta_{\max} \simeq \frac{\theta_1 - \theta_2}{\sin z_1 - \sin z_2} = \frac{\Delta\theta}{\sin z_1 - \sin z_2} \tag{5}$$

혹은

$$\theta_{\max} \simeq \frac{\Delta\theta}{\sin z_1 - \sin z_2} \tag{6}$$

의 식으로 화성의 최대 지반경차를 구할 수 있다.

2. 태양의 지반경차를 구한 카시니의 방법

이제 [보충그림 3-2]에서 화성이 '임'에 있고, 태양이 '축'에 있다고 하자. 태양의 최대 지반경차를 $\angle$을축갑 $= \theta_{\odot}$이라 하자. 앞에서 구한 화성의 최대 지반경차를 $\angle$을임갑 $= \theta_{\max} = \theta_{화}$라 하면, $\overline{임갑}\sin\theta_{화} = \overline{축갑}\sin\theta_{\odot}$가 된다. 이제

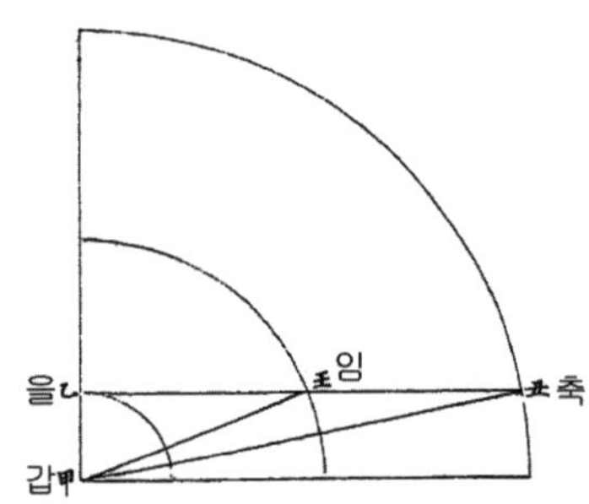

[보충그림 3-2] [그림 5-5]와 동일

$$\sin\theta_{\odot} = \frac{\overline{임갑}}{\overline{축갑}}\sin\theta_{화} \tag{7}$$

이기에 $\dfrac{\overline{\text{임갑}}}{\overline{\text{축갑}}}=\dfrac{1}{k}$의 값을 알면 태양의 지반경차를 구할 수 있다. 그런데 $\theta_{\odot} \ll 1$, $\theta_{\text{화}} \ll 1$이기에

$$\theta_{\odot} \simeq \frac{\theta_{\text{화}}}{k} \tag{8}$$

식으로 구해도 된다.

3. 《역상고성》 상편 〈일전역리〉의 방법으로 화성까지 거리 및 지반경차 구하기

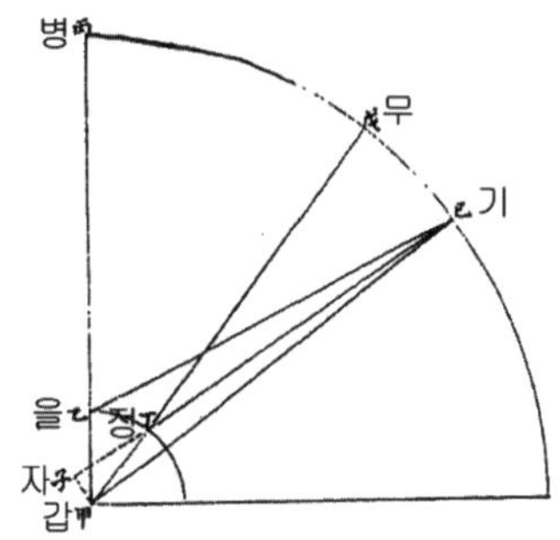

[보충그림 3-3] [그림 5-7]과 동일

[보충그림 3-3]에서 '을', '정'에서 관측한 항성의 천정거리 차는 $\Delta z_* = \overset{\frown}{\text{무병}} = \angle \text{병갑무}$가 된다. 《역상고성》 상편 〈일전역리〉에서 태양의 지반경차를 구할 때는 두 관측지의 위도차로 $\angle \text{병갑무}$를 정하였다.(같은 경도 상에 위치해 있다고 가정함) 이제 $\triangle \text{을갑정}$에서 $\overline{\text{을정}} = 2\sin(\Delta z_*/2)$ 이다. 그리고

$\angle \text{갑을정} = \angle \text{갑정을} = 90° - \dfrac{\Delta z_*}{2}$이 된다.

또한 화성이 '기'에 있을 때 $\triangle \text{기을정}$에서

$\angle \text{기을정} = 180 - z_1 - (90 - \Delta z_*/2) = 90 - z_1 + \Delta z_*/2$ 이고

$\angle \text{기정을} = 180 + z_2 - (90 - \Delta z_*/2) = 90 + z_2 + \Delta z_*/2$ 이다.

따라서 $\angle \text{을기정} = z_1 - z_2 - \Delta z_*$이 된다. 따라서 sin공식을 이용하면,

$\overline{\text{기정}} = \overline{\text{을정}}\dfrac{\sin(90 - z_1 + \Delta z_*/2)}{\sin(z_1 - z_2 - \Delta z_*)} = 2\sin(\Delta z_*/2)\dfrac{\cos(z_1 - \Delta z_*/2)}{\sin(z_1 - z_2 - \Delta z_*)}$이 된다.

이제 $\angle \text{자정갑} = z_2$이기에, $\overline{\text{정갑}}$ = 지구의 반경 = 1이라 하면, $\overline{\text{갑자}} = \sin z_2$, $\overline{\text{정자}} = \cos z_2$가 된다. 그리고 $\overline{\text{기자}} = \overline{\text{기정}} + \overline{\text{정자}}$이기에 직각삼각형 '기자갑'에서 지구중심으로부터 화성까지 거리는 $\overline{\text{기갑}} = \sqrt{\overline{\text{기자}}^2 + \overline{\text{갑자}}^2}$으로 구할 수 있다. 위의 식들을 다 대입하면 화성까지의 거리는

$$\overline{기갑} = \sqrt{\left(\cos z_2 + \frac{2\sin(\Delta z_*/2)\cos(z_1 - \Delta z_*/2)}{\sin(z_1 - z_2 - \Delta z_*)}\right)^2 + \sin^2 z_2} \tag{9}$$

가 된다.

화성의 최대지반경차는 $\sin\theta_{화} = \dfrac{1}{\overline{기갑}}$ 이고, $\theta_{화} \ll 1$ 이기에

$$\theta_{화} \simeq \frac{1}{\sqrt{\left(\cos z_2 + \frac{2\sin(\Delta z_*/2)\cos(z_1 - \Delta z_*/2)}{\sin(z_1 - z_2 - \Delta z_*)}\right)^2 + \sin^2 z_2}} \tag{10}$$

이 된다. 여기까지가 《역상고성》 상편 〈일전역리〉의 계산 방법이다. 이어서 《역상고성후편》 〈일전수리〉의 방법으로 지구에서 태양까지 거리와 태양의 최대 지반경차를 구하면 다음과 같다.

4. 《역상고성후편》 〈일전수리〉의 방법으로 지구에서 태양까지 거리와 태양의 최대 지반경차 구하기

지구에서 충의 위치에 있는 화성까지 거리는 지구에서 태양까지 거리의 $1/k$ 이기에 지구에서 태양까지 거리는 $k \times \overline{기갑}$ 이 된다. 따라서

$$\text{지구} \sim \text{태양 거리} = k\sqrt{\left(\cos z_2 + \frac{2\sin(\Delta z_*/2)\cos(z_1 - \Delta z_*/2)}{\sin(z_1 - z_2 - \Delta z_*)}\right)^2 + \sin^2 z_2} \tag{11}$$

이 된다. 〈일전수리〉 본문에서는 $k = 2.66$, $\overline{기갑} = 8128$ 이기에 지구에서 태양까지 거리가 지구반경의 21620배이다. 이에 따른 태양의 최대지반경차는 $\sin^{-1}(1 \div 21620) = 9.54$초 정도이다. 현재는 지구에서 태양까지 거리가 지구반경의 23400배이기에 최대 지반경차는 8.8초 정도이다. 여기서 기억할 것은 두 관측지에서 충의 위치에 있는 화성의 천정거리 z_1, z_2, 그리고 별의 천정거리의 차인 Δz_* 의 정보를 알면, 지구에서 충의 위치에 있는 화성까지의 거리 및 화성의 지반경차 그리고 지구에서 태양까지 거리 및 태양의 지반경차를 모두 구할 수 있다는 것이다.

5. 《역상고성》 상편 〈일전역리〉의 태양 지반경차 구하기와 비교

《역상고성》 상편의 〈일전역리〉에서는 태양을 직접 관측하여 원지점거리와 중간거리에서 지반경차를 다루고 있는데 여기서 창춘원과 광주부에서 관측한 태양의 천정거리를 각각 z_1, z_2라 하고, 계산해서 얻은 지반경차를 θ_1, θ_2이라 하면, 태양의 최대 지반경차 θ_{max}는 화성의 경우와 마찬가지로

$$\sin\theta_{max} = \frac{\sin\theta_1}{\sin z_1},\ \sin\theta_{max} = \frac{\sin\theta_2}{\sin z_2},\ \sin\theta_{max} = \frac{\sin\theta_1 - \sin\theta_2}{\sin z_1 - \sin z_2} \tag{12}$$

관계가 있다. 《역상고성》 상편의 〈일전역리〉에서는 θ_1과 θ_2를 계산으로 다 구하였지만 《역상고성후편》의 〈일전수리〉에서는 $\Delta\theta = \theta_1 - \theta_2$의 관측값만 사용하였다. 화성의 경우도 $\angle$을기갑 $= \theta_1$이기에 $\overline{\text{기갑}}\sin\theta_1 = \sin z_1$이 되고, $\angle$정기갑 $= \theta_2$이기에 $\overline{\text{기갑}}\sin\theta_2 = \sin z_2$가 되므로, θ_1과 θ_2를 구할 수는 있다. 또한 화성 관측에서는 Δz_*를 별의 천정거리차로 알 수 있었지만, 태양의 경우는 별 관측이 불가능하기에 두 관측 위치가 같은 경도 상이라는 가정하에 위도 차를 이용하였다. 태양의 경우 고도 관측의 오차가 별의 경우보다 크기 때문에 《역상고성》 상편의 〈일전역리〉에서는 지구와 태양 사이의 거리도 가깝게 계산되고, 이에 따른 지반경차도 크게 계산된 것으로 보인다.

제6장

타원의 면적을 이용하여 평균운행 나타내기 [용타원면적위평행(用橢圓面積爲平行)]

원문	번역문
太陽之行有盈縮, 由於本天有高卑。	태양의 운행에 영축(盈縮 1년 주기의 부등속 운행)이 있는 것은 본천(本天 태양천)에 높고 낮음(멀고 가까움)이 있기 때문이다.
春分至秋分, 行最高半周, 故行縮而歷日多。 秋分至春分, 行最卑半周, 故行盈而歷日少。	춘분부터 추분까지는 원지점[최고(最高)] 전후의 180도 구간을 운행하므로 '운행 속도가 느려서[행축(行縮)]'[56] 지나는 날짜수가 많다. 반면에 추분부터 춘분까지는 근지점[최비(最卑)] 전후의 180도 구간을 운행하므로 '운행 속도가 빨라서[행영(行盈)]'[57] 지나는 날짜수가 적다.
其說一爲不同心天, 一爲本輪。而不同心天之兩心差, 即本輪之半徑。故二者名雖異, 而理則同也。	이를 설명하는 모형 중 하나는 부동심천(不同心天 이심원 eccentric circle) 모형이고, 다른 하나는 본륜(本輪 주전원 epicycle) 모형이다. 부동심천의 양심차(兩心差 황도 중심과 태양천 중심 사이의 거리)가 곧 본륜의 반경이므로 이 두 가지가 표현은 비록 다르나 원리는 같다.
第谷用本輪, 以推盈縮差, 惟中距與實測合, 最高前後則失之小, 最卑前後則失之大。 又最高之高於	제곡(第谷 티코 브라헤)은 본륜을 사용하여 영축차(盈縮差 실제운행 위치가 평균운행 위치보다 앞서거나 뒤처진 도수; 가감차; 중심차; equation of center)를

本天半徑， 最卑之卑於本天半徑者，非兩心差之全數，而止及其半。

계산하였는데, 오직 중간거리점[중거(中距)]에서만 실측값과 합치하여, 원지점[최고] 전후에서는 너무 작고 근지점[최비] 전후에서는 너무 컸다.[58] 또 실측값은 원지점까지 거리가 본천의 반경보다 먼 거리차 및 근지점까지 거리가 본천의 반경보다 가까운 거리차가 양심차의 온전한 수치가 아니라 그 절반에 그쳤다.

故又用均輪，以消息乎其間。 而後高卑之數、盈縮之行，與當時實測相合。《上編》言之詳矣。

그래서 또 균륜(均輪 제2주전원 second epicycle)을 사용하여 그 사이에서 늘리고 줄였다. 그 후로 태양까지 멀고 가까운 거리와 태양 운행의 영축이 당시의 실측값과 맞게 되었다. 《역상고성》 상편에 이에 대해 상세히 논하였다.

然天行不能無差。 元郭守敬定盈縮之最大差，爲二度四○一四，以周天三百六十度， 每度六十分約之，得二度二十二分。《新法算書》第谷所定之最大差，爲二度零三分一十一秒。 刻白爾以來，屢加精測，盈縮之最大差，止有一度五十六分一十二秒。

그러나 천체의 운행은 차(差)가 없을 수 없다.[59] 원(元)나라의 곽수경(郭守敬)이 정한 최대 영축차는 2도4014분이었다. 주천(周天 천구의 둘레)을 360도로, 1도를 60분으로 정의한 도, 분 단위로 환산하면 이는 2도22분이 된다. 《신법산서》에 실린, 제곡(第谷 티코 브라헤)이 정한 최대 영축차는 2도03분11초였다. 각백이(刻白爾 케플러) 이후 여러 차례 정밀하게 관측한 결과는 최대 영축차가 1도56분12초에 그쳤다.

又以推逐度之盈縮差， 最高前後，本輪固失之小矣，均輪又失之大。最卑前後，本輪固失之大矣，均輪又失之小。

그리고 이 모형들을 이용하여 1도 간격으로 영축차를 계산하면, 원지점[최고] 전후에서 본륜 모형의 값이 너무 작게 나오는 것은 물론이고 균륜 모형의 값도 너무 크게 나온다. 근지점[최비] 전후에서는 본륜 모형의 값이 너무 크게 나오는 것은 물론이고 균륜 모형의 값도 너무 작게 나온다.

乃設本天爲橢圓，均分橢圓面積，爲逐日平行之度。則高卑之理，既與舊説無異，而高卑前後盈縮之行，乃俱與今測相符。具詳圖説如左。

이에 본천을 타원으로 설정하고 타원의 면적을 균일하게 분할하여 매일의 평균운행[평행(平行)] 도수로 삼았다. 그 결과 태양이 지구로부터 멀고 가까워지는 원리는 옛 모형(균륜 모형)과 차이가 없으면서도 원지점과 근지점 전후에서 태양의 영축 운행이 마침내 모두 지금(《역상고성후편》 편찬 당시)의 실측값과 맞아떨어지게 되었다. 상세한 도설(圖說)을 왼쪽(아래)과 같이 싣는다.

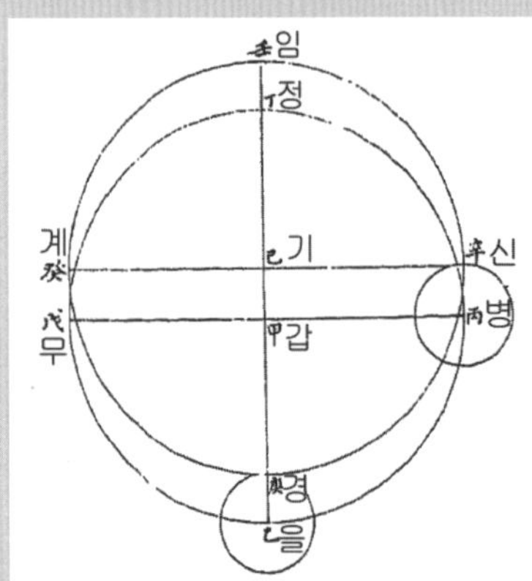

如圖甲爲地心，乙丙丁戊爲黄道，己爲不同心天之心，庚辛壬癸爲不同心天。乙庚爲本輪半徑，與甲己兩心差等。

그림과 같이 '갑'이 지구 중심, 을병정무가 황도, '기'가 부동심천의 중심, 경신임계가 부동심천이라 하자. $\overline{\text{을경}}$이 본륜 반경으로, 양심차인 $\overline{\text{갑기}}$와 같다.

以本輪之法論之，最卑時，本輪心在乙，太陽在庚。中距時，本輪心在丙，太陽在辛。乙丙爲平行九十度，辛甲丙角爲平行、實行之最大差。

본륜 모형으로 논하면, 태양이 근지점[최비]에 있을 때 본륜 중심은 '을'에, 태양은 '경'에 있다. 중간거리점[중거]에 있을 때는 본륜 중심은 '병'에, 태양은 '신'에 있다. $\overline{\text{을병}}$이 평균운행도수[평행] 90도이고, ∠신갑병이 평균운행도수와 실제운행도수[실행(實行)]의 최대차이다.

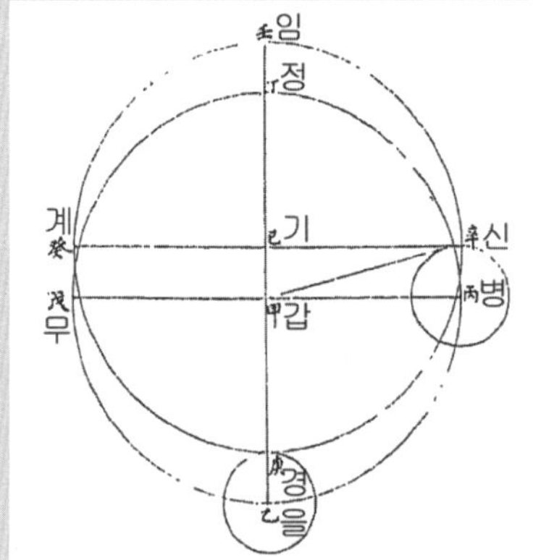

以不同心天之法論之， 太陽自最卑庚，行至辛，亦九十度。己辛甲角爲平行、實行之最大差， 與辛甲丙角等。故本輪之法與不同心天之法相同。

부동심천 모형으로 논하면, 태양이 근지점 '경'에서 출발하여 '신'까지 운행한 도수가 역시 90도이고, ∠기신갑이 평균운행과 실제운행의 최대차로서 ∠신갑병과 같다. 따라서 본륜 모형과 부동심천 모형은 서로 같다.

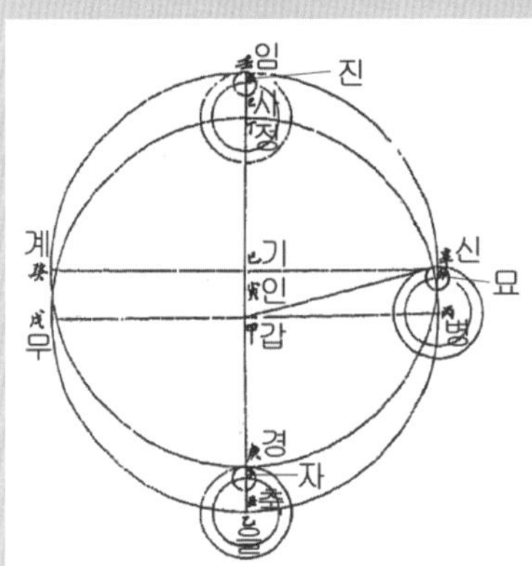

以均輪之法論之，最卑時，本輪心在乙，均輪心在子，太陽在丑。中距時， 本輪心在丙， 均輪心在卯，太陽在辛。 最高時， 本輪心在丁，均輪心在辰，太陽在巳。辛甲丙角最大差，仍當甲己之全。而丑乙之

균륜 모형으로 논하면, 태양이 근지점에 있을 때 본륜 중심은 '을'에, 균륜 중심은 '자'에, 태양은 '축'에 있다. 중간거리에 있을 때는 본륜 중심은 '병'에, 균륜 중심은 '묘'에, 태양은 '신'에 있고, 원지점[최고]에 있을 때는 본륜 중심은 '정'에, 균륜 중심은 '진'에, 태양은 '사'에 있다. 평균운행과 실제운행의 최대차인 ∠신갑병은 여전히 양심차인 $\overline{갑기}$의 전체에 상당한다. 그러나 근지점의 태양까지 거리가 본천 반경보다 가까

卑於本天半徑、巳丁之高於本天半徑者, 止及甲己之半, 與甲寅等。

운 거리 차 축을과 원지점의 태양까지 거리가 본천 반경보다 먼 거리 차 사정은 갑기의 절반에 그쳐서 갑인과 같다.

故以推盈縮差, 惟中距, 與本輪同。 最高半周, 比之本輪則大。【距地近, 故角大。】最卑半周, 比之本輪則小。【距地遠, 故角小。】此其所以消息乎本輪之行度者, 當時必有所據。

따라서 균륜 모형으로 영축차를 계산하면 오직 중간거리에서만 본륜 모형의 값과 같다. 원지점 전후의 180도 구간에서는 본륜 모형의 값보다 크고,【지구에서 거리가 더 가깝기 때문에 각도가 더 크다.】 근지점 전후의 180도 구간에서는 본륜 모형의 값보다 작다.【지구에서 거리가 더 멀기 때문에 각도가 더 작다.】 이렇게 본륜 모형의 운행 도수[행도(行度)]보다 늘리고 줄인 까닭은 당시에 틀림없이 의거한 바가 있었을 것이다.

而自刻白尔以來, 則謂: "高卑之數, 均輪所定誠是。 但其數漸減耳, 至以推盈縮差, 則均輪之所消息者, 又屬太過。"

그러다가 각백이(케플러) 이후에는 다음과 같은 문제 제기가 있었다. "태양까지 거리를 균륜 모형으로 정한 것은 참으로 옳았다. 그러나 그 수치(본륜 모형을 기준으로 조정해야 하는 수치)가 점차 줄어들고 있어서, 이제는 균륜 모형으로 영축차를 계산하면 균륜 모형에서 늘리고 줄인 것이 또 너무 과한 것이 되어 버렸다."

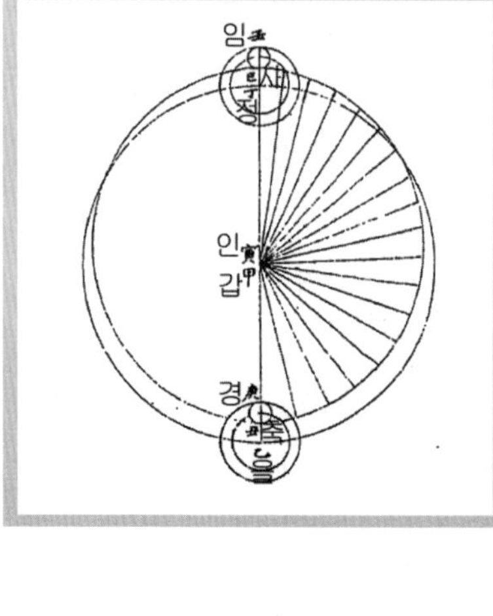

그리하여 다음과 같은 새로운 모형을 생각하게 되었다. '인'을 부동심천의 중심으로 삼아 타원을 그린 후 지구 중심 '갑'으로부터 박을 쪼개듯이[과분(瓜分)] 방사형으로 타원을 분할한다. 태양이 타원의 원주상에서 우선(右旋 오른팔 감돌이)하는 것을 헤아리면, 그 운행한 호가 타원을

惟以寅爲不同心天之心， 作橢圓形， 自地心甲瓜分之。 計太陽在橢圓周右旋， 其所行之分橢圓面積， 日日皆相等。 而用以推黃道實行之盈縮， 則在本輪、均輪所得數之間， 而與實測脗合。

분할하는 면적이 매일 모두 서로 같다. 이 모형을 사용하여 황도상에서 관측되는 실제운행[실행]의 영축을 계산하면 본륜 모형과 균륜 모형으로 계산한 값의 중간에 있어서 실측값과 정확히 맞다.

試以寅爲心， 與巳丑作十字線。 又取寅丑之度， 從甲截橫線於午， 使午甲、午己， 皆與寅丑半徑等。 乃以甲、己兩點各爲心， 午爲界， 各用一針釘之， 圍以絲線。 末以鉛筆代午針， 引而旋轉， 即成丑午巳未橢圓形。

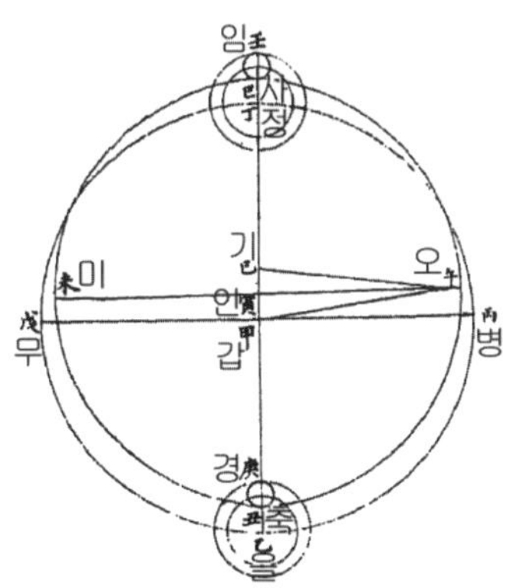

'인'을 중심으로 삼아 사축과 '十'자가 되도록 선을 그려보자. 그리고 인축의 길이[도(度)]를 취하여, '갑'으로부터 선을 그어 '오'에서 가로선을 끝되 오갑과 오기가 모두 반경 인축과 같게 한다. 이제 '갑'과 '기' 두 점을 각기 중심으로 삼고 '오'를 경계(타원주상의 점)로 삼아 세 점에 각기 침 하나씩을 꽂고 실로 에워싼다. 마지막으로 연필로 '오'점의 침을 대신하고 팽팽하게 당기면서 선회하면 곧 타원형 축오사미가 만들어진다.

寅丑、寅巳爲橢圓大半徑， 寅午、寅未爲橢圓小半徑。 則橢圓不以甲、己爲心， 而以寅爲心。

인축과 인사가 타원의 장반경[대반경(大半徑)]이고, 인오와 인미가 타원의 단반경[소반경(小半徑)]이므로, 타원의 중심은 '갑', '기'가 아니라 '인'이다.

丑乙之卑於黃道、巳丁之高於黃道者，止及甲己之半，與寅甲等。是高卑之理，與均輪合矣。

타원의 근지점이 황도보다 가까운 차 축을과 타원의 원지점이 황도보다 먼 차 사정은 갑기의 절반에 그쳐서 갑인과 같다. 이리하여 태양이 멀어지고 가까워지는 원리는 균륜 모형과 일치한다.

又將橢圓面積，以甲爲心，均分爲三百六十分。每分之積，皆爲一度，每一度積，爲六十分。太陽每日右旋，當每一度積之五十九分有奇，是爲平行。

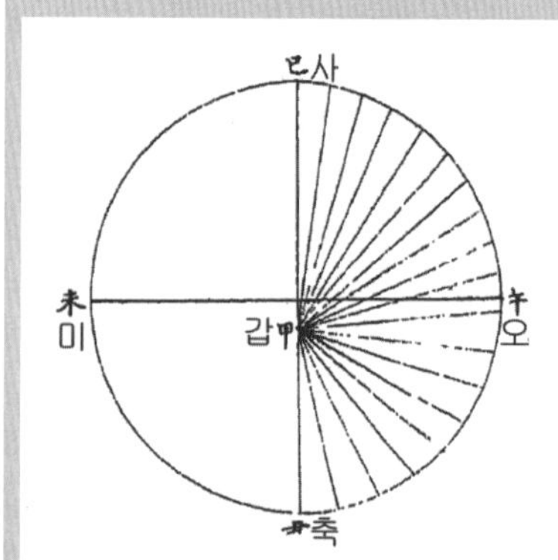

또 타원 면적을 '갑'을 중심으로 방사형으로 360등분하여 각 조각의 면적을 모두 '1도'라 하고 1도마다의 면적을 '60분'이라 한다. 태양이 매일 우선(右旋)하는 도수는 면적도수 1도 중의 59분 남짓이 되는데, 이것이 평균운행도수[평행(平行)]이다.

在最卑半周，甲心至橢圓界之線短，則角度必寬，是爲行盈。在最高半周，甲心至橢圓界之線長，則角度必狹，是爲行縮。故太陽循橢圓周行，惟所當之面積相等，而角不等。其角度與積度之較，即平行、實行之差。

근지점 전후의 180도 구간에서는 지구 중심 '갑'에서 타원까지 그은 선이 짧아서 각도가 반드시 넓은데, 이것이 태양 운행의 영(盈 평균 각속도보다 빠름)이다. 원지점 전후의 180도 구간에서는 지구 중심 '갑'에서 타원까지 그은 선이 길어서 각도가 반드시 좁은데, 이것이 태양 운행의 축(盈 평균 각속도보다 느림)이다. 따라서 태양이 타원을 따라 운행할 때 오직 해당 면적이 서로 같을 뿐이고 각도는 같지 않은데, 그 각도와 적도

(積度 면적도수, 곧 타원 또는 원의 전체 면적을 360도로 정의하여 도, 분, 초 단위로 나타낸 면적)의 차가 곧 평균운행과 실제운행의 차이다.

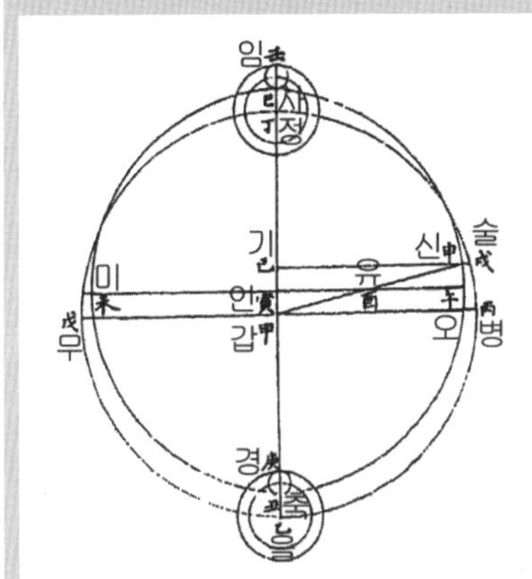

中距平行至申。 甲申丑積, 爲橢圓四分之一, 爲平行九十度。 與寅午丑積等,【申午酉積, 微大于酉寅甲積。 然所差無多, 故爲相等。】亦與申己甲角等。

중간거리점[중거]에서는 평균운행이 '신'에 이른다. ▽갑신축의 면적은 타원의 $\frac{1}{4}$이므로 평균운행도수가 90도가 된다. 이는 ▽인오축의 면적과 같고【▽신오유의 면적이 ⊾유인갑의 면적보다 미세하게 크다. 그러나 그 차가 크지 않으므로 서로 같다고 간주한다.】 또한 ∠신기갑과 수치가 같다.

而自地心甲計之, 已當黃道之戌。 戌甲丑角爲實行, 己申甲角爲平行、實行之差。 是中距之盈縮差, 與本輪、均輪皆合矣。

지구 중심 '갑'에서 헤아리면 태양이 이미 황도상의 '술'에 있다. ∠술갑축이 실제운행도수[실행(實行)]이고 ∠기신갑이 평균운행도수와 실제운행도수의 차이다. 이 중간거리에서 나타나는 영축차는 본륜 모형 및 균륜 모형의 영축차와 모두 일치한다.

用是以推逐度之盈縮差, 在最高半周, 比之本輪固大, 比之均輪又微小。 最卑半周, 比之本輪固小,

이를 이용하여 매도(每度)마다 영축차를 계산하면, 원지점 전후의 180도 구간에서는 본륜 모형의 값보다 큰은 물론이고 균륜 모형의 값보다도

比之均輪又微大。驗諸實測, 庶爲近之。推算之法, 具詳後篇。

미세하게 작다. 근지점 전후의 180도 구간에서는 본륜 모형의 값보다 작음은 물론이고 균륜 모형의 값보다도 미세하게 크다. 그리고 실측값과 맞춰보면 거의 맞다.[60] 계산법은 뒤의 편(篇 제7장)에 상세히 서술하였다.

내용 정리

1) 태양 운행의 영축

(1) 태양 운행에 영축(盈縮 1년 주기의 부등속 운행)이 나타나는 원인

: 본천(本天 태양천)에 높고 낮음(멀고 가까움)이 있기 때문.

(2) 영축의 양상

① 춘분 ↦ 추분: 원지점[최고(最高)] 전후의 180도 구간을 운행.

→ '운행 속도가 느림[행축(行縮)]'[56] → 지나는 날짜수가 많음.

② 추분 ↦ 춘분: 근지점[최비(最卑)] 전후의 180도 구간을 운행함.

→ '운행 속도가 빠름[행영(行盈)]'[57] → 지나는 날짜수가 적음.

2) 태양 운행의 영축을 설명하는 이전의 태양 운행 모형

(1) 부동심천(不同心天 이심원 eccentric circle) 모형

56) 운행 속도가 느려서[행축(行縮)]: 영축차(盈縮差)는 지구에서 실제로 관측되는 위치가 평균운행의 위치보다 앞서거나 뒤쳐진 도수 차를 가리키지만, 여기서 원문의 '행축(行縮)'은 지구에서 실제로 관측되는 태양 운행의 속도가 평균속도보다 느림을 말한다. 원문의 영(盈)과 축(縮)이 위치 관계를 말하는지 속도 관계를 말하는지는 문맥에 따라 파악해야 한다.

57) 운행 속도가 빨라서[행영(行盈)]: 지구에서 실제로 관측되는 속도가 평균속도보다 빠름을 말한다.

58) 원지점[최고]……컸다: 여기서 작다거나 크다는 것은 절댓값을 비교한 것이다. 이후에도 이와 유사한 언급은 모두 절댓값을 비교한 것이다.

59) 천체의……없다: 일월과 오성 등의 운행은 세월이 흐름에 따라 조금씩 변화한다는 뜻이다.

60) 이를……맞다: [보충자료 4] 참조.

(2) 본륜(本輪 주전원 epicycle) 모형

① 부동심천의 양심차(兩心差 황도 중심과 태양천 중심 사이의 거리)가 곧 본륜의 반경.

② 두 모형은 표현만 다르고 원리는 같음.

(3) 균륜(均輪 제2주전원 second epicycle) 모형을 도입하게 된 티코 브라헤의 문제 의식

① 본륜 모형에 따라 계산한 영축차의 문제

ㄱ. 오직 중간거리점[중거(中距)]에서만 실측값과 일치함.

ㄴ. 원지점[최고] 전후에서는 실측값보다 작음.

ㄷ. 근지점[최비] 전후에서는 실측값보다 큼.[58]

② 본륜 모형에 따른 '지구~태양' 거리의 문제

ㄱ. 계산값: {(지구~원지점 거리)—(본천 반경)}
=|(본천 반경)—(지구~근지점 거리)}=양심차.

ㄴ. 실측값: {(지구~원지점 거리)—(본천 반경)}
=|(본천 반경)—(지구~근지점 거리)}=(양심차÷2)

(4) 균륜의 도입으로 영축차와 '지구~태양' 거리를 조정 → 당시의 실측값에 부합함.

• 《역상고성》 상편에 이에 대해 상세히 논함.

3) 타원 모형 수립의 배경: 시간의 흐름에 따른 천체 운행 자체의 변화[59]

(1) 원(元) 곽수경(郭守敬)이 정한 최대 영축차: 2.4014도=2도22분

(2) 《신법산서》에 실린, 티코 브라헤가 정한 최대 영축차: 2도03분11초

(3) 케플러 이후 여러 차례 정밀하게 관측한 최대 영축차: 1도56분12초

(4) 균륜 모형에 따라 1도 간격으로 계산한 영축차가 실제에 맞지 않게 됨.

① 원지점[최고] 전후: 본륜 모형의 값은 너무 작고, 균륜 모형의 값은 너무 큼.

② 근지점[최비] 전후: 본륜 모형의 값은 너무 크고, 균륜 모형의 값은 너무 작음.

4) 타원 모형

(1) 본천을 타원으로 설정.

(2) 타원의 면적을 균일하게 분할하여 매일의 평균운행[평행(平行)] 도수로 삼음.

① 태양까지 거리 차가 발생하는 원리는 옛 모형과 같음.

② 원지점과 근지점 전후의 영축차가 실측값과 맞게 됨.

5) 도해

(1) 본륜 모형의 본륜 반경과 부동심천 모형의 양심차

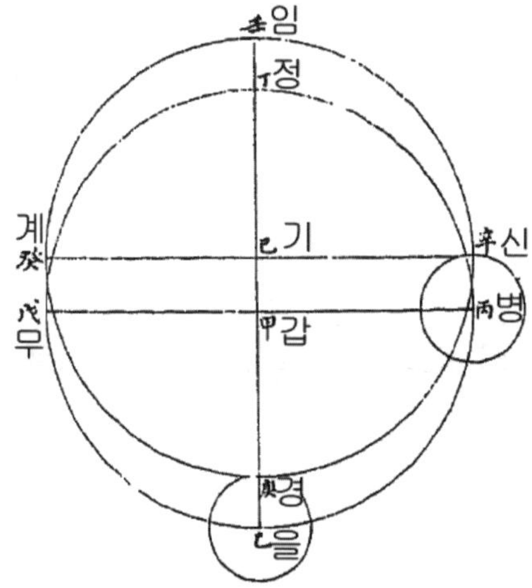

[그림 6-1] 본륜 반경과 양심차

① [그림 6－1]에서,

갑: 지구 중심

을병정무: 황도

기: 부동심천의 중심

경신임계: 부동심천

② $\overline{\text{을경}}$: 본륜 반경

$\overline{\text{갑기}}$: 양심차

$\overline{\text{을경}} = \overline{\text{갑기}}$

(2) 본륜 모형과 부동심천 모형에서 영축차

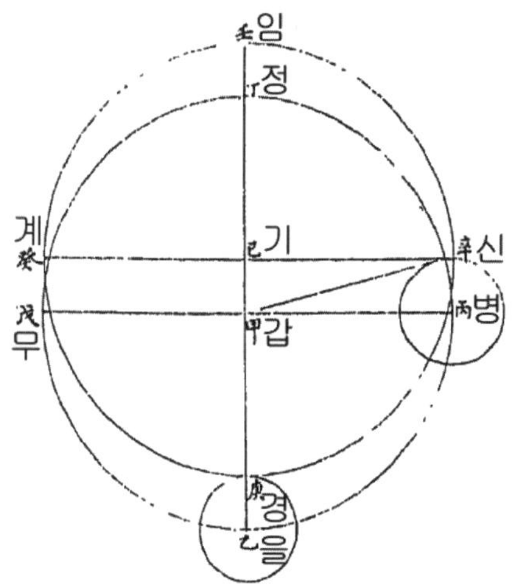

[그림 6-2] 본륜 모형과 부동심천 모형에서 양심차

[그림 6－2]에서,

① 본륜 모형

ㄱ. 근지점[최비]에서 본륜 중심은 '을'에, 태양은 '경'에 있음.

ㄴ. 중간거리점[중거]에 본륜 중심은 '병'에, 태양은 '신'에 있음.

ㄷ. $\overset{\frown}{\text{을병}}$: 평균운행[평행]한 90도.

ㄹ. ∠신갑병: 평균운행과 실제운행[실행(實行)]의 최대차.

② 부동심천 모형

ㄱ. 태양이 근지점 '경'에서 출발하여 '신'까지 운행한 도수: 90도.

ㄴ. ∠기신갑: 평균운행과 실제운행의 최대차.

③ ∠신갑병=∠기신갑 ⇒ 본륜 모형과 부동심천 모형의 최대 영축차가 서로 같음.

(3) 균륜 모형에서 영축차

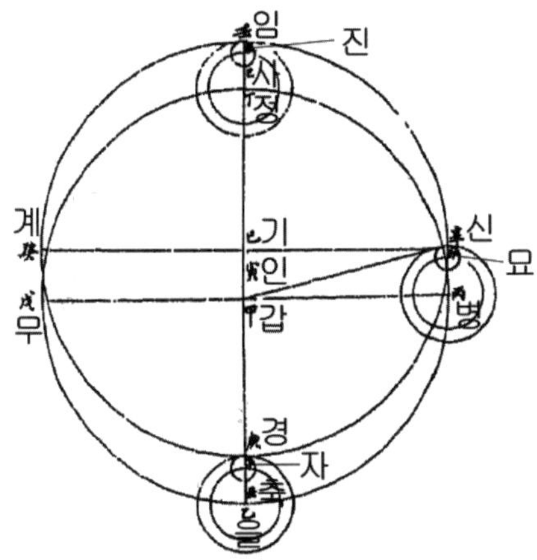

[그림 6-3] 균륜 모형에서 양심차

① 근지점에서: 본륜 중심은 '을', 균륜 중심은 '자', 태양은 '축'

② 중간거리점에서: 본륜 중심은 '병', 균륜 중심은 '묘', 태양은 '신'

③ 원지점에서: 본륜 중심은 '정', 균륜 중심은 '진', 태양은 '사'

④ (평균운행과 실제운행의 최대차 ∠신갑병)=(양심차 $\overline{\text{갑기}}$)

⇒ 중간거리점에서 영축차: 본륜 모형의 값과 같음.

⑤ {본천반경—(근지점의 태양~지구 거리)}=$\overline{\text{축을}}$=(양심차 $\overline{\text{갑기}}$)÷2

⇒ 근지점 전후의 180도 구간에서 영축차: 본륜 모형의 값보다 작음.

▾ 지구에서 거리가 멀기 때문에 각도가 작음.

⑥ {(원지점의 태양~지구 거리)—본천반경}=$\overline{\text{사정}}$=(양심차 $\overline{\text{갑기}}$)÷2

⇒ 원지점 전후의 180도 구간에서 영축차: 본륜 모형의 값보다 큼.

▾ 지구에서 거리가 가깝기 때문에 각도가 큼.

⑦ 본륜 모형의 운행 도수를 위와 같이 조정한 것은 당시에 의거한 바가 있었을 것.

(4) 케플러 이후 균륜 모형에 제기된 문제

① '태양~지구' 거리를 균륜 모형으로 정한 것은 옳음.

② 그러나 그 수치(본륜 모형에서 조정해야 하는 수치)가 점차 줄어들고 있음.

③ 균륜 모형의 영축차 조정 수치가 너무 과한 것이 됨.

보충자료 4 본륜 모델, 균륜 모델, 타원 모델[61)]

근지점에서부터 잰 평균운행도수가 M이고 양심차가 $E=2e$인 본륜 모델과 균륜 모델에서 지구-태양 사이의 거리 d와 가감차 q는 각각 다음과 같다.[62)]

$$\text{본륜 모델: } d=\sqrt{1-2E\cos M+E^2}\simeq 1-E\cos M+\frac{1}{2}E^2\sin^2 M$$

$$=1-2e\cos M+2e^2\sin^2 M \qquad (1\text{-}1)$$

$$q=\tan^{-1}\left(\frac{E\sin M}{1-E\cos M}\right)\simeq E\sin M+\frac{1}{2}E^2\sin 2M$$

$$=2e\sin M+2e^2\sin 2M \qquad (1\text{-}2)$$

$$\text{균륜 모델: } d=\sqrt{1-2e\cos M+e^2+3e^2\sin^2 M}$$

$$\simeq 1-e\cos M+2e^2\sin^2 M \qquad (2\text{-}1)$$

$$q=\tan^{-1}\left(\frac{2e\sin M}{1-e\cos M}\right)\simeq 2e\sin M+e^2\sin 2M \qquad (2\text{-}2)$$

또한 타원 모델에서 근지점부터 잰 면적도수 M에 대하여 d, q는 각각 다음과 같다.

---

61) 강민정 외 4인, 숭정역서에 기술된 태양의 운동, 교육과학사, 2020, 152~161쪽.

62) $\sqrt{1+x}\simeq 1+\frac{1}{2}x-\frac{1}{8}x^2$, $\frac{1}{1-x}\simeq 1+x+x^2$을 이용한다.

$$\text{타원 모델: } d \simeq 1 - e\cos M + e^2 \sin^2 M \tag{3-1}$$

$$q \simeq 2e\sin M + \frac{5}{4}e^2 \sin 2M \tag{3-2}$$

만약 타원 모델이 실제 태양의 운동을 나타낸다면 균륜 모델은 거리가 $e^2\sin^2 M$ 만큼 더 길게, 가감차는 $\frac{1}{4}e^2\sin 2M$ 만큼 더 작게 예측하게 된다. $e = 0.0169$일 때 $e^2 = 0.000286$이어서 $\frac{1}{3500}$의 차이기에 거리의 차이는 구별이 어렵다. 즉 $e = 0.0169$일 때 거리 차는, $M = 90$도, 270도인 중간거리점에서 최대차 $e^2\sin^2 M = 0.000286 \approx$(본천 반경의 $\frac{1}{3500}$배)를 나타내고, $M = 0$도, 180도인 원지점과 근지점에서는 차이가 없다. 가감차에서 차이는 최대 $\frac{1}{4}e^2 = 14.73$초만큼인데, 이 값은 관측으로는 6분 정도의 시간 차이가 된다. 즉 가감차는 $M = 45$도, 135도에서 최대차 $\frac{1}{4}e^2 = 14.73$초를 가진다. 이 값은 시간차로는 6분 정도가 된다. $M = 0$도, 90도, 180도, 270도인 근지점, 중간거리점, 원지점에서는 차이가 없다.[63)]

각 모델의 어림식 (1-2), (2-2), (3-2)를 이용하여 $|q - q_{균륜}|$과 $\left|\frac{dq}{dM}\right|$을 그려보면 [보충그림 4-1]과 [보충그림 4-2]와 같다. 근지점 전후 180도 구간에서는 타원 모델의 경우가 본륜 모델의 경우보다 작고, 균륜 모델보다 미세하게 크다. 그러나 원지점 전후 180도 구간에서는 타원 모델의 경우가 본륜 모델의 경우보다 크고, 균륜 모델보다 미세하게 작다.

---

63) 하루에 태양은 59분08초20미를 가기에 15초정도는 $\frac{15\text{초}}{59\text{분}08\text{초}20\text{미}} \times 24^h \times 60^m \simeq 6^m$이 된다.

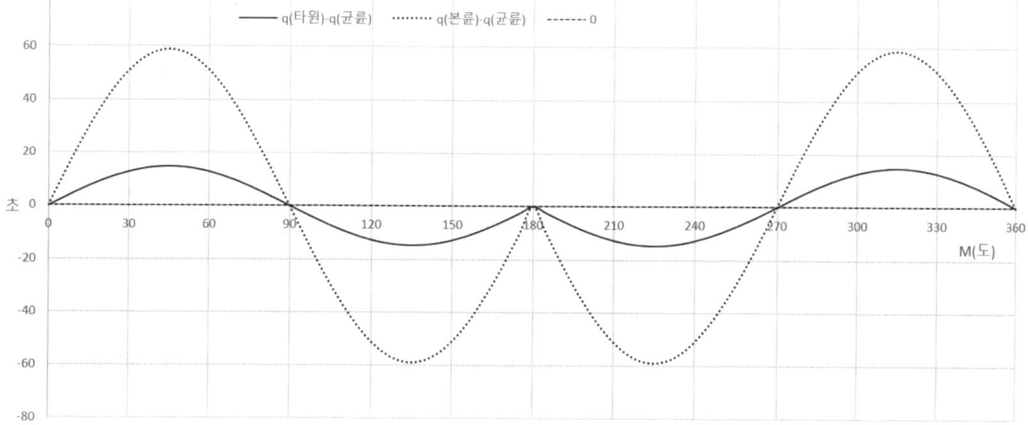

[보충그림 4-1] M에 따른 각 모델의 $\left|q-q_{균륜}\right|$

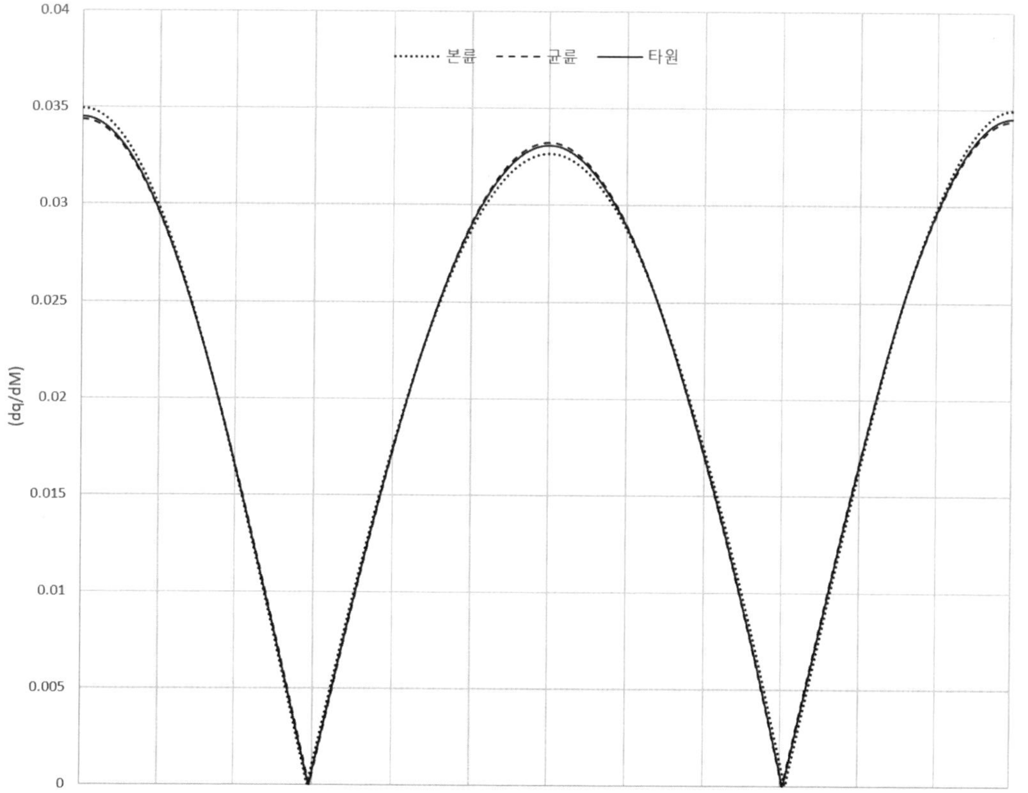

[보충그림 4-2] M에 따른 각 모델의 $\left|\frac{dq}{dM}\right|$

(5) 타원 모형의 수립

① [그림 6－4]와 같이 '인'을 부동심천의 중심으로 삼아 타원을 그림.

② 지구 중심 '갑'으로부터 박을 쪼개듯이[과분(瓜分)] 방사형으로 타원을 분할함.

③ 태양은 타원의 원주상에서 우선(右旋 오른팔 감돌이)함.

④ 운행한 호(弧)가 타원을 분할한 면적을 헤아리면 매일 서로 같음.

⑤ 황도상에서 나타나는 실제운행[실행]의 영축값: 본륜 모형과 균륜 모형의 중간 → 실측값과 정확히 맞음.

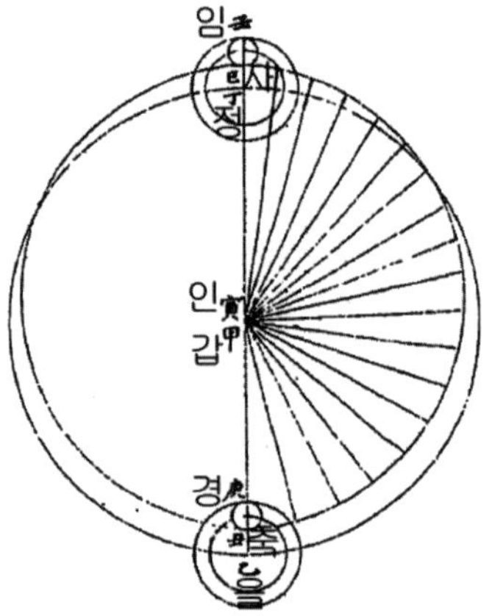

[그림 6-4] 타원 모형

(6) 타원 모형의 작도법

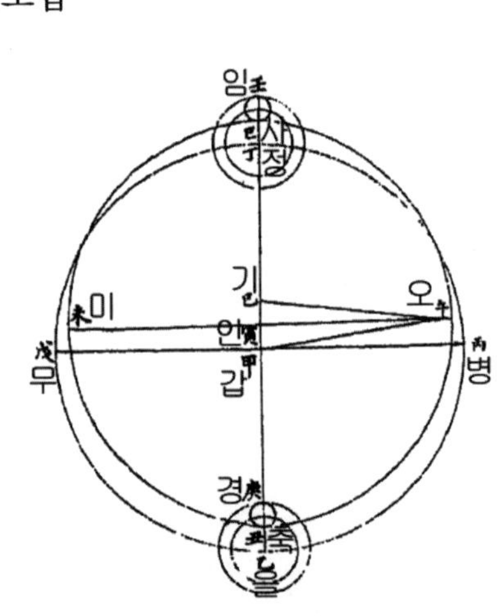

[그림 6-5] 타원 모형의 작도법

① [그림 6－5]와 같이 '인'을 중심으로 삼아 $\overline{\text{사축}}$과 '十'자가 되도록 선을 그림.

② $\overline{\text{인축}} = \overline{\text{오갑}} = \overline{\text{오기}}$가 되도록 가로선상에 점 '오'를 선택하여 $\overline{\text{오갑}}$, $\overline{\text{오기}}$를 그음.

③ '갑', '기', '오'에 각기 침 하나씩을 꽂고 실로 에워쌈.

ㄱ. '갑', '기': 타원의 두 중심

ㄴ. '오': 경계(타원주상의 점)

④ '오'점의 침을 연필로 대체하고 팽팽하게 당기면서 선회함 → 타원 축오사미가 그려짐.

(7) 타원 모형과 균륜 모형의 공통점

① 타원의 장반경[대반경(大半徑)]: $\overline{\text{인축}}$, $\overline{\text{인사}}$

② 타원의 단반경[소반경(小半徑)]: $\overline{\text{인오}}$, $\overline{\text{인미}}$

③ 타원의 중심: '인' cf. '갑', '기'

④ $\overline{\text{축을}}$(타원의 근지점~황도) = $\overline{\text{사정}}$(타원의 원지점~황도) = $\overline{\text{갑기}} \div 2 = \overline{\text{갑인}}$

→ 태양의 운행 궤도가 지구에서 멀어지고 가까워지는 원리는 균륜 모형과 일치함.

(8) 타원 모형에서 평균운행도수

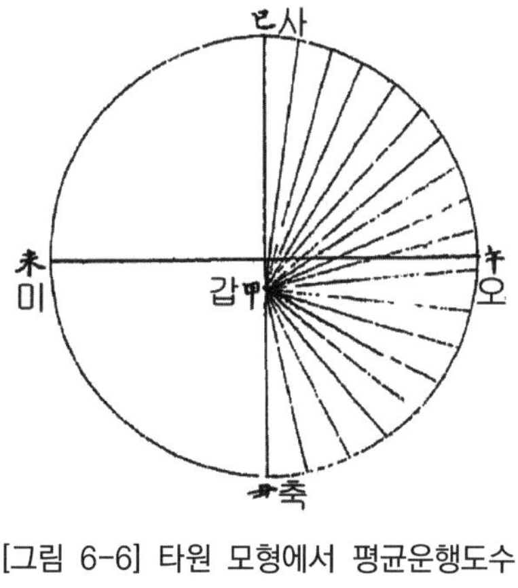

[그림 6-6] 타원 모형에서 평균운행도수

① [그림 6-6]과 같이 타원 면적을 '갑'을 중심으로 방사형으로 360등분함.

② 1조각의 면적을 '1도'로 정의함. (⇒면적도수[적도(積度)] 1도)

③ '(면적도수 1도)=(면적도수 60분)'으로 정의함.

④ 태양이 매일 우선(右旋)하는 도수: 면적도수 59분 남짓 → 1일 평균운행도수 [평행(平行)]

(9) 타원 모형에서 태양 운행의 영축

① 근지점 전후의 180도 구간: 지구 중심 '갑'에서 타원까지 그은 선이 짧음.

ㄱ. 면적이 동일할 때 각도가 반드시 넓음

ㄴ. 태양 운행의 영(盈 평균 각속도보다 빠름)

② 원지점 전후의 180도 구간: 지구 중심 '갑'에서 타원까지 그은 선이 깁.

ㄱ. 면적이 동일할 때 각도가 반드시 좁음

ㄴ. 태양 운행의 축(盈 평균 각속도보다 느림)

③ 태양이 타원을 따라 운행할 때 오직 해당 면적이 서로 같을 뿐이고 각도는 같지 않음.

④ 평균운행과 실제운행의 차: 각도(角度)와 적도(積度 면적도수)의 차.

(10) 타원 모형에서 태양 운행의 영축차

① 근지점부터 중간거리점[중거]까지 평균운행도수

ㄱ. 태양이 [그림 6-7]의 '축'에서 '신'까지 운행

ㄴ. (▽갑신축의 면적)=(타원의 $\frac{1}{4}$) → 평균운행도수(면적도수)가 90도.

ㄷ. (▽갑신축의 면적)=(▽인오축의 면적)=∠신기갑=90도

▾ 왜냐하면 (▽신오유의 면적)≃(◺유인갑의 면적)

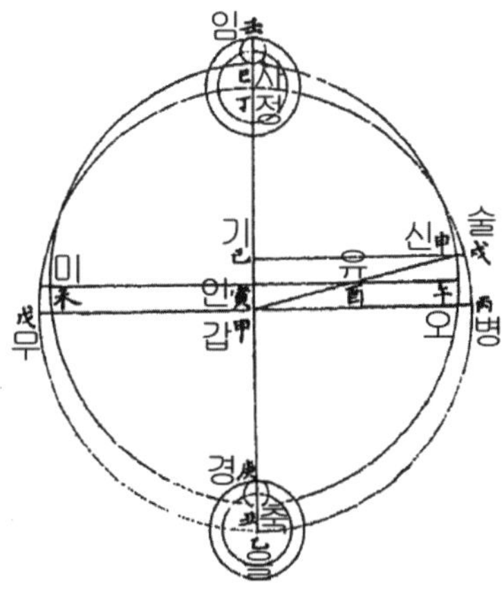

[그림 6-7] 타원 모형에서 태양의 영축차

② 근지점부터 중간거리점[중거]까지 실제운행도수

ㄱ. 지구 중심 '갑'에서 헤아리면 '신'은 황도상의 '술'에 투영되므로,

∠술갑축이 실제운행도수[실행(實行)].

ㄴ. ∠기신갑: 평균운행과 실제운행의 도수 차

ㄷ. 중간거리점에서 영축차: 본륜 모형 및 균륜 모형의 영축차와 일치함.

③ 매도(每度)마다 계산한 영축차[60]

ㄱ. 원지점 전후의 180도 구간: 본륜 모형보다 크고 균륜 모형보다 미세하게 작음.

ㄴ. 근지점 전후의 180도 구간: 본륜 모형보다 작고 균륜 모형보다 미세하게 큼.

ㄷ. 실측값과 거의 맞음.

ㄹ. 계산법은 뒤의 편(篇 제7장)에 상세히 서술함.

보충자료 5 타원 모델 맛보기[64)]

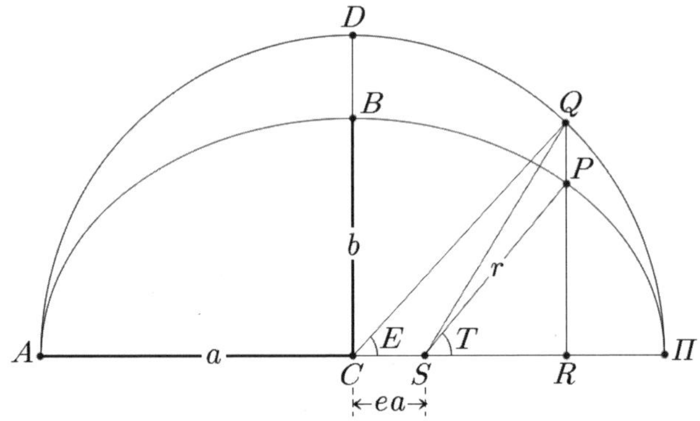

[보충그림 5-1] 타원 모델

타원 모델의 경우 [보충그림 5−1]에서 지구가 S, 태양이 타원상의 P점에 있을 때 근지점부터의 면적도수 M, 편심이각(eccentric anomaly) E, 진근점이각(true anomaly) T, 거리 r사이에 다음의 관계가 있다. 장반경 $a=1$, 이심률$=e$일 때,

$$M=E-e\sin E \tag{1}$$

$$\tan T=\frac{\sqrt{1-e^2}\sin E}{\cos E-e} \tag{2}$$

$$r=1-e\cos E=\frac{1-e^2}{1+e\cos T} \tag{3}$$

(1)식은 케플러 방정식이라 불린다. M이 주어지면 뉴턴 방법을 이용하여 E를 구한다.

$$f(E)=E-e\sin E-M \tag{4-1}$$

이라 놓으면 $f'(E)=\dfrac{df}{dE}=1-e\cos E$이기에 $E_0=M$이라 놓으면

64) 강민정 외 4인, 승정역서에 기술된 태양의 운동, 교육과학사, 2020, 160~162쪽.

$$E_1 = E_0 - \frac{E_0 - e\sin E_0 - M}{1 - e\cos E_0} = M + \frac{e\sin M}{1 - e\cos M} \tag{4-2}$$

가 되고,

$$E_2 = E_1 - \frac{E_1 - e\sin E_1 - M}{1 - e\cos E_1} \tag{4-3}$$

$$E_3 = E_2 - \frac{E_2 - e\sin E_2 - M}{1 - e\cos E_2} \tag{4-4}$$

$$\vdots$$

$$E_n = E_{n-1} - \frac{E_{n-1} - e\sin E_{n-1} - M}{1 - e\cos E_{n-1}} \tag{4-5}$$

을 E값이 수렴할 때까지 반복한다. 대부분 3번 정도 반복하면 수렴한다. 이제 E를 알기에 (2)식으로 T를 구하고, 가감차는

$$q = T - M \tag{5-1}$$

로 구한다. $e \ll 1$이기에 (5-1)식을 어림하면([보충자료 9] 참조)

$$q_{\text{어림}} \simeq 2e\sin M + \frac{5}{4}e^2\sin 2M \tag{5-2}$$

이다. M에 따른 $q - q_{\text{어림}} = \Delta q(\text{초})$를 [보충그림 5－2]에 제시하였다. 차이는 1.5초보다 작다.

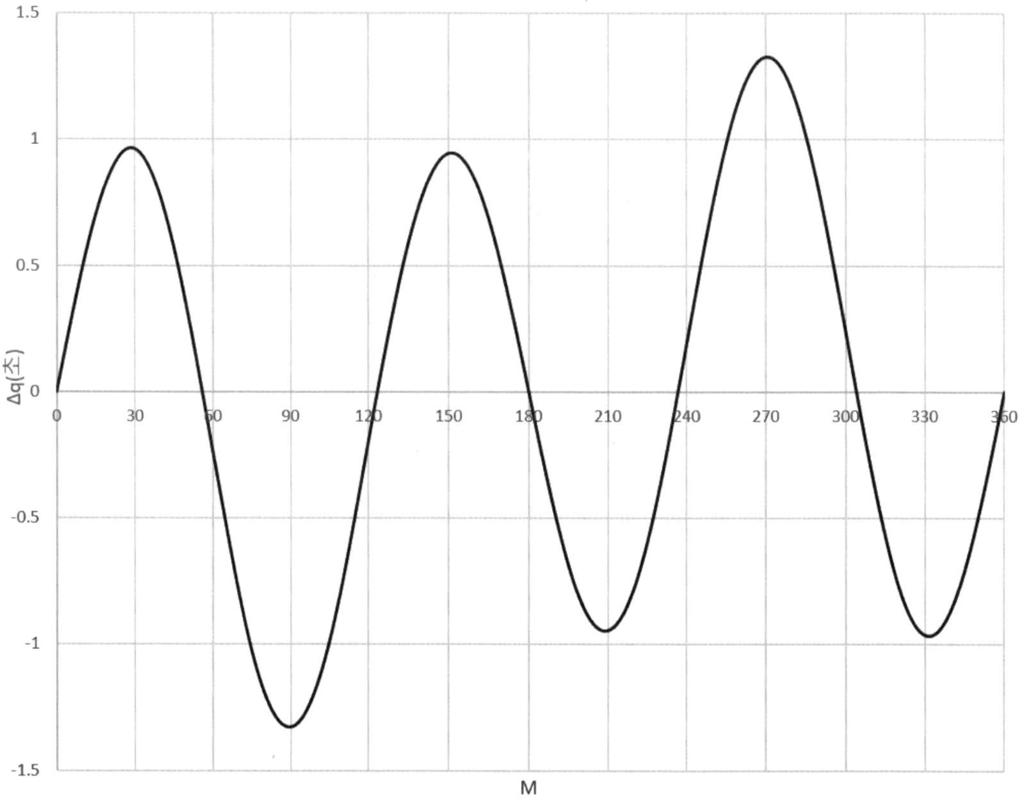

[보충그림 5-2] M에 따른 $q-q_{어림}=\Delta q$(초)

이제 $\frac{dM}{dt}=\omega$라 하면, 이 값은 항상 일정하다. 태양의 경우 약 59분08초20미이다. (1)식을 미분하면 $\frac{dM}{dt}=(1-e\cos E)\frac{dE}{dt}$이기에

$$\frac{dE}{dt}=\frac{\omega}{1-e\cos E}=\frac{\omega}{r} \tag{6}$$

이 된다. (2)식을 미분하면

$$\frac{dT}{dt}=\frac{\sqrt{1-e^2}}{(1-e\cos E)^2}\omega=\frac{\sqrt{1-e^2}}{r^2}\omega \tag{7}$$

이 된다. (7) 식을 바꿔 써 보면

$$\frac{1}{2}r^2\frac{dT}{dt}=\frac{\sqrt{1-e^2}}{2}\omega=\frac{\pi\sqrt{1-e^2}}{2\pi}\omega=\pi\sqrt{1-e^2}\,\frac{\omega}{2\pi} \tag{8}$$

이 된다. 타원에서 ΔT각에 해당하는 면적은 $\Delta S=\frac{1}{2}r^2\Delta T$이다. 따라서 면적속도는

$$\frac{dS}{dt}=\lim_{\Delta t\to 0}\frac{\Delta S}{\Delta t}=\lim_{\Delta t\to 0}\frac{1}{2}r^2\frac{\Delta T}{\Delta t}=\frac{1}{2}r^2\frac{dT}{dt}=\pi\sqrt{1-e^2}\,\frac{\omega}{2\pi} \tag{9}$$

이 된다. 즉 면적속도는 일정하다. (9)식의 가장 오른쪽은 장반경이 1이고, 단반경이 $\sqrt{1-e^2}$인 타원의 면적인 $\pi\sqrt{1-e^2}$을 단위 시간당 $\frac{\omega}{2\pi}$만큼씩 휩쓴 면적이다.

이제 (7)식을 이용하여 $\frac{dq}{dt}$를 구해보면

$$\frac{dq}{dt}=\left\{\frac{\sqrt{1-e^2}}{(1-e\cos E)^2}-1\right\}\omega \tag{10}$$

이 된다. $\frac{(dT/dt)}{\omega}$, $\frac{dq/dt}{\omega}=\frac{dT/dt}{\omega}-1$을 M에 대하여 그린 그래프가 [보충그림 5－3]이다.

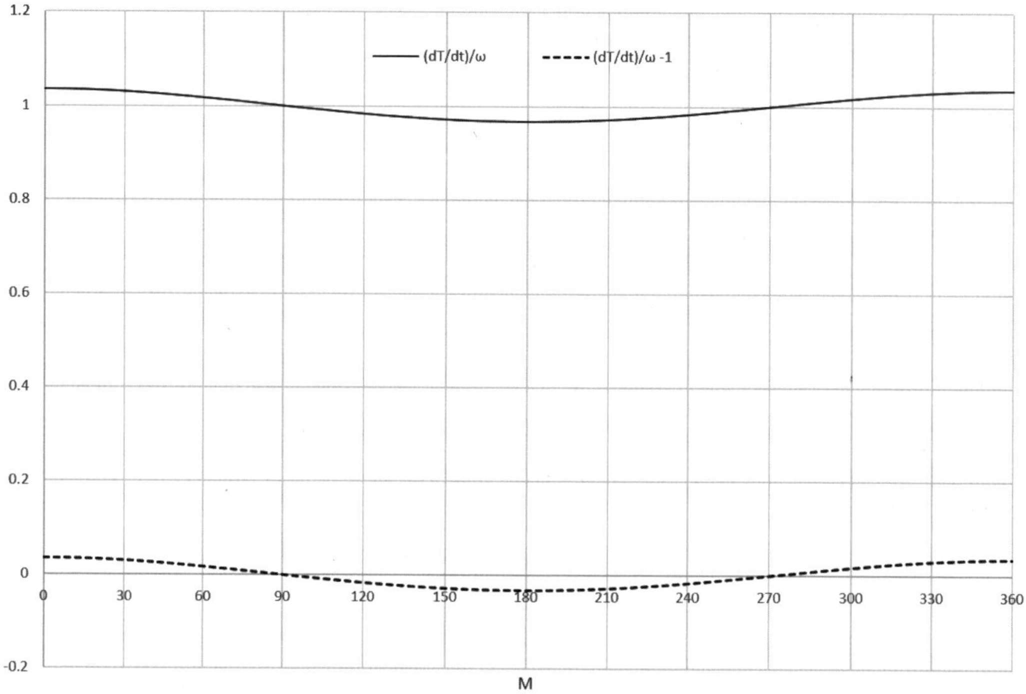

[보충그림 5-3] M에 따른 $\frac{(dT/dt)}{\omega}$, $\frac{dq/dt}{\omega}=\frac{dT/dt}{\omega}-1$

근지점 부근에서는 실제 운행이 평균 운행보다 빠르고, 원지점에서는 느리다. $\frac{dq}{dt}=0$이 되는 E는

$$\cos E=\frac{1-(1-e^2)^{1/4}}{e}\simeq\frac{1}{4}e \tag{11}$$

가 된다.($x\ll 1$일 때, $(1+x)^n\simeq 1+(n\times x)+\frac{n(n-1)}{2}x^2+\cdots$에서 둘째 항까지 이용함.) 이에 해당하는 E값에서 q는 최대가 된다. [표 5-1]에 계산 결과를 보였다. 아래 [보충그림 5-4]로 설명한 것과 같이 최대가 되는 $q_{\max}$는 대략 $\sin q_{\max}\simeq 2e$이기에 $q_{\max}\simeq 1.936966278°$이 된다. 이 값은 [표 5-1]에 제시된 값과 비슷하다.

[표 5-1] $e=0.0169$**경우**

	$\cos E = \frac{1-(1-e^2)^{1/4}}{e}$	$\cos E \simeq \frac{1}{4}e$	$E=90°$**인 경우**	$M=90°$**인 경우**
cosE	0.004225453	0.004225		
E(도)	89.75789868	89.75792461	90	90.96816
M(도)	88.78960865	88.78963458	89.0317	90
T(도)	90.72626938	90.72629531	90.96834	91.93623
q(도)	1.936660734	1.936660734	1.936643	1.936229

[보충그림 5-4]는 [그림 6-5]를 다시 그린 것이다. 타원의 초점은 '갑', '갑′'이고 '갑'에 지구가 위치한다. '인'은 타원과 외접원의 중심이다. '축'은 근지점, '사'는 원지점이다.

타원에서 '축갑신'의 넓이는 타원전체 넓이의 1/4인 '축인오'의 넓이와 같다. 즉 이 넓이는 $\frac{\pi}{4}\sqrt{1-e^2}$에 해당하며, 외접원에서 '축인오′' 넓이의 $\sqrt{1-e^2}$ 배이다. 따라서 면적도수 $M=90°$ 이다. 그림에서 '신오유'의 넓이는 '유인갑'의 넓이와 거의 같기 때문이다. 이 때 '갑신'의 거리는 1에 거의 가깝다. '신'에 태양이 위치하는데 이 점에서 '축사'로 수선을 그으면 '기'에서 만난다. '갑′기'의 길이는 무시할 정도로 작기에 '기갑'의 길이는 거의 $2e$이다. 따라서 이 때의 가감차 '갑신기' q는 $\sin q \simeq 2e$가 된다. 어림하면 $q \simeq 2e$이다. [표 5-1]에서 보듯이 가감차의 최대는 $M=90°$ 근처에 있다. 이는 본륜 모델이나 균륜 모델에서와 같다.

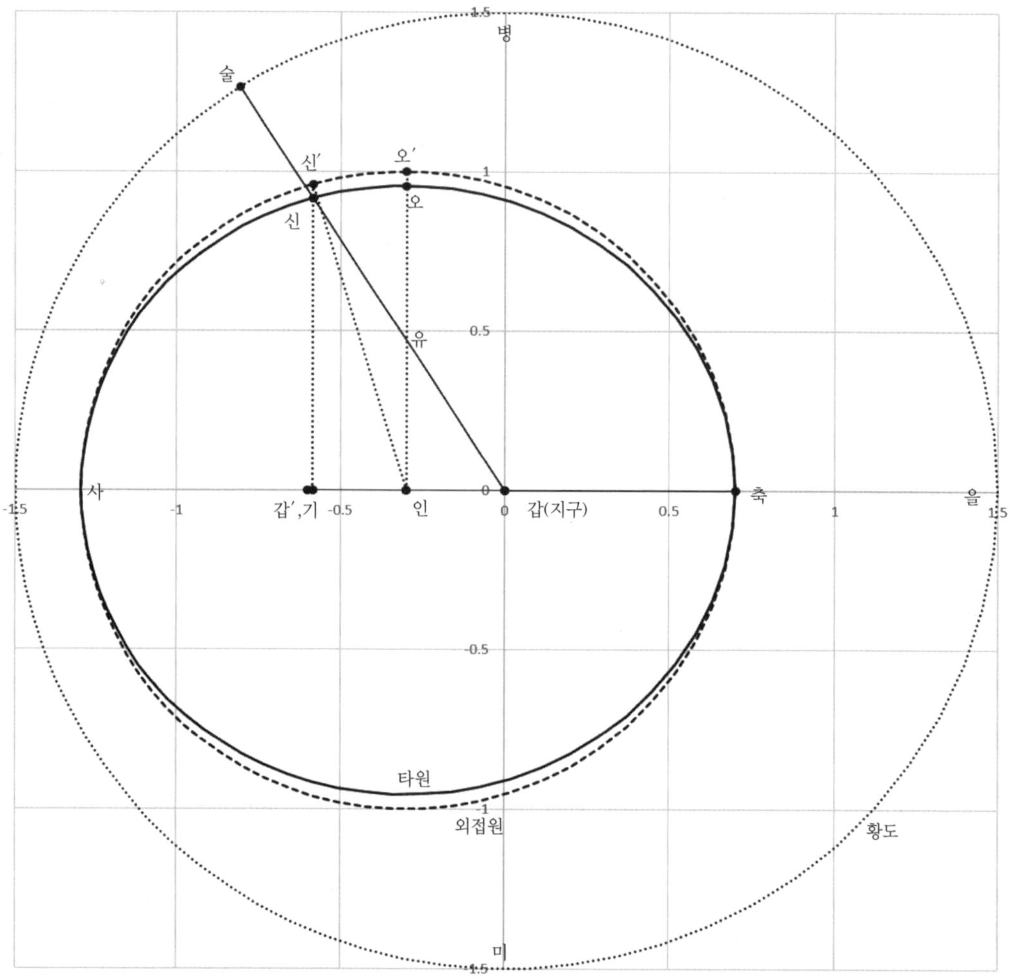

[보충그림 5-4] 타원궤도에서 최대가감차 어림

제7장

양심차 및 타원과 원의 비(比) 구하기
[구양심차급타원여평원지비례(求兩心差及橢圓與平圓之比例)]

원문 / **번역문**

《新法算書》日躔中距之盈縮差, 爲二度零三分零九秒四十微。 檢其正切, 得兩心差爲三五八四一六。《上編》仍之。

《신법산서》에서 태양이 중간거리점[중거(中距)]에 있을 때 영축차(盈縮差)는 2도03분09초40미였다. 이 수를 가지고 삼각함수표를 검색하여 정절(正切 tan값)을 찾으면 양심차 358416[65]이 나온다. 《역상고성》 상편도 이 값을 계승하였다.

今測中距之盈縮差, 得一度五十六分一十二秒, 折半, 得五十八分零六秒。檢其正弦, 得一六九〇〇〇, 爲兩心差。倍之得三三八〇〇〇, 比舊數少千分之二有奇。

지금(《역상고성후편》 편찬 당시) 중간거리에서의 영축차를 측정하면 1도56분12초가 나오는데, 그 절반을 취하면 58분06초가 나온다. 이 수를 가지고 삼각함수표를 검색하여 정현(正弦 sin값)을 찾으면 169000이 나오는데, 이것이 양심차(이심률)[66]이다. 이 수를 2배하면 338000이 나오는데, 예전의 수치보다 $\frac{2}{1000}$ 남짓 작은 값이다.[67]

乃以兩心差一六九〇〇〇爲勾, 平圓半徑一千萬爲弦, 求得股九九九八五七一【小餘八四八〇一九一】, 即橢圓之小半徑。

이제 양심차 169000을 구(勾 직각삼각형의 짧은 밑변)로 삼고 원[평원(平圓)]의 반지름 1천만을 현(弦 직각삼각형의 빗변)으로 삼아서 고(股 직각삼각형의 긴 밑변)를 구하면 9998571.8480191이 나오는데, 이것이 곧 타원의 단반경[소반경(小半徑)]이다.

而凡橢圓之正弦、角度、面積與平圓之比例， 皆同於橢圓之小半徑與平圓半徑之比例焉。

'타원에서 정현(sin값), 각도, 면적'과 '원에서 정현, 각도, 면적'의 비는 모두 '타원의 단반경'과 '원의 반지름'의 비와 같다.[68]

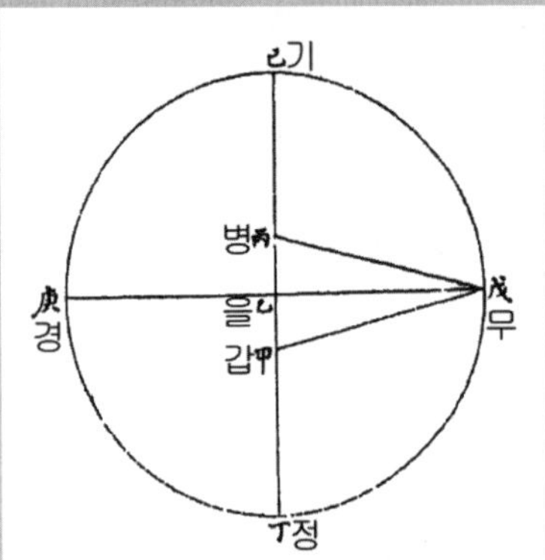

如圖甲爲地心，乙爲本天心. 甲乙爲兩心差，甲丙爲倍差，丁戊己庚橢圓爲本天。 乙丁爲大半徑一千萬，乙戊爲小半徑。 丙戊、甲戊皆與乙丁等。

그림과 같이 '갑'이 지구 중심, '을'이 본천(태양천) 중심, 갑을이 양심차, 갑병이 양심차의 2배, 타원 정무기경이 본천이라 하자. 을정이 장반경[대반경(大半徑)]으로 1천만이고, 을무가 단반경이다. 병무와 갑무는 모두 을정과 같다.

太陽行至戊， 甲戊丁分橢圓面積八十九度一分五十四秒，爲平行.

태양이 '정'에서부터 운행하여 '무'에 이르면, ▽갑무정이 타원의 면적을 89도1분54초만큼 분할하는데,[69] 이것이 평균운행도수[평행(平行)]이다.

其小於九十度之五十八分六秒，即甲乙戊勾股積，【乙戊丁積，爲橢圓四分之一，必九十度。 故甲戊丁積，小於九十度之積， 即甲乙戊勾股積。】亦即乙戊甲角。【甲乙戊勾股積，甲戊邊即大徑，乙戊邊即小徑。其積介乎大、小徑之間，與分平圓面相似。故積

이 수가 90도보다 작은 58분6초가 곧 ⊾갑을무의 면적으로,【▽을무정의 면적은 타원의 $\frac{1}{4}$로서 반드시 90도이다. 따라서 ▽갑무정의 면적이 90도보다 작은 면적이 곧 ⊾갑을무의 면적이다.】곧 ∠을무갑이기도 하다.【⊾갑을무의 면적에서 갑무가 곧 장반경, 을무가 곧 단반경이므로, 그 면적은 장반경과 단반경 사이에 끼어 있어서 원을 분할한 면과 같으므로 적도(積度: 면적

度即角度。 若近甲丁，則邊短而角大. 近甲己，則邊長而角小。詳後篇。】

도수)의 값이 곧 각도의 값이다. 만약 갑정에 가깝다면 변이 짧아서 적도보다 각도가 크고, 갑기에 가깝다면 변이 길어서 적도보다 각도가 작다. 이에 대해서는 후편(後篇 제8장)에 상세하다.】

戊甲丁角九十度五十八分零六秒，爲實行。

∠무갑정 90도58분06초가 실제운행도수[실행(實行)]이다.

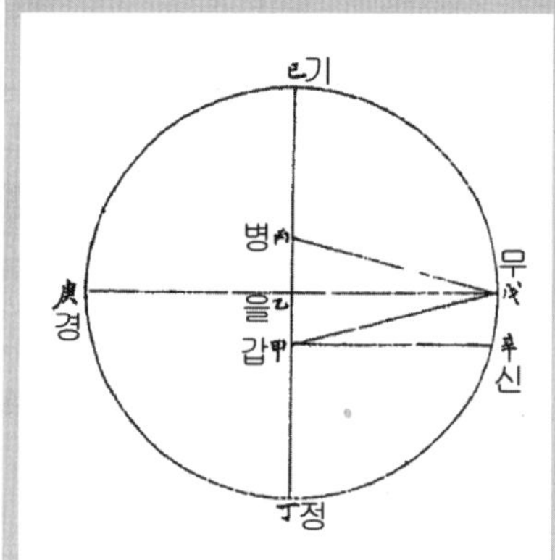

其大於九十度者， 亦五十八分六秒，即戊甲辛角。 與乙戊甲角等，亦與丙戊乙角等。

이 수가 90도보다 큰 값 역시 58분6초로서, 곧 ∠무갑신인데, 이는 ∠을무갑과 같고 또한 ∠병무을와도 같다.

平行、實行之差一度五十六分一十二秒，即甲戊丙角。折半，得五十八分零六秒，即乙戊甲角。

평균운행과 실제운행의 차 1도56분12초가 곧 ∠갑무병이다. 그 절반을 취하면 58분06초가 나오는데, 이것이 곧 ∠을무갑이다.

甲戊既爲一千萬， 則甲乙即乙戊甲角之正弦。 故檢表，得一六九○○○，即甲乙兩心差。

갑무가 1천만이므로 갑을은 곧 ∠을무갑의 정현이다. 따라서 ∠을무갑 58분06초를 가지고 정현표를 검색하면 169000이 나오는데, 이것이 곧 양심차(이심률) 갑을이다.

以甲乙爲勾，甲戊爲弦，求得乙戊

갑을을 구(勾), 갑무를 현(弦)으로 삼아서 계

股九九九八五七一【小餘八四八○一九一】, 即橢圓小半徑也。

산하면 고(股)인 을무 9998571.8480191이 나오는데, 이것이 곧 타원의 단반경이다.

既得橢圓小半徑[70], 則凡橢圓之面、線及角度, 皆可以得其比例。

타원의 단반경을 구했으므로, 타원의 모든 면적, 선분, 각도의 비를 다 구할 수 있다.

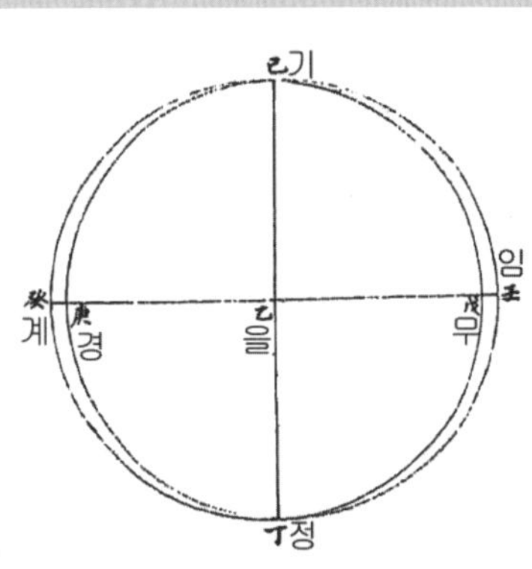

以正弦之比例言之, 試以乙爲心, 乙丁爲半徑, 作丁壬己癸平圓。則橢圓乙丁大半徑, 與平圓乙壬半徑相等。戊乙小半徑之小於平圓半徑者, 即壬戊橢圓差。

정현의 비를 논하면 다음과 같다. '을'을 중심, 을정을 반지름으로 하여 원 정임기계를 그려보자. 그러면 타원의 장반경 을정은 원의 반지름 을임과 같고, 타원의 단반경 무을이 원의 반지름보다 작은 값이 곧 타원차(橢圓差) 임무가 된다.

若逐度割之, 則橢圓之餘弦, 必與平圓之餘弦相等, 而橢圓之正弦, 必小於平圓之正弦。然平圓正弦與橢圓正弦之比例, 必同於平圓半徑與橢圓小半徑之比例也。

만약 중심각을 1도 간격으로 분할한다면, 타원의 여현(餘弦 cos값)은 반드시 원의 여현과 같고, 타원의 정현은 반드시 원의 정현보다 작다. 그러나 원의 정현과 타원의 정현의 비는 반드시 원의 반지름과 타원의 단반경의 비와 같다.

如丁點爲初度, 無正弦, 丁乙爲初度之餘弦, 平圓與橢圓等。

예를 들어 '정'점은 0도[초도(初度)][71]로, 정현이 없고 정을이 0도에 대한 여현이 된다. 이는 원과 타원에서 마찬가지이다.

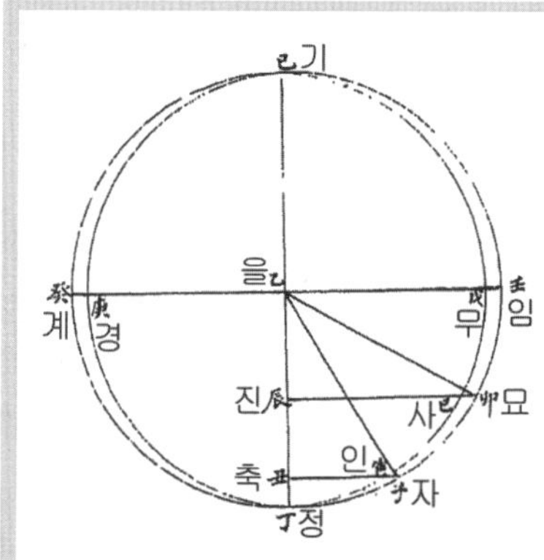

丁壬弧爲九十度，無餘弦。壬乙爲平圓九十度之正弦，即大半徑。戊乙爲橢圓九十度之正弦，即小半徑。壬戊即九十度之橢圓差。

정임은 90도로, 여현이 없다. 임을은 원에서 중심각 90도에 대한 정현으로, 곧 타원의 장반경이다. 무을은 타원에서 중심각 90도에 대한 정현으로, 곧 단반경이다. 임무는 곧 90도에서 타원차이다.

丁子弧爲三十度，丑乙爲三十度之餘弦, 平圓與橢圓等。子丑爲平圓三十度之正弦, 寅丑爲橢圓三十度之正弦, 子寅爲三十度之橢圓差。

정자가 30도일 때, 축을이 이 30도에 대한 여현이 되는 것은 원과 타원에서 같다. 자축은 원에서 이 30도에 대한 정현이고, 인축은 타원에서 이 30도에 대한 정현이며, 자인은 30도에서 타원차이다.[72]

丁卯弧爲六十度，辰乙爲六十度之餘弦, 平圓與橢圓等。卯辰爲平圓六十度之正弦, 巳辰爲橢圓六十度之正弦, 卯巳爲六十度之橢圓差。

정묘가 60도일 때, 진을이 이 60도에 대한 여현이 되는 것은 원과 타원에서 같다. 묘진은 원에서 이 60도에 대한 정현이고, 사진은 타원에서 이 60도에 대한 정현이며, 묘사는 60도에서 타원차이다.

則子丑與寅丑之比、卯辰與巳辰之比，皆同於壬乙與戊乙之比。

이들을 비교하면 '자축과 인축의 비'와 '묘진과 사진의 비'가 모두 '임을과 무을의 비'와

而子丑與子寅之比、卯辰與卯巳之比，皆同於壬乙與壬戊之比也。

같고, '자축과 자인의 비'와 '묘진과 묘사의 비'가 모두 '임을과 임무의 비'와 같다.

奚以明其然也. 蓋橢圓之與平圓，處處皆有一小半徑，藏乎其內。

그러함을 어떻게 알 수 있을까? 타원과 원은 곳곳에 모두 단반경 하나가 있어 그 속에 품고 있기 때문이다.

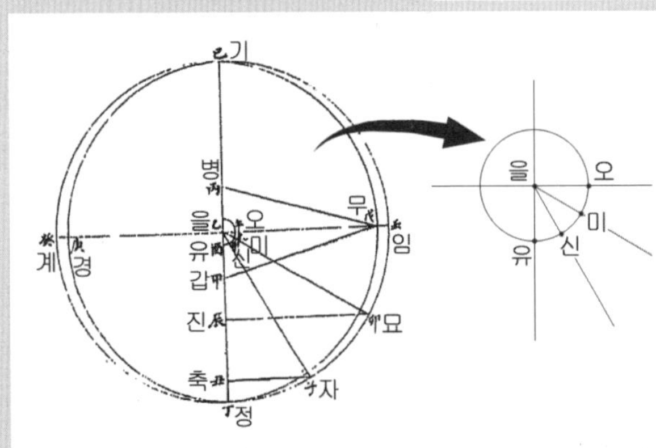

試取壬戊之分，於乙心作圜，則午乙、未乙、申乙、酉乙，皆與壬戊等。壬午、卯未、子申、丁酉，皆與戊乙等。是推而抵於平圓之界，各有一小半徑在也。

임무의 길이[분(分)]를 취하여 중심 '을'의 주변에 작은 원을 그려보자. 그러면 오을, 미을, 신을, 유을이 모두 임무와 길이가 같고, 임오, 묘미, 자신, 정유가 모두 무을과 길이가 같다. 이는 작은 원의 점들을 방사형으로 밀어내어[추(推)] 원의 경계에 닿기[저(抵)]까지 각기 하나의 단반경이 있는 것이다.

又自甲、丙二點出線，合於戊，則小徑之端在戊，而末在乙。

또 '갑', '병' 두 점에서 출발한 선이 '무'에서 만날 때[73]면 단반경의 시작점은 '무'에 있고, 끝점은 '을'에 있다.

自甲、丙二點出線，合於丁，則小徑之端在丁，而末在酉。

'갑', '병' 두 점에서 출발한 선이 '정'에서 만날 때면 단반경의 시작점은 '정'에 있고, 끝점은 '유'에 있다.

65) 358416: 0.0358416을 뜻한다. 본서의 모든 삼각함수값이 다 소수점 아래 일곱째 자리를 1의 자리로 나타낸 것이다. sin(90도)=1을 1천만으로 나타내며, 현대수학에서 1로 잡는 단위 원

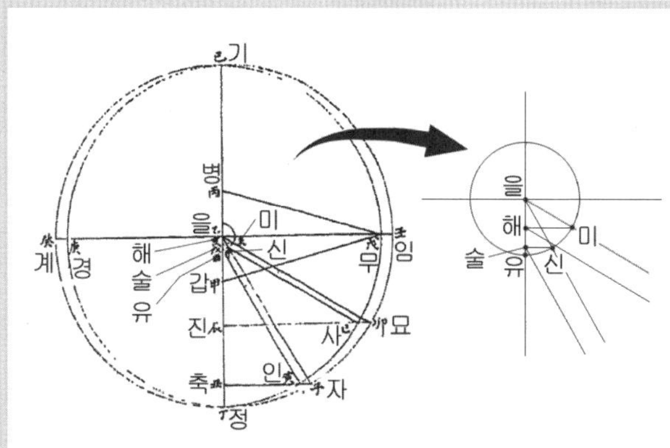

若自甲、丙出二線，合於寅，則小徑必端在寅，而末在戌。合於巳，則小徑必端在巳，而末在亥。

만약 '갑', '병' 두 점에서 출발한 선이 '인'에서 만난다면 단반경의 시작점은 반드시 '인'에 있고 끝점은 '술'에 있으며, '사'에서 만날 때면 단반경의 시작점은 반드시 '사'에 있고 끝점은 '해'에 있다.

是引而歸於平圓之徑， 又各有一小半徑在也。

이는 수평으로 끌어당겨[인(引)] 끝점을 원의 지름선(을정)에 귀착시켰을[귀(歸)] 때 또 각기 하나의 단반경이 있는 것이다.

夫寅戌、巳亥，既皆爲小徑，而申戌、未亥，又與子丑、卯辰爲平行。則寅戌與子申、巳亥與卯未，亦必爲平行。而申戌與子寅、未亥與卯巳，必各相等。

$\overline{\text{인술}}$과 $\overline{\text{사해}}$가 모두 단반경이고, $\overline{\text{신술}}$, $\overline{\text{미해}}$가 또 $\overline{\text{자축}}$, $\overline{\text{묘진}}$과 평행이므로, '$\overline{\text{인술}}$과 $\overline{\text{자신}}$' 및 '$\overline{\text{사해}}$와 $\overline{\text{묘미}}$'도 반드시 평행이 되어 '$\overline{\text{신술}}$과 $\overline{\text{자인}}$' 및 '$\overline{\text{미해}}$와 $\overline{\text{묘사}}$'의 길이가 반드시 각기 서로 같다.

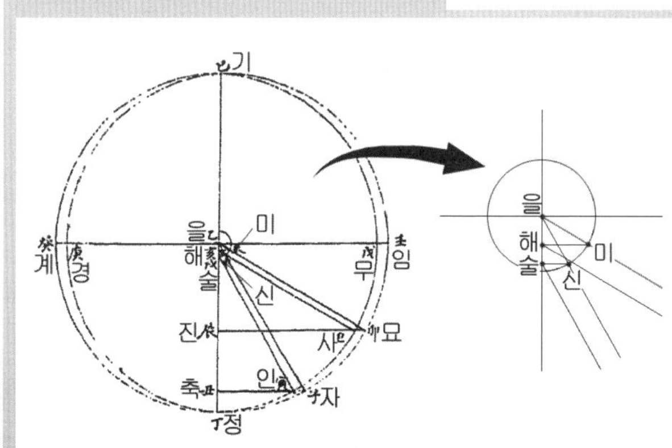

따라서 △을자축과 △술인축 및 △을신술이 닮은꼴이고, △을묘진과 △해사진 및 △을미해 역시 닮은꼴이다. 그러므로 $\overline{\text{자축}}$과 $\overline{\text{인축}}$의

故乙子丑與戊寅丑及乙申戌，爲同式形。乙卯辰與亥巳辰及乙未亥，亦爲同式形。而子丑與寅丑之比，同於子乙【即壬乙】與寅戌【即戊乙】之比。 卯辰與巳辰之比，同於卯乙【即壬乙】與巳亥【即戊乙】之比。

비가 자을【곧 임을】과 인술【곧 무을】의 비와 같고, 묘진과 사진의 비가 묘을【곧 임을】과 사해【곧 무을】의 비와 같다.

又子丑與申戌【即子寅】之比，同於子乙【即壬乙】與申乙【即壬戌】之比。卯辰與未亥【即卯巳】之比，同於卯乙【即壬乙】與未乙【即壬戌】之比。

그리고 자축과 신술【곧 자인】의 비가 자을【곧 임을】과 신을【곧 임무】의 비와 같고, 묘진과 미해【곧 묘사】의 비가 묘을【곧 임을】과 미을【곧 임무】의 비와 같다.

是平圓與橢圓正弦之比例， 同於大徑與小徑之比例也。

이는 원과 타원의 정현의 비가 장반경과 단반경의 비와 같은 것이다.

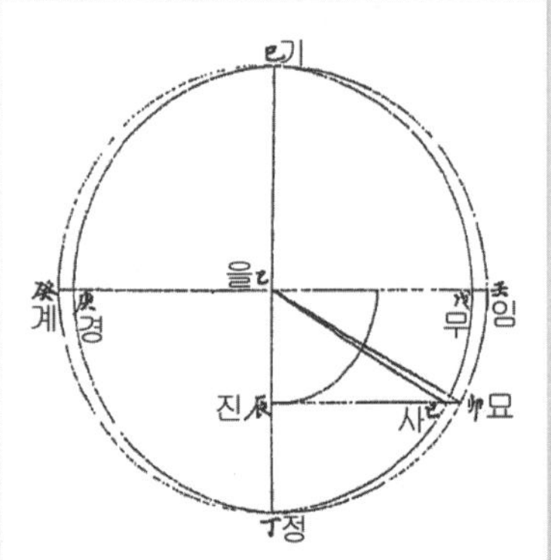

以角度之比例言之, 設卯乙辰角爲平圓六十度【即丁卯弧】, 求橢圓之巳乙辰角。

각도의 비를 논하면 다음과 같다. ∠묘을진이 원의 중심각 60도【곧 정묘】라 할 때 타원의 중심각 ∠사을진을 구해 보자.

試以乙辰爲半徑作弧， 則卯辰爲卯乙辰角之正切， 巳辰爲巳乙辰角之正切。

을진을 반지름으로 하여 호(弧)를 그려보자. 그러면 묘진은 ∠묘을진의 정절(tan값)이 되고, 사진은 ∠사을진의 정절이 된다.

夫卯辰與巳辰之比, 既同於壬乙與戊乙之比。則卯乙辰角之正切與巳乙辰角正切之比, 亦必同於壬乙與戊乙之比。

'묘진과 사진의 비'가 '임을과 무을의 비'와 같으므로, '∠묘을진의 정절과 ∠사을진의 정절의 비'도 반드시 '임을과 무을의 비'와 같다.

故以壬乙一千萬爲一率, 戊乙九九九八五七一【小餘八五】爲二率, 卯乙辰角六十度之正切一七三二〇五〇八爲三率, 求得四率一七三一八〇三四, 爲巳乙辰角之正切。檢表, 得五十九度五十九分四十七秒, 即巳乙辰角。而卯乙巳角一十三秒, 爲橢圓差角。【卯乙辰角内, 減巳乙辰角, 餘即卯乙巳角。】

따라서 임을 1천만을 1률로 삼고, 무을 9998571.85를 2율로 삼고, ∠묘을진 60도의 정절 17320508을 3률로 삼아서 계산하면 4율로 17318034가 나오는데, 이것이 ∠사을진의 정절이다. 이 수를 가지고 정절표(tan표)를 검색하면 59도59분47초가 나오는데, 이것이 곧 ∠사을진이다. 따라서 ∠묘을사 13초가 타원차 각도가 된다.【∠묘을진에서 ∠사을진을 빼고 남은 각도가 곧 ∠묘을사이다.】

又設巳甲辰角六十度五十分三十二秒, 求卯甲辰角。

또 타원에서 ∠사갑진을 60도50분32초라 할 때, 원에서 ∠묘갑진을 구해 보자.

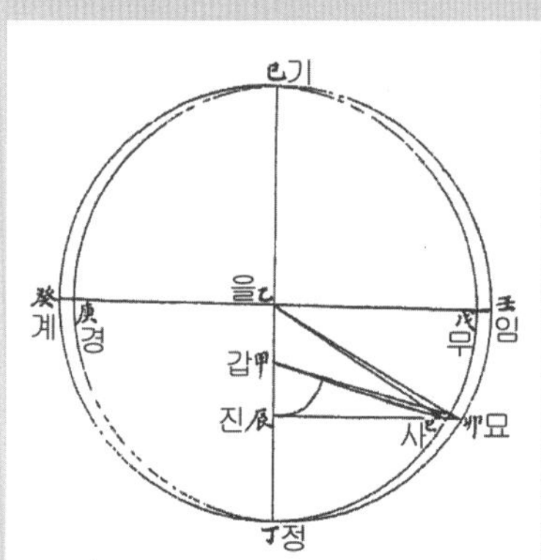

試以甲辰爲半徑作弧, 則巳辰爲巳甲辰角之正切, 卯辰爲卯甲辰

갑진을 반지름으로 삼아 호를 그려 보자. 그러면 사진은 ∠사갑진의 정절이 되고, 묘진은

角之正切。

∠묘갑진의 정절이 된다.

夫卯辰與巳辰之比，既同於壬乙與戊乙之比。則巳辰與卯辰之比，必同於戊乙與壬乙之比。而巳甲辰角之正切與卯甲辰角正切之比，亦必同於戊乙與壬乙之比。

'묘진과 사진의 비'가 '임을과 무을의 비'와 같으므로, '사진과 묘진의 비'는 반드시 '무을과 임을의 비'와 같고, '∠사갑진의 정절과 ∠묘갑진의 정절의 비'도 반드시 '무을과 임을의 비'와 같다.

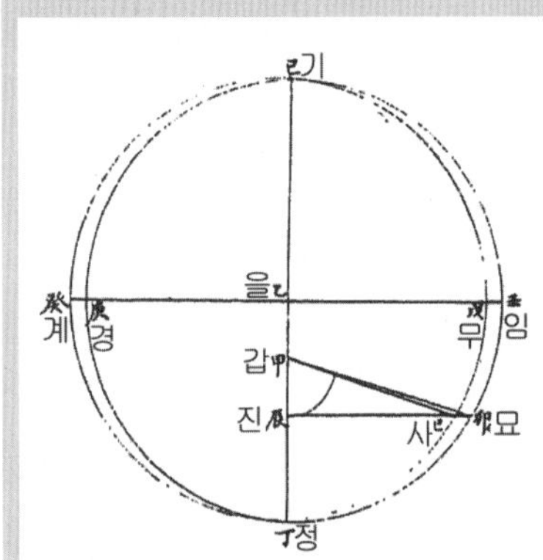

故以戊乙九九九九八五七一【小餘八五】爲一率，壬乙一千萬爲二率，巳甲辰角之正切一七九二三八九七爲三率，求得四率一七九二六四五七，爲卯甲辰角之正切。檢表，得六十度五十分四十五秒，即卯甲辰角。而卯甲巳角一十三秒，爲橢圓差角。

따라서 무을 9998571.85를 1률로 삼고, 임을 1천만을 2율로 삼고, ∠사갑진의 정절 17923897을 3률로 삼아서 계산하면 4율로 17926457이 나오는데, 이것이 ∠묘갑진의 정절이다. 이 수를 가지고 정절표를 검색하면 60도 50분45초가 나오는데, 이 값이 ∠묘갑진이다. 따라서 ∠묘갑사 13초가 타원차 각도가 된다.

是平圓與橢圓角度之比例，亦同於大徑與小徑之比例也。

이는 원과 타원의 각도[74]의 비 역시 장반경과 단반경의 비와 같은 것이다.

의 반지름을 1천만으로 잡는다.

65) 양심차: 현대천문학에서 말하는 이심률 자체이다. 이심(離心) 모형에서는 이심률의 2배를

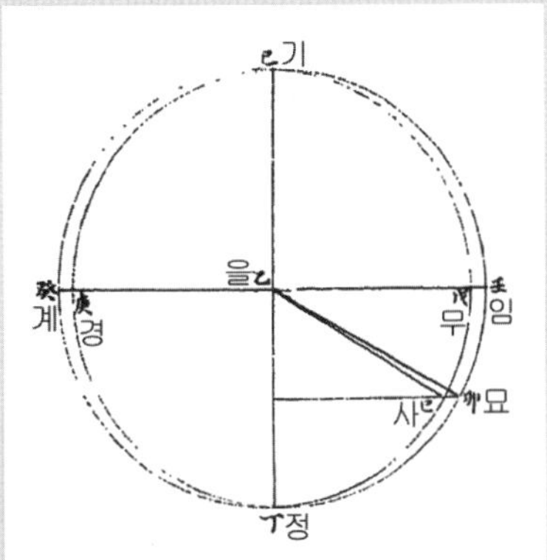

再以面積之比例言之, 凡平圓面積, 與橢圓面積之比例, 同於平圓外切正方面積, 與橢圓外切長方面積之比例, 亦即同於橢圓大徑與小徑之比例。【橢圓大徑, 即平圓徑。見《幾何原本》八卷第十二節。】

그리고 면적의 비를 논하면 다음과 같다. 일반적으로 '원의 면적과 타원의 면적의 비'는 '원에 외접하는 정사각형의 면적과 타원에 외접하는 직사각형의 면적의 비'와 같고, 또한 곧 타원의 장반경과 단반경의 비와 같다.【타원의 장반경은 곧 원의 지름이다. 《기하원본(幾何原本)》 제8권 제12절에 보인다.】

如求橢圓六十度之面積, 則先設丁卯弧六十度, 求乙卯丁六十度之平圓面積, 以比之。

타원에서 면적도수 60도의 면적을 구한다면, 우선 60도의 정묘를 설정하고 원에서 중심각이 60도인 ▽을묘정의 면적을 구하여 비교한다.

法, 以半周率三一四一五九二六五,【定率, 圓徑一千萬, 則圓周爲三一四一五九二六五。今一千萬爲半徑, 故周率爲半周。】 用三分之, 得一○四七一九七五五, 爲卯丁弧線。【因卯丁弧六十度, 爲半周三分之一, 故三分半周率, 而得卯丁弧線。若有奇零, 則須用比例法。】 與乙卯半徑一千萬相乘, 折半, 得五二三五九八七七五○

계산법은 다음과 같다. 반원주의 길이 31415926.5를【정률(定率)에 따르면 원의 지름이 1천만일 때 원 둘레의 길이가 31415926.5이다. 지금은 1천만이 반지름이므로 원 둘레의 길이가 반원주가 된다.】 3으로 나누면 10471975.5가 나오는데, 이것이 묘정의 길이이다.【묘정 60도가 180도의 $\frac{1}{3}$이므로, 반원주의 길이를 3으로 나누어 묘정의 길이를 구한다. 만약 우수리가 있다면 비례보간법을 사용해야 한다.】 이 수를 반지름인 을묘 1천만과 서로 곱한 후 절반을 취하

○○○○, 即乙卯丁分平圓六十度之面積, 而爲丁壬己癸平圓全積六分之一。

면 52359877500000이 나오는데, 이것이 곧 원을 중심각 60도만큼 분할한 ▽을묘정의 면적으로,[75] 원 정임기계 전체 면적의 $\frac{1}{6}$이다.

又以壬乙大半徑一千萬爲一率, 戊乙小半徑九九九八五七一【小餘八五】爲二率, 乙卯丁積爲三率, 求得四率五二三五二三九九七二四○九五, 即乙巳丁分橢圓六十度之面積, 而爲丁戊己庚橢圓全積六分之一也。【此所得六十度積, 較之全積六分之一, 尾數稍大。因小徑之小餘, 爲八四八, 進爲八五之故。然於圓度, 只差纖忽, 可不計也。】

또 장반경인 $\overline{\text{임을}}$ 1천만을 1률로 삼고, 단반경인 $\overline{\text{무을}}$ 9998571.85를 2율로 삼고, ▽을묘정의 면적을 3률로 삼아서 계산하면 4율로 52352399724095가 나오는데, 이것이 곧 타원을 면적도수 60도만큼 분할한 ▽을사정의 면적으로, 타원 정무기경 전체 면적의 $\frac{1}{6}$이다.【이렇게 나온 면적도수 60도의 면적을 타원 전체 면적의 $\frac{1}{6}$과 비교하면 끝 수가 조금 큰데, 이는 단반경의 소수점 아래 수 848을 850으로 반올림했기 때문이다. 그러나 원의 중심각에서 극히 미소한 차이가 나타날 뿐이므로 무시해도 된다.】

蓋將平圓、橢圓二面積, 依壬癸橫徑縷析之, 則皆成線矣。其線與線之比, 既同於大徑與小徑之比。則面與面之比, 亦同於大徑與小徑之比。

원과 타원의 두 면적을 가로로 그은 원의 지름선인 $\overline{\text{임계}}$에 평행하게[의(依)] 무한히 잘게 쪼개면 모두 선이 되는데, 그 선과 선의 비가 장반경과 단반경의 비와 같으므로, 면적과 면적의 비 역시 장반경과 단반경의 비와 같다.

양심차라고 칭한다.

66) 예전의……값이다: tan(2도03분09초40미)≒0.0358416에서 sin(58분06초)≒0.0169000의 2배인 0.0338000을 빼면 0.0020416≒0.002가 나옴을 말한다. 여기에서 본문의 358416은 0.0358416을, 169000은 0.0169000을, 338000은 0.0338000을 뜻함을 알 수 있다. 이후에도 모두 같으며, 특히 본문의 1천만은 1.0000000을 뜻한다.

67) 타원의……같다: 이 중에 각도의 비는 실은 정절(正切 tan값)의 비가 성립함을 이용하여 원과 타원에서 중심각 및 지심각(地心角)을 서로 구할 수 있다는 것이다.

69) 갑무정이……분할하는데: 타원의 전체 면적을 360도라 할 때 갑무정의 면적은 그 중 89도1

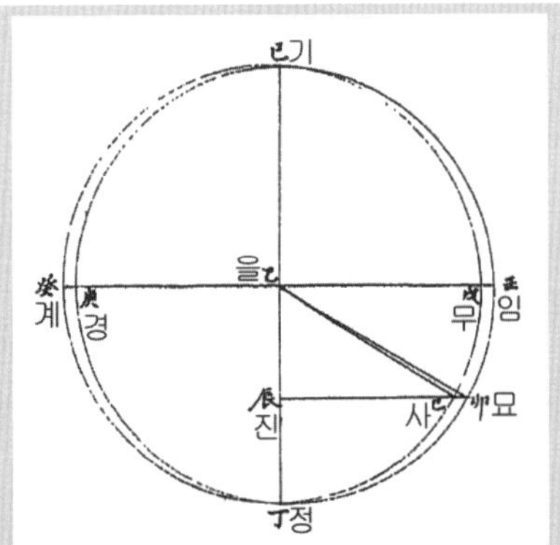

故分之，丁卯辰弧矢積與丁巳辰弧矢積之比、卯辰乙勾股積與巳辰乙勾股積之比，皆同於大徑與小徑之比。而合之，乙卯丁分平圓面積與乙巳丁分橢圓面積之比，亦必同於大徑與小徑之比也。

따라서 나누어서 보면, '활꼴[호시(弧矢)] 정묘진의 면적과 활꼴 정사진의 면적의 비' 및 '직각삼각형[구고(勾股)] 묘진을의 면적과 직각삼각형 사진을의 면적의 비'가 모두 장반경과 단반경의 비와 같다. 그러므로 합하여서 보면, '원을 분할한 ▽을묘정의 면적'과 '타원을 분할한 ▽을사정의 면적'의 비도 반드시 장반경과 단반경의 비와 같다.

既得橢圓與平圓之各比例，則面、線、角度，皆可得而求。

타원과 원의 각종 비례 관계를 알아냈으므로 면적, 선분, 각도를 모두 구할 수 있다.

至於橢圓正弦，以平圓命度，而角度不同。分橢圓面積，與全積相當，而角不相應。則橢圓差之所生，而與平圓之所以別也。

타원에서 정현(sin값)으로 말하면 원에서의 각도로 나타내었는데, 각도는 원과 타원에서 같지 않다.[76] 그리고 타원을 분할한 면적은 전체 면적과 상응할 뿐이고 각도와는 상응하지 않는다.[77] 이 때문에 타원차가 발생하여 원과 구별되는 것이다.

분54초에 해당함을 뜻한다.

70) 小半徑: 저본에는 "小徑"으로 되어 있으나 이 장에서 타원의 단반경을 이곳 외에는 모두 "小半徑"으로, 장반경을 "大半徑"으로 지칭했으므로, "半" 1자를 보충하였다.

71) 0도[초도(初度)]: '을'을 중심으로 반경선 을정 을 반시계 방향으로 회전시켜 정한 중심각이다. 이후의 중심각 도수도 모두 같다.

72) 정자 의……된다: 중심각 분할선(ex. 을자, 을묘)이 외접원과 만나는 점(ex. 자, 묘), 이

내용 정리

1) 시헌력(時憲曆) 도입 이후 태양 운행의 양심차(兩心差) 변화

(1) 《신법산서》의 양심차

① 중간거리점[중거(中距)]에서 영축차(盈縮差): 2도03분09초40미

② 삼각함수표에서 tan(2도03분09초40미) = 358416[65] ⇒ 양심차

(2) 《역상고성》 상편: 《신법산서》의 양심차 계승

(3) 《역상고성후편》의 양심차[66]

① 중간거리점에서 영축차 측정치: 1도56분12초

② 삼각함수표에서 sin(1도56분12초÷2) = sin(58분06초)

= 169000 ⇒ 양심차(이심률)

점에서 $\overline{\text{을정}}$에 내린 수선의 발(ex. 축, 진), 그리고 중심 '을'을 세 꼭지점으로 가지는 직각삼각형(ex. ⊿을자축, ⊿을묘진)에서 밑변(ex. $\overline{\text{자인축}}$, $\overline{\text{묘사진}}$)이 외접원 또는 타원과 만나는 점(ex. 자, 인 / 묘, 사)의 x좌표값을 정현(sin값)으로, y좌표값을 여현(cos값)으로 칭하였다. 동일한 크기의 중심각에 대한 cos값, sin값을 비교하는 것이 아님에 주의해야 한다. 다음 문단에서도 같다.

73) 갑……때: 제6장 〈타원의 면적을 이용하여 평균운행 나타내기[용타원면적위평행(用橢圓面積爲平行)]〉에 소개된 타원 작도법에서 갑, 병, 무에 침을 꽂고 실을 팽팽하게 두른 후에 '무'의 침을 연필로 대체하여 타원을 그리는 상황을 가지고 말한 것이다. 뒤의 세 문장도 마찬가지이다.

74) 원과 타원의 각도: '을'에 대한 중심각과 '갑'에 대한 지심각(地心角)을 모두 일컫는다. 실은 이들 각도에 대한 정절(tan값)을 뜻한다.

75) 이 수를……면적으로: 중심각이 θ(rad), 반지름이 r, 호의 길이가 l일 때 면적 공식 $S=\frac{1}{2}rl$를 이용하여 부채꼴의 면적을 구한 것이다.

76) 앞에서……않다: 앞에서 타원과 원의 정현(sin값)을 비교할 때 여현(cos값)이 동일한 경우를 비교하였다. 따라서 타원의 중심각과 원의 중심각이 0도와 90도에서만 서로 같고 그 사이에서는 같지 않았다.

77) 그리고……않는다: 면적도수 P도만큼 타원을 분할한 면적은 전체 면적의 $\frac{P}{360}$에 해당할 뿐이고 중심각 전체의 $\frac{P}{360}$에 해당하지는 않는다는 말이다.

③ 《역상고성후편》의 양심차×2＝338000 → 이전의 양심차보다 $\frac{2}{1000}$ 남짓 작은 값.[67]

2) 태양의 타원 궤도

(1) 타원의 단반경[소반경(小半徑)]: 9998571.8480191

① 양심차(이심률) 169000: 구(勾 직각삼각형의 짧은 밑변)

② 원[평원(平圓)]의 반지름 1천만: 현(弦 직각삼각형의 빗변)

③ 고(股 직각삼각형의 긴 밑변)＝$\sqrt{현^2 - 구^2}$＝9998571.8480191 → 단반경

(2) 다음의 비례 관계가 모두 성립함

① (타원의 정현) : (원의 정현)＝(타원의 단반경) : (원의 반지름)

② (타원의 각도) : (원의 각도)＝(타원의 단반경) : (원의 반지름)[68]

③ (타원의 면적) : (원의 면적)＝(타원의 단반경) : (원의 반지름)

3) 《역상고성후편》의 양심차 도해

(1) 태양의 타원 궤도

① [그림 7－1]에서,

갑: 지구 중심

을: 본천(태양천) 중심

$\overline{갑을}$: 양심차

$\overline{갑병}$: 양심차의 2배

타원 정무기경: 본천

$\overline{을정}$: 장반경[대반경(大半徑)] 1천만

$\overline{을무}$: 단반경

$\overline{\text{병무}} = \overline{\text{갑무}} = \overline{\text{을정}}$

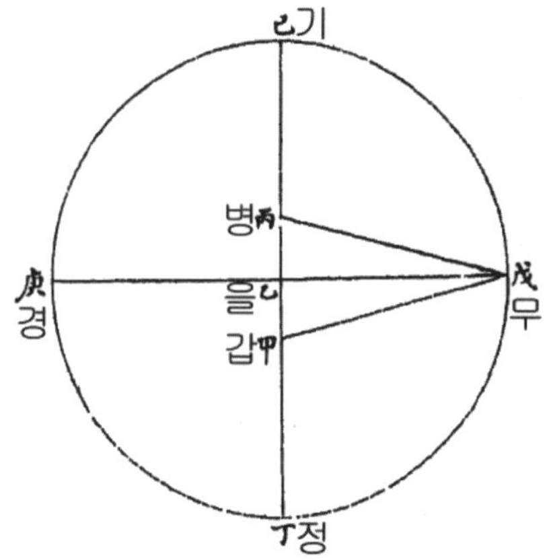

[그림 7-1] 태양의 타원 궤도

(2) 태양의 평균운행도수[평행(平行)]

① 태양이 '정'에서부터 운행하여 '무'에 이르기까지 평균운행도수: ▽갑무정의 면적도수

② ▽갑무정의 면적도수=89도1분54초[69] ⇒ 평균운행도수

③ 90도—89도1분54초=(⊿갑을무의 면적 58분6초)= ∠ 을무갑

- ▽을무정의 면적도수=(타원 면적 360도의 $\frac{1}{4}$)=90도

  ⊿갑을무의 면적도수=(▽을무정의 면적도수 90도)—(▽갑무정의 면적도수)

- ⊿갑을무의 면적: 장반경 $\overline{\text{갑무}}$와 단반경 $\overline{\text{을무}}$ 사이에 끼어 있음.

  → 원을 분할한 면과 같음. → 적도(積度 면적도수)=각도

  $\overline{\text{갑정}}$에 가까우면 변이 짧음 → 적도 < 각도

  $\overline{\text{갑기}}$에 가까우면 변이 깊 → 적도 > 각도

  이에 대해서는 다음 편에 상세함.

(3) 태양의 실제운행도수[실행(實行)]

① [그림 7－2]에서,

∠무갑정＝90도58분06초 ⇒ 실제운행도수

② 90도58분06초—90도＝58분06초＝∠무갑신＝∠을무갑＝∠병무을

(4) 타원 궤도의 양심차(이심률)

① (실제운행도수 90도58분06초)—(평균운행도수 89도1분54초)＝1도56분12초

＝∠갑무병

② (∠갑무병 1도56분12초)÷2＝58분06초＝∠을무갑

③ $\overline{\text{갑무}}$＝1천만

$\overline{\text{갑을}}$＝sin(∠을무갑)＝sin(58분06초)＝169000 ⇒ 양심차(이심률)

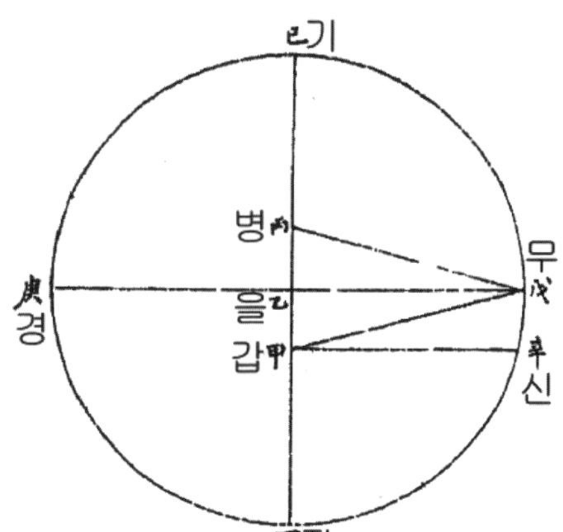

[그림 7-2] 태양의 타원 궤도에서 실제운행도수

(5) 타원 궤도의 단반경

① ⊿갑을무에서

$\overline{\text{갑을}}$: 구(勾)

$\overline{\text{갑무}}$: 현(弦)

② 고(股)＝$\overline{\text{을무}}$＝$\sqrt{\text{현}^2-\text{구}^2}$＝9998571.8480191 ⇒ 타원의 단반경

4) 타원과 원의 면적, 선분, 각도의 비례 관계 도해

(1) 타원과 원의 정현(sin값)의 비

① [그림 7－3]에서

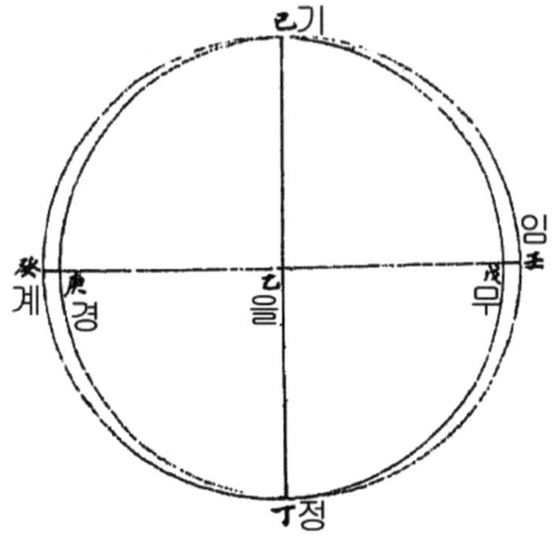

[그림 7-3] 타원과 외접원

을: 원 정임기계의 중심

$\overline{\text{을정}}$: 원 정임기계의 반지름

(타원 정무기경의 장반경 $\overline{\text{을정}}$)＝(원의 반지름 $\overline{\text{을임}}$)

{(원의 반지름 $\overline{\text{을임}}$)—(타원의 단반경 $\overline{\text{무을}}$)}＝(타원차(橢圓差) $\overline{\text{임무}}$)

② 중심각을 1도 간격으로 분할한다면,

(타원의 cos값(y좌표값))＝(원의 cos값(y좌표값))

(타원의 sin값(x좌표값))＜(원의 sin값(x좌표값))

다음의 비례관계가 성립함.

(원의 sin값(x좌표값)) : (타원의 sin값(x좌표값))＝(원의 반지름) : (타원의 단반경)

③ [그림 7－4]에서

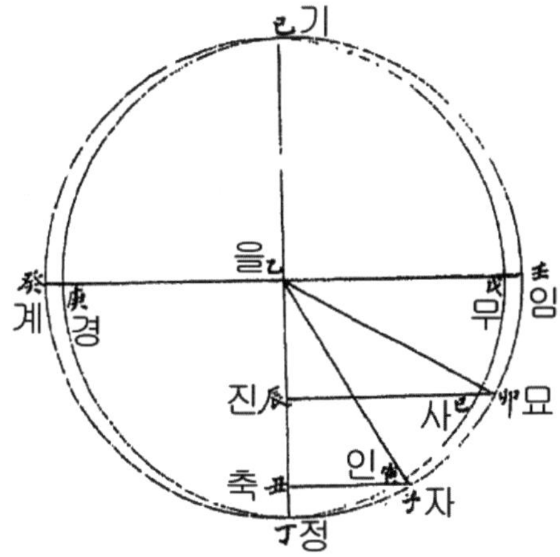

[그림 7-4] 타원과 외접원에서 여현(y좌표값)이 같을 때 정현(x좌표값)의 비

ㄱ. '정'점: 0도[71]

→ $\sin(0도)=0$

$\overline{\text{정을}}$ ＝{원에서 $\cos(0도)$}＝{타원에서 $\cos(0도)$}

ㄴ. $\overset{\frown}{\text{정임}}$ ＝90도

→ $\cos(90도)=0$

$\overline{\text{임을}}$ ＝{원에서 $\sin(90도)$}＝(타원의 장반경)

$\overline{\text{무을}}$ ＝{타원에서 $\sin(90도)$}＝(타원의 단반경)

$\overline{\text{임무}}$ ＝ $\overline{\text{임을}}$ — $\overline{\text{무을}}$ ＝(90도에서 타원차)

ㄷ. $\overset{\frown}{\text{정자}}$ ＝30도

→ $\overline{\text{축을}}$ ＝{원에서 $\cos(30도)$}＝{타원에서 $\cos(30도)$}[72]

$\overline{\text{자축}}$ ＝원에서 $\sin(30도)$

$\overline{\text{인축}}$ ＝타원에서 $\sin(30도)$

$\overline{\text{자인}}$ ＝ $\overline{\text{자축}}$ — $\overline{\text{인축}}$ ＝(30도에서 타원차)

ㄹ. $\overset{\frown}{\text{정묘}}$ ＝60도

→ $\overline{\text{진을}}$ ＝{원에서 $\cos(60도)$}＝{타원에서 $\cos(60도)$}

$\overline{\text{묘진}}$ = 원에서 sin(60도)

$\overline{\text{사진}}$ = 타원에서 sin(60도)

$\overline{\text{묘사}}$ = $\overline{\text{묘진}}$ — $\overline{\text{사진}}$ = (60도에서 타원차)

ㅁ. 다음의 비례식이 성립함

$\overline{\text{자축}}$: $\overline{\text{인축}}$ = $\overline{\text{묘진}}$: $\overline{\text{사진}}$ = $\overline{\text{임을}}$: $\overline{\text{무을}}$

$\overline{\text{자축}}$: $\overline{\text{자인}}$ = $\overline{\text{묘진}}$: $\overline{\text{묘사}}$ = $\overline{\text{임을}}$: $\overline{\text{임무}}$

④ 위 비례식이 성립하는 까닭 설명 제1단계: 원의 곳곳에 단반경 하나가 포함되어 있음.

[그림 7－5]에서,

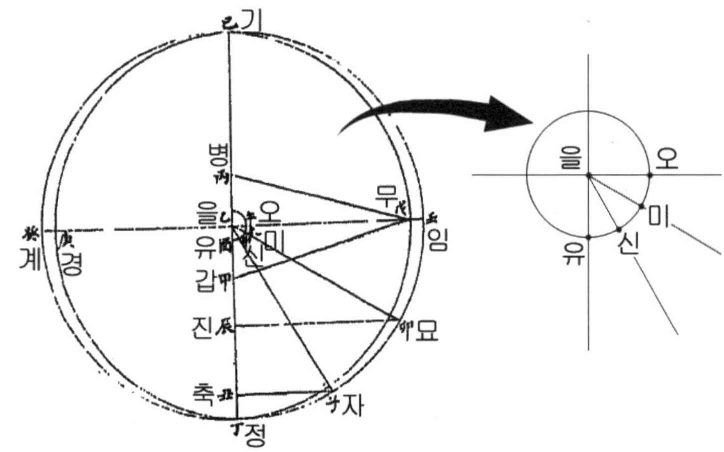

[그림 7-5] 원의 곳곳에 단반경 하나가 포함되어 있음

ㄱ. ('을' 주변의 작은 원 오미신유의 반경) = $\overline{\text{임무}}$

ㄴ. $\overline{\text{오을}}$ = $\overline{\text{미을}}$ = $\overline{\text{신을}}$ = $\overline{\text{유을}}$ = $\overline{\text{임무}}$

ㄷ. $\overline{\text{임오}}$ = $\overline{\text{묘미}}$ = $\overline{\text{자신}}$ = $\overline{\text{정유}}$ = $\overline{\text{무을}}$

⇒ 작은 원의 점들을 방사형으로 밀어내어[추(推)] 원의 경계에 닿기까지[저(抵)]

각기 하나의 단반경이 있는 것.

⑤ 앞의 비례식이 성립하는 까닭 설명 제2단계: 타원의 곳곳에 단반경 하나가 포함되어 있음.

[그림 7－6]에서

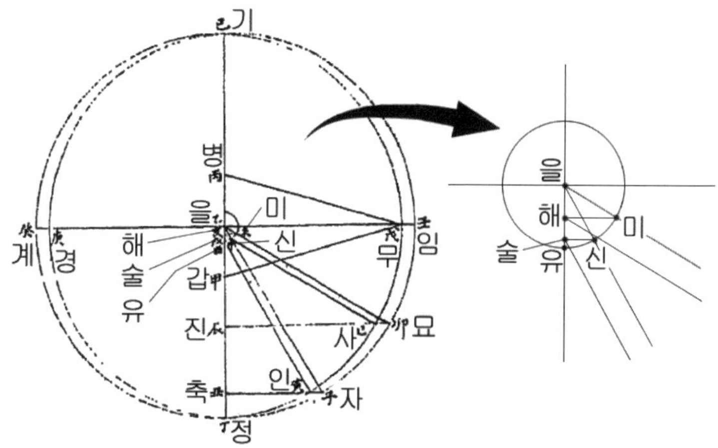

[그림 7-6] 타원의 곳곳에 단반경 하나가 포함되어 있음

ㄱ. ‘갑’, ‘병’ 두 점에서 출발한 선이 ‘무’에서 만날 때,[73]

→ 단반경의 시작점은 ‘무’에 있고, 끝점은 ‘을’에 있음.

ㄴ. ‘갑’, ‘병’ 두 점에서 출발한 선이 ‘정’에서 만날 때,

→ 단반경의 시작점은 ‘정’에 있고, 끝점은 ‘유’에 있음.

ㄷ. ‘갑’, ‘병’ 두 점에서 출발한 선이 ‘인’에서 만날 때,

→ 단반경의 시작점은 ‘인’에 있고 끝점은 ‘술’에 있음.

ㄹ. ‘갑’, ‘병’ 두 점에서 출발한 선이 ‘사’에서 만날 때,

→ 단반경의 시작점은 ‘사’에 있고 끝점은 ‘해’에 있음.

⇒ 단반경(④의 단반경들, 원에 포함된 단반경들)을 수평으로 끌어당겨[인(引)] 끝점을 원의 지름선(을정)에 귀착시켰을[귀(歸)] 때 각기 하나의 단반경(타원에 포함된 단반경들)이 있는 것.

⑥ 앞의 비례식이 성립하는 까닭 설명 제3단계: 닮은꼴을 이용하여 비례관계 찾기

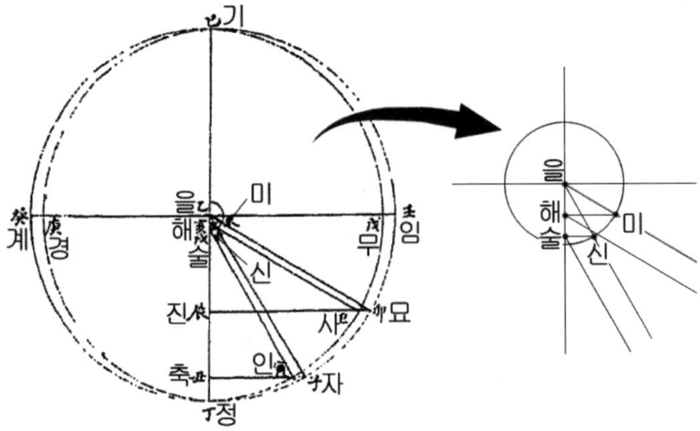

[그림 7-7] 원과 타원을 분할한 도형의 비례관계

[그림 7－7]에서,

ㄱ. $\overline{\text{인술}} = \overline{\text{사해}} =$ 단반경

ㄴ. $\overline{\text{신술}} /\!/ \overline{\text{자축}}$, $\overline{\text{미해}} /\!/ \overline{\text{묘진}}$

ㄷ. $\overline{\text{인술}} /\!/ \overline{\text{자신}}$, $\overline{\text{사해}} /\!/ \overline{\text{묘미}}$

⇒ $\overline{\text{신술}} = \overline{\text{자인}}$, $\overline{\text{미해}} = \overline{\text{묘사}}$

△을자축∽△술인축∽△을신술

△을묘진∽△해사진∽△을미해

⇒ 다음 비례식들이 성립함.

$\overline{\text{자축}} : \overline{\text{인축}} = \overline{\text{자을}}(\overline{\text{임을}}) : \overline{\text{인술}}(\overline{\text{무을}})$

$\overline{\text{묘진}} : \overline{\text{사진}} = \overline{\text{묘을}}(\overline{\text{임을}}) : \overline{\text{사해}}(\overline{\text{무을}})$

$\overline{\text{자축}} : \overline{\text{신술}}(\overline{\text{자인}}) = \overline{\text{자을}}(\overline{\text{임을}}) : \overline{\text{신을}}(\overline{\text{임무}})$

$\overline{\text{묘진}} : \overline{\text{미해}}(\overline{\text{묘사}}) = \overline{\text{묘을}}(\overline{\text{임을}}) : \overline{\text{미을}}(\overline{\text{임무}})$

⇒ 원과 타원의 정현의 비가 장반경과 단반경의 비와 같은 것.

(2) 타원과 원의 각도의 비

① 원의 중심각 ∠묘을진=60도일 때 타원의 중심각 ∠사을진 구하기.

[그림 7－8]에서,

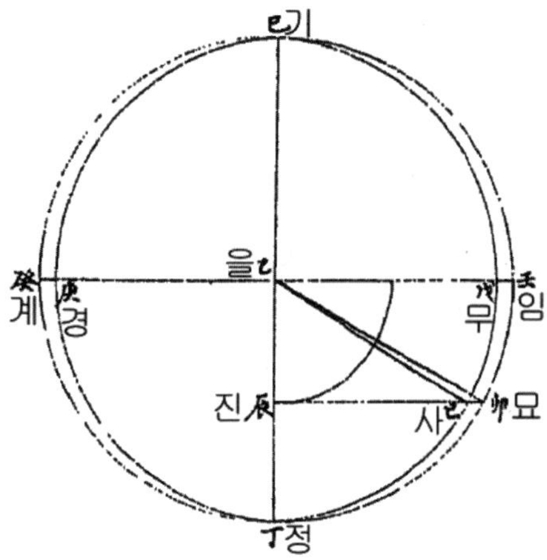

[그림 7-8] 타원과 외접원에서 여현(y좌표값)이 같을 때 중심각의 비

ㄱ. $\overline{\text{을진}}$을 반지름으로 하는 호(弧)에 대해,

$\overline{\text{묘진}}$ = tan(∠묘을진)

$\overline{\text{사진}}$ = tan(∠사을진)

ㄴ. 다음의 비례식이 성립하므로,

$\overline{\text{묘진}}$: $\overline{\text{사진}}$ = $\overline{\text{임을}}$: $\overline{\text{무을}}$

다음 비례식이 성립함.

tan(∠묘을진) : tan(∠사을진) = $\overline{\text{임을}}$: $\overline{\text{무을}}$

($\overline{\text{임을}}$ 1천만) : ($\overline{\text{무을}}$ 9998571.85)

= {tan(∠묘을진 60도) = 17320508} : {tan(∠사을진) = 17318034}

∴ ∠사을진 = 59도59분47초

∠묘을사 = {(∠묘을진 = 60도)—(∠사을진 = 59도59분47초)} = 13초 → 타원차 각도.

② 타원에서 ∠사갑진 = 60도50분32초일 때 원에서 ∠묘갑진 구하기.

[그림 7-9]에서,

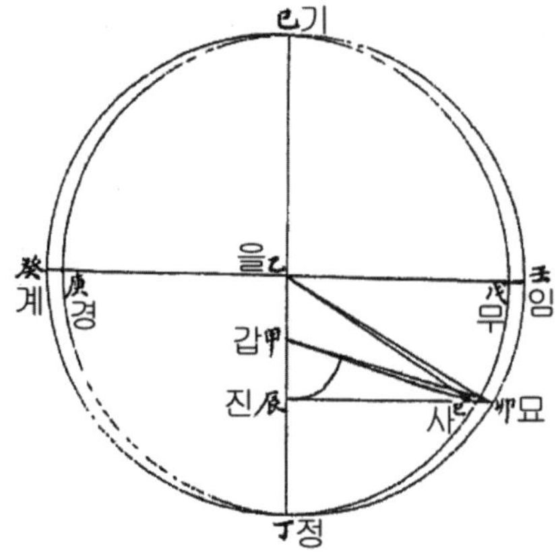

[그림 7-9] 타원과 외접원에서 여현(y좌표값)이 같을 때 지심각(地心角)의 비 1

ㄱ. $\overline{\text{갑진}}$을 반지름으로 하는 호에 대해,

$\overline{\text{사진}}$ = tan(∠사갑진)

$\overline{\text{묘진}}$ = tan(∠묘갑진)

ㄴ. 다음의 비례식이 성립하므로,

$\overline{\text{묘진}}$: $\overline{\text{사진}}$ = $\overline{\text{임을}}$: $\overline{\text{무을}}$

다음의 비례식이 성립함.

$\overline{\text{사진}}$: $\overline{\text{묘진}}$ = $\overline{\text{무을}}$: $\overline{\text{임을}}$

tan(∠사갑진) : tan(∠묘갑진) = $\overline{\text{무을}}$: $\overline{\text{임을}}$

ㄷ. [그림 7－10]에서,

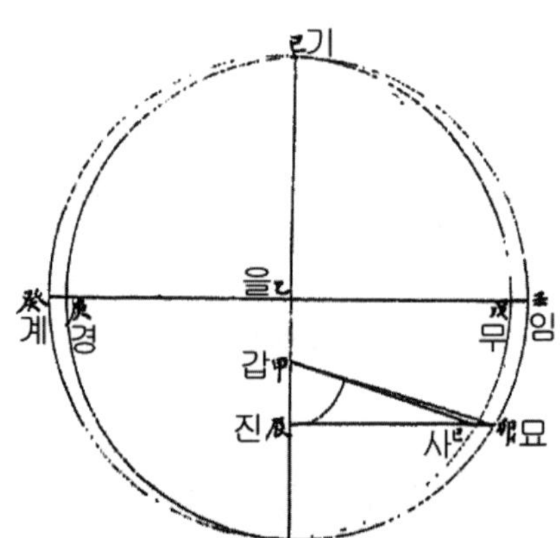

[그림 7-10] 타원과 외접원에서 여현(y좌표값)이 같을 때 지심각의 비 2

다음 비례식이 성립함.

$(\overline{\text{무을}}$ 9998571.85) : $(\overline{\text{임을}}$ 1천만)

={tan(∠ 사갑진 60도50분32초)=17923897} : {tan(∠ 묘갑진)=7926457}

∴ ∠ 묘갑진=60도50분45초

∠ 묘갑사={(∠ 묘갑진 60도50분45초)—(∠ 사갑진 60도50분32초)}=13초

→ 타원차 각도.

⇒ 원과 타원의 각도[74]의 비가 장반경과 단반경의 비와 같은 것.

보충자료 6 타원차각

[그림 7−8]에서 원과 타원에서의 각을 각각 $\theta=$ ∠묘을진, $\theta'=$ ∠사을진이라 하면 $\tan\theta'=\sqrt{1-e^2}\tan\theta$가 된다. 이제 $\theta'=\theta+\zeta$로 놓자. 여기서 ζ를 타원차각이라 부른다. $\tan(\theta+\zeta)=\sqrt{1-e^2}\tan\theta$가 되고, $e\ll 1$, $\zeta\ll 1$이기에 이 식은 $-\zeta\simeq\frac{1}{4}e^2\sin 2\theta$가 된다.[78] [그림 7−8]에서는 $\theta=60°$일 때이므로 타원차각은 $-\zeta=12.75467$초 $\simeq 13$초가 된다. [그림 7−9]에서는 tan(∠묘갑진)= $\frac{\sin 60°}{\cos 60°-e}$ 이기에 ∠묘갑진 = 60도50분44.36215초이고, tan(∠사갑진)= $\frac{\sqrt{1-e^2}\sin 60°}{\cos 60°-e}$ 이기에 ∠사갑진 = 60도50분31.82812초이다. 따라서 $-\zeta=12.53403$초 $\simeq 13$초가 된다. 현대천문학에서는 [그림 7−9]에서 ∠묘을진을 편심이각(eccentric anomaly) E라 부르고, ∠사갑진을 진근점이각(true anomaly) T라 부른다. 두 이각 사이에는 $\tan T=\frac{\sqrt{1-e^2}\sin E}{\cos E-e}$ 관계가 있다, 이 식을 어림하면 $T\simeq E+e\sin E+\frac{1}{4}e^2\sin 2E$가 된다.[79]

---

78) $\tan(\theta+\zeta)=\frac{\sin\theta\cos\zeta+\cos\theta\sin\zeta}{\cos\theta\cos\zeta-\sin\theta\sin\zeta}\simeq\frac{\sin\theta+\zeta\cos\theta}{\cos\theta-\zeta\sin\theta}\simeq\left(1-\frac{e^2}{2}\right)\frac{\sin\theta}{\cos\theta}$ 이기에 $\zeta\simeq-\frac{e^2}{4}\sin(2\theta)$ 이다.

79) $T=E+\zeta$라 놓고, 각주 78)과 같은 방법을 사용한다.

(3) 타원과 원의 면적의 비

① 일반적으로 다음의 비례식이 성립함.

(원 면적) : (타원 면적)

=(원의 외접 정사각형의 면적) : (타원의 외접 직사각형의 면적)

=장반경 : 단반경

▾(타원의 장반경)=(원의 지름)

《기하원본(幾何原本)》 제8권 제12절에 보임.

② 타원에서 중심각 '∠사을정=60도'의 면적 구하기

[그림 7-11]에서 $\overset{\frown}{\text{정묘}}$=60도를 잡고

원에서 중심각이 60도인 ▽을묘정의 면적을 구하여 비교함.

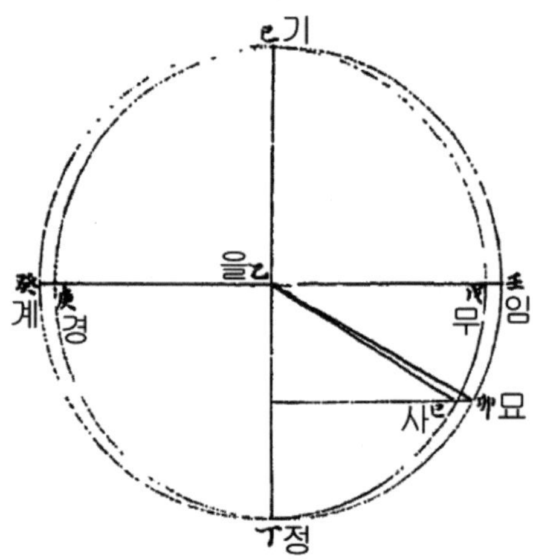

[그림 7-11] 타원과 외접원에서 여현(y좌표값)이 같을 때 면적의 비 1

ㄱ. 반원주의 길이=31415926.5

▾ 정률(定率)에 따르면, 지름=1천만 → 원주의 길이=31415926.5

∴ 반지름=1천만 → 반원주의 길이=31415926.5

ㄴ. 중심각이 60도인 $\overset{\frown}{\text{묘정}}$의 길이=(반원주의 길이)÷3=10471975.5

▾ $\overset{\frown}{\text{묘정}}$=60도=180도×$\frac{1}{3}$

우수리가 있는 경우는 비례보간법을 사용하여 계산함.

ㄷ. (반지름 $\overline{\text{을묘}}$ = 1천만)×($\widehat{\text{묘정}}$ = 10471975.5)÷2 = 52359877500000

⇒ 원을 중심각 60도만큼 분할한 ▽을묘정의 면적.[74]

원 정임기계 전체 면적의 $\frac{1}{6}$.

ㄹ. 다음의 비례식이 성립함.

(장반경 $\overline{\text{임을}}$ = 1천만) : (단반경 $\overline{\text{무을}}$ = 9998571.85)

= (▽을묘정의 면적) : (타원을 면적도수 60도 만큼 분할한 ▽을사정의 면적)

∴ 타원을 면적도수 60도 만큼 분할한 ▽을사정의 면적

= 52352399724095

⇒ 타원 정무기경 전체 면적의 $\frac{1}{6}$.

▾ 실은, (▽을사정의 면적 = 52352399724095) > (타원 전체 면적의 $\frac{1}{6}$ = 52352399713620)

이는 단반경의 소수점 아래 수 848을 850으로 반올림했기 때문.

그러나 원의 중심각에서 극히 미소한 차이가 나타날 뿐이므로 무시해도 됨.

③ 무한 분할을 통하여 원과 타원의 면적의 비 구하기

ㄱ. [그림 7－11]에서 원과 타원의 면적을 각기 $\overline{\text{임계}}$에 평행하게 무한히 잘게 쪼갬.

ㄴ. 쪼개진 조각이 모두 선이 됨.

ㄷ. 다음의 비례식이 성립함.

(원을 쪼갠 선의 길이) : (타원을 쪼갠 선의 길이) = 장반경 : 단반경

∴ (원을 쪼갠 면적) : (타원을 쪼갠 면적) = 장반경 : 단반경

④ '원의 ▽을묘정'과 '타원의 ▽을사정' 면적의 비 구하기

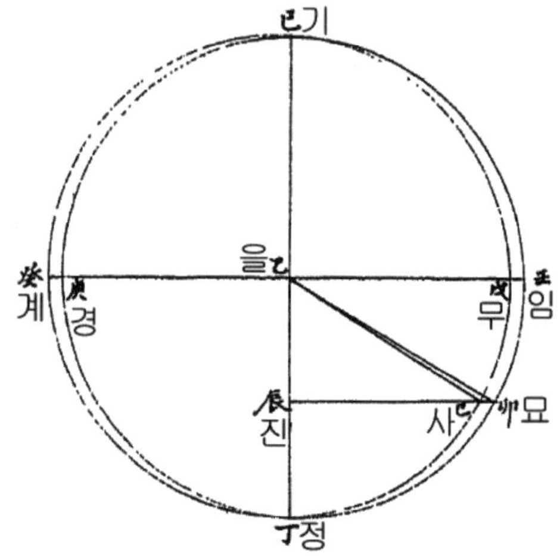

[그림 7-12] 타원과 외접원에서 여현(y좌표값)이 같을 때 면적의 비 2

[그림 7－12]에서,

ㄱ. '원의 ▽을묘정'과 '타원의 ▽을사정' 면적을

각기 활꼴[호시(弧矢)]과 직각삼각형으로 나누어서 보면 다음의 두 비례식이 성립함.

(활꼴 정묘진의 면적) : (활꼴 정사진의 면적)＝장반경 : 단반경

(⊿묘진을의 면적) : (⊿사진을의 면적)＝장반경 : 단반경

ㄴ. 합하여 보면,

(원을 분할한 ▽을묘정의 면적) : (타원을 분할한 ▽을사정의 면적)＝장반경 : 단반경

(4) 타원과 원의 면적, 선분, 각도 구하기와 타원차

① 타원과 원의 각종 비례 관계를 이용하여 면적, 선분, 각도를 모두 구할 수 있음.

② 타원의 정현을 원에서의 각도로 나타내었는데, 각도는 원과 타원에서 같지 않음.[75]

③ 타원을 분할한 면적은 전체 면적과 상응할 뿐이고 각도와는 상응하지 않

음.[76]

⇒ 타원차가 발생하여 원과 구별됨.

보충자료 7 타원과 외접원의 면적 비

반지름이 1인 원의 방정식은 $x^2+y^2=1$이다. 따라서 $y=\pm\sqrt{1-x^2}$으로 쓸 수 있다. $0 \le x_1 \le 1$인 x_1을 생각하자. $x_1 \le 1$일 때, $x=x_1$, 원, x축으로 둘러싸인 1사분면의 원의 넓이는 $\int_{x_1}^{1}\sqrt{1-x^2}\,dx$이다. 이심률이 e이고 장반경이 1인 타원의 방정식은 $x^2+\frac{y^2}{1-e^2}=1$이다. 따라서 $y=\pm\sqrt{1-e^2}\sqrt{1-x^2}$으로 쓸 수 있다. $x_1 \le 1$일 때, $x=x_1$, 타원, x축으로 둘러싸인 1사분면의 타원의 넓이는 $\sqrt{1-e^2}\int_{x_1}^{1}\sqrt{1-x^2}\,dx$이다. 따라서 두 면적 사이의 비는 $1:\sqrt{1-e^2}$이 된다.

제8장

타원에서 장반경과 단반경의 비례중항 구하기 [구타원대소경지중률(求橢圓大小徑之中率)]

원문	번역문
凡平圓面積，自中心分之，其所分面積之度，即其心角之度。以圜界爲心角之規，而半徑俱相等也。	원의 면적을 중심에서 방사형으로 분할하면 분할된 면적의 도수(면적도수)가 곧 중심각[심각(心角)]의 도수(각도)와 같다. 원의 경계(테두리)가 중심각에 따른 컴퍼스[규(規)]의 자취여서 반지름이 어디서나 서로 같기 때문이다.
若橢圓，有大、小徑，角與積已不相應矣。【見前篇。】	타원으로 말하면 '긴 지름[대경(大徑)]'과 '짧은 지름[소경(小徑)]'이 있어서 각도와 면적의 도수가 서로 상응하지 않는다.【전편(前篇: 제7장)에 보인다.】
況實行之角、平行之積，皆不以本天心爲心，而以地心爲心。太陽距地心線，自最卑以漸而長，逐度俱不等。又何以知積之爲度，而與角相較乎。	게다가 실제운행[실행(實行)]을 나타내는 각도와 평균운행[평행(平行)]을 나타내는 면적이 모두 본천(本天 태양천)의 중심을 중심으로 하지 않고 지구 중심을 중심으로 한다. 그리하여 지구 중심에서 태양까지 이은 선이 근지점[최비(最卑)]을 시작으로 점차 길어져서 매 도(度)마다 모두 다르다. 그렇다면 또 어떻게 면적의 도수를 알아서 각도와 서로 비교할 것인가?
然以大、小徑之中率，作平圓，其面積與橢圓等。將平圓面積，逐	그러나 긴 지름과 짧은 지름의 중률(中率 비례중항)을 지름으로 삼아 원을 그리면, 그 면적이 타원과 같다. 이 중률원(中率圓)의 면적을 중심각

度遞析之， 則度分秒皆可按積而稽。 橢圓之全積， 既與平圓全積等， 則其遞析之面積， 亦必相等。

1도마다 쪼개면[80] 도, 분, 초를 모두 면적에 따라 헤아릴 수 있다. 타원의 전체 면적은 중률원의 전체 면적과 같으므로 이렇게 쪼갠 면적도 반드시 서로 같기 때문이다.

故分橢圓面積， 雖非度， 亦可以度命之， 而度分秒， 亦可按積而稽也。

따라서 타원의 면적을 분할한 기준이 비록 각도가 아니지만,[81] 이 역시 도수(면적도수)로 나타낼 수 있으므로, 도, 분, 초를 면적에 따라서도 헤아릴 수 있다.

如圖甲爲地心， 乙爲本天心， 乙甲爲兩心差， 丙甲爲倍差， 丁戊己庚橢圓爲本天， 乙丁爲大半徑一千萬， 乙戊爲小半徑九九九八五七一【小餘八四八〇一九一】。

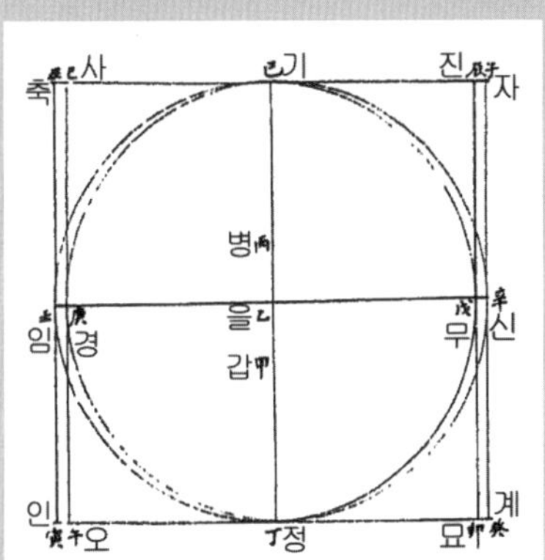

그림과 같이 '갑'을 지구 중심, '을'을 본천 중심, 을갑을 양심차(兩心差), 병갑을 양심차의 2배, 타원 정무기경을 본천, 을정을 장반경[대반경(大半徑)] 1천만, 을무를 단반경[소반경(小半徑)] 9998571.8480191이라고 하자.

試以乙丁大半徑， 作丁辛己壬平圓， 則平圓與橢圓二面積之比例， 同於平圓外切癸子丑寅正方積與橢圓外切卯辰巳午長方積之比例。

장반경 을정을 반지름으로 원 정신기임을 그려보자. 그러면 '원과 타원 두 면적의 비'가 '원에 외접하는 정사각형 계자축인의 면적'과 '타원에 외접하는 직사각형 묘진사오의 면적'의 비와 같다.

又試以乙丁大半徑爲首率，乙戊小半徑爲末率，求得乙申中率九九九九二八五【小餘八九】，作平圓。

또 장반경 을정을 수율(首率)로 삼고 단반경 을무를 말률(末率)로 삼아서 계산하면 중률(中率)로 을신 9999285.89가 나오는데,[82] 이것을 반지름으로 삼아 원을 그려보자.

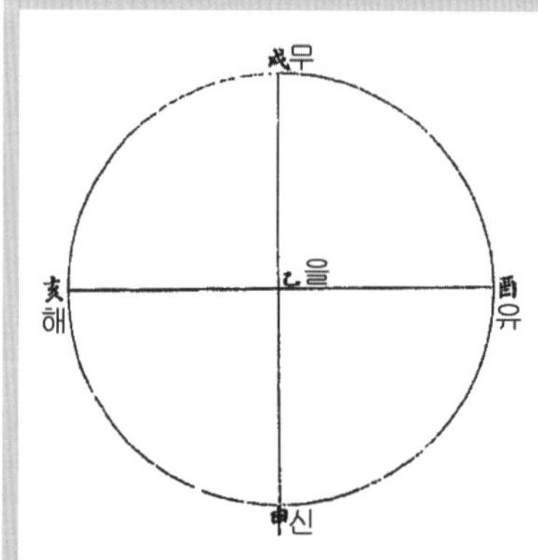

則大半徑所作丁辛己壬平圓，與中率所作申酉戌亥平圓，二面積之比例，亦同於大半[83]徑平圓外切癸子丑寅正方積，與中率平圓外切乾坎艮震正方積之比例。

그러면 '장반경을 반지름으로 삼아 그린 원 정신기임'과 '중률을 반지름으로 삼아 그린 원 신유술해' 두 면적의 비 역시 '장반경을 지름으로 삼아 그린 원에 외접하는 정사각형 계자축인의 면적'과 '중률을 반지름으로 삼아 그린 원에 외접하는 정사각형 건감간진의 면적'의 비와 같다.

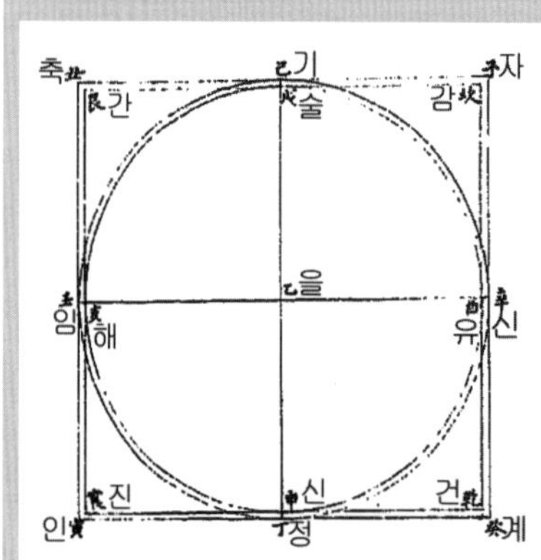

此二比例既同，而乾坎艮震正方積，原與卯辰巳午長方積等。【首率、

이 두 비례 관계가 성립하고, '정사각형 건감간진의 면적'은 원래 '직사각형 묘진사오의 면적'과 같다.【수율과 말률을 서로 곱하면 중률의 제곱과

末率相乘, 與中率自乘等。】則申酉戌亥平圓積, 亦必與丁戊己庚橢圓積相等矣。

같기 때문이다.】 따라서 원 신유술해의 면적은 반드시 타원 정무기경의 면적과 같다.

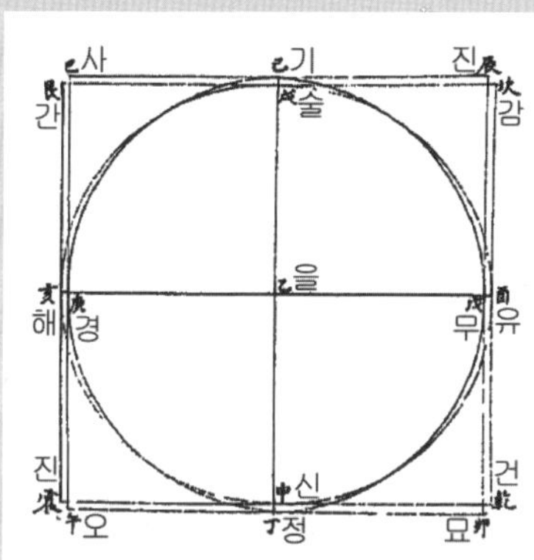

乃以己丁大徑二千萬, 與戊庚小徑一九九九七一四三【小餘六九六○三八二】相乘, 得卯辰巳午長方積, 與乾坎艮震正方積等。

이제 '긴 지름'인 $\overline{기정}$ 2천만을 '짧은 지름'인 $\overline{무경}$ 19997143.6960382와 서로 곱하면 직사각형 묘진사오의 면적이 나오는데, 이것이 정사각형 건감간진의 면적과 같다.

以方與圓之比例定率七八五三九八一六二五通之, 得三一四一一四三九八二八二三三七, 爲申酉戌亥平圓面積。與丁戊己庚橢圓面積等。

'정사각형과 원의 면적 비'의 정률(定率)인 0.7853981625를 곱하여 원의 면적으로 환산하면[통(通)] 314114398282337이 나오는데, 이것이 원 신유술해의 면적으로서 타원 정무기경의 면적과 같다.

將申酉戌亥平圓面積, 以三百六十度除之, 得八七二五三九九九五二二九, 爲一度之面積。

원 신유술해의 면적을 360도로 나누면 872539995229가 나오는데, 이것이 면적도수 1도의 면적이다.

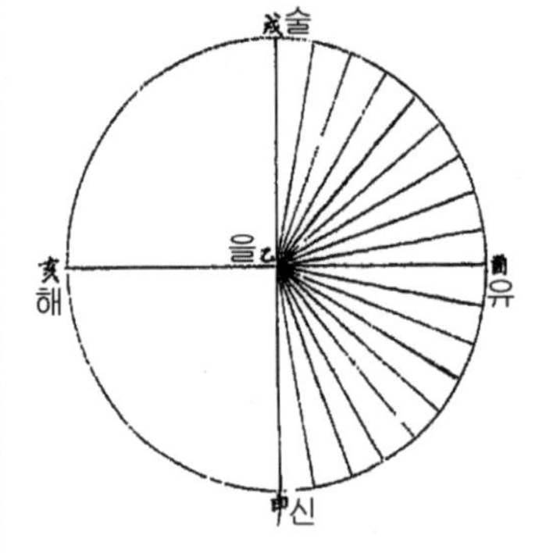

其形爲分平圓面, 其兩腰皆爲中率半徑, 與乙申等。其弧、其角, 皆爲一度。

그 한 조각은 원을 중심에서 방사형으로 분할한 모양이므로 '양 옆변[양요(兩腰)]'이 모두 중률원(中率圓 장반경과 단반경의 비례중항[중률]을 반지름으로 그린 원)의 반지름으로서, $\overline{\text{을신}}$과 같다. 그 호와 각이 모두 1도이다.

若將丁戊己庚橢圓面積, 自甲心, 亦平分爲三百六十分, 則其形爲分橢圓面。

만약 타원 정무기경의 면적을 중심 '갑'으로부터 역시 360조각으로 등분[평분(平分)]한다면, 그 한 조각의 모양은 타원을 분할한 면이 된다.

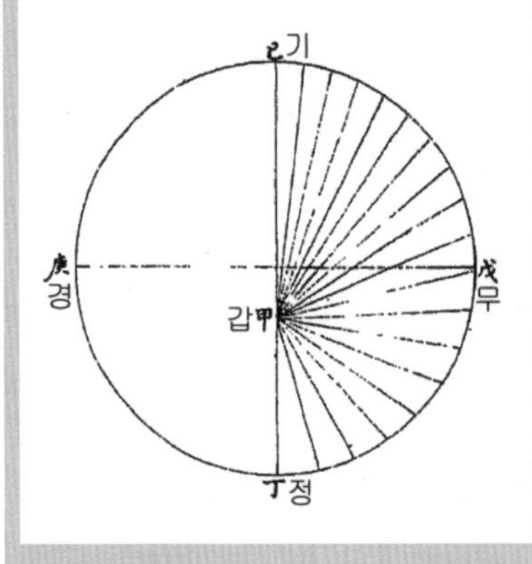

其兩腰自甲丁極短, 以漸而長, 逐度俱不等。其弧、其角亦不等。然

그리하여 '양 옆변'이 $\overline{\text{갑정}}$에서 가장 짧고 이후로 점차 길어져서 매 도(度)마다 모두 다르다.

其每分之面積， 則皆與一度之面積等。

그 호와 그 각 역시 다르다. 그러나 매 조각의 면적은 모두 면적도수 1도의 면적과 같다.

故凡分一段橢圓面積， 以一度之面積爲法而一， 則面積即可以度分命之。然後以面積之度，與角度相較，而平行、實行之差出焉。

따라서 타원을 분할한 어떤 면적을, 1도의 면적을 나눗수[법(法) 제수(除數)]로 삼아 나누면, 그 면적을 도수와 분수로 나타낼 수 있다. 그런 다음에 면적의 도수(면적도수)를 각도와 서로 비교하면 평균운행과 실제운행의 차가 나온다.

如以甲爲心，以中率爲半徑，作平圓，則甲巽丁分橢圓面積，爲太陽距最卑後之平行度， 與甲離申分平圓面積等，亦即與離甲申角等。

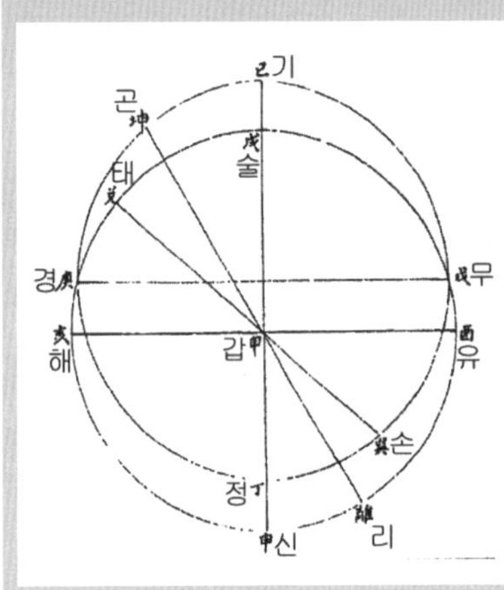

예를 들어, '갑'을 중심으로 하고 중률을 반지름으로 삼아 원(중률원)을 그리면, 타원을 분할한 ▽갑손정의 면적이 '근지점에서 태양까지 평균운행도수'로서, 원(중률원)을 분할한 ▽갑리신의 면적과 같고, 또한 ∠리갑신과 같다.

巽甲離角，爲平行、實行之差，其實行在平行前。

∠손갑리가 평균운행과 실제운행의 차이며, 실제운행의 위치가 평균운행의 위치보다 앞서 있다.

甲坤己分橢圓面積， 爲太陽距最高後之平行度， 與甲兌戌分平圓面積等，亦即與兑甲戌角等。

타원을 분할한 ▽갑곤기의 면적이 '원지점[최고(最高)]에서 태양까지 평균운행도수'로서, 원(중률원)을 분할한 ▽갑태술의 면적과 같고, 또한

∠태갑술과 같다.

兑甲坤角爲平行､實行之差，其實行在平行後也。

∠태갑곤이 평균운행과 실제운행의 차이며, 실제운행의 위치가 평균운행의 위치보다 뒤져 있다.

내용 정리

1) 원과 타원에서 중심각을 분할한 부채꼴의 차이점

(1) 원의 면적을 중심에서 방사형으로 분할하면,

① {분할된 면적의 도수(면적도수)} = {중심각[심각(心角)]의 도수(각도)}

② 원의 경계(테두리)는 중심각에 따른 컴퍼스[규(規)]의 자취여서 어디서나 반지름이 같기 때문.

(2) 타원의 면적을 한 초점인 지구 중심에서 방사형으로 분할하면,

① 각도와 면적도수[적도(積度)]가 서로 상응하지 않음.

② '긴 지름'[대경(大徑)]과 '짧은 지름'[소경(小徑)]이 있기 때문.

▾ 제7장에 상세한 내용이 보임.

---

80) 중심각 1도마다 쪼개면: 1도씩 360등분하는 것이다.

81) 타원의……아니지만: 중률원을 매개로 타원의 면적도수를 알아보기 위하여, 중률원과 타원의 면적을 모두 360등분하는데, 면적을 360등분하기 위하여 중률원은 중심각을 360등분하면 되지만 타원은 그렇지 않다.

82) 또……나오는데: 연비례 '$a:b=b:c$'에서 a를 수율(首率), b를 중률(中率), c를 말률(末率)이라고 한다. 중률은 곧 비례중항이다. 다음의 비례식을 통해 1천만과 9998571.8480191의 비례중항으로서 $\overline{\text{을신}}$ =9999285.89를 구한 것이다. (장반경 $\overline{\text{을정}}$ =1천만) : $\overline{\text{을신}}$ = $\overline{\text{을신}}$: (단반경 $\overline{\text{을무}}$ =9998571.8480191)

83) 半: 저본에는 없으나 전후의 맥락에 의거하여 보충하였다.

2) 타원 궤도를 따른 태양의 운행

(1) 실제운행[실행(實行)]을 나타내는 각도와 평균운행[평행(平行)]을 나타내는 면적의 계산 중심

: 본천(本天 태양천) 중심이 아니라 지구 중심.

(2) '지구~태양' 선분의 길이가 매 도(度)마다 모두 다름.

① 근지점[최비(最卑)]에서 가장 짧고
② 이후로 점차 길어짐.

(3) 어떻게 면적도수[적도(積度)]를 알아서 각도(角度 중심각의 도수)와 서로 비교할 것인가?

3) 타원에서 면적도수

(1) 타원의 면적

: 장반경과 단반경의 비례중항[중률(中率)]을 반지름으로 하는 중률원(中率圓)의 면적과 같음.

(2) 중률원의 면적을 중심각 1도마다 쪼개면,[80]

면적을 도, 분, 초 단위로 헤아릴 수 있음.

(3) 타원의 전체 면적이 중률원의 전체 면적과 같으므로,

중률원과 타원의 면적을 각기 360등분한 1조각의 면적도 반드시 서로 같음.

(4) 타원의 면적을 분할한 기준이 비록 중심각의 도수가 아니지만[81] 도수로

나타낼 수 있음.

⇒ 면적도 도, 분, 초 단위로 헤아릴 수 있음.

4) 도해

(1) [그림 8-1]에서 타원과 외접원의 면적 비

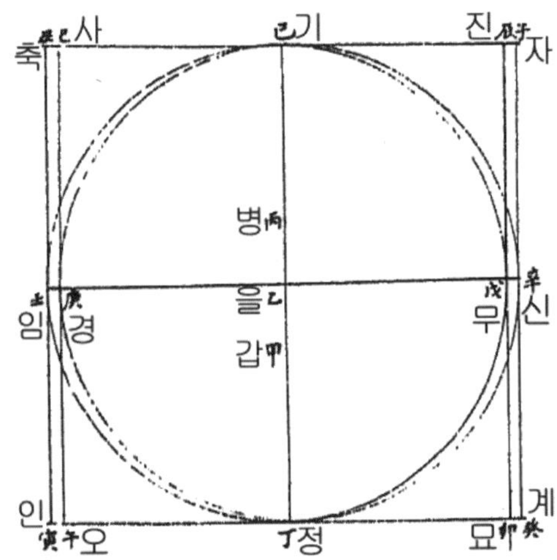

[그림 8-1] 타원과 외접원의 면적 비

① 갑: 지구 중심

을: 본천 중심

$\overline{\text{을갑}}$: 양심차(兩心差)

$\overline{\text{병갑}}$: 양심차의 2배

타원 정무기경: 본천

$\overline{\text{을정}}$: 장반경[대반경(大半徑)] 1천만

$\overline{\text{을무}}$: 단반경[소반경(小半徑)] 9998571.8480191

② 장반경 $\overline{\text{을정}}$을 반지름으로 외접원 정신기임을 그리면 다음의 비례식이 성립함.

(외접원 면적) : (타원 면적)

=(정사각형 계자축인의 면적) : (직사각형 묘진사오의 면적)

• 정사각형 계자축인: 외접원에 외접.
  직사각형 묘진사오: 타원에 외접.

(2) 중률원(中率圓): 중률(中率 비례중항)[82]을 반지름으로 하는 원

① 다음의 연비례가 성립함.

(장반경 $\overline{\text{을정}}$ =1천만) : 중률 = 중률 : (단반경 $\overline{\text{을무}}$ =9998571.8480191)

∴ 중률= $\sqrt{1\text{천만} \times 9998571.8480191}$ =9999285.89

② 중률 9999285.89를 반지름으로 삼아 그린 [그림 8-2]에서,

$\overline{\text{을신}}$ =중률 9999285.89

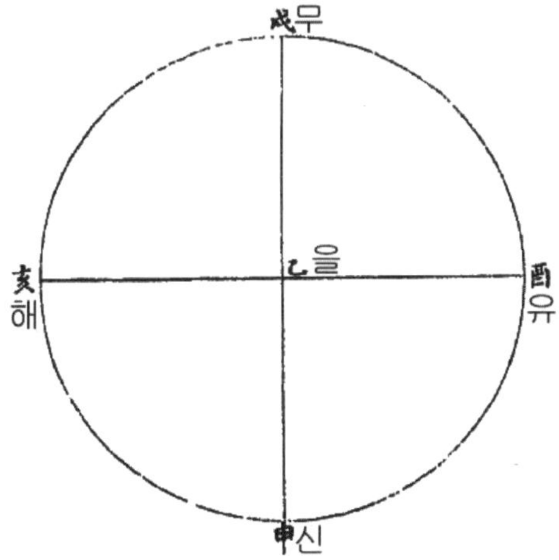

[그림 8-2] 중률원(中率圓), 곧 중률을 반지름으로 삼아 그린 원

(3) [그림 8-3]에서 타원의 외접원과 중률원의 면적 비 사이에 다음의 비례식이 성립함.

(외접원 정신기임의 면적) : (중률원 신유술해의 면적)

=(정사각형 계자축인의 면적) : (정사각형 건감간진의 면적)

• 정사각형 계자축인: 외접원에 외접.
  정사각형 건감간진: 중률원에 외접.

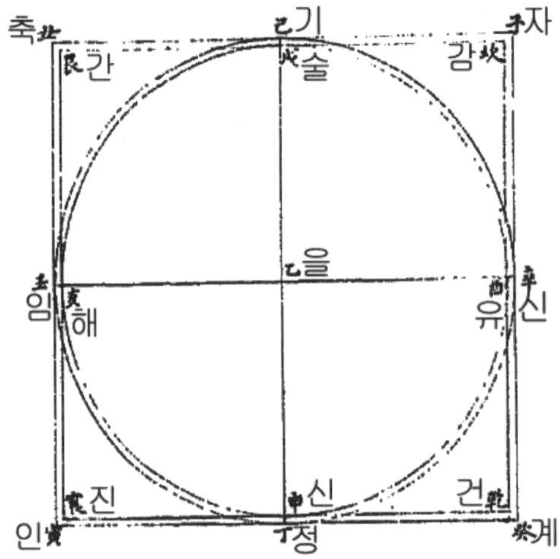

[그림 8-3] 타원의 외접원과 중률원의 면적 비

(4) [그림 8-4]에서 타원의 면적과 중률원의 면적

① 앞의 (1), (3)의 비례식이 성립.

② (정사각형 건감간진의 면적)=(직사각형 묘진사오의 면적)

▾ ∵ 중률^2=(수율×말률)=(장반경×단반경)

∴ (중률원 신유술해의 면적)=(타원 정무기경의 면적)

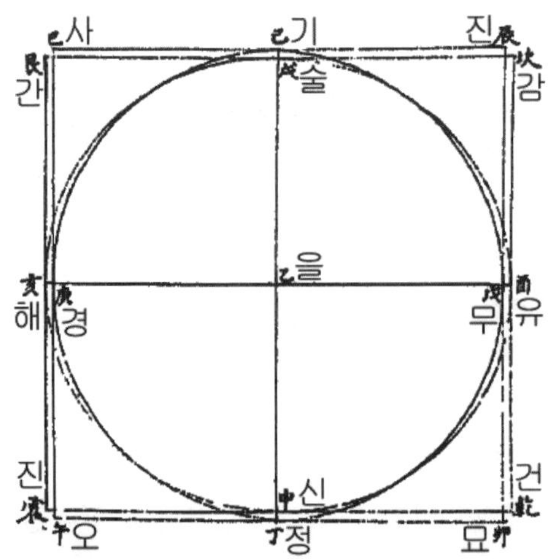

[그림 8-4] 타원의 면적과 중률원의 면적

(5) 타원의 면적

① (직사각형 묘진사오의 면적)

=('긴 지름' $\overline{\text{기정}}$ =2천만)×('짧은 지름' $\overline{\text{무경}}$ =19997143.6960382)

=(정사각형 건감간진의 면적)

② 중률원 신유술해의 면적

=(정사각형 건감간진의 면적)×('정사각형에 대한 원의 면적 비율' 0.7853981625)

=타원 정무기경의 면적 314114398282337

보충자료 8 중률원의 반경

이심률이 e, 장반경이 1인 타원의 면적은 $\pi\sqrt{1-e^2}$ 이다. 중률원의 빈경을 r이라 하면 중률원의 면적은 πr^2이기에 $\pi\sqrt{1-e^2}=\pi r^2$에서 $r=(1-e^2)^{1/4}$가 된다. $e=0.0169$일 때, 면적도수 1도에 해당하는 면적은 $\frac{\pi\sqrt{1-e^2}}{360}=$ 0.00872539996225736이다.

(6) 중률원에서 면적도수 1도의 면적

① [그림 8-5]에서,

(중률원 신유술해의 면적)÷360도=(360등분된 1조각의 면적 872539995229)

⇒ 면적도수 1도의 면적

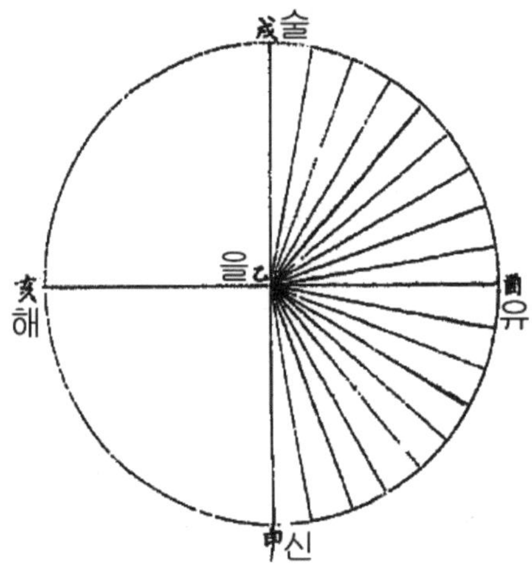

[그림 8-5] 중률원 면적의 360등분

② 1조각의 모양: 원을 중심에서 방사형으로 분할한 모양

③ 1조각의 '양 옆변'[양요(兩腰)]=반지름 $\overline{\text{을신}}$ =중률

④ (1조각의 호)=(1조각의 중심각)=1도

(7) 타원에서 면적도수 1도의 면적

① [그림 8-6]에서,

타원 정무기경의 면적을 지구중심 '갑'으로부터 360조각으로 등분[평분(平分)]하면,

1조각(면적도수 1도)의 모양: 타원을 분할한 면.

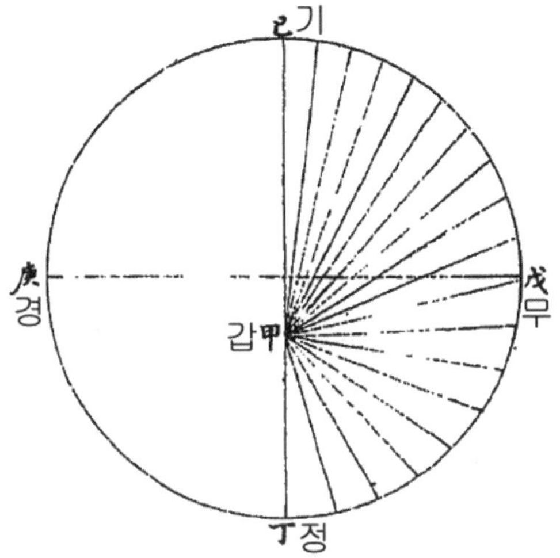

[그림 8-6] 타원 면적의 360등분

② 1조각(면적도수 1도)의 '양 옆변': 매 도(度)마다 모두 다름.

- $\overline{\text{갑정}}$에서 가장 짧고 이후로 점차 길어짐.

③ 1조각(면적도수 1도)의 호: 매 도마다 모두 다름.

④ 1조각(면적도수 1도)의 각도: 매 도마다 모두 다름.

⑤ 1조각(면적도수 1도)의 면적: 모두 중률원의 면적도수 1도의 면적과 같음.

(8) 면적도수 = (임의의 면적) ÷ (면적도수 1도의 면적 872539995229)

(9) (평균운행과 실제운행의 차) = (각도—면적도수)

① [그림 8-7]에서,

갑: 중률원의 중심

$\overline{\text{갑신}}$ = 중률 = (중률원의 반지름)

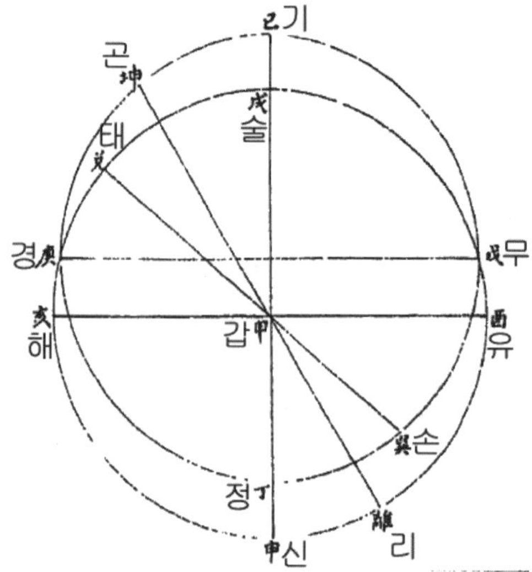

[그림 8-7] 타원궤도에서 실제운행과 평균운행의 차

② 태양이 '손'에 있을 때,

(타원을 분할한 ▽갑손정의 면적)=(근지점에서 태양까지 평균운행도수)

=(중률원을 분할한 ▽갑리신의 면적)

=∠리갑신

⇒ ∠손갑리=(실제운행위치—평균운행위치)

실제운행의 위치가 평균운행의 위치보다 앞섬.

③ 태양이 '곤'에 있을 때,

(타원을 분할한 ▽갑곤기의 면적)=(원지점에서 태양까지 평균운행도수)

=(중률원을 분할한 ▽갑태술의 면적)

=∠태갑술

⇒ ∠태갑곤=(평균운행위치—실제운행위치)

실제운행의 위치가 평균운행의 위치보다 뒤짐.

보충자료 9 타원궤도에서 가감차

타원궤도에서 가감차 $q = T - M$은 면적도수가 M일 때 어림해서

$$q \simeq 2e\sin M + \frac{5}{4}e^2\sin 2M \tag{9-1}$$

이 된다.[84] (9-1)식을 구하려면 [보충자료 5]의 (2)식에서 $T = E + \zeta$, $\sqrt{1-e^2} \simeq 1 - \frac{1}{2}e^2$라 놓고 전개하여 e^3항들을 모두 생략하면

$$\zeta = e\sin E + \frac{1}{4}e^2\sin 2E \tag{9-2-1}$$

$$T = E + \zeta = E + e\sin E + \frac{1}{4}e^2\sin 2E \tag{9-2-2}$$

를 얻는다. 다시 [보충자료 5]의 (1)식에서 $E = M + \eta$라 놓고 전개하면

$$\eta = e\sin M + \frac{1}{2}e^2\sin 2M \tag{9-3-1}$$

$$E = M + \eta = M + e\sin M + \frac{1}{2}e^2\sin 2M \tag{9-3-2}$$

를 얻는다. 이제 (9-3-2)식을 (9-2-2)에 넣어 전개한 후에, $x \ll 1$일 때 $\sin x \simeq x$, $\cos x \simeq 1 - \frac{1}{2}x^2$임을 이용하고 e^3항들을 모두 생략하여 어림하면 (9-1)식을 얻을 수 있다.

---

84) 강민정 외 4인, 숭정역서에 기술된 태양의 운동, 교육과학사, 2020, 161쪽 참조.

제9장

타원에서 각도와 면적을 서로 구하기 [타원각도여면적상구(橢圓角度與面積相求)]

원문	번역문
前篇言: "以面積之度, 與角度相較, 而平行、實行之差以出。"	전편(前篇 제8장)에서 '면적의 도수를 각도와 비교하면 평균운행[평행(平行)]과 실제운행[실행(實行)]의 차가 나온다.'라고 말하였다.
蓋太陽距最卑後平行之度, 必與太陽距地心線所分之橢圓面積等。故可以平行度爲面積, 而求實行也。然實行固角度也。	근지점[최비(最卑)]부터 태양까지 평균운행도수는 반드시 지구 중심에서 태양까지 연결선이 분할하는 타원의 면적과 같다. 따라서 평균운행도수로 면적을 나타낸 후에 실제운행도수를 구할 수 있다. 그러나 실제운행도수는 본디 각도이다.
以實測言之, 則先得實行, 後求平行。以角而求積也, 易。以推步言之, 則先設平行, 後求實行。以積而求角也, 難。	실측하는 경우로 말하면, 실제운행도수를 먼저 얻은 후에 평균운행도수를 구하는데, 이와 같이 각도를 가지고 면적을 구하는 것은 쉽다. 계산하는 경우로 말하면, 평균운행도수를 먼저 설정한 후에 실제운행도수를 구하는데, 이와 같이 면적을 가지고 각도를 구하는 것은 어렵다.
故先設以角求積之法, 可以知數理之實。次設以積求角之法, 可以知比例之術。次設借積求積、借角求角之法, 可以知巧合補湊之方。	그러므로 먼저 '각도를 가지고 면적을 구하기'[이각구적(以角求積)] 계산법을 제시하였으니, 수학적 원리[수리(數理)]의 실제를 알 수 있을 것이다. 다음으로 '면적을 가지고 각도 구하기'[이적구각(以積求角)] 계산법을 제시하였으니,

비례를 이용한 계산법[술(術)]을 알 수 있을 것이다. 다음으로 '면적을 빌려 면적 구하기'[차적구적(借積求積)] 계산법과 '각도를 빌려 각도 구하기'[차각구각(借角求角)] 계산법을 제시하였으니, 상호 보완하여 정교하게 일치시키는 방법을 알 수 있다.

反覆參稽, 而數之離合, 乃纖悉畢呈焉。圖說詳著於左。

이들을 반복하여 함께 고찰하면 '수학적 전개 과정'[수지이합(數之離合)]이 마침내 남김없이 상세히 드러날 것이다. 도설(圖說)을 왼쪽(아래)에 상세히 제시한다.

先設以角求積法。如圖甲爲地心, 乙爲本天心, 甲乙爲兩心差, 丙甲爲倍差, 丁戊己庚爲本天, 丁爲最卑, 己爲最高。設太陽在辛, 辛甲丁角爲實行, 距最卑後六十度, 求甲辛丁分橢圓面積, 平行若干度分。

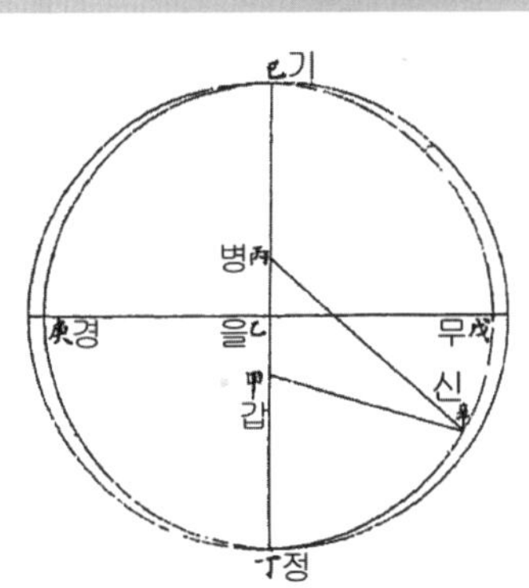

먼저 '각도를 가지고 면적 구하기'[이각구적] 계산법을 제시하면 다음과 같다. 그림과 같이 '갑'이 지구 중심, '을'이 본천 중심, $\overline{\text{갑을}}$이 양심차(兩心差), $\overline{\text{갑병}}$이 양심차의 2배, 타원 정무기경이 본천(태양천), '정'이 근지점, '기'가 원지점[최고(最高)]라 하자.

태양이 '신'에 있고, ∠신갑정이 실제운행도수로서, 근지점부터 이후로 60도만큼 떨어져 있다고 설정할 때, 타원을 분할한 ▽갑신정의 면적, 곧 평균운행도수가 몇 도 몇 분인지를 구해보자.

先將甲辛線, 引長至壬, 作丙壬垂線, 成甲丙壬、辛丙壬兩勾股形。

우선 $\overline{\text{갑신}}$을 '임'까지 연장하고 수선 $\overline{\text{병임}}$을 그어 두 개의 직각삼각형 ⊿갑병임과 ⊿신병임

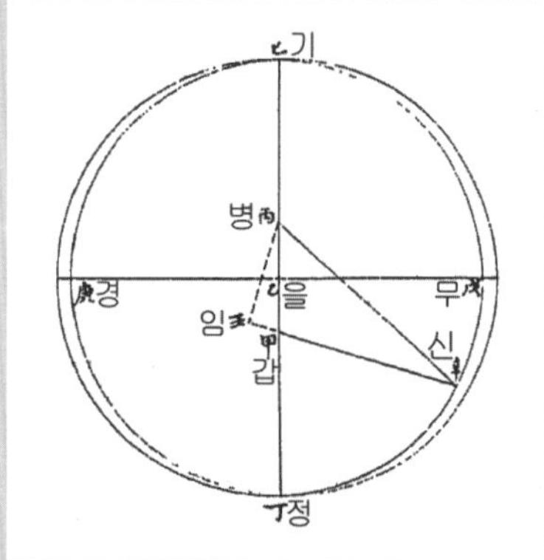

을 만든다.

乃以半徑一千萬爲一率， 甲角六十度之正弦八六六○二五四爲二率,【丙甲壬角，與辛甲丁角爲對角，其度相等.】 丙甲倍兩心差三三八○○○爲三率， 求得四率二九二七一六【小餘五九】，爲丙壬邊。

이제 반지름 1천만을 1률로 삼고, ∠갑 60도의 정현(正弦 sin값) 8.660,254를 2율로 삼고,【∠병갑임은 ∠신갑정과 맞꼭지각이므로 도수가 서로 같다.】 양심차의 2배인 병갑 338000을 3률로 삼아서 계산하면 4율로 292716.59가 나오는데, 이것이 병임 변이다.

又以半徑一千萬爲一率， 甲角六十度之餘弦五○○○○○○爲二率, 丙甲邊爲三率, 求得四率一六九○○○，爲甲壬邊。

또 반지름 1천만을 1률로 삼고, ∠갑 60도의 여현(餘弦 cos값) 5000000을 2율로 삼고, 병갑 변을 3률로 삼아서 계산하면 4율로 169000이 나오는데, 이것이 갑임 변이다.

次以丙壬爲勾， 自乘。 以甲壬與甲辛、丙辛兩邊和二千萬相加，得二○一六九○○○，爲股弦和。除之，得四二四八【小餘二五】，爲股弦較。與股弦和相加，折半，得一○○八六六二四【小餘一三】，爲丙辛邊。

다음으로, 병임을 구(勾 직각삼각형의 짧은 밑변)고 삼아 제곱한다. 갑임을 '갑신, 병신 두 변의 합 2천만'과 서로 더하면 20169000이 나오는데, 이것이 고현화(股弦和 '현+고'. 현은 빗변, 고는 긴 밑변)이다. 구의 제곱을 고현화로 나누면 4248.25가 나오는데, 이것이 고현교(股弦較 현－고)이다. 이를 고현화와 서로 더한 후 절반을 취하면 10086624.13이 나오는데, 이것이 병신 변이다.

與二千萬相減, 餘九九一三三七五【小餘八七】, 爲甲辛邊, 即太陽距地心綫。

이 수와 2천만의 차를 구하면 9913375.87이 남는데, 이것이 갑신 변으로서, 곧 지구 중심에서 태양까지 연결선의 길이다.

次以半徑一千萬爲一率, 甲角六十度之正弦八六六○二五四爲二率, 甲辛邊爲三率, 求得四率八五八五二三五【小餘三○】, 即辛癸邊。

다음으로, 반지름 1천만을 1률로 삼고, ∠갑 60도의 정현 8660254를 2율로 삼고, 갑신 변을 3률로 삼아서 계산하면 4율로 8585235.30이 나오는데, 이것이 곧 신계 변이다.

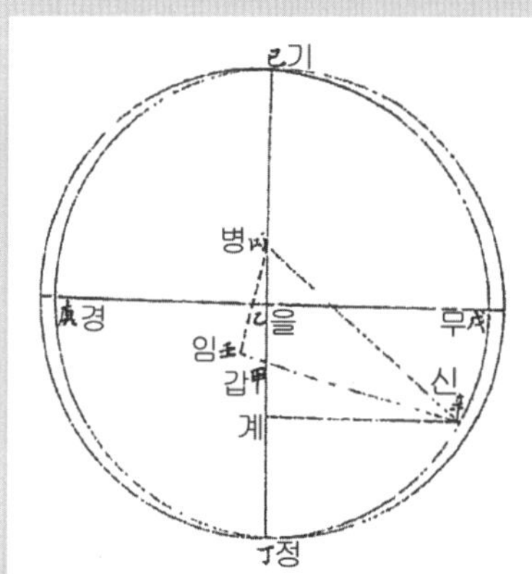

次以橢圓小半徑[85]九九九八五七一【小餘八五】爲一率, 大半徑[86]一千萬爲二率, 辛癸邊爲三率, 求得四率八五八六四六一【小餘五八】, 即子癸邊。檢正弦, 得五十九度九分五十三秒【小餘六九】, 即乙角度, 亦即子丁弧度。

다음으로, 타원의 단반경 9998571.85를 1률로 삼고, 장반경 1천만을 2율로 삼고, 신계 변을 3률로 삼아서 계산하면 4율로 8,586,461.58이 나오는데, 이것이 곧 자계 변이다. 이 수를 가지고 정현표(sin표)를 검색하면 59도9분53.69초가 나오는데, 이것이 곧 ∠을이며 또한 곧 자정의 도수[도(度)]이다.

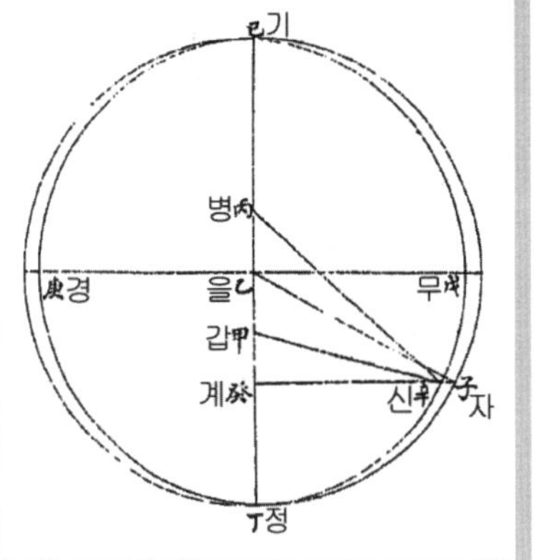

次以半周天一百八十度, 化作六十四萬八千秒爲一率, 半圓周定率三一四一五九二六【小餘五】爲二率, 乙角度分, 化作二十一萬二千九百九十三秒【小餘六九】爲三率, 求得四率一〇三二六二二五【小餘四七八四〇〇九】, 爲子丁弧線。

다음으로, 반주천(半周天 천구의 둘레의 절반) 180도를 초 단위로 환산한 648000초를 1률로 삼고, 정률(定率)에 따른 반원주의 길이 31415926.5를 2율로 삼고, ∠을의 도수와 분수를 초 단위로 환산한 212,993.69초를 3률로 삼아서 계산하면 4율로 10326225.4784009가 나오는데, 이것이 자정의 길이이다.[87]

與乙丁半徑一千萬相乘, 折半, 得五一六三一一二七三九二〇〇五, 爲乙子丁分平圓面積。

이를 반지름인 을정 1천만과 서로 곱하고 절반을 취하면 51631127392005가 나오는데, 이것이 원을 분할한 ▽을자정의 면적이다.[88]

次以橢圓大半徑[89]一千萬爲一率, 小半徑[90]九九九八五七一【小餘八五】爲二率, 乙子丁積爲三率, 求得四率五一六二三七五三六九二五四六, 爲乙辛丁分橢圓面積。

다음으로, 타원의 장반경 1천만을 1률로 삼고, 단반경 9998571.85를 2율로 삼고, ▽을자정의 면적을 3률로 삼아서 계산하면 4율로 51623753692546이 나오는데, 이것이 타원을 분할한 ▽을신정의 면적이다.

次以乙甲一六九〇〇〇, 與辛癸

다음으로, 을갑 169000을 신계 8585235.30과

八五八五二三五【小餘三〇】相乘，折半，得七二五四五二八八二八五〇，爲辛乙甲三角積。【辛乙甲三角積，以乙甲爲底，辛癸爲高。故與同底同高折半之積等。】

서로 곱한 후 절반을 취하면 725452882850이 나오는데, 이것이 △신을갑의 면적이다.【△신을갑의 면적은 을갑을 밑변, 신계를 높이로 하므로, 동일한 밑변과 동일한 높이를 지닌 직사각형의 절반의 면적과 같다.】

與乙辛丁積相減，餘五〇八九八三〇〇八〇九六九六，即甲辛丁分橢圓面積。

이 수와 ▽을신정 면적의 차를 구하면 50898300809696이 남는데, 이것이 곧 타원을 분할한 ▽갑신정의 면적이다.

以一度之面積定率八七二五三九九九五二二九除之，得五十八度三三三四【小餘八七】。收作五十八度二十分〇秒三十三微，即實行距最卑後六十度時之平行度也。

이 수를 면적도수 1도에 해당하는 면적의 정률(定率) 872539995229로 나누면 면적도수 58.333487도가 나온다. 이 도수를 도분초 단위로 환산한[수(收)] 58도20분00초33미가 곧 실제 운행도수(각도)가 근지점 이후 60도일 때의 평균 운행도수(면적도수)이다.

又法，求甲辛太陽距地心線。

다른 계산법은 다음과 같다. 지구 중심에서 태양까지의 거리 갑신을 구한다.

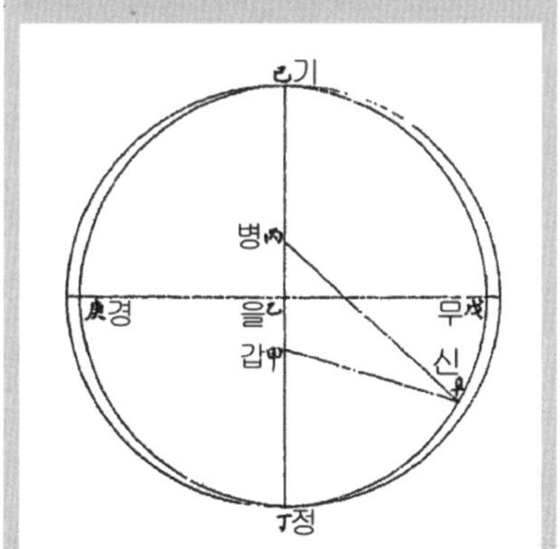

將甲辛線，引長至壬，使辛壬與丙辛等。又自丙至壬，作丙壬線，成甲丙壬三角形。

갑신을 '임'까지 연장하여 신임과 병신을 같게 만든다. 또 '병'부터

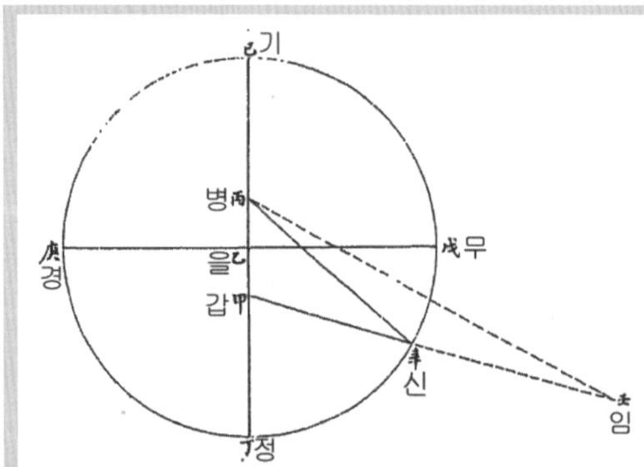

'임'까지 병임을 그어 삼각형 △갑병임을 만든다.

此形知丙甲倍兩心差三三八〇〇〇，知甲壬二千萬,【甲辛、丙辛共二千萬，辛壬既與丙辛等。故甲壬亦二千萬。】知甲外角六十度。用切線分外角法，求得壬角四十九分五十三秒【小餘三六】，又求得丙壬邊二〇一七一〇八〇【小餘二九】。

이 삼각형에서 양심차의 2배인 병갑 338000을 알고, 갑임 2천만을 알고,【갑신과 병신의 합이 2천만이고 신임이 병신과 같으므로 갑임도 2천만이다.】'갑'의 외각 60도를 알므로, 절선분외각법(切線分外角法)[91]을 사용하여 계산하면 ∠임 49분53.36초가 나오고, 또 병임 변 20171080.29가 구해진다.[92]

次將丙壬邊，折半於癸，作辛癸垂線，成壬癸辛直角形。

다음으로, 병임 변을 '계'에서 절반으로 나누고 수선 신계를 그어 직각삼각형 ⊿임계신을 만든다.

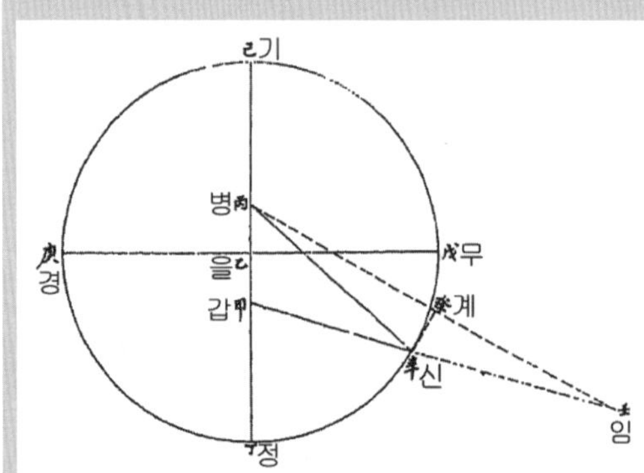

以半徑一千萬爲一率，壬角正割線一〇〇〇一〇五三【小餘三五】爲二

반지름 1천만을 1률로 삼고, ∠임의 정할선(正割線 sec값) 10001053.35를 2율로 삼고, 계임 변

率，癸壬邊一○○八五五四○【小餘一四五】爲三率，求得四率一○○八六六○二【小餘六一】，爲辛壬邊。

10085540.145를 3률로 삼아서 계산하면 4율로 10086602.61이 나오는데, 이것이 신임 변이다.

與甲壬二千萬相減，餘九九一三三九七【小餘三九】，即甲辛太陽距地心線也。

이 수와 갑임 2천만의 차를 구하면 9913397.39가 남는데, 이것이 지구 중심에서 태양까지 거리 갑신이다.

此法所得甲辛線，較前法多二十二。蓋因壬角甚小，比例易差耳。然其角度自不爽，故後借角求角之法則用之。

이 계산법으로 구한 갑신은 앞의 방법으로 구한 갑신보다 22만큼 크다. 이는 ∠임이 매우 작아서 비례 관계를 이용한 계산(정할선 계산)에 오차가 발생하기 쉬운 것일 뿐이다. 그러나 그 각도 자체는 틀리지 않으므로, 뒤의 '각도를 빌려 각도를 구하는[借角求角]' 계산법에서 이 방법을 사용하였다.

且以甲爲心，以二千萬爲半徑作圜。【如甲壬。】又取兩心差之倍度，截直徑於丙，自丙出線，至圜周。【如丙壬。】折半作垂線，【如癸辛。】所抵圜徑之點，即橢圓界。【如辛點。】依法逐度作點連之，即成橢圓周。以此發明橢圓之理，最爲精巧。故附於此。

그리고 '갑'을 중심으로 삼고 2천만을 반지름으로 삼아【예를 들어 갑임】 원을 그린다. 또 양심차를 2배한 길이[도(度)]를 취하여 지름을 '병'에서 끊고, '병'으로부터 직선을 그어 원주까지 닿게 한다.【예를 들어 병임】 그 직선의 절반되는 지점에서 수선을 그리면【예를 들어 계신】 수선이 원의 지름에 닿는 점이 곧 타원의 경계(테두리)가 된다.【예를 들어 '신'점】 이 방법에 따라 1도마다 점을 찍어 연결하면 곧 타원의 테두리가 만들어진다. 이로써 타원의 원리를 밝히는 것이 매우 정교하므로 여기에 덧붙인다.

又設太陽在壬，壬甲己角爲實行，

또 태양이 '임'에 있고, ∠임갑기가 실제운행도수(각도)로서 원지점부터 이후로 60도만큼 떨어

距最高後六十度，求甲壬己分橢圓面積，平行若干度分。

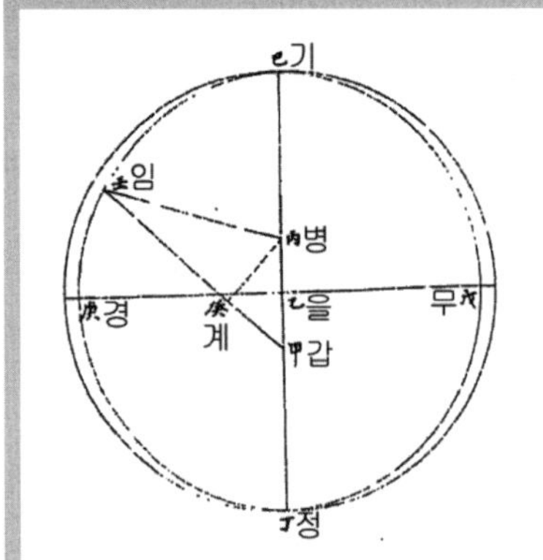

져 있다고 설정할 때, 타원을 분할한 ▽갑임기의 면적, 곧 평균운행도수(면적도수)가 몇 도 몇 분인지 구해 보자.

則以半徑一千萬爲一率，甲角六十度之正弦八六六〇二五四爲二率，丙甲三三八〇〇〇爲三率，求得四率二九二七一六【小餘五九】，爲丙癸垂線。

반지름 1천만을 1률로 삼고, ∠갑 60도의 정현 8660254를 2율로 삼고, 병갑 338000을 3률로 삼아서 계산하면 4율로 292716.59가 나오는데, 이것이 수선 병계 이다.

又以半徑一千萬爲一率，甲角六十度之餘弦五〇〇〇〇〇〇爲二率，丙甲邊爲三率，求得四率一六九〇〇〇，爲甲癸分邊。

또 반지름 1천만을 1률로 삼고, ∠갑 60도의 여현 5000000을 2율로 삼고, 병갑 변을 3률로 삼아서 계산하면 4율로 169000이 나오는데, 이것이 분변(分邊 임갑을 분할한 변) 갑계 이다.

次以丙癸爲勾，自乘。以甲癸與甲壬、丙壬兩邊和二千萬相減，餘一九八三一〇〇〇，爲股弦和。除之，得四三二〇【小餘六六】，爲股弦較。

다음으로, 병계 를 구(勾)로 삼아 제곱한다. 갑계 와 '갑임, 병임 두 변의 합 2천만'의 차를 구하면 19831000가 남는데, 이것이 고현화(현+고)가 된다. 구의 제곱을 고현화로 나누면 4320.66이 나오는데, 이것이 고현교(현－고)가 된다.

與股弦和相加，折半，得九九一七六六〇【小餘三三】，爲丙壬邊。

이 수를 고현화와 서로 더하여 절반을 취하면 9917660.33이 나오는데, 이것이 병임 변이다.

與二千萬相減，餘一〇〇八二三三九【小餘六七】，爲甲壬邊，即太陽距地心線。

이 수와 2천만의 차를 구하면 10082339.67이 남는데, 이것이 갑임 변으로, 곧 지구 중심에서 태양까지 거리이다.

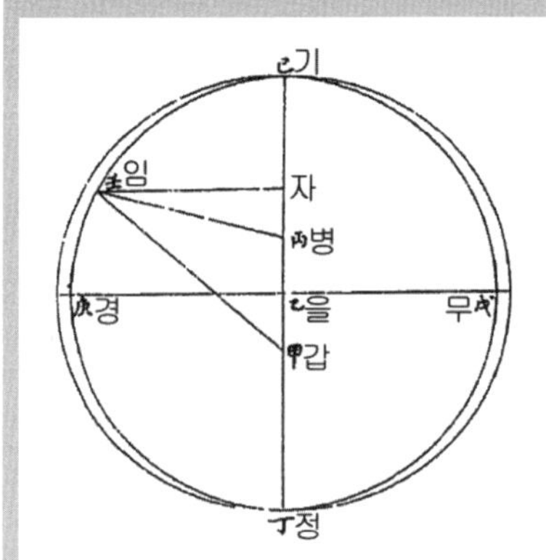

次以半徑一千萬爲一率，甲角六十度之正弦八六六〇二五四爲二率，甲壬邊爲三率，求得四率八七三一五六二【小餘二五】，即壬子邊。

다음으로, 반지름 1천만을 1률로 삼고, ∠갑 60도의 정현 8660254를 2율로 삼고, 갑임 변을 3률로 삼아서 계산하면 4율로 8731562.25가 나오는데, 이것이 곧 임자 변이다.

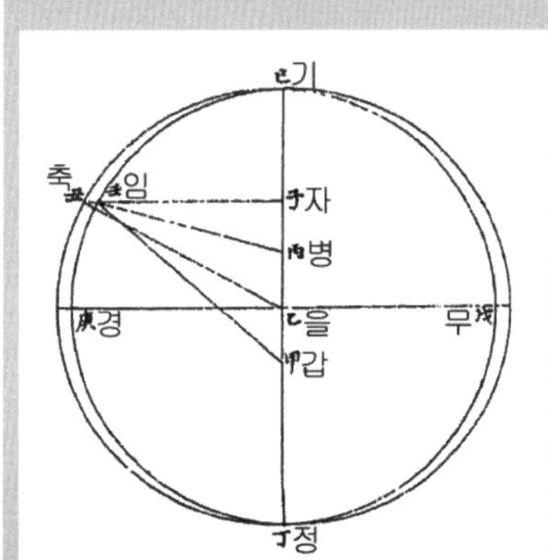

次以橢圓小半徑[93]九九九八五七一【小餘八五】爲一率, 大半徑[94]一千萬爲二率, 壬子邊爲三率, 求得四率八七三二八○九【小餘四二】, 即丑子邊。檢正弦, 得六十度五十分三十一秒【小餘八三】, 即乙角度, 亦即己丑弧度。

다음으로, 타원의 단반경 9998571.85를 1률로 삼고, 장반경 1천만을 2율로 삼고, 임자 변을 3률로 삼아서 계산하면 4율로 8732809.42가 나오는데, 이것이 곧 축자 변이다. 이 수를 가지고 정현표를 검색하면 60도50분31.83초가 나오는데, 이것이 곧 ∠을로서, 또한 곧 기축의 도수이기도 하다.

次以半周天一百八十度, 化作六十四萬八千秒爲一率, 半周率三一四一五九二六【小餘五】爲二率, 乙角度分, 化作二十一萬九千零三十一秒【小餘八三】爲三率, 求得四率一○六一八九六二【小餘七六六一一一九】, 爲己丑弧線。

다음으로, 반주천 180도를 초 단위로 환산한 648000초를 1률로 삼고, 반원주의 길이 31415926.5를 2율로 삼고, ∠을의 도수와 분수를 초 단위로 환산한 219031.83초를 3률로 삼아서 계산하면 4율로 10618962.7661119가 나오는데, 이것이 기축의 길이이다.

與己乙半徑一千萬相乘, 折半, 得五三○九四八一三八三○五五九, 爲乙丑己分平圓面積。

이 수를 반지름인 기을 1천만과 서로 곱하고 절반을 취하면 53094813830559가 나오는데, 이것이 원을 분할한 ▽을축기의 면적이다.

次以橢圓大半徑[95]一千萬爲一率, 小半徑[96]九九九八五七一【小餘八五】爲二率, 乙丑己積爲三率, 求得四率五三○八七二三一○九四七二二, 爲乙壬己分橢圓面積。

다음으로, 타원의 장반경 1천만을 1률로 삼고, 단반경 9998571.85를 2율로 삼고, ▽을축기의 면적을 3률로 삼아서 계산하면 4율로 53087231094722가 나오는데, 이것이 타원을 분할한 ▽을임기의 면적이다.

次以甲乙一六九○○○, 與壬子八七三一五六二【小餘二五】相乘,

다음으로, 갑을 169000을 임자 8731562.25와 서로 곱한 후 절반을 취하면 737817010125가

折半， 得七三七八一七○一○一二五，爲壬乙甲三角積。

나오는데, 이것이 삼각형 △임을갑의 면적이다.

與乙壬己積相加， 得五三八二五○四八一○四八四七， 即甲壬己分橢圓面積。

이 수를 ▽을임기의 면적과 서로 더하면 53825048104847이 나오는데, 이것이 곧 타원을 분할한 ▽갑임기의 면적이다.

以一度之面積定率八七二五三九九九五二二九除之， 得六十一度六八七七【小餘七二】。 收作六十一度四十一分一十五秒五十八微，即實行距最高後六十度時之平行度也。

이 수를 면적도수 1도에 해당하는 면적의 정률(定率) 872539995229로 나누면 면적도수 61.687772도가 나온다. 이 도수를 도분초 단위로 환산한[수(收)] 61도41분15초58미가 곧 실제운행도수(각도)가 원지점 이후 60도일 때의 평균운행도수(면적도수)이다.

若設平行，求實行，亦可以所得之平行， 轉相比例。 然必累求累較，方得恰合。【一率兩設平行較，二率兩設實行較，三率今設平行較，四率今求實行較。】法屬繁難，故玆不載。

만약 평균운행도수(면적도수)를 설정하여 실제운행도수(각도)를 구한다면,[97] 계산된 평균운행도수를 가지고 위에서 이용한 비례와 역(逆 전(轉))순의 비례 관계를 이용할 수 있다. 그러나 반드시 여러 번의 계산과 여러 번의 비교를 거쳐야만 딱 맞게 된다.【두 차례 가설한 평균운행도수의 차를 1률로, 두 차례 가설한 실제운행도수의 차를 2율로, 지금 설정한 평균운행도수와의 차를 3률로, 지금 구하려는 실제운행도수와의 차를 4율로 놓는다.】 그 계산법은 번잡하기에 지금 여기에 싣지 않는다.

次設以積求角之法。如太陽在辛，甲辛丁分橢圓面積，爲平行距最卑後一度，求甲角實行若干度分。

다음으로 '면적을 가지고 각도 구하기[이적구각(以積求角)]' 계산법을 제시하면 다음과 같다.

예를 들어, 태양이 '신'에 있고 타원을 분할한 ▽갑신정의 면적이 근지점 이후 1도(면적도수)의 평균운행도수일 때, 실제운행도수(각도)인 ∠갑

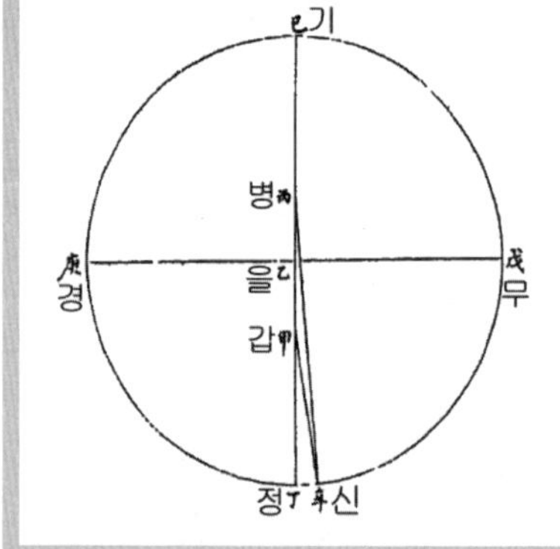

이 몇 도 몇 분인지 구해 보자.

法, 以甲丁最卑距地心九八三一〇〇〇【乙丁一千萬, 減甲乙兩心差一六九〇〇〇, 餘甲丁。】自乘, 得九六六四八五六一〇〇〇〇〇〇, 爲一率。 中率半徑九九九九二八六自乘, 得九九九八五七一八四八〇一九一,【即大半徑[98]與小半徑[99]相乘之數。】爲二率。 甲辛丁一度之面積八七二五三九九九五二二九爲三率, 求得四率九〇二六六七七四二〇〇三。

계산법은 다음과 같다. 지구 중심에서 근지점까지 거리인 갑정 9831000을【을정 1천만에서 양심차인 갑을 169000을 빼면 갑정이 남는다.】 제곱하면 96648561000000이 나오는데, 이를 1률로 삼는다. 중률원(中率圓 장반경과 단반경의 비례중항[중률]이 반지름인 원)의 반지름 9999286을 제곱하면 99985718480191이 나오는데,【곧 장반경과 단반경을 서로 곱한 수이다.】 이를 2율로 삼는다. 면적도수가 1도인 ▽갑신정의 면적 872539995229를 3률로 삼아서 계산하면 4율로 902667742003이 나온다.

以一度之面積八七二五三九九九五二二九除之, 得一度二分四秒【小餘三〇】, 爲甲角度, 即平行距最卑後一度時之實行度也。

이 수를 면적도수 1도에 해당하는 면적 872539995229로 나누면 1도2분4.30초가 나오는데, 이것이 ∠갑으로, 곧 평균운행도수(면적도수)가 근지점 이후 1도일 때의 실제운행도수(각도)이다.

蓋以甲爲心, 以中率爲半徑作弧。將甲丁線引長至壬, 甲辛線引長

부연하면 다음과 같다. '갑'을 중심으로 하고 중률(中率 장반경과 단반경의 비례중항)을 반지름으로

至癸，則甲壬、甲癸皆爲中率。

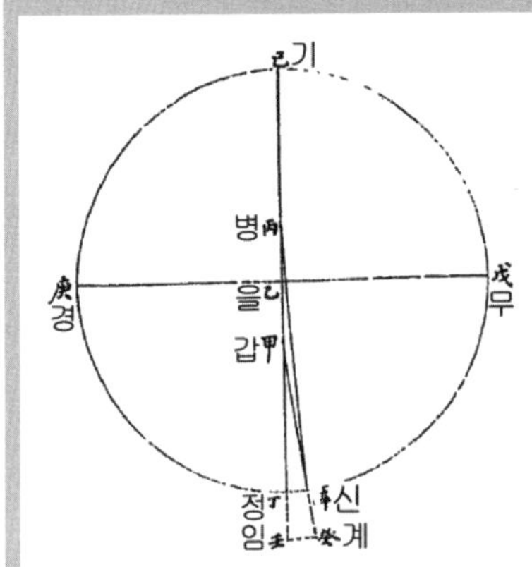

하여 호를 그린 후에 $\overline{\text{갑정}}$을 '임'까지 연장하고 $\overline{\text{갑신}}$을 '계'까지 연장하면 $\overline{\text{갑임}}$과 $\overline{\text{갑계}}$가 모두 중률이 된다.

甲壬癸分平圓面積，與一度之面積爲比例，即得甲角。而甲辛丁分橢圓面，與甲壬癸分平圓面，爲同式形。【甲辛長於甲丁。然爲數無多，故爲同式形。】

'원(중률원)을 분할한 ▽갑임계의 면적'이 '면적도수 1도에 해당하는 면적'에 대해 가지는 비를 계산하면 곧 ∠갑이 나온다. 그리고 '타원을 분할한 ▽갑신정'과 '원을 분할한 ▽갑임계'는 닮은꼴이다.【$\overline{\text{갑신}}$이 $\overline{\text{갑정}}$보다 길다. 그러나 그 차가 크지 않기 때문에 닮은꼴이 된다.】

以甲丁自乘正方積，與甲壬自乘正方積之比，即同於甲辛丁積，與甲壬癸積之比。【凡同式形兩面積之比，同於相當界所作正方形之比。見《幾何原本》八卷第九節。】故先比例，得甲壬癸積，以一度之面積除之，而得甲角也。【捷法，以甲丁自乘方積，除甲壬自乘方積，即得甲角。蓋以一度面積爲三率，與二率相乘，又以一度面積除。今省一乘，則并省一除也。】

'$\overline{\text{갑정}}$을 제곱한 정사각형의 면적'과 '$\overline{\text{갑임}}$을 제곱한 정사각형의 면적'의 비가 곧 ▽갑신정의 면적과 ▽갑임계의 면적의 비와 같다.【닮은꼴인 두 평면 도형의 면적의 비는 각 도형의 경계선[계(界)]으로 만들어진 정사각형의 면적의 비와 같다. 《기하원본》 권8 제9절에 보인다.】 따라서 먼저 비례를 이용하여 ▽갑임계의 면적을 구하고, 이를 면적도수 1도에 해당하는 면적으로 나누면 ∠갑이 나온다.【'간편 계산법'[첩법(捷法)]은 다음과 같다. $\overline{\text{갑정}}$을 제곱한 면적으로 $\overline{\text{갑임}}$을 제곱한 면적을 나누면 곧 ∠갑이 나온다. 면적도수 1도에 해당하는 면적[100]을 3률로 삼아 2율과 서로 곱한 후에 또 면적도수 1도에 해당하는 면적으로 나누어야 하는데,

지금 한 번 곱하는 과정을 생략했으므로 한 번 나누는 과정도 생략한 것이다.

又如太陽在子，甲子丁分橢圓面積，爲平行距最卑後二度，求子甲丁角實行若干度分，則先求平行距最卑後一度時日距地心之甲辛線。

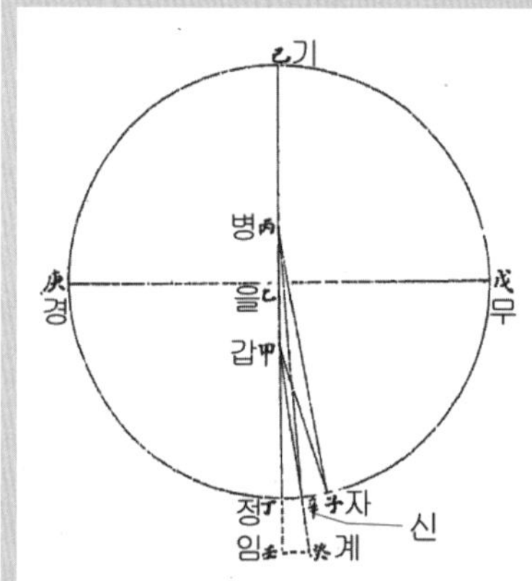

또 태양이 '자'에 있고 타원을 분할한 ♡갑자정의 면적이 근지점 이후의 평균운행도수(면적도수) 2도일 때 실제운행도수(각도)인 ∠자갑정이 몇 도 몇 분인지 구한다면, 우선 근지점 이후 평균운행도수(면적도수)가 1도일 때 지구 중심에서 태양까지 거리인 $\overline{\text{갑신}}$을 구한다.

將甲辛線引長至丑，自丙作丙丑垂線，成甲丑丙、辛丑丙兩勾股形。

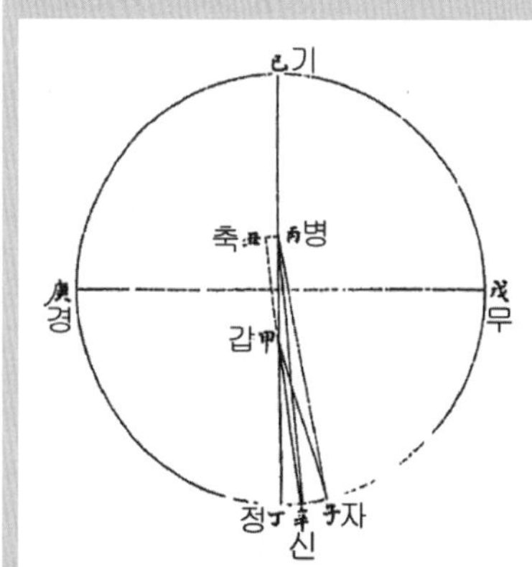

$\overline{\text{갑신}}$을 '축'까지 연장하고 '병'으로부터 수선 $\overline{\text{병축}}$을 그어서 두 개의 ⊿갑축병과 신축병을 만든다.

以半徑一千萬爲一率，甲角一度

반지름 1천만을 1률로 삼고，∠갑 1도2분4.30초

二分四秒【小餘三○】之正弦一八○五四九【小餘五五】爲二率, 甲丙邊三三八○○○爲三率, 求得四率六一○二【小餘五七】, 爲丙丑邊。

의 정현 180549.55를 2율로 삼고, 갑병 변 338000을 3률로 삼아서 계산하면 4율로 6102.57이 나오는데, 이것이 병축 변이다.

又以半徑一千萬爲一率, 甲角一度二分四秒【小餘三○】之餘弦九九九八三七○【小餘一三】爲二率, 甲丙邊爲三率, 求得四率三三七九四四【小餘九一】, 爲甲丑邊。

또 반지름 1천만을 1률로 삼고, ∠갑 1도2분 4.30초의 여현 9998370.13을 2율로 삼고, 갑병 변을 3률로 삼아서 계산하면 4율로 337944.91이 나오는데, 이것이 갑축 변이다.

乃以丙丑爲勾, 自乘。以甲丑與丙辛、甲辛兩邊和二千萬相加, 得二○三三七九四四【小餘九一】, 爲股弦和。除之, 得一【小餘八三】, 爲股弦較。

이제 병축을 구(勾)로 삼아 제곱한다. 갑축을 '병신, 갑신 두 변의 합 2천만'과 서로 더하면 20337944.91이 나오는데, 이것이 고현화(현+고)가 된다. 구의 제곱을 고현화로 나누면 1.83이 나오는데, 이것이 고현교(현－고)가 된다.

與股弦和相加, 折半, 得一○一六八九七三【小餘三七】, 爲辛丙弦。

이 수를 고현화와 서로 더하여 절반을 취하면 10168973.37이 나오는데, 이것이 현(弦) 신병이다.

與丙辛、甲辛兩邊和二千萬相減, 餘九八三一○二六【小餘六三】, 爲甲辛日距地心線。

이 수와 '병신, 갑신 두 변의 합 2천만'의 차를 구하면 9831026.63이 남는데, 이것이 지구 중심에서 태양까지 거리인 갑신이다.

次以甲辛子形與甲癸寅形爲比例。

다음으로 ▽갑신자와 ▽갑계인의 비례 관계를 이용한다.

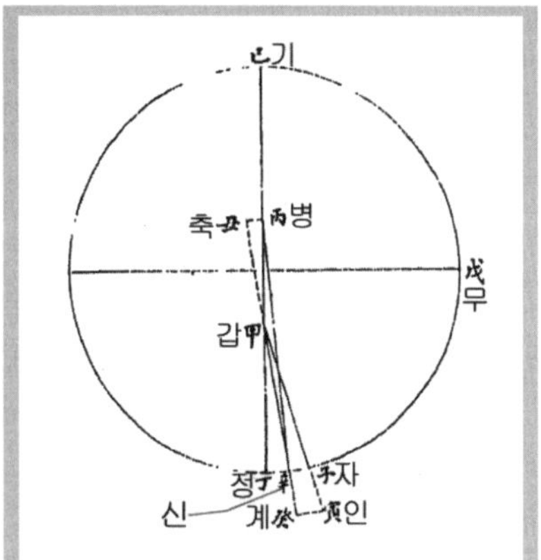

以甲辛邊自乘，得九六六四九〇八四五九九七六九，爲一率。甲癸中率自乘，得九九九八五七一八四八〇一九一，爲二率。甲子辛一度之面積八七二五三九九九五二二九爲三率，求得四率九〇二六六二八五一七六九，爲甲癸寅分平圓面積。

갑신 변을 제곱하면 966490845997769가 나오는데, 이를 1률로 삼는다. 중률인 갑계를 제곱하면 99985718480191이 나오는데, 이를 2율로 삼는다. 면적도수가 1도인 ▽갑자신의 면적 872539995229를 3률로 삼아서 계산하면 4율로 902662851769가 나오는데, 이것이 원(중률원)을 분할한 ▽갑계인의 면적이다.

以一度之面積除之， 得一度二分四秒【小餘二八】，即癸甲寅角。

이 수를 면적도수 1도에 해당하는 면적으로 나누면 1도2분4.28초가 나오는데, 이것이 곧 ∠계갑인이다.

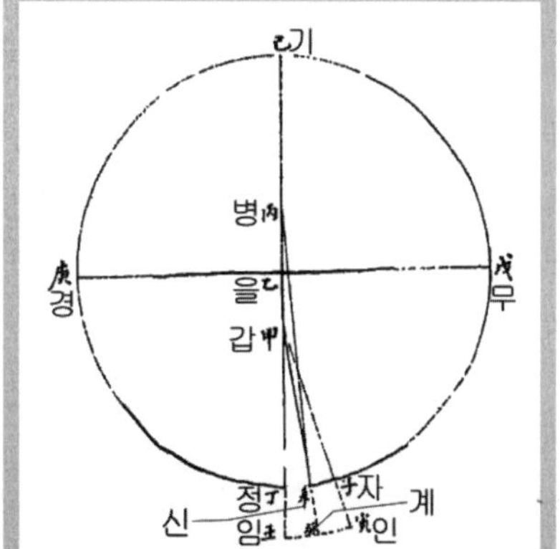

與先得之癸甲壬角一度二分四秒【小餘三○】相加，得二度四分八秒【小餘五八】，爲子甲丁角，即平行距最卑後二度時之實行度也。

이 수를 앞서 구한 ∠계갑임 1도2분4.30초와 서로 더하면 2도4분8.58초가 나오는데, 이것이 ∠자갑정으로, 곧 평균운행도수(면적도수)가 근지점 이후 2도일 때의 실제운행도수(각도)이다.

此所求之實行，用求積法，反求之，少半秒强。因日距地心線，自最卑丁，以漸而長，中距戊爲適中，至最高己而止。今所用一率微小，故所得四率微大。

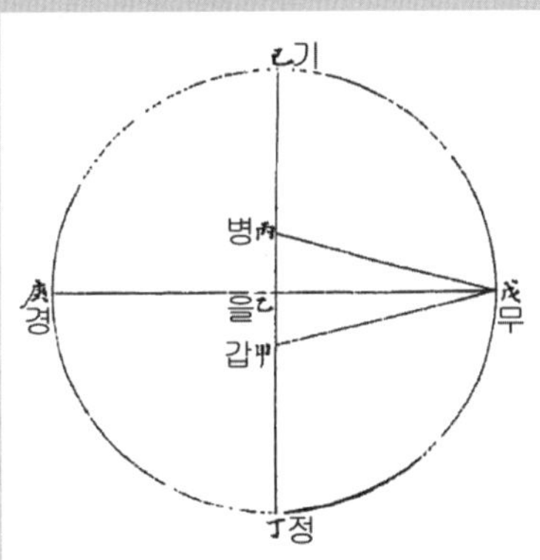

이렇게 구한 실제운행도수(각도)를 가지고 면적계산법을 사용하여 거꾸로 평균운행도수(면적도수)를 구하면 애초의 설정보다 $\frac{1}{3}$[소반(少半)]초만큼 큰데, 그 까닭은 다음과 같다. 지구 중심에서 태양까지 거리가 근지점인 '정'에서 가장 짧고 이후로 점차 길어나서 중간거리인 '무'에서 딱 평균[중(中)]이 되고 원지점인 '기'에 이르러 그친다. 그런데 지금 사용한 1률이 조금 작기 때문에 4율이 조금 크게 나온 것이다.[101]

若每分遞算，自得密合。然須逐一先求日距地心線。

만약 1분(면적도수 1분) 간격으로 차근차근 계산한다면 자연히 한층 더 정밀하게 맞게 될 것이다. 그러나 일일이 지구 중심에서 태양까지 거리를 우선 구해야 한다.

若積度多者，則須合前法，而兼用之。故又設後法。

적도(積度 면적도수)가 큰 경우는 이 계산법을 앞의 계산법과 함께 겸하여 사용해야 한다. 이 때문에 또 이후의 계산법들을 제시하였다.

85) 小半徑: 저본에는 "小徑(짧은 지름)"으로 되어 있으나 단반경을 지칭하므로 "半" 1자를 보충하였다. 저본의 이 장에는 이처럼 "半" 1자가 누락된 예가 꽤 있다. "大半徑(장반경)"도 마찬

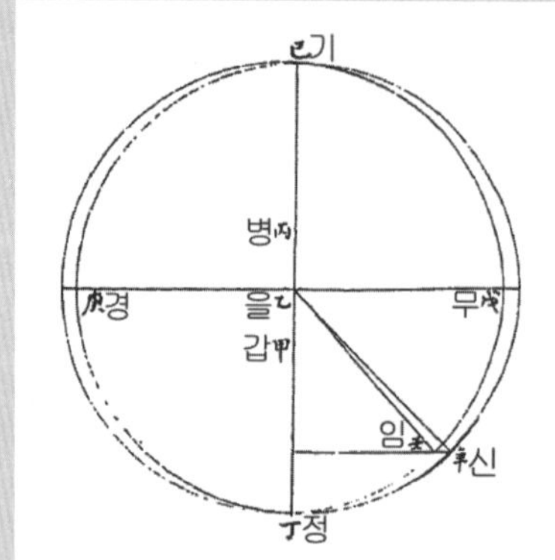

次設借積求積之法。 如平行距最卑後四十五度，求實行若干度分。

다음으로, '면적을 빌려 면적 구하기'[차적구적(借積求積)] 계산법을 제시하면 다음과 같다.

예를 들어 평균운행도수(면적도수)가 근지점 이후 45도일 때 실제운행도수(각도)가 몇 도 몇 분인지 구해 보자.

先從本天心， 設辛乙丁角爲四十五度。 則乙壬丁積，即爲分橢圓四十五度之面積三九二六四二九九七八五二九二。【將橢圓全積八分之，得乙壬丁積數。】

우선 본천의 중심에서 ∠신을정 45도를 설정한다. 그러면 ▽을임정의 면적이 곧 타원을 면적도수 45도만큼 분할한 면적 39264299785292가 된다.【타원 전체의 면적을 8등분하면 ▽을임정의 면적이 나온다.】

求得壬乙丁角爲四十四度五十九分四十五秒【小餘二七。法見前。】

이 수를 가지고 계산하면 ∠임을정 44도59분 45.27초가 나온다.【계산법은 앞에 보인다.】

次與乙壬平行，作丙癸線，使丙角與壬乙丁角等。自甲至癸，作甲癸線。

다음으로, $\overline{\text{을임}}$과 평행하게 $\overline{\text{병계}}$ 선을 그어 ∠병과 ∠임을정이 같게 만들고, '갑'으로부터 '계'까지 $\overline{\text{갑계}}$ 선을 긋는다.

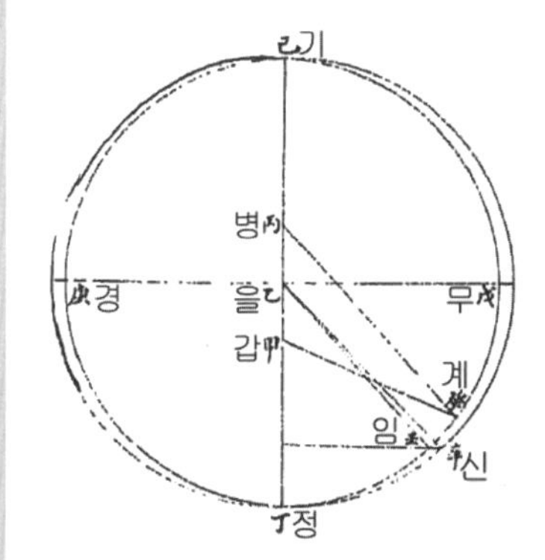

此甲癸線所截甲癸丁分橢圓面積, 若與乙壬丁積等, 則癸甲丁角, 即爲平行距最卑後四十五度之實行度。

이 갑계 선이 끊어서 만든, 타원을 분할한 ♡갑계정의 면적이 만약 ♡을임정의 면적과 같다면, ∠계갑정이 곧 근지점 이후 평균운행도수(면적도수)가 45도일 때의 실제운행도수(각도)가 된다.

乃用甲丙癸三角形, 求癸甲丁角。以半徑一千萬爲一率, 丙角正弦七○七○五六二【小餘七六】爲二率, 甲丙三三八○○○爲三率, 求得四率二三八九八五【小餘○二】, 爲甲子垂線。

이제 삼각형 △갑병계를 사용하여 ∠계갑정을 구한다. 반지름 1천만을 1률로 삼고, ∠병의 정현 7070562.76을 2율로 삼고, 갑병 338000을 3률로 삼아서 계산하면 4율로 238985.02가 나오는데, 이것이 수선 갑자이다.

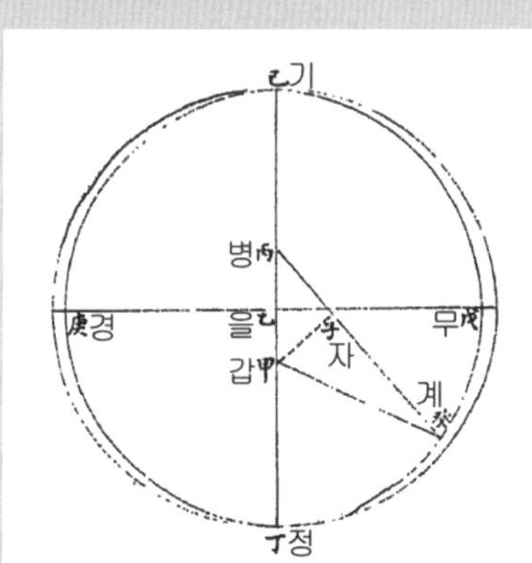

又以半徑一千萬爲一率, 丙角餘弦七○七一五七二【小餘七七】爲二率, 甲丙邊爲三率, 求得四率二三九○一九【小餘一六】, 爲丙子分邊。

또 반지름 1천만을 1률로 삼고, ∠병의 여현 7071572.77을 2율로 삼고, $\overline{\text{갑병}}$ 변을 3률로 삼아서 계산하면 4율로 239019.16이 나오는데, 이것이 분변(分邊 $\overline{\text{병계}}$를 분할한 변) $\overline{\text{병자}}$이다.

次以甲子爲勾, 自乘。以丙子與丙癸、甲癸兩邊和二千萬相減, 餘一九七六○九八○【小餘八四】, 爲股弦和。除之, 得二八九○【小餘二三】, 爲股弦較。

다음으로 $\overline{\text{갑자}}$를 구(勾)로 삼아 제곱한다. $\overline{\text{병자}}$와 '$\overline{\text{병계}}$, $\overline{\text{갑계}}$ 두 변의 합 2천만'의 차를 구하면 19760980.84가 남는데, 이것이 고현화(현+고)가 된다. 구의 제곱을 고현화로 나누면 2890.23이 나오는데, 이것이 고현교(현－고)가 된다.

與股弦和相加, 得一九七六三八七一【小餘○七】, 折半, 得九八八一九三五【小餘五四】, 爲甲癸邊。

이 수를 고현화와 서로 더하면 19763871.07이 나오고 그 절반을 취하면 9881935.54가 나오는데, 이것이 $\overline{\text{갑계}}$ 변이다.

次以甲癸邊爲一率, 甲子垂線爲二率, 半徑一千萬爲三率, 求得四率二四一八四○【小餘二九】。檢正弦, 得一度二十三分八秒【小餘七九】, 即癸角度。

다음으로 $\overline{\text{갑계}}$ 변을 1률로 삼고, 수선 $\overline{\text{갑자}}$를 2율로 삼고, 반지름 1천만을 3률로 삼아서 계산하면 4율로 241840.29가 나온다. 이 수를 가지고 정현표를 검색하면 1도23분8.79초가 나오는데, 이것이 곧 ∠계의 도수이다.

與丙角相加, 得四十六度二十二分五十四秒【小餘○六】, 即癸甲丁角度。【用切線分外角法, 得數較捷。因癸角度小, 比例得甲癸線, 難得確準。故用垂線法。】

이 수를 ∠병과 서로 더하면 46도22분54.06초가 나오는데, 이것이 곧 ∠계갑정의 도수이다. 【절선분외각법(切線分外角法)을 사용하면 비교적 간편하게 수($\overline{\text{갑계}}$의 길이와 ∠계갑정의 도수)가 구해진다.[102] 그러나 ∠계의 도수가 작아서 비례 관계로 $\overline{\text{갑계}}$를 정확히 구하기 어렵기 때문에 수선법(垂線法)을 사용하였다.】

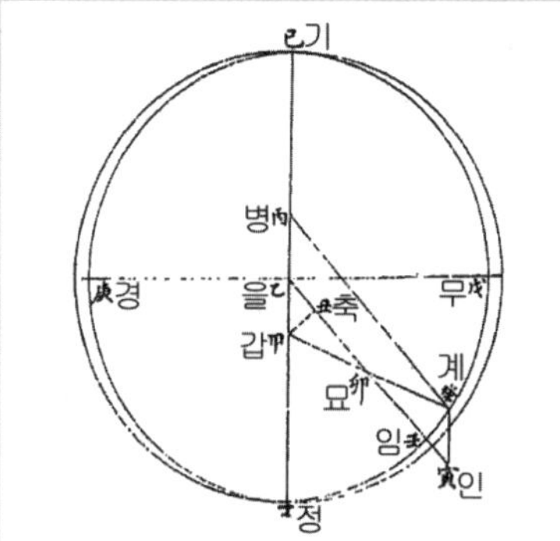

然甲癸線所截甲癸丁分橢圓面積, 比所設乙壬丁四十五度之面積, 小一甲乙丑積, 與寅壬癸積等。【甲癸丁積, 比乙壬丁積, 多一卯壬癸積, 少一甲乙卯積。而甲乙與寅癸等, 甲卯與卯癸等, 乙卯與卯寅等, 卯壬與卯丑等。故甲乙卯積與寅癸卯積等, 卯壬癸積與卯甲丑積等。以多補少, 尚少一甲乙丑積, 與寅壬癸積相等也。】

그러나 갑계 선이 끊어서 만든, 타원을 분할한 ▽갑계정의 면적은 처음 설정한, 면적도수 45도에 상당하는 ▽을임정의 면적보다 갑을축 하나만큼 작은데, 이 갑을축의 면적은 인임계의 면적과 같다.【▽갑계정의 면적은 ▽을임정의 면적보다 ▽묘임계 하나의 면적만큼 크고 △갑을묘 하나의 면적만큼 작다. 그런데 갑을과 인계가 같고, 갑묘와 묘계가 같고, 을묘와 묘인이 같고, 묘임과 묘축이 같다. 따라서 △갑을묘의 면적과 △인계묘의 면적이 같고, ▽묘임계의 면적과 ▽묘갑축의 면적이 같다. ▽갑계정의 면적이 ▽을임정의 면적보다 큰 부분(▽묘임계)으로 작은 부분(△갑을묘)을 메꾸면 아직도 갑을축 하나의 면적이 부족한데, 이는 인임계의 면적과 서로 같다.】

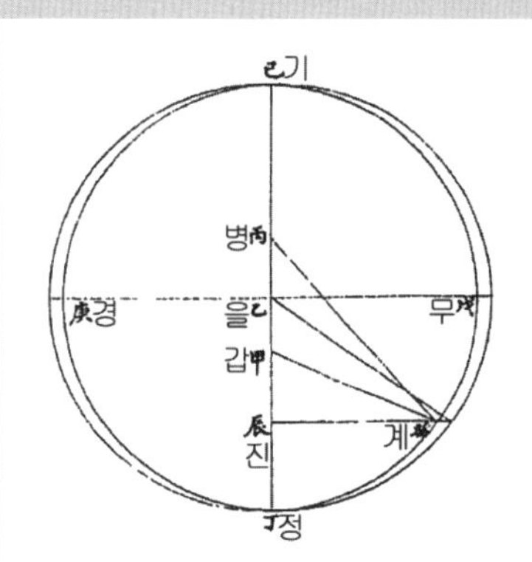

乃用前角求積法。 以半徑一千萬爲一率， 甲角四十六度二十二分五十四秒【小餘○六】之正弦七二三九五一三【小餘六○】爲二率，甲癸邊爲三率，求得四率七一五四○四○【小餘六七】，即癸辰邊。

이제 앞에 제시한 '각도를 가지고 면적 구하기[이각구적(以角求積)]' 계산법을 사용한다. 반지름 1천만을 1률로 삼고, ∠갑 46도22분54.06초의 정현 7239513.60을 2율로 삼고, 갑계 변을 3률로 삼아서 계산하면 4율로 7154040.67이 나오는데 이것이 곧 계진 변이다.

次以橢圓小半徑九九九八五七一【小餘八五】爲一率，大半徑一千萬爲二率，癸辰邊爲三率，求得四率七一五五○六二【小餘五二】，即巳辰邊。檢正弦，得四十五度四十一分四秒【小餘九四】，即巳乙丁角度，亦即巳丁弧度。

다음으로, 타원의 단반경 9998571.85를 1률로 삼고, 장반경 1천만을 2율로 삼고, 계진 변을 3률로 삼아서 계산하면 4율로 7155062.52가 나오는데, 이것이 곧 사진 변이다. 이 수를 가지고 정현표를 검색하면 45도41분4.94초가 나오는데, 이것이 곧 ∠사을정의 도수로서 또한 곧 사정의 도수이기도 하다.

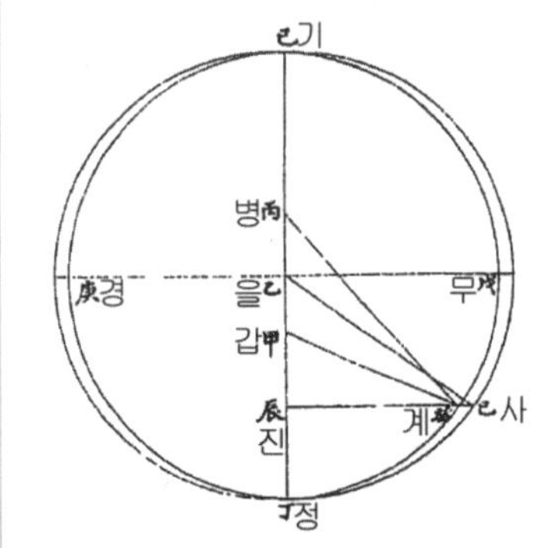

次以半周天一百八十度， 化作六十四萬八千秒爲一率， 半周率三一四一五九二六【小餘五】爲二率，巳丁弧度分， 化作一十六萬四千四百六十四秒【小餘九四】爲三率，求得四率七九七三四八五【小餘二

다음으로 반주천 180도를 초 단위로 환산한 648000초를 1률로 삼고, 반원주의 길이 31415926.5를 2율로 삼고, 사정의 도수와 분수를 초 단위로 환산한 164,464.94초를 3률로 삼아서 계산하면 4율로 7973485.2883748이 나오는데, 이것이 사정의 길이이다.

八八三七四八】，爲巳丁弧線。

與半徑一千萬相乘，折半，得三九八六七四二六四四一八七四， 爲乙巳丁分平圓面積。

이 수를 반지름 1천만과 서로 곱한 후에 절반을 취하면 39867426441874 가 나오는데, 이것이 원을 분할한 ▽을사정의 면적이다.

次以橢圓大半徑一千萬爲一率，小半徑九九九八五七一【小餘八五】爲二率，乙巳丁分平圓面積爲三率，求得四率三九八六一七三二七七五三六七，爲乙癸丁分橢圓面積。

다음으로, 타원의 장반경 1천만을 1률로 삼고, 단반경 9998571.85를 2율로 삼고, 원을 분할한 ▽을사정의 면적을 3률로 삼아서 계산하면 4율로 39861732775367이 나오는데, 이것이 타원을 분할한 ▽을계정의 면적이다.

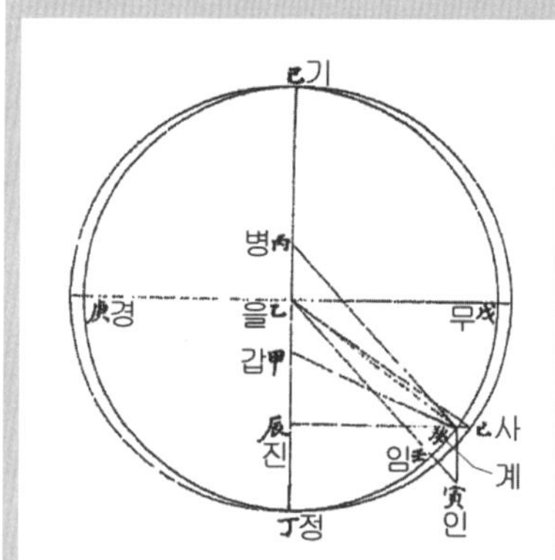

內減所設乙壬丁分橢圓四十五度之面積， 餘五九七四三二九九○○七五，爲乙癸壬積。

이 수에서 처음에 타원을 면적도수 45도만큼 분할한 것으로 설정한 ▽을임정의 면적을 빼면 597432990075가 남는데, 이것이 ▽을계임의 면적이다.

次以癸辰邊七一五四○四○【小餘六七】，與癸寅邊一六九○○○相乘，折半，得六○四五一六四三六六一五，爲乙癸寅積。

다음으로, $\overline{계진}$변 7154040.67을 $\overline{계인}$변 169000과 서로 곱한 후에 절반을 취하면 604516436615가 나오는데, 이것이 △을계인의 면적이다.

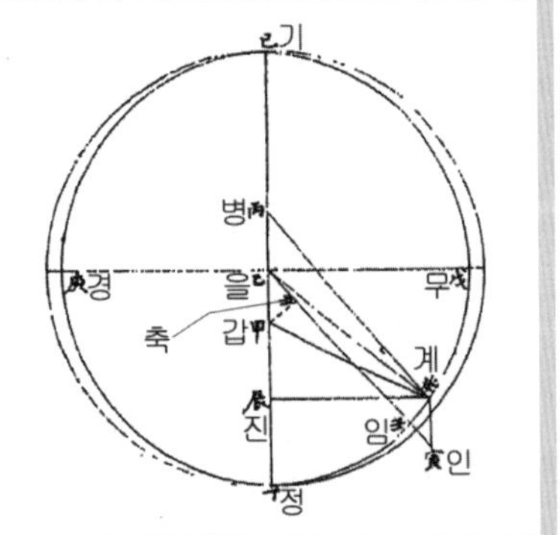

內減乙癸壬積，餘七○八三四四六五四○，爲寅壬癸積。與甲乙丑積等，即甲癸丁積小於乙壬丁積之較。【或於乙癸丁積內，先減甲乙癸積，得甲癸丁積。再與乙壬丁積相減，得數亦同。】

이 수에서 ▽을계임의 면적을 빼면 7083446540이 남는데, 이것이 인임계의 면적으로서, 갑을축의 면적, 곧 ▽갑계정의 면적이 ▽을임정의 면적보다 작은 차와 같다.【또는 ▽을계정의 면적에서 먼저 △갑을계의 면적을 빼면 ▽갑계정의 면적이 나오는데, 다시 이 수와 ▽을임정의 면적의 차를 구하여도 나오는 수는 같다.】

夫甲癸丁積既小於乙壬丁積，則是甲癸丁積不足四十五度。

▽갑계정의 면적이 ▽을임정의 면적보다 작으므로, 이는 ▽갑계정의 면적이 면적도수 45도에 못 미치는 것이다.

而平行距最卑後四十五度時，太陽必仍[103]在癸點之前如午。

그러므로 평균운행도수(면적도수)가 근지점 이후 45도일 때 태양은 반드시 '계'점보다 더 전진한 예컨대 '오' 같은 위치에 있다.

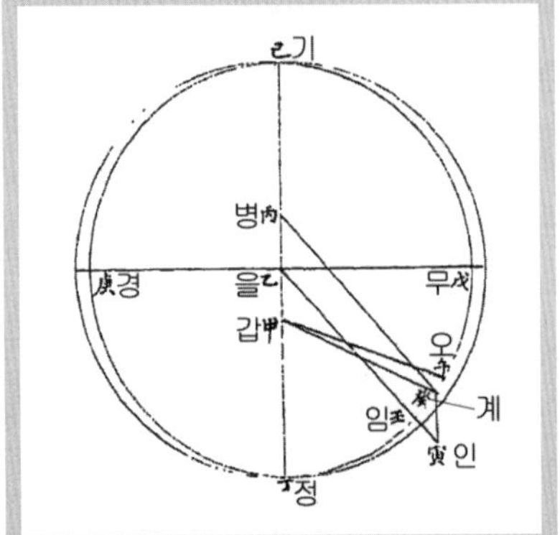

則甲癸午積與寅壬癸積等， 甲午丁爲分橢圓四十五度之面積， 與乙壬丁積等。

말하자면, ▽갑계오의 면적과 인임계의 면적이 같아서, ▽갑오정이 타원을 면적도수 45도만큼 분할한 면적이 되어, ▽을임정의 면적과 같다.

實行午甲丁角, 比癸甲丁角, 尚大一午甲癸角。

실제운행도수인 ∠오갑정은 ∠계갑정보다도 ∠오갑계 하나만큼 크다.

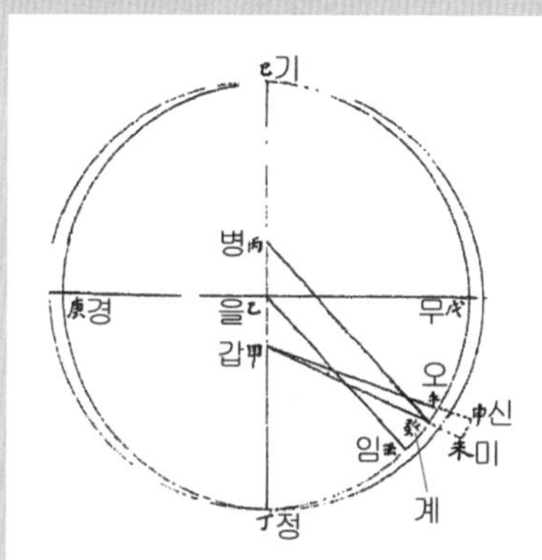

乃用前積求角法。 將甲癸線， 引長至未， 甲午線引長至申， 甲未、甲申皆爲中率半徑。 成甲未申分平圓面, 與甲癸午爲同式形。

이제 앞에 제시한 '면적을 가지고 각도 구하기' [이적구각(以積求角)] 계산법을 사용한다.

$\overline{\text{갑계}}$를 '미'까지 연장하고 $\overline{\text{갑오}}$를 '신'까지 연장하는데, $\overline{\text{갑미}}$와 $\overline{\text{갑신}}$은 모두 중률원(中率圓 장반경과 단반경의 비례중항[중률]이 반지름인 원)의 반지름이다. 이리하여 원(중률원)을 분할한 ▽갑미신 면이 만들어지는데, 이는 ▽갑계오와 닮은꼴이다.

以甲癸自乘， 得九七六五二六五○○一六七一五， 爲一率。 甲未中率自乘， 得九九九九八五七一八四八○一九一， 爲二率。 甲癸午積七○八三四四六五四○爲三率, 求得四率七二五二六八○七一六, 爲甲未申積。

$\overline{\text{갑계}}$를 제곱하면 97652650016715가 나오는데, 이를 1률로 삼는다. 중률(비례중항)인 $\overline{\text{갑미}}$를 제곱하면 99985718480191이 나오는데, 이를 2율로 삼는다. ▽갑계오의 면적 7083446540을 3률로 삼아서 계산하면 4율로 7252680716이 나오는데, 이것이 ▽갑미신의 면적이다.

以橢圓一秒之面積二四二三七二二二一除之, 得二十九秒【小餘九二】, 爲未甲申角。【即癸甲午角。】

타원을 면적도수 1초만큼 분할한 면적 242372221로 이 수(▽갑미신의 면적)를 나누면 29.92초가 나오는데, 이것이 ∠미갑신【곧 ∠계갑오】이다.

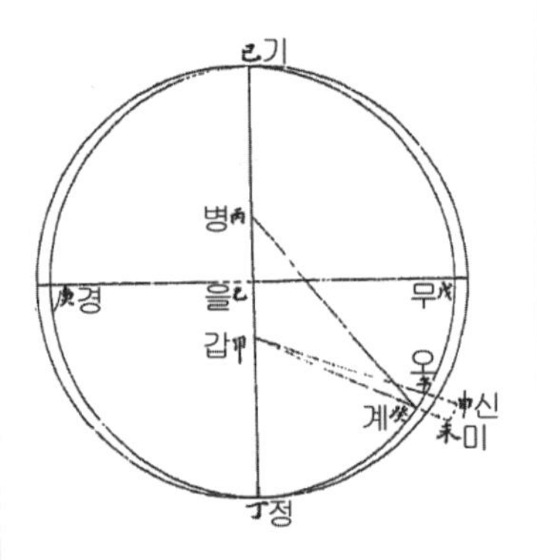

與癸甲丁角四十六度二十二分五十四秒【小餘○六】相加, 得四十六度二十三分二十三秒【小餘九八】, 爲午甲丁角, 即平行距最卑後四十五度時之實行度也。

이 수를 ∠계갑정 46도22분54.06초와 서로 더하면 46도23분23.98초가 나오는데, 이것이 ∠오갑정으로서, 곧 평균운행도수(면적도수)가 근지점 이후 45도일 때의 실제운행도수(각도)이다.

此法乃合前二法而兼用之, 而午甲癸角止三十秒, 甲癸、甲午二線相差無多, 得數爲密。

이 계산법은 바로 앞의 두 가지 계산법(이각구적법, 이적구각법)을 함께 겸하여 사용한 것인데, ∠오갑계가 30초에 불과하여 $\overline{갑계}$, $\overline{갑오}$ 두 선의 길이에 큰 차이가 없으므로 계산값에 오차가 거의 없다[밀(密)].

가지이다.

86) 大半徑: 저본에는 "大徑(긴 지름)"으로 되어 있으나 장반경을 지칭하므로 "半" 1자를 보충하였다.

87) 다음으로……길이이다: 비례식 '180도 : (반지름 1천만×π) = θ도 : l'을 이용하여 $l = \frac{\theta도}{180도}$

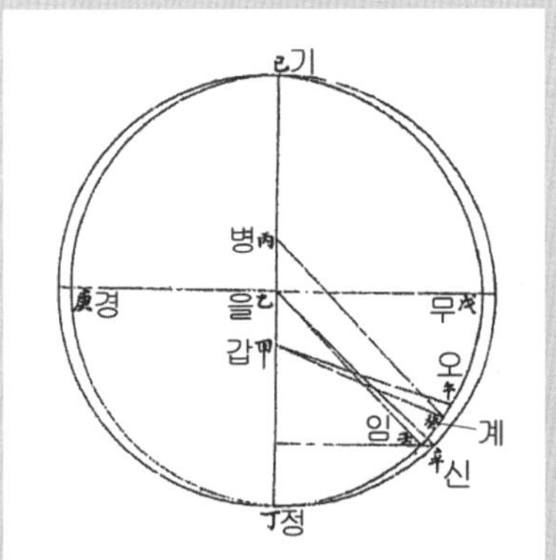

其所以先設辛乙丁角爲四十五度，乙壬丁積爲四十五度，而求壬乙丁角，以爲丙角者，第借積以比其大小耳。究之橢圓面積，逐度皆有成數，原不待求。

∠신을정을 45도로, ▽을임정의 면적을 면적도수 45도로 설정하고 ∠임을정을 구하여 ∠병으로 삼은 것[104]은 오직 면적을 빌려서 그 크고 작음을 비교하기[105] 위함일 뿐이다. 요컨대 타원의 면적은 1도(면적도수) 간격으로 모두 '주어진 수치'[성수(成數)]가 있으므로 애초에 계산할 필요가 없다.[106]

且先求壬乙丁角，爲丙角，而求甲癸丁積，又與所設之乙壬丁積，相差不遠。則倂先求壬乙丁角，亦屬可省。詳後法。

그리고 먼저 ∠임을정을 구하여 ∠병으로 삼고 ▽갑계정의 면적을 구하였는데, 그 수(▽갑계정의 면적)가 또 처음에 설정한 ▽을임정의 면적과 서로 크게 차이 나지 않으므로 먼저 ∠임을정을 구하는 계산도 아울러 생략할 수 있다. 이에 대해서는 다음 계산법에 상세하다.

又法，逕設丙角爲四十五度，依前法求得甲癸線九八八一九四四【小餘二八】，癸甲丁角四十六度二十三分九秒【小餘一四】，甲癸丁積三九二六〇七九四六七九三四八。

다른 계산법은 다음과 같다. ∠병을 곧장 45도로 설정하고 앞의 계산법에 따라 계산하면 $\overline{\text{갑계}}$ 9881944.28, ∠계갑정 46도23분9.14초, ▽갑계정의 면적 39260794679348이 나온다.

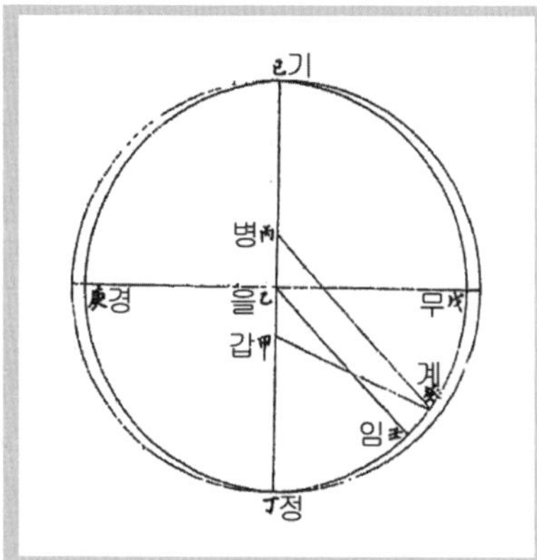

與四十五度橢圓積三九二六四二九九七八五二九二相減，餘三五〇五一〇五九四四，爲甲癸丁積小於四十五度平行積之較。即知平行四十五度時，太陽在癸點之前如午。

▽갑계정의 면적과 면적도수 45도에 해당하는 타원의 면적 39264299785292의 차를 구하면 3505105944가 남는데, 이것이 ▽갑계정의 면적이 평균운행 면적도수 45도에 해당하는 면적보다 작은 차이다. 따라서 평균운행 면적도수가 45도일 때 태양은 '계'점보다 전진한 '오'와 같은 곳에 위치함을 알 수 있다.

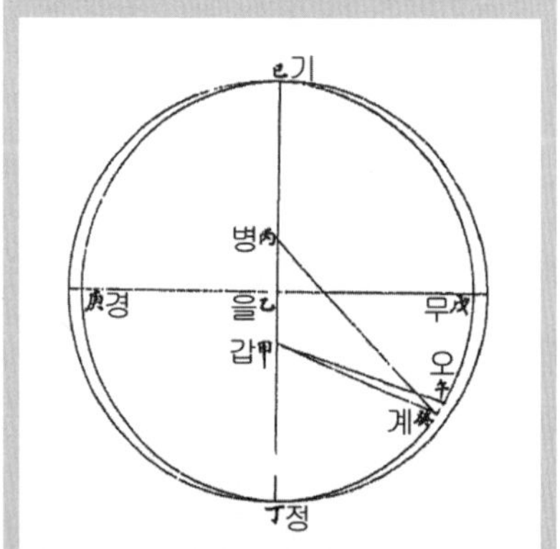

乃以甲癸自乘，得九七六五二八二二七五三〇二五，爲一率。中率自乘方九九九八五七一八四八〇一九一爲二率，積較爲三率【即

이제 $\overline{\text{갑계}}$를 제곱하면 97652822753025가 나오는데, 이를 1률로 삼는다. 중률을 제곱한 99985718480191을 2율로 삼고, 면적의 차【곧 ▽갑계오의 면적이다.】를 3률로 삼아서 계산하면 4율로 3588841841이 나오는데, 이것이 원을 분할한

甲癸午積】, 求得四率三五八八八四一八四一, 爲甲未申分平圓面積。

▽갑미신의 면적이다.

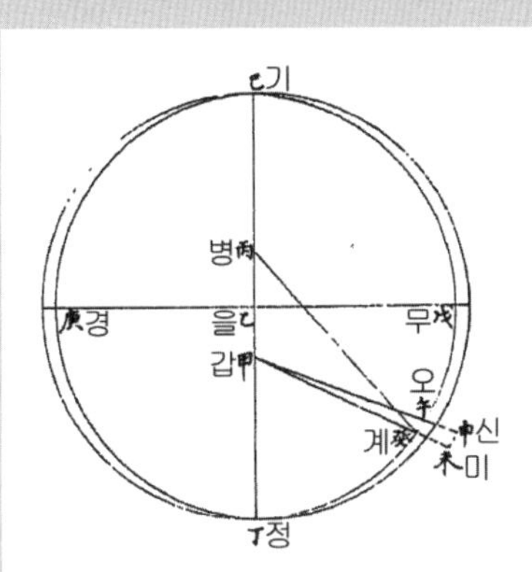

以一秒之面積二四二三七二二二一除之, 得一十四秒【小餘八一】, 爲未甲申角。【即癸甲午角】

이 수를 면적도수 1초에 해당하는 면적 242372221로 나누면 14.81초가 나오는데, 이것이 ∠미갑신【곧 ∠계갑오】이다.

與癸甲丁角四十六度二十三分九秒【小餘一四】相加, 得午甲丁角爲四十六度二十三分二十三秒【小餘九五】, 即平行距最卑後四十五度時之實行度。

이 수를 ∠계갑정 46도23분9.14초와 서로 더하면 ∠오갑정 46도23분23.95초가 나오는데, 이것이 곧 평균운행도수(면적도수)가 근지점 이후 45도일 때의 실제운행도수(각도)이다.

此法得數與前同, 而即以平行積度爲丙角, 較前法爲省便也。

이 계산법으로 구한 수치는 앞의 계산법과 같지만, 평균운행의 면적도수를 곧장 ∠병으로 놓아서, 앞의 계산법보다 계산절차가 줄어들어 간편하다.[107]

×π×(반경 = 1천만)을 구한 것이다. 여기서 $\frac{\theta\text{도}}{180\text{도}}\times\pi$는 θ도를 θ' 라디안으로 환산한 것이므로, 이는 라디안 단위의 각도를 이용하여 호의 길이를 구하는 공식 $l=r\theta'$(rad)을 사용

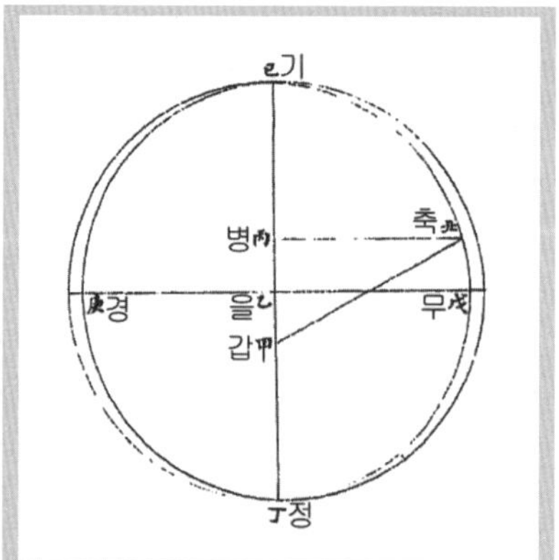

又如平行距最卑後九十度，求實行若干度分，則先設丙角爲九十度，作丙丑、甲丑二線，成甲丙丑勾股形。

또 평균운행도수(면적도수)가 근지점 이후 90도일 때 실제운행도수(각도)가 몇 도 몇 분인지를 구한다면, 우선 ∠병을 90도로 설정하고 $\overline{\text{병축}}$, $\overline{\text{갑축}}$ 두 선을 그어 직각삼각형 ⊾갑병축을 만든다.

依法求得甲丑線一〇〇〇二八五六【小餘一】，丑甲丁角九十一度五十六分一十一秒【小餘〇九】，甲丑丁積七八五二八七六〇一八三六九五。

계산법에 따라 계산하면 $\overline{\text{갑축}}$의 길이 10002856.1, ∠축갑정의 각도 91도56분11.09초, ▽갑축정의 면적 785287601836950가 나온다.

與九十度橢圓積七八五二八五九九五七〇五八四相減，餘一六〇六一三一一一，爲甲丑丁積大於九十度平行積之較。即知平行九十度時，太陽在丑點之後如卯。

▽갑축정의 면적과 면적도수 90도에 해당하는 타원의 면적 78528599570584의 차를 구하면 160613111이 남는데, 이것이 ▽갑축정의 면적이 평균운행 면적도수 90도에 해당하는 면적보다 큰 차이다. 따라서 평균운행 면적도수가 90도일 때 태양은 '축'점보다 뒤처진 '묘'와 같은 곳에 위치함을 알 수 있다.

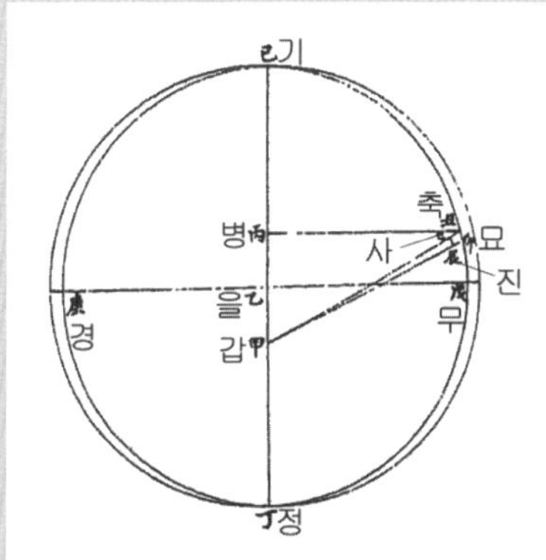

乃依中率半徑，截甲卯線於辰，截甲丑線於巳，成甲辰巳分平圓面，與甲卯丑爲同式形。

이제 중률원의 반지름의 길이로 $\overline{\text{갑묘}}$ 선을 '진'에서 끊고, $\overline{\text{갑축}}$ 선을 '사'에서 끊어, 원을 분할한 ▽갑진사를 만들면, ▽갑묘축과 닮은꼴이 된다.

以甲丑自乘，得一〇〇〇五七一三〇一五七三〇七，爲一率。中率自乘方九九九八五七一八四八〇一九一爲二率，積較爲三率，【即丑甲卯積。】求得四率一六〇四九八四八〇，爲甲辰巳分平圓面積。

$\overline{\text{갑축}}$을 제곱하면 100057130157307이 나오는데, 이를 1률로 삼는다. 중률을 제곱한 99985718480191을 2율로 삼고, 면적의 차【곧 ▽축갑묘의 면적이다.】를 3률로 삼아서 계산하면 4율로 160498480이 나오는데, 이것이 원(중률원)을 분할한 ▽갑진사의 면적이다.

以一秒之面積二四二三七二二二一除之，得百分秒之六六，爲辰甲巳角。【即丑甲卯角。】

이 수를 면적도수 1초에 해당하는 면적 242372221로 나누면 $\frac{66}{100}$초가 나오는데, 이것이 ∠진갑사【곧 ∠축갑묘】이다.

與丑甲丁角九十一度五十六分一十一秒【小餘〇九】相減，餘九十一度五十六分一十秒【小餘四三】，爲卯甲丁角，即平行距最卑後九十

이 수와 ∠축갑정 91도56분11.09초의 차를 구하면 91도56분10.43초가 남는데, 이것이 ∠묘갑정으로, 곧 평균운행도수(면적도수)가 근지점 이후 90도일 때의 실제운행도수(각도)이다.

度時之實行度也。

又如平行距最卑後一百二十度，求實行若干度分，則先設丙角爲一百二十度，作丙寅、甲寅二線，成甲丙寅三角形。

또 평균운행도수(면적도수)가 근지점 이후 120도일 때 실제운행도수(각도)가 몇 도 몇 분인지 구한다면, 우선 ∠병을 120도로 설정하고 $\overline{\text{병인}}$, $\overline{\text{갑인}}$ 두 선을 그어 삼각형 △갑병인을 만든다.

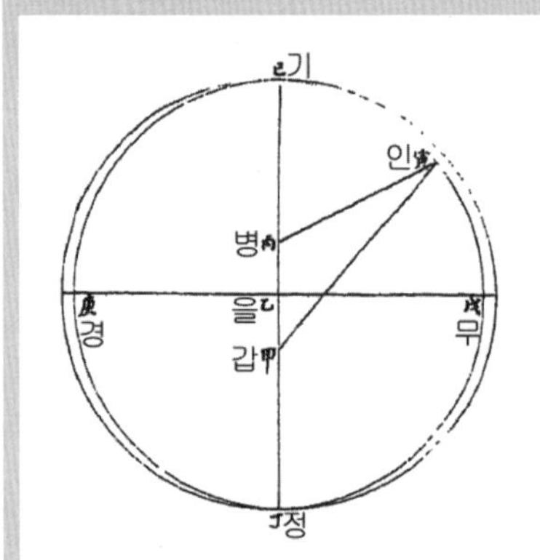

依法求得甲寅線一〇〇八六六二四【小餘一三】，寅甲丁角一百二十一度三十九分四十六秒【小餘六九】，甲寅丁積一〇四七〇七九九〇六四九五〇六。

계산법에 따라 계산하면 $\overline{\text{갑인}}$의 길이 10086624.13, ∠인갑정의 각도 121도39분46.69초, ▽갑인정의 면적 104707990649506이 나온다.

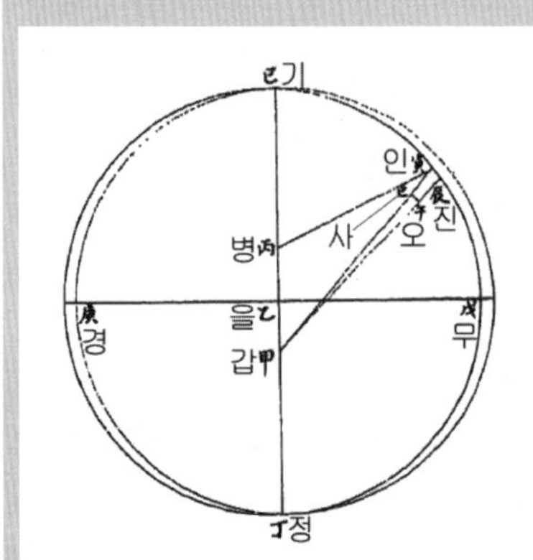

與一百二十度之橢圓積一○四七○四七九九四二七四四六相減，餘三一九一二二二○六○，爲甲寅丁積大於一百二十度平行積之較。即知平行一百二十度時，太陽在寅點之後如辰。

▽갑인정의 면적과 면적도수 120도에 해당하는 타원의 면적 104704799427446의 차를 구하면 3191222969가 남는데, 이것이 ▽갑인정의 면적이 평균운행 면적도수 120도에 해당하는 면적보다 큰 차이다. 따라서 평균운행 면적도수가 120도일 때 태양은 '인'점보다 뒤처진 '진'과 같은 곳에 위치함을 알 수 있다.

乃依中率半徑，截甲寅線於巳，截甲辰線於午，成甲巳午分平圓面，與甲寅辰爲同式形。

이제 중률원의 반지름의 길이로 갑인 선을 '사'에서 끊고, 갑진 선을 '오'에서 끊어, 원(중률원)을 분할한 ▽갑사오를 만들면, ▽갑인진과 닮은 꼴이 된다.

以甲寅邊自乘，得一○一七三九九八六三三九八九八，爲一率。中率自乘方九九九八五七一八四八○一九一爲二率，積較爲三率，【即甲寅辰積。】求得四率三一三六一九七八九一，爲甲巳午積。

갑인 변을 제곱하면 101739986339898이 나오는데, 이를 1률로 삼는다. 중률을 제곱한 99985718480191을 2율로 삼고, 면적의 차【곧 ▽갑인진의 면적이다.】를 3률로 삼아서 계산하면 4율로 3136197891이 나오는데, 이것이 ▽갑사오의 면적이다.

以一秒之面積二四二三七二二二一除之，得一十二秒【小餘九四.】，爲巳甲午角。【即寅甲辰角。】

이 수를 면적도수 1초에 해당하는 면적 242372221로 나누면 12.94초가 나오는데, 이것이 ∠사갑오【곧 ∠인갑진】이다.

與寅甲丁角一百二十一度三十九分四十六秒【小餘六九】相減，餘一百二十一度三十九分三十三秒【小餘七五】，爲辰甲丁角，即平行距最卑後一百二十度時之實行度也。

이 수와 ∠인갑정 121도39분46.69초의 차를 구하면 121도39분33.75초가 남는데, 이것이 ∠진갑정으로, 곧 평균운행도수(면적도수)가 근지점 이후 120도일 때의 실제운행도수(각도)이다.

右借積求積之法, 最爲精密, 而理亦易曉。 然須乘除比例, 十數次推算, 則屬繁難。故又設後法。

오른쪽(위)의 '면적을 빌려 면적 구하기'[차적구적(借積求積)] 계산법은 매우 정밀하고 원리도 알기 쉽다. 그러나 곱하고 나누고 비례식을 사용하기를 십수 차례 해야 하므로 번잡하다. 이 때문에 또 다음의 계산법을 제시한다.

次設借角求角之法。如太陽平行距最卑後四十五度, 求實行若干度分。

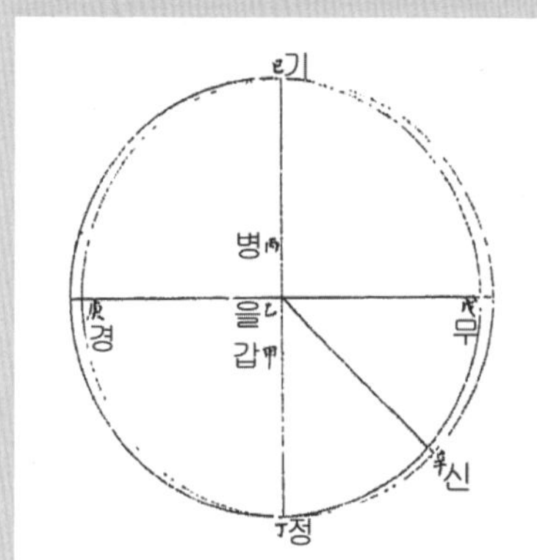

다음으로, '각을 빌려 각 계산하기,[차각구각(借角求角)] 계산법을 제시하면 다음과 같다.

예를 들어 태양의 평균운행도수(면적도수)가 근지점 이후 45도일 때 실제운행도수는 몇 도 몇 분인지 구해 보자.

先從本天心, 設丁乙辛角爲四十五度. 則乙壬丁分橢圓面積, 亦爲四十五度。

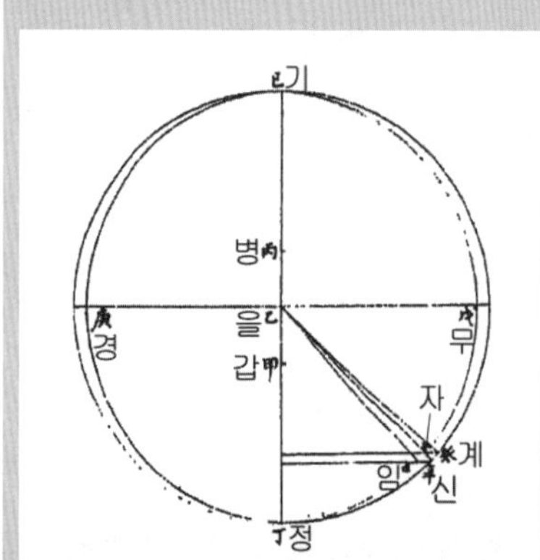

먼저 본천의 중심에서 ∠정을신 45도를 설정하면 타원을 분할한 ▽을임정의 면적 역시 45도(면적도수)가 된다.

次將丁乙辛角，加癸乙子橢圓差角。【九十度以內，大一橢圓差角。九十度以外，小一橢圓差角。解見後。】

다음으로, ∠정을신을 타원차각(橢圓差角) ∠계을자에 더한다.【평균운행도수가 90도 이하이면 실제운행도수는 타원차각 하나만큼 크고, 90도 이상이면 타원차각 하나만큼 작다. 이에 대한 해설은 뒤에 보인다.】

以橢圓小半徑九九九八五七一【小餘八五】爲一率，大半徑一千萬爲二率，所設丁乙辛角四十五度之正切一千萬爲三率，求得四率一〇〇〇一四二八【小餘三五】，爲丁乙癸角之正切。檢表，得四十五度〇分一十四秒【小餘七三】，即丁乙癸角度。

타원의 단반경 9998571.85를 1률로 삼고, 장반경 1천만을 2율로 삼고, 처음에 설정한 ∠정을신 45도의 정절(正切 tan값) 1천만을 3률로 삼아서 계산하면 4율로 1000142835가 나오는데, 이것이 ∠정을계의 정절이다. 이 수를 가지고 정절표(正切表 tan표)를 검색하면 45도0분14.73초가 나오는데, 이것이 곧 ∠정을계이다.

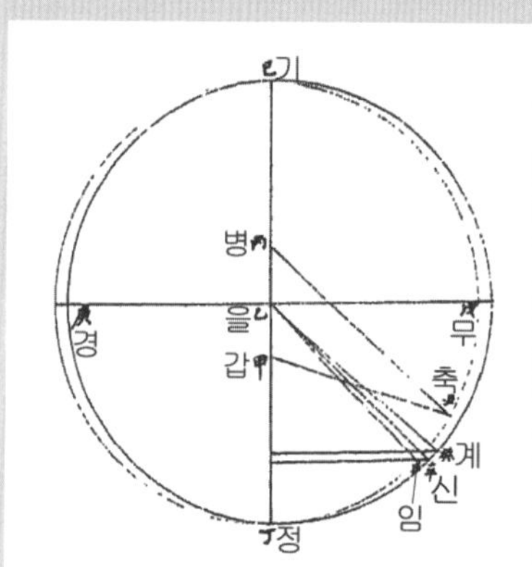

次與乙癸平行作丙丑線，自甲作甲丑線，則丙角與丁乙癸角等。而甲丑丁積，爲分橢圓四十五度之面積，與乙壬丁積等。是爲平行，丑甲丁角，即爲實行。

다음으로, 을계와 평행하게 병축 선을 긋고 '갑'으로부터 갑축 선을 그으면, ∠병과 ∠정을계가 같다. 그러므로 ▽갑축정의 면적이 타원을 면적도수 45도만큼 분할한 면적으로서, ▽을임정의 면적과 같다. 이것이 평균운행도수(면적도수)이고, ∠축갑정이 곧 실제운행도수(각도)이다.

乃將丙丑線，引長至寅，使丑寅與甲丑等，則丙寅爲二千萬。【甲丑、丙丑共二千萬，丑寅既與甲丑等。故丙寅亦二千萬。】

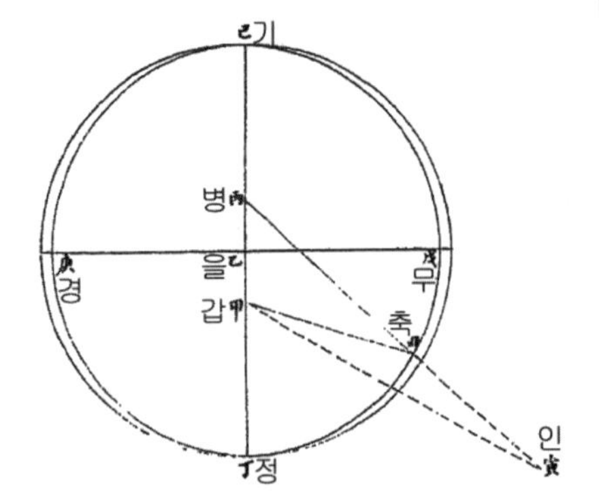

이제 병축 선을 '인'까지 연장하여 축인과 갑축이 같게 하면, 병인이 2천만이 된다.【갑축과 병축의 합이 2천만이고, 축인이 갑축과 같으므로 병인도 2천만이다.】

又自甲至寅，作甲寅線，成甲寅丙三角形。用切線分外角法，求得寅角四十一分三十四秒【小餘七四】。倍之，得一度二十三分九秒【小餘四九】，即甲丙丑形之丑角度。【甲丑寅形之丑角，以甲丑丙角爲外角，與甲、寅二內角等。丑寅既與甲丑等，則甲角必與寅角等。故倍寅角，即得甲丑丙角。】

또 '갑'으로부터 '인'까지 갑인 선을 그어 △갑인병을 만들고, 절선분외각법(切線分外角法)을 사용하여 계산하면[108] ∠인 41분34.74초가 나온다. 이 수를 2배하면 1도23분9.49초가 나오는데, 이것이 곧 △갑병축의 ∠축이다.【△갑축인에서 ∠축의 외각이 ∠갑축병이ㄴ므로, ∠갑축병은 ∠갑, ∠인 두 내각의 합과 같다. 그리고 축인이 갑축과 같으므로 ∠갑은 반드시 ∠인과 같다. 따라서 ∠인을 2배하면 곧 ∠갑축병이 나온다.】

與丙角四十五度○分一十四秒【小餘七三】相加，得四十六度二十三分二十四秒【小餘二二】，爲丑甲丁角度，【丑甲丁角，爲丑甲丙角之外角，與丙、丑二內角等。故以丑角與丙角相加，得丑甲丁角。】即平行距最卑後四十五度時之實行度也。

이 수를 ∠병 45도0분14.73초와 서로 더하면 46도23분24.22초가 나오는데, 이것이 ∠축갑정으로서,【∠축갑정은 ∠축갑병의 외각이므로 ∠병, ∠축 두 내각의 합과 같다. 따라서 ∠축과 ∠병을 서로 더하면 ∠축갑정이 나온다.】곧 평균운행도수(면적도수)가 근지점 이후 45도일 때 실제운행도수(각도)이다.

然則何以設丙角，比平行積度，大一橢圓差角，而甲丑丁積，即與平行積度相等也。

그렇다면 ∠병을 어떻게 설정하여 평균운행 적도(積度 면적도수)보다 타원차각(橢圓差角) 하나만큼 크게 하고, ▽갑축정의 면적이 곧 평균운행 적도(면적도수)와 서로 같게 할 것인가?

蓋與丙丑平行之乙癸線，截本天於卯。所截之乙卯丁積，比甲丑丁積，多一甲乙巳形。【乙卯丁積，比甲丑丁積，少一辰丑卯形，多一甲乙辰形。辰丑與甲辰等，辰卯與巳辰等，辰丑卯積與辰甲巳積等。以多補少，尚多一甲乙巳積也。】

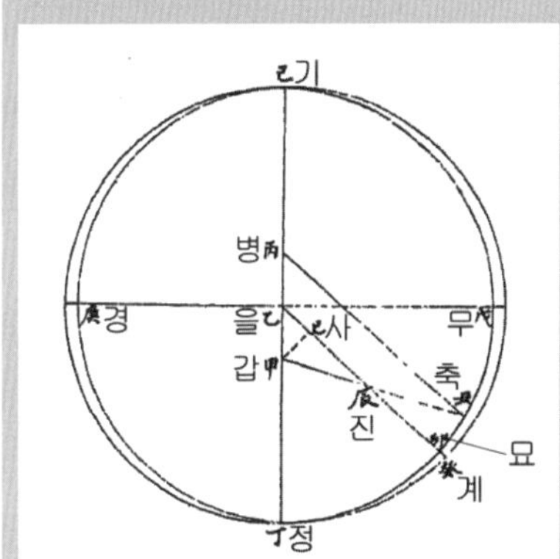

병축과 평행인 을계 선이 본천을 '묘'에서 끊는다. 타원을 분할한 ▽을묘정의 면적은 ▽갑축정의 면적보다 갑을사[109] 하나만큼 크다.【▽을묘정의 면적은 ▽갑축정의 면적보다 ▽진축묘 하나만큼 작고 △갑을진 하나만큼 크다. 그런데 진축은 갑진과 같고 진묘는 사진과 같으므로 ▽진축묘의 면적이 ▽진갑사[110]의 면적과 같다. ▽을묘정이 ▽갑축정보다 큰 면적으로 작은 면적을 메꾸고 갑을사의 면적 하나만큼이 남는다.】

此甲乙巳形之積，與癸午倍橢圓差，乘乙未餘弦，折半之乙癸午三角形積等，【癸子、辛壬皆橢圓差，而辛壬微小於癸子，子午又微小於辛壬。然爲數無多，故謂癸午爲倍差。】亦即與乙卯壬積等。【以卯癸子，補子壬午，弧內、弧外所差無多。故謂相等。】

이 갑을사의 면적은 타원차의 2배인 계오를 ∠계을정의 여현인 을미에 곱하여 절반을 취한 △을계오의 면적과 같고,【계자와 신임이 모두 타원차인데, 신임이 계자보다 조금 작고, 자오는 또 신임보다 조금 작다. 그러나 그 수치가 크지 않기 때문에 계오를 타원차의 2배라고 하였다.】 또한 곧

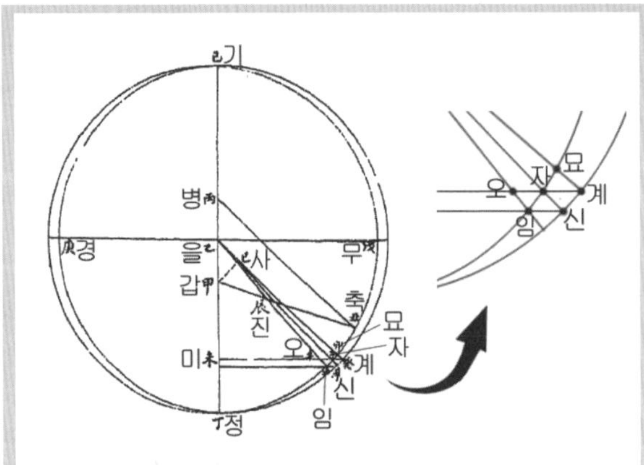

▽을묘임의 면적과도 같다.【계묘자를 자임오에 메꾸면 호(弧)의 안쪽 면적과 호의 바깥쪽 면적의 차가 크기 않기 때문에 서로 같다고 한 것이다.】

夫乙卯丁積, 比乙壬丁積, 多一乙卯壬形, 比甲丑丁積, 多一甲乙巳形。甲乙巳積, 既與乙卯壬積等。則甲丑丁積, 必與乙壬丁積等。

▽을묘정의 면적은 ▽을임정의 면적보다 ▽을묘임 하나만큼 크고, ▽갑축정의 면적보다 갑을사 하나만큼 크다. 그런데 갑을사의 면적이 ▽을묘임의 면적과 같으므로 ▽갑축정의 면적은 반드시 ▽을임정의 면적과 같다.

而乙壬丁爲分橢圓四十五度之面積, 辛乙丁角爲四十五度之角。癸乙丁角, 比辛乙丁角, 原大一橢圓差角。丑丙丁角, 又原與癸乙丁角等。

그런데 ▽을임정은 타원을 면적도수 45도만큼 분할한 면적이므로 ∠신을정은 45도의 각이다. ∠계을정은 ∠신을정보다 원래 타원차각 하나만큼 크고, ∠축병정은 또 원래 ∠계을정과 같다.

故設丙角, 比平行積, 大一橢圓差角, 而甲丑線所截橢圓積, 即與平行積相等也。

따라서 ∠병을 평균운행 면적도수보다 타원차각 하나만큼 크게 설정하면 갑축 선이 분할하는 타원의 면적이 곧 평균운행의 면적도수와 서로 같다.

然則又何以知甲乙巳積, 與乙癸午積相等也。

그렇다면 갑을사의 면적이 △을계오의 면적과 같음은 또 어떻게 아는가?

試以乙丁大半徑, 作乙丁申酉正

장반경 을정 을 한 변으로 하여 정사각형 을정

方形。 又以乙戊小半徑, 作乙戊戊亥正方形。

신유를 그리고, 단반경 을무를 한 변으로 하여 정사각형 을무술해를 그려 보자.

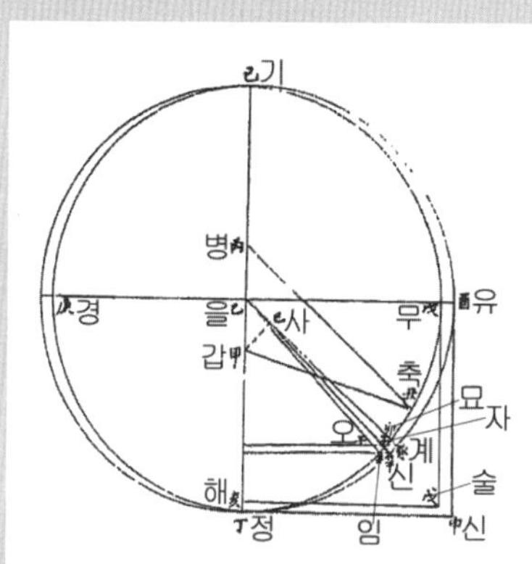

兩積相減, 餘酉申丁亥戊戊磬折形積, 與兩心差自乘之甲乙乾坎正方積等。【乙丁與甲戊等, 爲弦。 乙戊爲股, 甲乙爲勾。股、弦兩方相減, 與勾方等。】

두 정사각형의 면적 차를 구하면 'ㄴ'자형 유신정해술무가 남는데, 그 면적은 양심차의 제곱과 같은, 정사각형 갑을건감의 면적과 같다.【△갑을무에서 을정과 같은 갑무가 현이고, 을무가 고이고, 갑을이 구이다. 고와 현을 각기 한 변으로 하는 정사각형의 면적 차를 구하면 구를 한 변으로 하는 정사각형의 면적과 같다.】

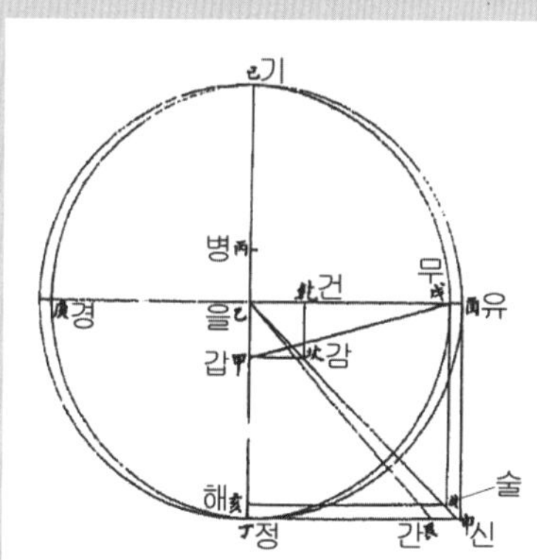

斜分而半之, 則乙甲坎勾股積, 即與酉申戌戊斜尖長方積等。 而申艮倍橢圓差, 與酉申相乘, 折半之乙申艮三角積, 原與酉申震戊長方積等。【乙申艮三角形, 與酉申震戊

세 정사각형을 대각선[사(斜)]으로 양분하면, 직각삼각형[구고(勾股)] 을갑감의 면적이 곧 사다리꼴[사첨장방(斜尖長方)] 유신술무(酉申戌戊)의 면적과 같다. 타원차의 2배인 신간(申艮)을 유신(酉申)과 서로 곱하여 절반을 취한 삼각형

長方形, 同以酉申爲高, 而申艮爲申震之一倍。以申艮與酉申相乘, 折半, 得乙申艮三角積。 故與酉申震戊長方積等。】比酉申戌戊斜尖長方積, 僅多申震戌一小勾股積。則借乙申艮三角積, 爲與乙甲坎勾股積相等可也。

△을신간(乙申艮)의 면적은 원래 직사각형 ▭유신진무(酉申震戊)의 면적과 같아서,【삼각형 △을신간과 직사각형 ▭유신진무는 공히 유신을 높이로 하며, 신간은 신진(申震)의 2배이다. 신간과 유신을 서로 곱하여 절반을 취하면 △을신간의 면적이 나온다. 따라서 △을신간의 면적은 ▭유신진무의 면적과 같다.】 사다리꼴 ⏢유신술무의 면적보다 단지 작은 직각삼각형 ◺신진술(申震戌)의 면적 하나만큼 클 뿐이다. 따라서 삼각형 △을신간의 면적을 빌려서 직각삼각형 ◺을갑감의 면적과 서로 같다고 놓을 수 있다.

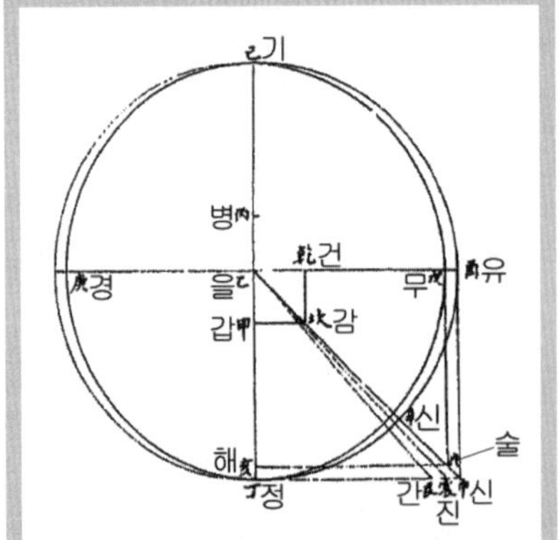

又以方爲斜. 截丁辛弧, 爲四十五度。乙辛與乙丁等, 辛巽爲四十五度之正弦, 辛離爲四十五度之餘弦。

또 정사각형의 대각선[사(斜)]을 그리면 정신(丁辛)이 45도가 되도록 원을 분할하게 되는데, 을신(乙辛)과 을정이 같고, 신손(辛巽)은 45도의 정현이 되고, 신리(辛離)는 45도의 여현이 된다.

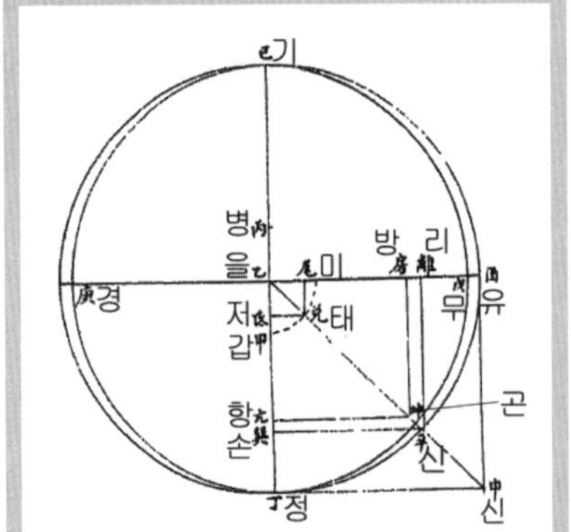

依乙戊小半徑[111], 截乙辛線於坤, 依乙甲兩心差, 截乙辛線於兑。

단반경 을무의 길이에 따라 을신 선을 '곤'에서 끊고, 양심차 을갑의 길이에 따라 을신 선을

與辛巽平行, 作坤亢、兌氐二線。與辛離平行, 作坤房、兌尾二線。所成正方, 各爲前圖正方積之一半。

'태'에서 끊는다. 그리고 신손과 평행하게 곤항, 태저 두 선을 긋고, 신리와 평행하게 곤방, 태미 두 선을 긋는다. 이렇게 만들어진 정사각형들의 면적은 각기 앞 그림의 정사각형들의 면적의 절반이 된다.

則於離辛巽乙正方形內, 減房坤亢乙正方形, 餘離辛巽亢坤房磬折形積, 亦與乙尾兌氐正方積等。乙兌氐勾股積, 亦與離辛坤房斜尖長方積等。

그러면 정사각형 리신손을(離辛巽乙)에서 정사각형 방곤항을을 뺐을 때 'ㄴ'자형 리신손항곤방(離辛巽亢坤房)이 남는데, 이는 정사각형 을미태저의 면적과도 같다. 따라서 직각삼각형 ⊾을태저의 면적은 사다리꼴 ⏢리신곤방(離辛坤房)의 면적과 같다.

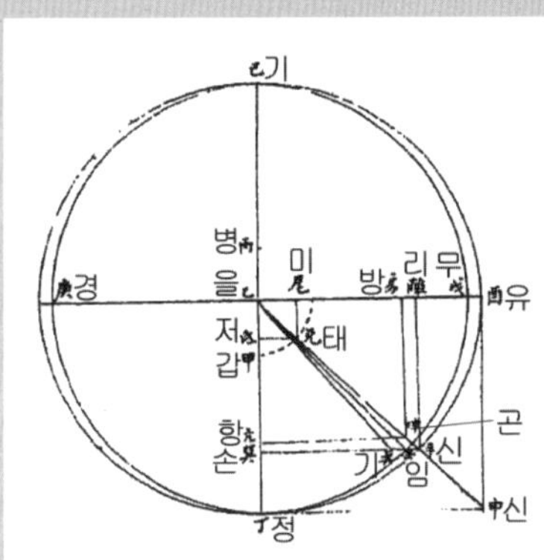

而辛箕倍橢圓差, 乘辛離餘弦, 折半之乙辛箕三角積, 原與離辛壬房長方積等。【辛壬爲四十五度之橢圓差, 辛箕爲倍差。與辛離餘弦相乘, 折半, 得乙辛箕積。故與離辛壬房長方積等。】比離辛坤房斜尖長方積, 僅多辛壬坤一小勾股積。則借乙辛箕三角積, 爲與乙兌氐勾股積相等亦可也。

그리고 타원차의 2배인 신기를 45도의 여현인 신리와 곱하여 절반을 취한 삼각형 △을신기의 면적은 원래 직사각형 ▭리신임방의 면적과 같아서,【신임은 45도에 대한 타원차이고, 신기는 타원차의 2배이다. 신기를 45도의 여현인 신리와 서로 곱하여 절반을 취하면 △을신기의 면적이 나온다. 따라서 △을신기의 면적은 직사각형 ▭리신임방의 면적과 같다.】 사다리꼴 ⏢리신곤방의 면적보다 단지 작은 직각삼각형 ⊾신임곤의 면적 하나만큼 클 뿐이다. 따라서 삼각형 △을신기의 면적을 빌려서 직각삼각형 ⊾을태저의 면적과 서로 같다고 놓을 수 있다.

由此推之，逐度之正弦、餘弦所成之勾股，雖非正方，而斜弦不改，則各數比例皆同。

이와 같은 방법으로 계산하면 매 도(度)의 정현과 여현으로 만들어지는 직각삼각형이 비록 정사각형의 절반이 안니더라도 빗변인 현은 바뀌지 않으므로 각 수의 비[112]가 모두 같다.

試自與丙丑平行之乙癸線所截之癸點，作癸未正弦、癸斗餘弦。又依乙戊小半徑[113]，截乙癸線於牛，作牛女、牛虛二線。又依甲乙兩心差，截乙癸線於水，作水火、水金二線。皆相平行。

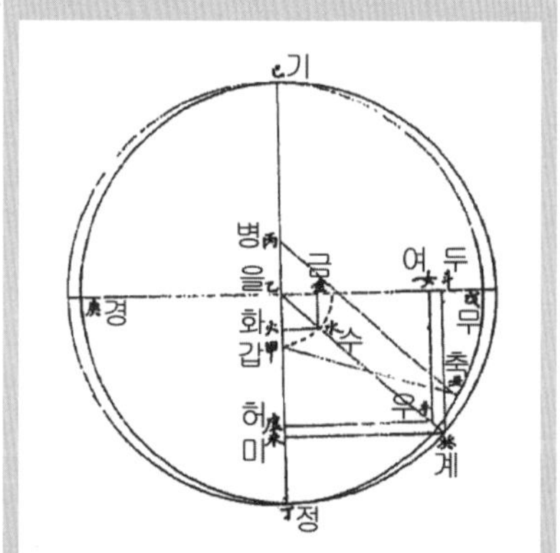

병축과 평행인 을계 선이 원을 끊는 '계'점에서 정현 계미와 여현 계두를 그어 보자. 그리고 단반경 을무의 길이로 을계 선을 '우'에서 끊어 우허, 우여 두 선을 긋고, 또 양심차인 갑을의 길이로 을계 선을 '수'에서 끊어 수화, 수금 두 선을 그어 보자. 그러면 각 정현선과 여현선이 모두 서로 평행하다.

則於斗癸未乙長方形內，減去女牛虛乙長方形，餘斗癸未虛牛女磬折形積，亦與金水火乙長方積等。乙水火勾股積，亦與斗癸牛女斜尖長方積等。

그러면 직사각형 ▭두계미을에서 직사각형 ▭여우허을을 빼어 'ㄴ'자형 두계미허우여의 면적이 남는데, 이는 직사각형 ▭금수화을의 면적과도 같다. 따라서 직각삼각형 ◺을수화의 면적은 사다리꼴 ⏢두계우여의 면적과 같다.[114]

而癸午倍橢圓差，乘癸斗餘弦【與乙未等。】，折半之乙癸午三角積，原與斗癸子女長方積等。【癸子爲橢圓

그리고 타원차의 2배인 계오를 여현인 계두【을미와 같다.】와 곱하여 절반을 취한 삼각형 △을계오의 면적은 원래 직사각형 ▭두계자여의

差，癸午爲倍差。與癸斗餘弦相乘，折半，得乙癸午積。故與斗癸子女長方積等。】 比斗癸牛女斜尖長方積，僅多癸牛子一小勾股積。 則借乙癸午積，爲亦與乙水火勾股積等。

면적과 같아서【$\overline{\text{계자}}$는 타원차이고, $\overline{\text{계오}}$는 타원차의 2배이다. $\overline{\text{계오}}$를 여현인 $\overline{\text{계두}}$와 서로 곱한 후에 절반을 취하면 △을계오의 면적이 나온다. 따라서 △을계오의 면적은 ▭두계자여의 면적과 같다.】 사다리꼴 ⏢두계우여의 면적보다 단지 작은 직각삼각형 ⊿계우자의 면적 하나만큼 클 뿐이다. 따라서 △을계오의 면적을 빌려서 직각삼각형 ⊿을수화의 면적과도 같다고 놓는다.[115]

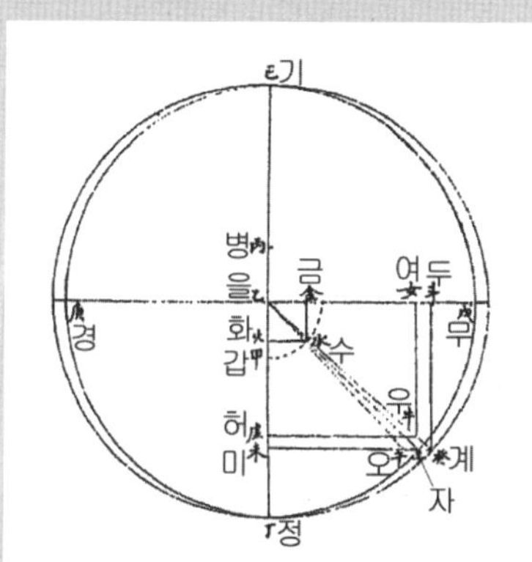

而甲乙土勾股，與乙水火勾股，爲相等形。【同用一乙角，土角與火角，同爲直角，而甲乙與乙水等。故三邊及面積皆相等。】 比甲乙巳積，僅多甲巳土一小弧矢積。其差只在微纖之間。故謂甲乙巳積，與乙癸午積相等也。

그리고 직각삼각형 ⊿갑을토는 직각삼각형 ⊿을수화와 합동이므로, ⊿을수화는 갑을사의 면적보다 단지 작은 활꼴[호시(弧矢)] 갑사토의 면적 하나만큼 클 뿐이다. 그 차가 단지 미(微 $\frac{1}{60}$초), 섬(纖 $\frac{1}{60}$미) 단위의 작은 수에 불과하므로 갑을사의 면적이 △을계오의 면적과 서로 같다고 간주한다.

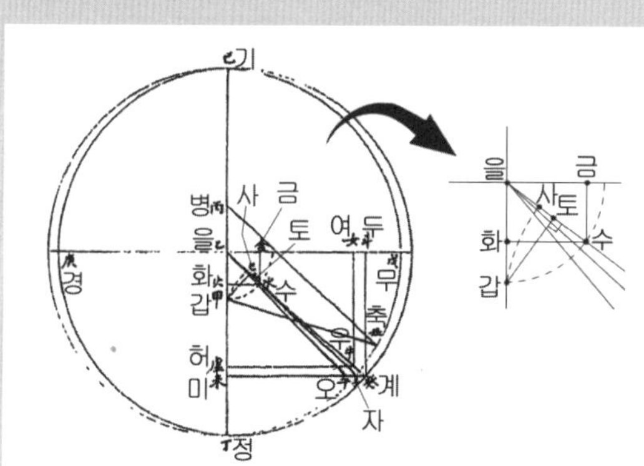

此法所得實行, 較前法多百分秒之二十四。

이 방법으로 계산된 실제운행도수는 앞의 방법으로 계산된 값보다 $\frac{24}{100}$초만큼 큰데,[116] 그 까닭은 다음과 같다.

蓋乙卯丁積, 比乙壬丁積, 多乙卯壬積, 實與甲乙土積等。 而比甲丑丁積, 僅多甲乙巳積。

▽을묘정의 면적은 ▽을임정의 면적보다 ▽을묘임의 면적만큼 큰데, ▽을묘임의 면적은 실로 △갑을토의 면적과 같다. 그런데 ▽을묘정의 면적은 ▽갑축정의 면적보다 겨우 갑을사의 면적만큼만 크다.

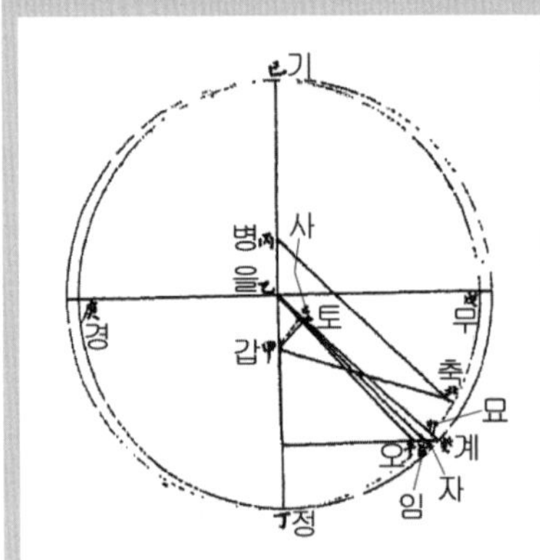

則是甲丑丁積, 比乙壬丁四十五度積, 爲稍大。故所得實行丑甲丁角, 亦稍大。計其所大之數, 適與甲巳土弧矢積度, 相去不遠。

그렇다면 이 ▽갑축정의 면적은 면적도수가 45도인 ▽을임정의 면적보다 조금 크다. 이 때문에 계산된 실제운행도수인 ∠축갑정 역시 조금 큰 것이다. 그 큰 차를 계산하면 활꼴[호시(弧矢)] 갑사토의 면적도수와 차이가 크지 않다.

至於以乙癸午三角積, 爲與斗癸牛女斜尖長方積等, 其數微多。【多癸牛子勾股積。】以癸午爲倍橢圓差, 其數微少。 然其多少之差, 約足相抵, 可不計也。

삼각형 △을계오의 면적을 사다리꼴 ⏢두계우여의 면적과 같다고 놓은 것으로 말하면, 실은 그 수치가 조금 크고,【직각삼각형 ◺계우자의 면적만큼 크다.】 $\overline{계오}$를 타원차의 2배로 놓은 것은 실은 그 수치가 조금 작다. 그러나 그 크고 작은 차가 대략 서로 상쇄되기에 충분하므로 계산하지 않아도 된다.

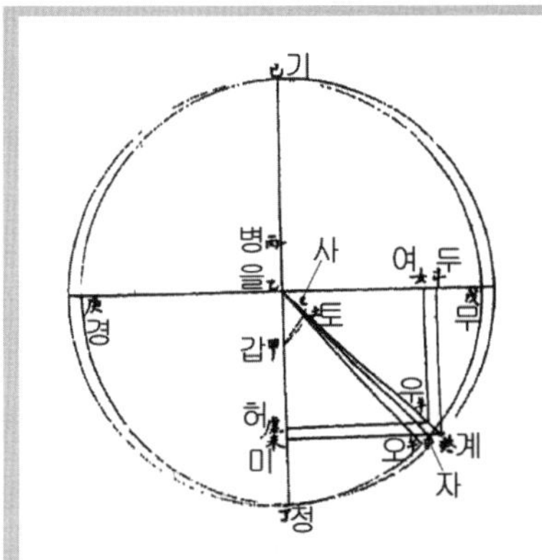

又如太陽平行距最卑後九十度，求實行若干度分。

또 예를 들어 태양의 평균운행도수(면적도수)가 근지점 이후 90도일 때 실제운행도수(각도)가 몇 도 몇 분인지 구해 보자.

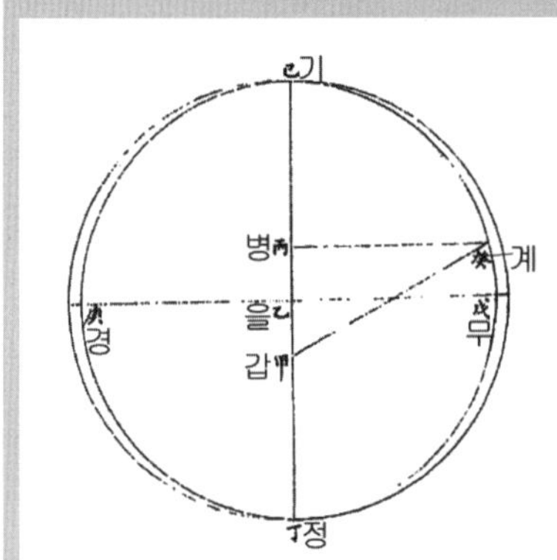

先從本天心，設丁乙戊角九十度，則乙戊丁分橢圓面積，亦爲九十度。

우선 본천 중심에서 90도(각도)가 되도록 ∠정을무를 설정하면 타원을 분할한 ▽을무정의 면적 역시 90도(면적도수)가 된다.

次與乙戊平行，作丙癸線，自甲至癸，作甲癸線，則丙角與戊乙丁角等。而甲癸丁分橢圓面積，即爲九十度。 與乙戊丁積等，【九十度，無橢圓差。解見後。】是爲平行。癸甲

다음으로, $\overline{\text{을무}}$와 평행하게 $\overline{\text{병계}}$ 선을 긋고, ‘갑’에서 ‘계’까지 $\overline{\text{갑계}}$ 선을 그으면, ∠병과 ∠무을정이 같게 된다. 그리고 타원을 분할한 ▽갑계정의 면적이 곧 90도(면적도수)로서, ▽을무정의 면적과 같은데,【평균운행도수 90도에서는 타원

丁角, 即爲實行。

차가 없다. 해설은 뒤에 보인다.】 이것이 평균운행도수이고, ∠계갑정이 곧 실제운행도수이다.

乃將丙癸線, 引長至子, 使癸子與甲癸等, 則丙子爲二千萬。又自甲至子, 作甲子線, 成甲丙子三角形, 求得子角五十八分五秒【小餘五五】。倍之, 得一度五十六分一十一秒【小餘一○】, 即甲丙癸形之癸角度。

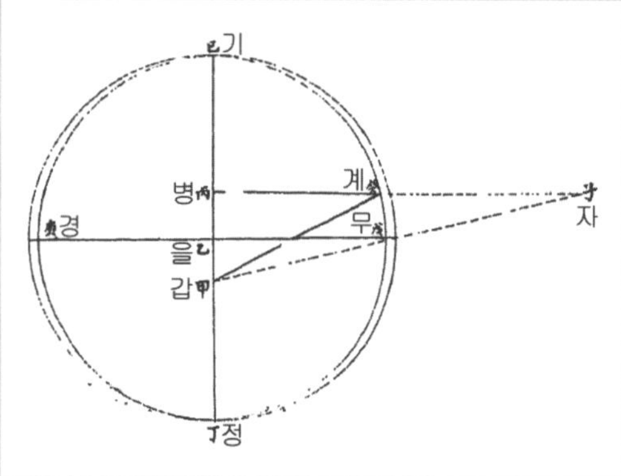

이제 $\overline{\text{병계}}$ 선을 '자'까지 연장하여 $\overline{\text{계자}}$와 $\overline{\text{갑계}}$가 같게 하면, $\overline{\text{병자}}$가 2천만이 된다. 또 '갑'에서 '자'까지 $\overline{\text{갑자}}$ 선을 그어 △갑병자를 만들고 ∠자를 계산하면 58분5.55초가 나온다.[117] 이 수를 2배하면 1도56분11.10초가 나오는데, 이것이 곧 △갑병계의 ∠계이다.

與丙角九十度相加, 得九十一度五十六分一十一秒【小餘一○】, 爲癸甲丁角度, 即平行距最卑後九十度時之實行度也。

이 수를 ∠병 90도와 서로 더하면 91도56분11.10초가 나오는데, 이것이 ∠계갑정으로서, 곧 평균운행도수가 근지점 이후 90도(면적도수)일 때 실제운행도수(각도)이다.

蓋乙戊丁爲橢圓四分之一, 其積爲九十度。戊乙丁角亦九十度。【積度與角度, 同爲一線。故無橢圓差角[118]。】

▽을무정은 타원의 $\frac{1}{4}$이므로 그 면적이 90도(면적도수)이고, ∠무을정 역시 90도(각도)이다.【적도(積度 면적도수)의 분할선과 각도의 분할선이 공히 하나의 직선이므로 타원차각이 0도이다.】

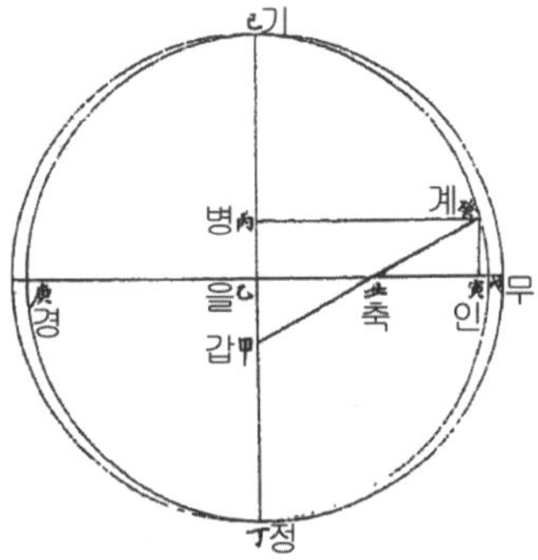

丙角既與乙角等, 甲癸丁積又與乙戊丁積等.【甲癸丁積, 比乙戊丁積, 多一丑癸戊形, 少一甲乙丑形, 而甲乙丑積與丑癸寅積等。是丑癸戊形, 比甲乙丑形, 僅多癸戊寅一小弧矢積。故謂丑癸戊積與甲乙丑積等。 而甲癸丁積, 亦謂與乙戊丁積等。】故即以平行積度爲丙角, 而求甲角, 爲實行度也。

∠병은 ∠을과 같고, ▽갑계정의 면적은 또 ▽을무정의 면적과 같다.【▽갑계정의 면적은 ▽을무정의 면적보다 ▽축계무 하나만큼 크고 △갑을축 하나만큼 작은데, △갑을축의 면적은 △축계인의 면적과 같다. 그러므로 ▽축계무가 △갑을축보다 단지 작은 활꼴[호시(弧矢)]의 면적 하나만큼 클 뿐이다. 따라서 ▽축계무의 면적과 △갑을축의 면적이 같다고 간주하고, ▽갑계정의 면적 역시 ▽을무정의 면적과 같다고 간주한다.】 따라서 곧장 평균운행 면적도수를 ∠병으로 삼아 ∠갑을 구하면 실제운행도수가 된다.

此法所得實行, 較前法多百分秒之六十七。

이 방법으로 계산한 실제운행도수는 앞의 방법으로 계산한 값보다 $\frac{67}{100}$초만큼 큰데,[119] 그 까닭은 다음과 같다.

蓋甲癸丁積, 比乙戊丁積, 多癸戊寅弧矢積, 九十度稍大。故實行亦稍大。

▽갑계정의 면적은 ▽을무정의 면적보다 활꼴 계무인의 면적만큼 커서 90도보다 조금 크다. 이 때문에 실제운행도수도 조금 큰 것이다.

又丙角至九十度, 則弧矢之癸寅半弦, 與甲乙兩心差相等。 是爲

또 ∠병이 90도가 되면 활꼴의 반현(半弦)인 $\overline{\text{계인}}$이 양심차 $\overline{\text{갑을}}$과 서로 같아진다. 여기에

最長, 積亦最大。故所差最多, 過此則所差又漸少矣。

서 활꼴의 반현이 가장 길고 활꼴의 면적도 가장 커지므로 실제운행도수의 오차가 최대가 되고, 이곳을 지나면 오차가 또 점차 작아진다.

又如太陽平行距最卑後一百二十度, 求實行若干度分。

또 예를 들어, 태양의 평균운행도수(면적도수)가 근지점 이후 120도일 때 실제운행도수(각도)가 몇 도 몇 분인지 구해 보자.

先從本天心, 設丁乙癸角一百二十度。

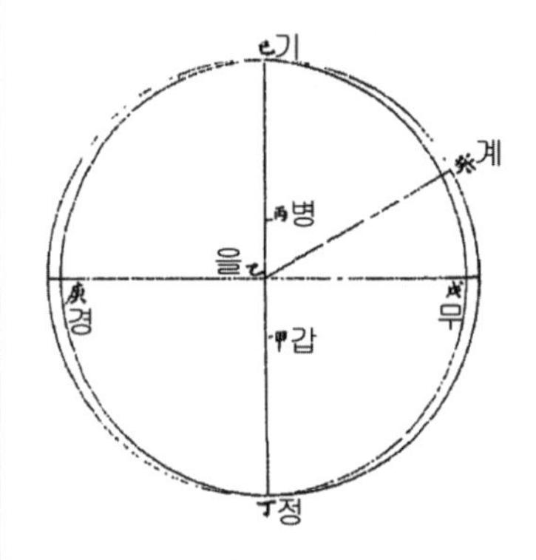

우선 본천의 중심에서 120도(각도)가 되도록 ∠정을계를 설정한다.

則乙子丁分橢圓面積, 亦爲一百二十度。

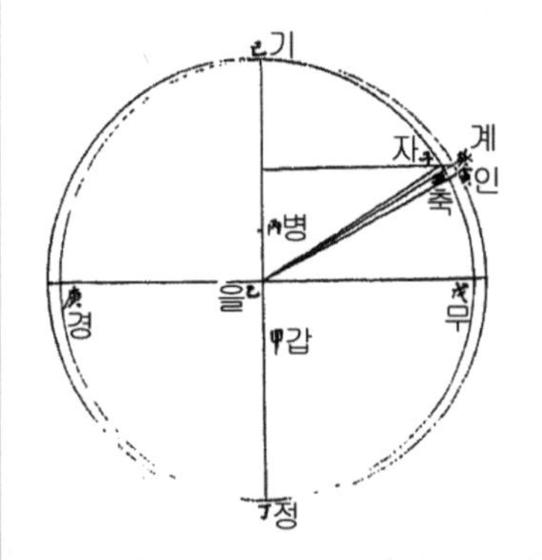

그러면 타원을 분할한 ♡을자정의 면적 역시 120도(면적도수)가 된다.

次將丁乙癸角, 減丑乙寅橢圓差角, 【九十度以外, 小一橢圓差角。故減。】則比[120]癸乙己外角, 大一橢圓差角。

다음으로, ∠정을계에서 타원차각인 ∠축을인을 빼면,【평균운행도수가 90도 이상이면 타원차각 하나만큼 작으므로 뺀다.】 그 외각은 외각 ∠계을기보다 타원차각 하나만큼 커진다.

以橢圓小半徑九九九八五七一【小餘八五】爲一率, 大半徑一千萬爲二率, 所設癸乙己外角六十度之正切一七三二〇五〇八爲三率, 求得四率一七三二二九八一【小餘九八】, 爲己乙寅外角之正切。檢表, 得六十度〇分一十二秒【小餘七六】, 即己乙寅外角度。

타원의 단반경 9998571.85를 1률로 삼고, 장반경 1천만을 2율로 삼고, 처음에 설정한 외각 ∠계을기 60도의 정절(正切 tan값) 17320508을 3률로 삼아서 계산하면 4율로 17322981.98이 나오는데, 이것이 외각 ∠기을인의 정절이다. 이 수를 가지고 정절표(正切表 tan표)를 검색하면 60도0분12.76초가 나오는데, 이것이 곧 외각 ∠기을인이다.

與一百八十度相減, 餘一百一十九度五十九分四十七秒【小餘二四】, 即寅乙丁內角度。

이 수와 180도의 차를 구하면 119도59분17.24초가 남는데, 이것이 곧 내각 ∠인을정이다.

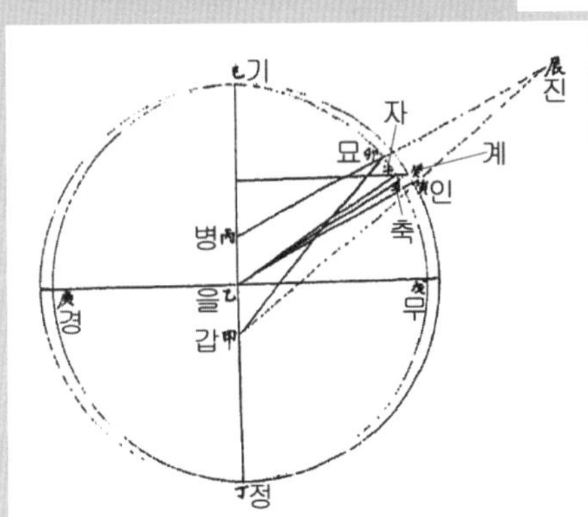

次與乙寅平行, 作丙卯線, 自甲作甲卯線, 則丙角與寅乙丁角等。甲卯丁積爲分橢圓一百二十度之面積, 與乙子丁積

다음으로, 을인과 평행하게 병묘선을 긋고 '갑'에서 갑묘선을 그으면, ∠병과 ∠인을정이 같고, ▽갑묘정의 면적이 타원을 면적도수 120도만큼 분할한 면적으로서, ▽을자정의 면적과 같다. 이것이 평균운행도수(면적도수)이고, ∠묘갑정이 곧 실제운행도수(각도)이다.

等。是爲平行，卯甲丁角，即爲實行。

乃將丙卯線，引長至辰，使卯辰與甲卯等，則丙辰爲二千萬。

이제 병묘 선을 '진'까지 연장하여 묘진 과 갑묘 가 같게 하면, 병진 이 2천만이 된다.

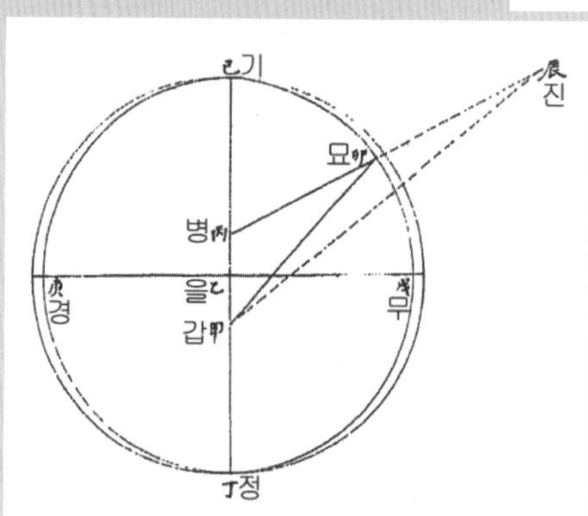

又自甲至辰，作甲辰線，成甲丙辰三角形，求得辰角四十九分五十三秒【小餘四六】。倍之，得一度三十九分四十六秒【小餘九二】，即甲丙卯形之卯角度。

또 '갑'에서 '진'까지 갑진 선을 그어 삼각형 △갑병진을 만들고, ∠진을 계산하면 49분53.46초가 나온다.[121] 이 수를 2배하면 1도39분46.92초가 나오는데, 이것이 곧 △갑병묘의 ∠묘이다.

與丙內角一百一十九度五十九分四十七秒【小餘二四】相加，得一百二十一度三十九分三十四秒【小餘一六】，爲卯甲丁角度，即平行距最卑後一百二十度時之實行度也。

이 수를 내각인 ∠병 119도59분47.24초와 서로 더하면 121도39분34.16초가 나오는데, 이것이 ∠묘갑정으로서, 곧 평균운행도수(면적도수)가 근지점 이후 120도일 때 실제운행도수(각도)이다.

蓋與丙卯平行之乙寅線，截本天於巳。所截之乙巳丁積，比甲卯丁積，小一卯巳午形，與甲乙未形

병묘 와 평행인 을인 선이 본천을 '사'에서 끊는다. 이렇게 하여 타원을 분할한 ▽을사정의 면적은 ▽갑묘정의 면적보다 묘사오 하나만큼 작

等。【乙巳丁積，比甲卯丁積，少一卯巳酉形，多一甲乙酉形。而甲乙酉形，與卯午酉形等。以多補少，仍少一卯巳午形。又將乙巳線，引長至未，使酉未與酉巳等。而酉甲原與酉卯等，卯午原與甲乙等。故作甲未弧，則卯巳午積，即與甲乙未積等。】

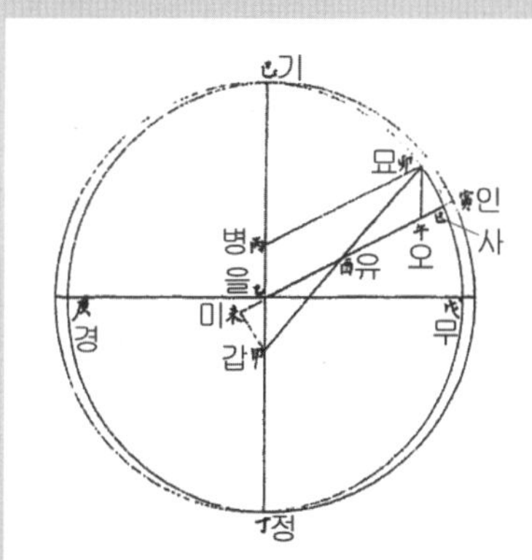

은데, 묘사오의 면적은 갑을미의 면적과 같다. 【▽을사정의 면적은 ▽갑묘정의 면적보다 ▽묘사유 하나만큼 작고 △갑을유 하나만큼 크다. 그런데 △갑을유는 △묘오유와 면적이 같으므로, ▽을사정의 면적이 ▽갑묘정의 면적보다 큰 면적으로 작은 면적을 메꾸면 묘사오의 면적 하나만큼이 작다. 또 을사를 '미'까지 연장하여 유미와 유사가 같게 한다. 유갑은 원래 유묘와 같고, 묘오는 원래 갑을과 같으므로, 갑미[122]를 그리면 묘사오의 면적이 곧 갑을미의 면적과 같게 된다.

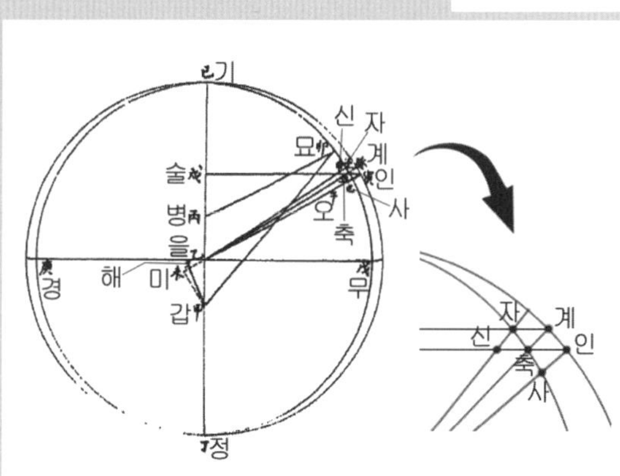

此甲乙未形之積，與寅申倍橢圓差乘乙戌餘弦，折半之乙寅申三角形積等，【寅丑、癸子皆橢圓差，而癸子微小於寅丑，丑申又微小於癸子。然爲數無多，故謂寅申爲倍差。與乙戌餘弦相乘，折半得積，與甲乙亥勾股積等。比甲乙未積，僅小甲未亥一小弧矢積。故借甲乙

이 갑을미의 면적은 타원차의 2배인 인신을 ∠인을술의 여현인 을술에 곱하여 절반을 취한 △을인신의 면적과 같고, 【인축과 계자가 모두 타원차인데, 계자가 인축보다 조금 작고, 축신은 또 계자보다 조금 작다. 그러나 그 수치가 크지 않기 때문에 인신을 타원차의 2배로 간주한다. 인신을 여현 을술과 서로 곱하여 절반을 취해 나온 면적은 직각삼각형 ◺갑을해의 면적과 같고, 갑을미의 면적보다는 단지 작은 활꼴 갑미해의 면적만큼 작을 뿐이다. 이 때문에 갑을미의 면적을 빌려 을인신의 면적과 같다고 놓았다.】 또한 곧 ▽을자사의

未積，爲與乙寅申積等。】 亦即與乙子巳積等。【與前法同。】

면적과도 같다.【앞의 계산법에서와 같다.[123]】

夫乙巳丁積，比乙子丁，小一乙子巳積。比甲卯丁積，小一甲乙未積。

▽을사정의 면적은 ▽을자정의 면적보다 ▽을자사의 면적 하나만큼 작고, ▽갑묘정의 면적보다 갑을미의 면적 하나만큼 작다.

甲乙未積，既與乙子巳積等，則甲卯丁積，必與乙子丁積等。 而乙子丁爲分橢圓一百二十度之面積，癸乙丁角爲一百二十度之角。

갑을미의 면적이 ▽을자사의 면적과 같으므로 ▽갑묘정의 면적은 반드시 ▽을자정의 면적과 같다. 그리고 ▽을자정은 타원을 면적도수 120도만큼 분할한 면적이고, ∠계을정은 120도의 각이다.

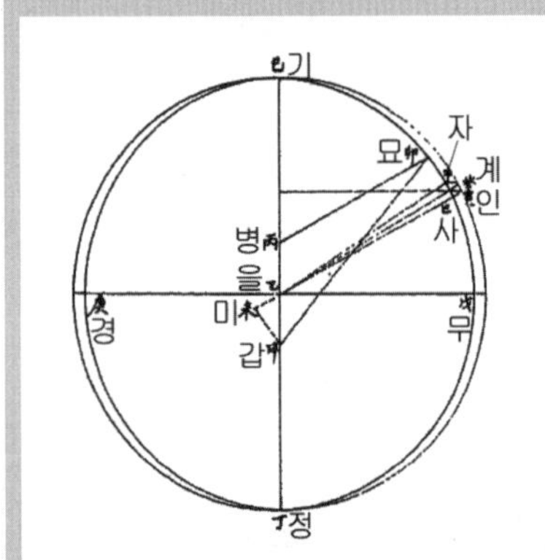

寅乙丁角，比癸乙丁角，原小一橢圓差角。 卯丙丁角， 又原與寅乙丁角等。故於平行一百二十度內，減一橢圓差角，爲丙角。

∠인을정은 ∠계을정보다 원래 타원차각 하나만큼 작고, ∠묘병정은 또 원래 ∠인을정과 같다. 따라서 평균운행 120도(면적도수)에서 타원차각 하나를 빼면 ∠병이 된다.

其甲卯線所截橢圓積， 即與平行度相等。而求得甲角，爲實行度也。

$\overline{\text{갑묘}}$선이 분할하는 타원의 면적이 곧 평균운행의 면적도수와 서로 같으므로, ∠갑을 구하면 이것이 실제운행도수가 된다.

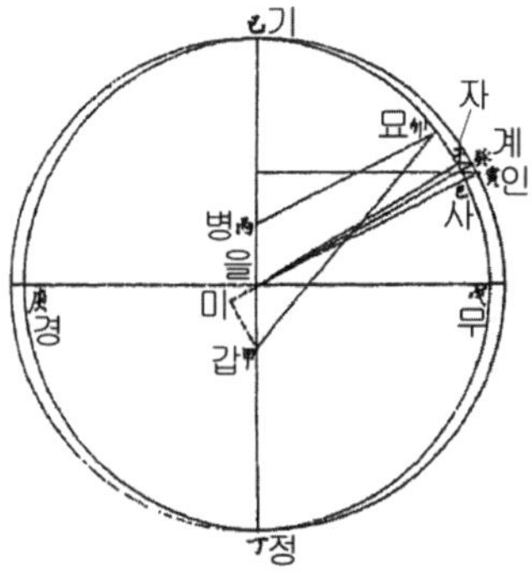

此法所得實行, 較之前法, 多百分秒之四十一。

이 방법으로 구한 실제운행도수는 앞의 방법으로 계산한 값보다 $\frac{41}{100}$ 만큼 큰데,[124] 그 까닭은 다음과 같다.

蓋乙巳丁積, 比乙子丁積, 少乙子巳積, 僅與甲乙亥積等。而比甲卯丁積, 則少甲乙未積。是甲卯丁積, 比乙子丁一百二十度積, 爲稍大。故所得實行卯甲丁角, 亦稍大。

▽을사정의 면적은 ▽을자정의 면적보다 ▽을자사의 면적만큼 작은데, ▽을자사의 면적은 단지 갑을해의 면적과 같을 뿐이다. 그리고 ▽을사정의 면적은 ▽갑묘정의 면적보다 갑을미의 면적만큼 작으므로, ▽갑묘정의 면적은 ▽을자정의 면적 120도(면적도수)보다 조금 크다. 따라서 실제운행도수로 계산되어 나온 ∠묘갑정 역시 조금 큰 것이다.

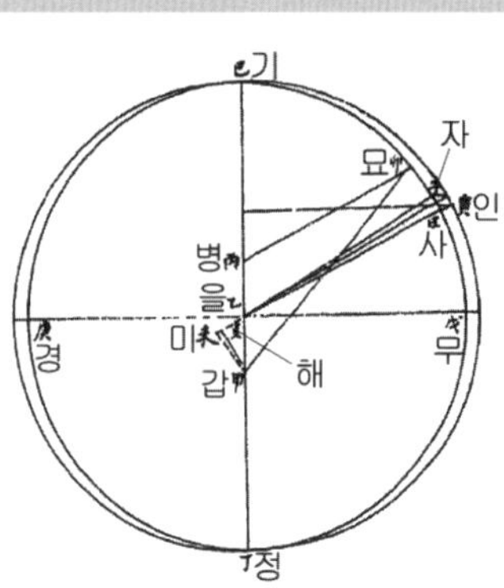

然所差最大者, 不過半秒有奇, 不

그렇지만 최대 오차가 $\frac{1}{2}$초 남짓에 불과하여 정

爲不密，而法最爲簡便。故日躔求實行，用此法也。	밀하지 않다고 할 수 없고 계산법이 매우 간편하므로 태양의 실제운행 계산에는 이 방법을 사용한다.

한 것이 된다.

88) 이를……면적이다: 호의 길이를 이용하여 부채꼴의 면적을 구하는 공식 $S=\frac{1}{2}rl$을 사용한 것이다.

89) 大半徑: 각주 85)와 같다.

90) 小半徑: 각주 84)와 같다.

91) 절선분외각법(切線分外角法): 삼각형의 두 변 a, b와 사잇각 $\angle C$를 알 때 다음의 비례식을 이용하여 b의 대각 $\angle B$를 구하는 계산법이다. $(a+b):(a-b)=\tan\frac{180도-\angle C}{2}:\tan(\frac{180도-\angle C}{2}-\angle B)$. 유도 과정은 [보충자료 12]를 참조하라.

92) ∠임……구해진다: 위 각주의 '절선분외각법' 비례식에 $a=$2천만, $b=338000$, $\angle C=120$도를 대입하여 계산하면 $\angle B=$49분53.35초가 나온다. 또 다음의 sin공식을 이용하면 $\overline{병임}=$ 20,171,124가 나온다.

$$\sin(\angle B):(\overline{갑병}=338000)=\sin(\angle C):\overline{병임}$$

끝자리 수가 조금씩 다른 것은《역상고성후편》편찬 당시 계산의 정밀도가 현대의 전자계산기와 같을 수 없었기 때문이다.

93) 小半徑: 각주 85)와 같다.

94) 大半徑: 각주 86)과 같다.

95) 大半徑: 상동.

96) 小半徑: 각주 85)와 같다.

97) 만약……구한다면: 지금까지 제시된 '각도를 가지고 면적도수 구하기[이각구적(以角求積)]'의 역방향의 계산을 수행하여 검산함을 말한다.

98) 大半徑: 각주 86)과 같다.

99) 小半徑: 각주 85)와 같다.

100) 면적도수 1도에 해당하는 면적: ▽갑임계의 면적을 계산하기 위한 비례식에서 3률로 사용한 ▽갑신정의 면적이다.

101) 이렇게……것이다: 부채꼴의 양 옆변 중에 근지점에 가까운 옆변을 가지고 계산했기 때문이다. [보충자료 15] 참조.

102) 절선분외각법(切線分外角法)을……구해진다: △계갑병에 절선분외각법의 공식을 적용한 다음의 비례식을 이용하여 먼저 ∠계를 구한 후에,

$$(\overline{병계}+\overline{병갑}):(\overline{병계}-\overline{병갑})=\tan\frac{180도-\angle 병}{2}:\tan(\frac{180도-\angle 병}{2}-\angle 계)$$

△계갑병에 sin공식을 적용한 다음의 비례식을 이용하여 $\overline{갑계}$를 구하는 것이다.

$$\sin(\angle 계):\overline{병갑}=\sin(\angle 병):\overline{갑계}$$

103) 仍: '여전히', '아직', '그대로'라는 말이다. 문맥상 '이미'[旣, 已]라는 말이 되어야 할 듯하다.

104) ∠임을정을……삼은 것: 이는 '계'점을 정하여 ▽갑계정을 지정하기 위한 것이다.

105) 면적을……비교하기: 면적도수 45도인 ▽을임정의 면적을 빌려서 ▽갑계정의 면적과 비교한 결과로 ▽갑계정의 면적이 면적도수 45도에 못 미침을 알게 된 것이다.

106) 타원의……없다: 타원을 면적도수 1도만큼 분할한 면적이 872539995229이므로, 면적도수 n도만큼 분할한 면적은 n×872539995229로 주어진다. 이 때문에 본문에서 ▽을임정의 면적을 별도의 계산 과정이 없이 '타원을 면적도수 45도만큼 분할한 면적'임에 따라 곧장(45×872539995229=) 39264299785292라고 제시한 것이다.

107) 이……간편하다: [보충자료 16] 참조.

108) 절선분외각법(切線分外角法)을……계산하면: △갑인병에 절선분외각법의 공식을 적용하여 다음의 비례식을 계산하는 것이다.

$$(\overline{병인}+\overline{병갑}) : (\overline{병갑}-\overline{병인}) = \tan\frac{180도-\angle 병}{2} : \tan(\frac{180도-\angle 병}{2}-\angle 인)$$

109) 갑을사: 이 그림에는 '갑'과 '사'가 직선으로 연결되어 갑을사가 삼각형인 것처럼 보이지만, 뒤에서 갑을사의 면적이 △을계오의 면적과 거의 같음을 보인 [그림 9-50]에서는 타원의 중심 '을'쪽으로 불룩한 $\overset{\frown}{갑사}$ 호로 그려져 있고, 해당 부분의 설명문에서도 $\overset{\frown}{갑사}$가 활꼴의 호임을 알 수 있다.

110) ▽진갑사: 이 그림에서는 삼각형인 것처럼 보이지만 실은 부채꼴이다. 위의 각주 109) 참조.

111) 小半徑: 각주 85)와 같다.

112) 각 수의 비: 앞의 "그러면 정사각형 리신손을(離辛巽乙)에서 정사각형 방곤항을을 빼어"로부터 "◺을태저의 면적과 서로 같다고 간주하는 것 역시 가능하다."까지 제시한 각 변의 관계를 말한다.

113) 小半徑: 각주 85)와 같다.

114) 그러면……같다: '내용정리'의 '7)(3)⑨'항의 수식 참조.

115) 그리고……놓는다: '내용정리'의 '7)(3)⑩'항의 수식 참조.

116) 이 방법으로……큰데: 위에서 계산된 실제운행도수(각도)는 46도23분24.22초이고, 앞의 '면적을 빌려 면적 구하기' 계산법과 그 다른 계산법에서 근지점 이후 45도일 때 실제운행도수(각도)는 각각 46도23분23.98초와 46도23분23.95초로 계산되었다.

117) ∠자를……나온다: ◺갑병자에 절선분외각법의 공식을 적용하여 다음의 비례식을 계산한 결과이다.

$$(\overline{병자}+\overline{갑병}) : (\overline{병자}-\overline{갑병}) = \tan\frac{180도-\angle 병}{2} : \tan(\frac{180도-\angle 병}{2}-\angle 자)$$

118) 角: 저본에는 없으나, 다음의 근거에 의거하여 보충하였다. 타원의 중심 '을'에서 근지점 이후 각도 α도의 분할선을 그었을 때 외접원과 만나는 점이 $A(x, y)$이고, 이와 수평인 타원상의 점이 $B(x', y)$라 하면, '$x-x'$'이 타원차이고, $\angle(A을B)$가 타원차각이다. 따라서 근지점 이후 90도에서 타원차는 '장반경−단반경'이 되고, 타원차각이 0도가 된다. 뒤의 제10장에도 "평균운행 면적도수가……딱 90도이면 타원차각이 없다."라고 하였다.

119) 이 방법으로……큰데: 위에서 계산된 실제운행도수(각도)는 91도56분11.10초이고, 앞의 '면적을 빌려 면적 구하기' 계산법에서 근지점 이후 90도일 때 실제운행도수(각도)는 91도56분10.43초로 계산되었다.

120) 比: 저본과 건륭 7년 내부간본에는 없으니, 전후의 유사 용례에 의거하여 보충하였다.

121) ∠진을……나온다: △갑병진에 절선분외각법의 공식을 적용하여 다음의 비례식을 계산한 결과이다.

$$(\overline{병진}+\overline{갑병}) : (\overline{병진}-\overline{갑병}) = \tan\frac{180도-\angle 병}{2} : \tan(\frac{180도-\angle 병}{2}-\angle 진)$$

122) $\overset{\frown}{갑미}$: 원문의 "甲未弧"를 옮긴 것이다. 그림에서는 직선처럼 그려졌으나 이후의 설명에서 이것이 직선이 아닌 호임이 드러난다.

123) 앞의 계산법에서와 같다: 앞의 계산법은 앞의 내용 중에 '내용 정리'의 '7)(2)②'항에 해당하

내용 정리

1) 태양의 평균운행도수와 실제운행도수

(1) 면적도수와 각도의 차 → 평균운행도수와 실제운행도수차

(2) 태양의 근지점[최비(最卑)] 이후 평균운행도수

: '지구 중심~태양'을 이은 직선이 분할하는 타원의 면적

(3) 평균운행도수로 면적을 나타낸 후에 실제운행도수를 구할 수 있음.

(4) 실제운행도수는 각도임.

2) 평균운행도수와 실제운행도수를 서로 구하기

(1) 실측: 실제운행도수를 먼저 얻은 후에 평균운행도수를 구함.

→ 각도를 가지고 면적을 구함 → 쉬움.

(2) 계산: 평균운행도수를 먼저 설정한 뒤에 실제운행도수를 구함.

→ 면적을 가지고 각도를 구함 → 어려움.

는 부분을 가리킨다. △을인신의 면적이 ▽을자사의 면적과 같은 까닭은 '인축사의 면적이 자축신의 면적과 같기 때문'이라는 뜻이다.

124) 이 방법으로……큰데: 위에서 계산된 실제운행도수(각도)는 121도39분34.16초이고, 앞의 '면적을 빌려 면적 구하기' 계산법에서 근지점 이후 120도일 때 실제운행도수(각도)는 121도39분33.75초로 계산되었다.

보충자료 10 평균근점이각 M, 편심이각 E, 진근점이각 T 사이의 관계

타원궤도에서 M, E, T 사이의 관계는 다음과 같다.

$$M = E - e\sin E \text{ (케플러 방정식)}$$

$$\sin T = \frac{\sqrt{1-e^2}\,\sin E}{1-e\cos E},\ \cos T = \frac{\cos E - e}{1-e\cos E}$$

$$\cos E = \frac{\cos T + e}{1+e\cos T},\ \sin E = \frac{\sqrt{1-e^2}\,\sin T}{1+e\cos T}$$

따라서 관측으로 T를 알면 E를 쉽게 구할 수 있고, 케플러 방정식을 이용하여 M을 구할 수 있다. 그러나 M을 알면 케플러 방정식을 풀어 E를 알아야 하는데 이 방법은 쉽지 않기에 아래 4가지 방법을 소개하고 있다.

3) 각도와 면적을 서로 구하는 4가지 방법

(1) '각도를 가지고 면적을 구하기'[이각구적(以角求積)] 계산법

→ 수학적 원리[수리(數理)]의 실제를 알 수 있음.

(2) '면적을 가지고 각도 구하기'[이적구각(以積求角)] 계산법

→ 비례를 이용한 계산법[술(術)]을 알 수 있음.

(3) '면적을 빌려 면적 구하기'[차적구적(借積求積)] 계산법

(4) '각도를 빌려 각도 구하기'[차각구각(借角求角)] 계산법

→ 상호 보완하여 정교하게 일치시키는 방법을 알 수 있음.((3), (4))

⇒ 이들을 반복하여 함께 고찰하면

'수학적 전개 과정'[수지이합(數之離合)]이 상세히 드러날 것임.

4) '각도를 가지고 면적 구하기'[이각구적] 계산법 도해

(1) 실제운행도수(각도)가 근지점 이후 60도일 때 평균운행도수(면적도수) 구하기

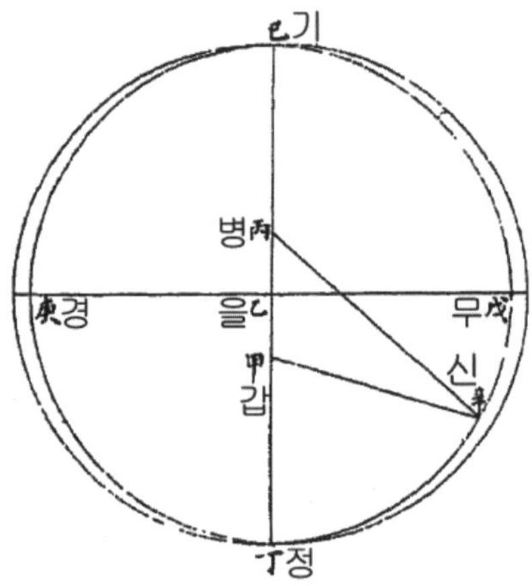

[그림 9-1] 각도를 가지고 면적 구하기(근지점 이후 60도) 1

① [그림 9－1]에서,

갑: 지구 중심

을: 본천 중심

$\overline{\text{갑을}}$: 양심차(兩心差)

$\overline{\text{갑병}}$: 양심차의 2배

타원 정무기경: 본천(태양천)

정: 근지점[최비(最卑)]

기: 원지점[최고(最高)]

② 신: 태양

∠신갑정: 실제운행도수. 근지점 이후 60도(각도)

타원을 분할한 ▽갑신정의 면적도수 ⇒ 평균운행도수

③ [그림 9－2]와 같이

$\overline{\text{갑신}}$을 '임'까지 연장하고

수선 $\overline{\text{병임}}$을 그어 만들어지는 ⊾갑병임에서,

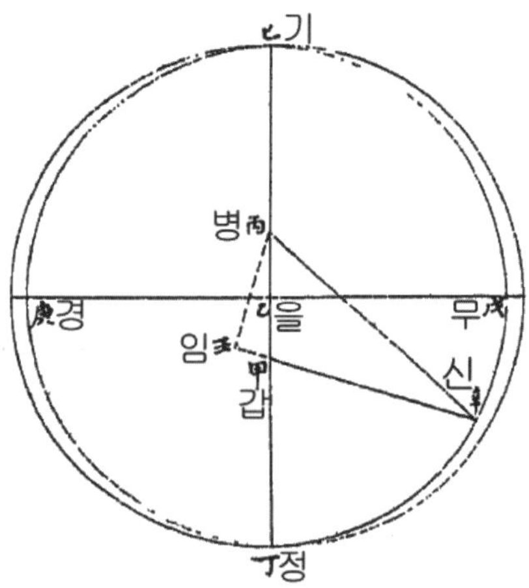

[그림 9-2] 각도를 가지고 면적 구하기(근지점 이후 60도) 2

다음의 비례식을 이용하여 $\overline{\text{병임}}$과 $\overline{\text{갑임}}$ 구하기.

ㄱ. (반경 1천만) : {sin(∠갑 60도)＝8660254}＝(양심차의 2배인 $\overline{\text{병갑}}$ ＝338000) : $\overline{\text{병임}}$

▾ ∠병갑임＝∠신갑정　∵ 맞꼭지각

∴ $\overline{\text{병임}}$＝292716.59

ㄴ. (반경 1천만) : {cos(∠갑 60도)＝5000000}＝($\overline{\text{병갑}}$ 338000) : $\overline{\text{갑임}}$

∴ $\overline{\text{갑임}}$＝169000

④ [그림 9－2]의 ⊾신병임에서 $\overline{\text{병신}}$ 구하기.

구(勾 직각삼각형의 짧은 밑변)＝$\overline{\text{병임}}$＝292716.59

현(弦 빗변)+고(股 긴 밑변)＝$\overline{\text{갑임}}$+($\overline{\text{갑신}}$+$\overline{\text{병신}}$)＝169000+2천만 ＝20169000

현－고＝{(현)^2－(고)^2}÷(현+고)＝(구)^2÷(현+고)

$=(292716.59)^2 \div 20169000 = 4248.25$

$\overline{\text{병신}}$ = 현 = {(현+고)+(현 − 고)}÷2 = (20169000+4248.25)÷2

$=10086624.13$

⑤ '지구 중심~태양'의 거리 = $\overline{\text{갑신}}$ = {($\overline{\text{갑신}}$ + $\overline{\text{병신}}$ = 2천만} − 10086624.13}

$=9913375.87$

보충자료 11 **지구중심에서 태양까지 거리 1**

[그림 9−2]에서 ∠신갑정 = T라 놓으면 $\overline{\text{병임}} = 2e\sin T$, $\overline{\text{갑임}} = 2e\cos T$이다. $\overline{\text{병신}}$ + $\overline{\text{갑신}}$ = 2이기에 직각삼각형 신병임에서 현+고 = $2+2e\cos T$, 구 = $2e\sin T$이고 현 − 고 = {(현)^2 − (고)^2}÷(현+고)이기에 현 − 고 = (구)^2÷(현+고)이다. 현 − 고 = $\dfrac{(2e\sin T)^2}{2+2e\cos T}$가 된다. 따라서

$$\text{고} = \frac{(\text{현}+\text{고})-(\text{현}-\text{고})}{2} = 1+e\cos T - \frac{e^2\sin^2 T}{1+e\cos T}$$

$$\text{현} = \frac{(\text{현}+\text{고})+(\text{현}-\text{고})}{2} = 1+e\cos T + \frac{e^2\sin^2 T}{1+e\cos T}$$

이다. 지구중심에서 태양까지의 거리 r인 '갑신'은 '고-$2e\cos T$ '이기에

$$r = \frac{1-e^2}{1+e\cos T}$$

이 된다.

⑥ [그림 9－3]에서, 다음의 비례식을 이용하여 $\overline{\text{신계}}$ 구하기

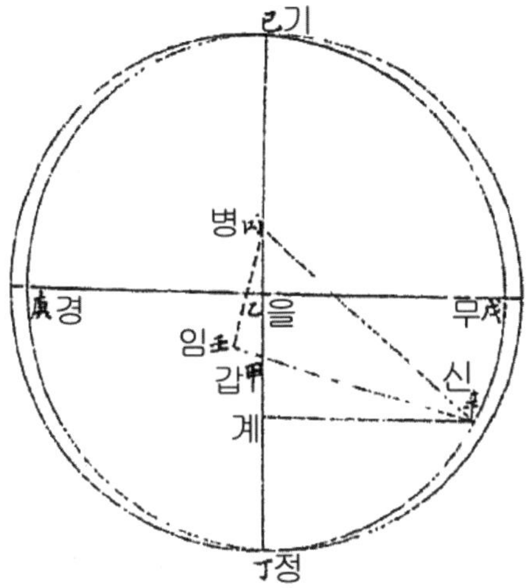

[그림 9-3] 각도를 가지고 면적 구하기(근지점 이후 60도) 3

(반경 1천만) : {sin(∠갑 60도) 8660254}＝($\overline{\text{갑신}}$ 9913375.87) : $\overline{\text{신계}}$

∴ $\overline{\text{신계}}$ ＝8585235.30 ['신계'$=r\sin T=\dfrac{(1-e^2)\sin T}{1+e\cos T}$]

⑦ [그림 9－4]에서 다음의 비례식을 이용하여 $\overline{\text{자계}}$를 구하고 $\overset{\frown}{\text{자정}}$의 도수 구하기.

(단반경 9998571.85) : (장반경 1천만)＝($\overline{\text{신계}}$ 8585235.30) : $\overline{\text{자계}}$

∴ $\overline{\text{자계}}$ ＝8,586,461.58 ['자계'$=\dfrac{r\sin T}{\sqrt{1-e^2}}=\dfrac{\sqrt{1-e^2}\,\sin T}{1+e\cos T}$]

∠을＝$\sin^{-1}$($\overline{\text{자계}}$)＝$\sin^{-1}$(8,586,461.58)

＝59도9분53.69초 → $\overset{\frown}{\text{자정}}$의 도수[도(度)]

[각'을'$=E$, $\sin E=\dfrac{\sqrt{1-e^2}\,\sin T}{1+e\cos T}$]

⑧ [그림 9－4]에서 다음의 비례식을 이용하여 $\overset{\frown}{\text{자정}}$의 길이와 ▽을자정의 면적 구하기.

(180도＝648000초) : {반원주의 길이＝31415926.5}

＝(∠을＝59도9분53.69초＝212993.69초) : ($\overset{\frown}{\text{자정}}$의 길이)[87]

∴ $\widehat{\text{자정}}$의 길이=10326225.4784009

원을 분할한 ▽을자정의 면적

=(반지름인 $\overline{\text{을정}}$ =1천만)×($\widehat{\text{자정}}$의 길이)÷2[88]

=51631127392005 ['자정'의 길이=$\frac{\pi}{180°}E$, '을자정'의 면적=$\frac{\pi}{360°}E$]

[그림 9-4] 각도를 가지고 면적 구하기(근지점 이후 60도) 4

⑨ 다음의 비례식을 이용하여 타원을 분할한 ▽을신정의 면적 구하기

(장반경 1천만) : (단반경 9998571.85)

=(▽을자정의 면적 51631127392005) : (▽을신정의 면적)

∴ ▽을신정의 면적=51623753692546 ['을신정'의 면적=$\frac{\pi}{360°}E\sqrt{1-e^2}$]

⑩ ▽을신정의 면적에서 △신을갑의 면적을 빼어 타원을 분할한 ▽갑신정의 면적 구하기

△신을갑의 면적=($\overline{\text{을갑}}$ 169000)×($\overline{\text{신계}}$ 8585235.30)÷2=725452882850

▼ $\overline{\text{을갑}}$: △신을갑의 밑변

$\overline{\text{신계}}$: △신을갑의 높이 ['신을갑'의 면적=$\frac{1}{2}e\sin E\sqrt{1-e^2}$]

▽갑신정의 면적

=(▽을신정의 면적 51623753692546)−(△신을갑의 면적 725452882850)

=50898300809696

['갑신정'의 면적 $=\frac{\pi}{360^{\circ}}E\sqrt{1-e^2}-\frac{1}{2}e\sin E\sqrt{1-e^2}$]

⑪ ▽갑신정의 면적을 이용하여 면적도수 구하기

▽갑신정의 면적도수

=(▽갑신정의 면적 50898300809696)÷{면적도수 1도의 면적 872539995229/도}

=58.333487도=58도20분00초33미

⇒ 실제운행도수(각도)가 근지점 이후 60도일 때 평균운행도수(면적도수)

[면적도수 1도의 면적 $=\frac{\pi}{360}\sqrt{1-e^2}$

$$\text{면적도수}=M=\frac{\frac{\pi}{360^{\circ}}E\sqrt{1-e^2}-\frac{1}{2}e\sin E\sqrt{1-e^2}}{\frac{\pi}{360}\sqrt{1-e^2}}=\frac{E}{1^{\circ}}-\frac{180}{\pi}e\sin E$$

여기서 면적도수의 단위는 도(°)다. 면적도수를 radian으로 하면 $M=E-e\sin E$가 된다. 이 방정식이 케플러 방정식이다.]

(2) [그림 9-5]에서 '지구 중심~태양'의 거리 $\overline{\text{갑신}}$을 구하는 다른 계산법.

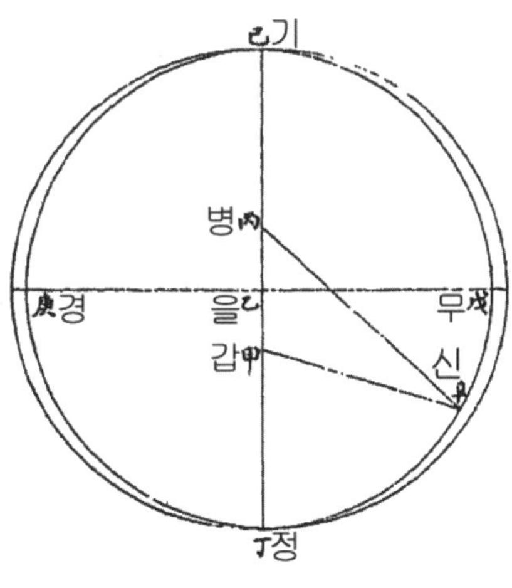

[그림 9-5] '지구 중심~태양'의 거리 $\overline{\text{갑신}}$을 구하는 다른 계산법 1

① [그림 9－6]과 같이,

‘$\overline{\text{신임}}=\overline{\text{병신}}$’이 되도록 $\overline{\text{갑신}}$을 ‘임’까지 연장하고

$\overline{\text{병임}}$을 그어 △갑병임을 만들면,

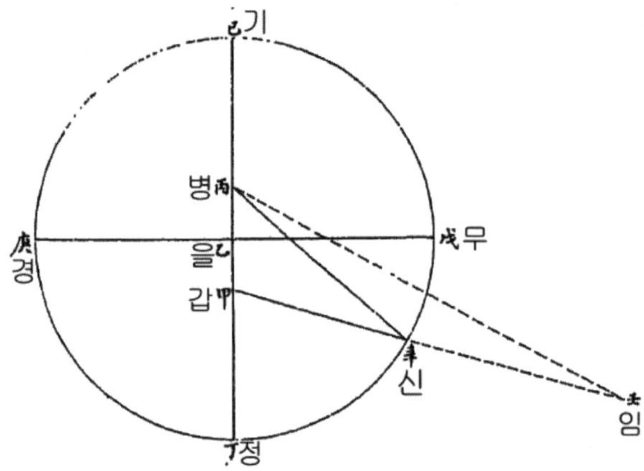

[그림 9-6] ‘지구 중심~태양’의 거리 $\overline{\text{갑신}}$을 구하는 다른 계산법 2

$\overline{\text{병갑}}$＝(양심차의 2배)＝338000

$\overline{\text{갑임}}$＝2천만

▾ $\overline{\text{갑신}}+\overline{\text{병신}}$＝2천만

$\overline{\text{신임}}=\overline{\text{병신}}$

∴ $\overline{\text{갑임}}=\overline{\text{갑신}}+\overline{\text{신임}}$＝2천만

‘갑’의 외각＝60도

② △갑병임에 절선분외각법(切線分外角法)[91]을 사용하여 ∠임 구하기.

$$(\overline{\text{갑임}}+\overline{\text{갑병}}):(\overline{\text{갑임}}-\overline{\text{갑병}})=\tan\frac{180\text{도}-\angle\text{갑}}{2}:\tan\left(\frac{180\text{도}-\angle\text{갑}}{2}-\angle\text{임}\right)$$

$$(2\text{천만}+338000):(2\text{천만}-338000)=\tan\frac{60\text{도}}{2}:\tan\left(\frac{60\text{도}}{2}-\angle\text{임}\right)$$

∴ ∠임＝49분53.36초

[절선분외각법이 아니더라도 각 ‘임’$=\xi$, 각 ‘임병갑’$=T-\xi$이면 삼각형 ‘임병갑’에서 $\frac{\sin(T-\xi)}{2}=\frac{\sin\xi}{2e}$이다.

이를 전개하면 $\tan\xi = \dfrac{e\sin T}{1+e\cos T}$를 쉽게 얻을 수 있다.]

③ △갑병임에 sin공식을 사용하여 $\overline{\text{병임}}$ 구하기.

sin(∠임 49분53.35초) : ($\overline{\text{갑병}}$ 338000) = sin(∠갑 120도) : $\overline{\text{병임}}$

∴ $\overline{\text{병임}}$ = 20171080.29[92]

[$\dfrac{\sin\xi}{2e} = \dfrac{\sin(180° - T)}{'\text{병임}'}$ −〉 '병임' = $\dfrac{2e\sin T}{\sin\xi}$ −〉 다음 항의 '계임' = $\dfrac{e\sin T}{\sin\xi}$]

④ [그림 9−7]과 같이

$\overline{\text{병임}}$을 '계'에서 절반으로 나누고

수선 $\overline{\text{신계}}$를 그어 만들어진 ⊾임계신에서,

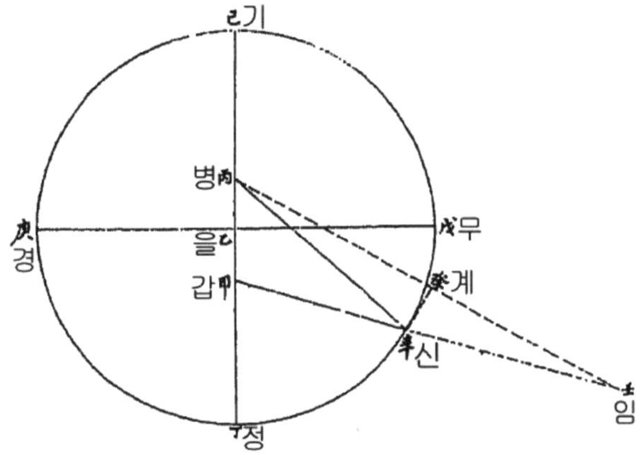

[그림 9-7] '지구 중심~태양'의 거리 $\overline{\text{갑신}}$을 구하는 다른 계산법 3

다음의 비례식을 이용하여 $\overline{\text{신임}}$을 구함.

(반지름 1천만) : {sec(∠임 49분53.36초) = 10001053.35}

= ($\overline{\text{계임}}$ 10085540.145) : $\overline{\text{신임}}$

∴ $\overline{\text{신임}}$ = 10086602.61 ['신임' = $\dfrac{'\text{계임}'}{\cos\xi} = \dfrac{e\sin T}{\sin\xi\cos\xi}$]

⑤ $\overline{\text{갑임}}$에서 $\overline{\text{신임}}$을 빼어 '지구 중심~태양'의 거리 구하기

$\overline{\text{갑신}}$ = {($\overline{\text{갑임}}$ 2천만) − ($\overline{\text{신임}}$ 10086602.61)}

= 9913397.39 ⇒ '지구 중심~태양'의 거리

[r = '갑신' = 2 − '신임'이기에

$$r=2-\frac{e\sin T}{\sin\xi\cos\xi}=2-\frac{e\sin T}{\left(\frac{e\sin T}{\sqrt{1+e^2+2e\cos T}}\right)\left(\frac{1+e\cos T}{\sqrt{1+e^2+2e\cos T}}\right)}=\frac{1-e^2}{1+e\cos T}.$$

왜냐하면 △갑병임에 코사인 제2법칙을 사용하면 '병임' $=2\sqrt{1+e^2+2e\cos T}$이고, 아래 [보충그림 13]의 직각삼각형 '병임a'에서 '병a' $=2e\sin T$, '임a' $=2+2e\cos T$이기 때문이다.]

⑥ (1)과 (2)에서 구한 '지구 중심~태양'의 거리 비교

ㄱ. {(2)⑤의 $\overline{\text{갑신}}$ 9913397.39} − {(1)⑤의 $\overline{\text{갑신}}$ 9913375.87} = 22

ㄴ. ∠임이 매우 작음 → 비례 관계를 이용한 계산(sec값 계산)의 오차 → $\overline{\text{갑신}}$의 오차

ㄷ. ∠임 각도 자체는 틀리지 않음.

⇒ 뒤의 '각도를 빌려 각도를 구하는'[차각구각(借角求角)] 방법에서 이 계산법을 사용함.

⑦ [그림 9−7]을 이용하여 타원 그리기

ㄱ. '갑'을 중심으로 삼고 2천만을 반지름으로 삼아【예를 들어 $\overline{\text{갑임}}$】 원을 그림.

['갑'을 원점으로 하여 세로축을 X축, 가로축을 Y축으로 놓으면, '임' $=(X, Y)=(2\cos T, 2\sin T)$]

ㄴ. 양심차를 2배한 길이[도(度)]를 취하여 지름을 '병'에서 끊음.

['병' $=(-2e, 0)$]

ㄷ. '병'으로부터 직선을 그어 원주에까지 닿게 함.【예를 들어 $\overline{\text{병임}}$】

['병임' 직선의 기울기 $=\frac{\sin T}{\cos T+e}$]

ㄹ. 그 직선의 절반되는 지점에서 수선을 그음.【예를 들어 $\overline{\text{계신}}$】

['계' $=(\cos T-e, \sin T)$, '계신'의 기울기 $=-\frac{\cos T+e}{\sin T}$,

'계신' 직선의 식: $y-\sin T=-\frac{\cos T+e}{\sin T}(x-(\cos T-e))$,

'갑신' 직선의 식: $y=\tan Tx$]

ㅁ. 수선이 원의 직경선과 교차하는 점이 곧 타원의 경계가 됨.【예를 들어 '신'점】

['계신' 직선과 '갑신' 직선이 만나는 점이 '신'점

$$\tan Tx - \sin T = -\frac{\cos T + e}{\sin T}(x - (\cos T - e))$$

$$-\rangle\ x = \frac{1-e^2}{1+e\cos T}\cos T = r\cos T,\ y = r\sin T$$

여기서 $r = \dfrac{1-e^2}{1+e\cos T}$이다. '신'점은 타원 위의 점이다.]

ㅂ. 이 방법으로 1도마다 점을 찍어 연결하면 곧 타원의 둘레가 만들어짐.

⇒ 이로써 타원의 원리가 매우 정교하게 밝혀짐.

보충자료 12 절선분외각법(切線分外角法)

$\triangle ABC$의 두 변 $a = \overline{BC}$, $b = \overline{AC}$와 사잇각 $\angle C$를 알 때 아래의 비례식을 이용하여 b의 대각 $\angle B$를 구하는 계산법이다.

$$(a+b) : (a-b) = \tan\left(\frac{180° - \angle C}{2}\right) : \tan\left(\frac{180° - \angle C}{2} - \angle B\right)$$

이 계산법은 《역산전서(曆算全書)》 권49 〈구고천미(句股闡微)〉 권4 〈보측량전의(補測量全義)〉의 '일반 삼각형의 각 하나와 변 둘을 가지고 나머지 변 구하기'[사삼각형유일각양변구여변(斜三角形有一角兩邊求餘邊)] 및 권53 〈삼각법거요(三角法擧要)〉 권4의 '접선을 이용하여 외각을 분할하는 원리'[용절선분외각지리(用切線分外角之理)]에 소개되었으며 《역상고성후편》의 도해에 여러 차례 활용되었다. 그 원리는 다음과 같다.

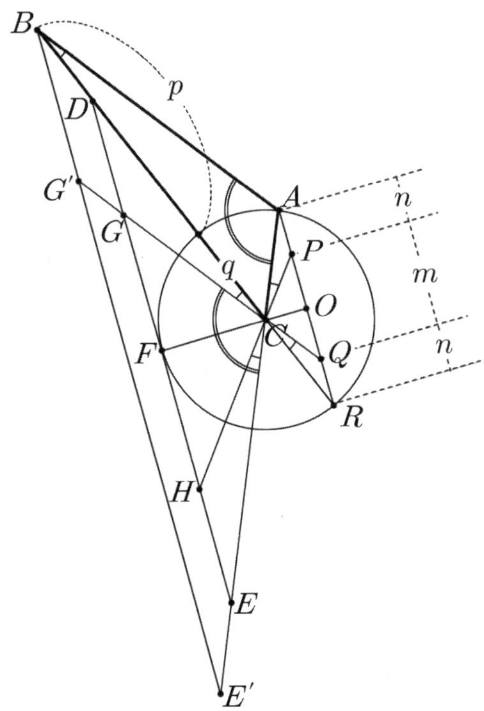

[보충그림 12] 절선분외각법(切線分外角法)

[보충그림 12]와 같이 $\triangle ABC$에서 C를 중심으로 반지름이 $b=q$인 원을 그려서 $a=p+q$가 되게 하고, $\overline{AC}$를 E'까지 $\overline{CB}=\overline{CE'}$가 되도록 연장한 후에, $\overline{BE'}$에 평행하게 원의 접선 $\overline{DE}$를 그으면 $\overline{CD}=\overline{CE}$가 된다. $\overline{AB} /\!/ \overline{GQ}$, $\overline{AP}=\overline{QR}$이 되도록 직선 $\overline{GQ}$와 $\overline{PH}$를 긋고, $\overline{AR}$의 중점 O와 중심 C를 통과하는 직선 $\overline{FO}$를 그으면, $\overline{FO}$가 $\angle ACR$과 $\angle DCE$를 각각 이등분하고 또 원과 $\overline{DE}$의 접점 F를 통과하며, $\overline{DG}=\overline{EH}$가 된다. 따라서 $\triangle ABE'$에서 다음의 비례식이 성립한다.

$$\overline{AE'} : \overline{AC} = \overline{BE'} : \overline{BG'} = \overline{AR} : \overline{QR} \qquad (1)$$

그런데 $\overline{CE'}=\overline{BC}$, $\overline{AC}=\overline{CR}$이므로 $\overline{AE'}=\overline{BR}$이고, 두 닮은꼴 삼각형 $\triangle RAB$와 $\triangle RQC$에서 다음 비례식이 성립한다.

$$\overline{BR} : \overline{CR} = \overline{AR} : \overline{QR} \qquad (2)$$

따라서 [보충그림 12]에서 (2)의 비례식은

$$p+2q:q=m+2n:n \tag{3}$$

이 되어 $n=kq$, $m=kp$라 놓을 수 있다. 또, $\triangle ACR$과 $\triangle DCE$가 닮은꼴이고 $\triangle CDF$와 $\triangle CEF$가 합동이므로 다음 비례식이 성립한다.

$$\overline{AR}:\overline{PQ}=\overline{DE}:\overline{GH}=\overline{DF}:\overline{GF} \tag{4}$$

이제 $\overline{AR}=m+2n=k(p+2q)$, $\overline{PQ}=m=kp$, $\overline{DF}=q\tan(\angle DCF)$, $\overline{GF}=q\tan(\angle GCF)$이므로

$$k(p+2q):kp=q\tan(\angle DCF):q\tan(\angle GCF) \tag{5}$$

이다. 또 $\angle DCF=\dfrac{180°-\angle C}{2}$, $\angle GCF=\dfrac{180°-\angle C}{2}-\angle B$이고, $a=p+q$, $b=q$로부터 $p+2q=a+b$, $p=a-b$이므로 (5)식은

$$(a+b):(a-b)=\tan\left(\frac{180°-\angle C}{2}\right):\tan\left(\frac{180°-\angle C}{2}-\angle B\right) \tag{6}$$

이 된다. 이것이 삼각형의 두 변과 사잇각을 알 때 나머지 두 각 중에 작은 각을 구하는 공식이다. 사잇각의 외각을 $\angle C'=\angle 180°-\angle C$로 나타내면 (6)식은

$$(a+b):(a-b)=\tan\left(\frac{\angle C'}{2}\right):\tan\left(\frac{\angle C'}{2}-\angle B\right) \tag{7}$$

이 된다. 사잇각의 외각을 반분한 각의 절선(切線 tan값)을 이용하기 때문에 '절선분외각법(切線分外角法)'이라고 한다.

보충자료 13 지구중심에서 태양까지 거리 2

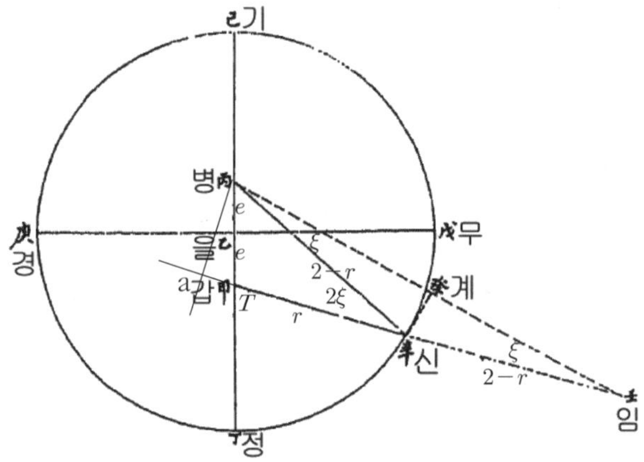

[보충그림 13] [그림 9-7]과 동일

[보충그림 13]에서 $\overline{\text{병갑}}=2e$, $\overline{\text{갑임}}=2$, △갑병임에서 '갑'의 외각= T, ∠임 $=\xi$, $\theta=\dfrac{T}{2}$일 때 '절선분외각법'에 의하여 $\dfrac{2+2e}{2-2e}=\dfrac{\tan(T/2)}{\tan(T/2-\xi)}$이다. 이 식을 다시 쓰면 $\dfrac{1-e}{1+e}=\dfrac{\tan(\theta-\xi)}{\tan\theta}$가 된다. 이 식을 전개하면

$$\tan\xi=\frac{e\sin T}{1+e\cos T} \tag{1}$$

가 된다. 이 관계는 △임갑병에서 $\tan\xi=\dfrac{\overline{\text{병}a}}{\overline{\text{임갑}}+\overline{\text{갑}a}}=\dfrac{2e\sin T}{2+2e\cos T}=\dfrac{e\sin T}{1+e\cos T}$로 증명이 된다.

이제 $\overline{\text{임병}}=\sqrt{\overline{\text{임}a}^2+\overline{\text{병}a}^2}=2\sqrt{1+e^2+2e\cos T}$이기에 $\overline{\text{임계}}=\sqrt{1+e^2+2e\cos T}$이다. 따라서 $(2-r)\cos\xi=\sqrt{1+e^2+2e\cos T}$이다. (1)식에서 나오는 $\cos\xi=\dfrac{1+e\cos T}{\sqrt{1+e^2+2e\cos T}}$를 이 식에 대입하면

$$r=\frac{1-e^2}{1+e\cos T} \tag{2}$$

이 된다. 또한 △병신a에서

$$\tan 2\xi = \frac{2e\sin T}{2e\cos T + r} = \frac{2\tan\xi}{1-\tan^2\xi} \tag{3}$$

이다. (1)식을 대입하면

$$\tan 2\xi = \frac{2e\sin T}{2e\cos T + r} = \frac{2e\sin T(1+e\cos T)}{1+2e\cos T + e^2(2\cos^2 T - 1)} \tag{4}$$

이다. 이 식을 정리하면 다시 (2)식을 얻는다.

---

(3) 실제운행도수(각도)가 원지점 이후 60도일 때 평균운행도수(면적도수) 구하기

[그림 9-8] 각도를 가지고 면적 구하기(원지점 이후 60도) 1

① [그림 9−8]에서

임: 태양

∠임갑기: 실제운행도수. 원지점 이후 60도(각도)

타원을 분할한 ▽갑임기의 면적도수 ⇒ 평균운행도수

[∠임갑기 $= T'$, ▽갑임기의 면적도수 $= M'$]

② △갑병계에서 다음의 두 비례식을 이용하여 $\overline{\text{병계}}$, $\overline{\text{갑계}}$ 구하기

ㄱ. (반지름 1천만) : {sin(∠갑 60도) = 8660254} = (양심차의 2배인 $\overline{\text{병갑}}$ = 338000) : $\overline{\text{병계}}$

∴ $\overline{\text{병계}}$ = 292716.59 [$\overline{\text{병계}} = 2e\sin T'$]

ㄴ. (반지름 1천만) : {cos(∠갑 60도) = 5000000} = ($\overline{\text{병갑}}$ 338000) : {분변(分邊 임갑을 분할한 변) $\overline{\text{갑계}}$}

∴ $\overline{\text{갑계}}$ = 169000 [$\overline{\text{갑계}} = 2e\cos T'$]

③ [그림 9-8]의 ⊿병임계에서 $\overline{\text{병임}}$ 구하기.

구(勾 직각삼각형의 짧은 밑변) = $\overline{\text{병계}}$ = 292716.59

현+고 = ($\overline{\text{갑임}}$ + $\overline{\text{병임}}$) − $\overline{\text{갑계}}$ = 2천만 − 169000 = 19831000

현 − 고 = {(현)^2 − (고)^2}÷(현+고) = (구)^2÷(현+고)

= (292716.59)^2÷19831000 = 4320.66

$\overline{\text{병임}}$ = 현 = {(현+고)+(현 − 고)}÷2 = (19831000+4320.66)÷2 = 9917660.33

[구 = $\overline{\text{병계}} = 2e\sin T'$, 현+고 = $2 - \overline{\text{갑계}} = 2(1 - e\cos T')$, 현 − 고 = $\dfrac{2e^2\sin^2 T'}{1 - e\cos T'}$.

따라서 현 = $1 - e\cos T' + \dfrac{e^2\sin^2 T'}{1 - e\cos T'}$, 고 = $1 - e\cos T' - \dfrac{e^2\sin^2 T'}{1 - e\cos T'}$]

④ '지구 중심~태양'의 거리 = $\overline{\text{갑임}}$ = {($\overline{\text{갑임}}$ + $\overline{\text{병임}}$ = 2천만) − ($\overline{\text{병임}}$ 9917660.33)} = 10082339.67

[$r = \overline{\text{갑임}} = 2 - $ 현 $= \dfrac{1 - e^2}{1 - e\cos T'}$]

⑤ [그림 9-9]에서,

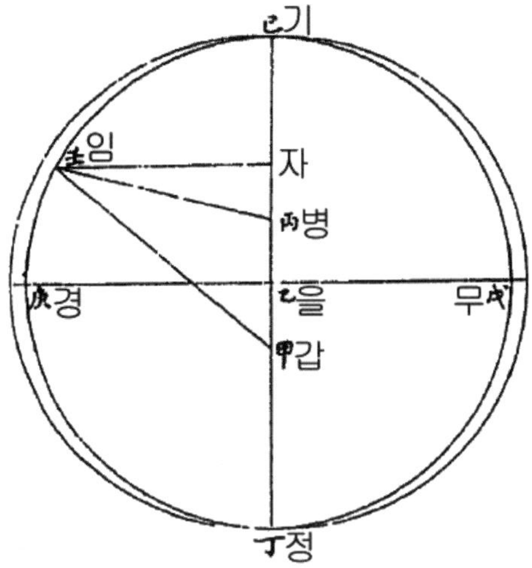

[그림 9-9] 각도를 가지고 면적 구하기(원지점 이후 60도) 2

다음의 비례식을 이용하여 $\overline{\text{임자}}$ 구하기

(반경 1천만) : {sin(∠갑 60도) = 8660254} = ($\overline{\text{갑임}}$ 10082339.67) : $\overline{\text{임자}}$

∴ $\overline{\text{임자}}$ = 8731562.25 [$\overline{\text{임자}} = r\sin T'$]

⑥ [그림 9－10]에서 다음의 비례식을 이용하여 $\overline{\text{축자}}$를 구하고 $\overset{\frown}{\text{기축}}$의 도수 구하기.

(단반경 9998571.85) : (장반경 1천만) = ($\overline{\text{임자}}$ 8731562.25) : $\overline{\text{축자}}$

∴ $\overline{\text{축자}}$ = 8732809.42 [$\overline{\text{축자}} = \dfrac{r\sin T'}{\sqrt{1-e^2}}$]

∠을 = $\sin^{-1}$($\overline{\text{축자}}$) = $\sin^{-1}$(8732809.42)

= 60도50분31.83초 → $\overset{\frown}{\text{기축}}$의 도수

[∠을 = E'라 하면 $\overline{\text{축을}}$ = 1이기에 $\sin E' = \dfrac{r\sin T'}{\sqrt{1-e^2}} = \dfrac{\sqrt{1-e^2}\,\sin T'}{1-e\cos T'}$]

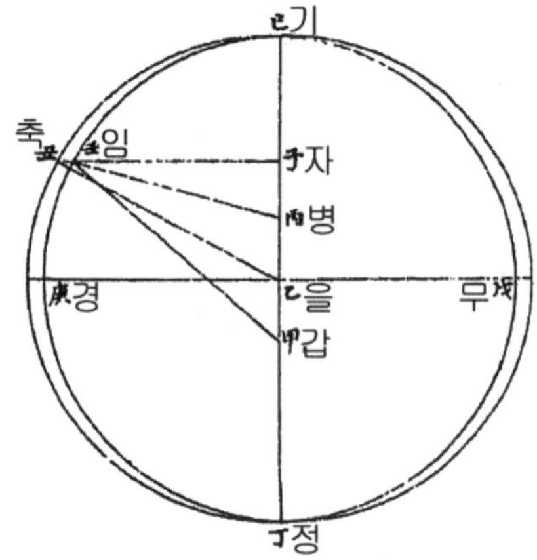

[그림 9-10] 각도를 가지고 면적 구하기(원지점 이후 60도) 3

⑦ [그림 9－10]에서 다음의 비례식을 이용하여 $\widehat{기축}$의 길이와 ▽을축기의 면적 구하기.

(180도＝648000초) : {반원주의 길이 31415926.5}

＝(∠을 60도50분31.83초＝219031.83초) : ($\widehat{기축}$의 길이)

∴ $\widehat{기축}$의 길이＝10618962.7661119 [$\widehat{기축}$의 길이$=\frac{\pi}{180°}E'$]

원을 분할한 ▽을축기의 면적＝(반지름인 $\overline{기을}$ 1천만)×($\widehat{기축}$의 길이)÷2

＝53094813830559 [▽을축기의 면적$=\frac{1}{2}\cdot\frac{\pi}{180°}E'$]

⑧ 다음의 비례식을 이용하여 타원을 분할한 ▽을임기의 면적 구하기

(장반경 1천만) : (단반경 9998571.85)

＝(▽을축기의 면적 53094813830559) : ▽을임기의 면적

∴ ▽을임기의 면적＝53087231094722 [▽을임기의 면적$=\frac{1}{2}\cdot\frac{\pi}{180°}E'\sqrt{1-e^2}$]

⑨ ▽을임기의 면적에 △임을갑의 면적을 더하여 타원을 분할한 ▽갑임기의 면적 구하기

△임을갑의 면적＝($\overline{갑을}$ 169000)×($\overline{임자}$ 8731562.25)÷2＝737817010125

[△임을갑의 면적$=\frac{1}{2}e\sqrt{1-e^2}\sin E'$]

▽갑임기의 면적

=(▽을임기의 면적 53087231094722)+(△임을갑의 면적 737817010125)

=53825048104847 [▽갑임기의 면적 $=\frac{1}{2}\cdot\frac{\pi}{180°}E'\sqrt{1-e^2}'+\frac{1}{2}e\sqrt{1-e^2}\sin E'$]

⑩ ▽갑임기의 면적을 이용하여 면적도수 구하기

▽갑임기의 면적도수

=(▽갑임기의 면적 53825048104847)÷{면적도수 1도의 면적 872539995229/도}

=61.687772도=61도41분15초58미

⇒ 실제운행도수(각도)가 원지점 이후 60도일 때의 평균운행도수(면적도수)

[면적도수 1도의 면적 $=\frac{\pi\sqrt{1-e^2}}{360}$ 이기에

$$\text{면적도수 } M'=\frac{\frac{1}{2}\cdot\frac{\pi}{180°}E'\sqrt{1-e^2}+\frac{1}{2}e\sqrt{1-e^2}\sin E'}{\pi\sqrt{1-e^2}/360}=\frac{E'}{1°}+\frac{180}{\pi}e\sin E'$$

여기서 면적도수의 단위는 도(°)다. 면적도수를 radian으로 하면 $M'=E'+e\sin E'$가 된다.

이 방정식이 원지점을 기준으로 한 케플러 방정식이다.

근지점 이후의 진근점이각 T, 편심근점이각 E와 원지점 이후의 진원점이각 T', 편심원점이각 E'와의 관계는

$T'=T-\pi,\ E'=E-\pi$이다.

거리는 $r=\frac{1-e^2}{1-e\cos T'}=\frac{1-e^2}{1-e\cos(T-\pi)}=\frac{1-e^2}{1+e\cos T}$이고,

$\sin E'=\frac{r\sin T'}{\sqrt{1-e^2}}$는 $\sin(E-\pi)=\frac{r\sin(T-\pi)}{\sqrt{1-e^2}}$이기에 $\sin E=\frac{r\sin T}{\sqrt{1-e^2}}=\frac{\sqrt{1-e^2}\sin T}{1+e\cos T}$가 된다.

또한 케플러방정식인 $M'=E'+e\sin E'$에서 평균원점이각 $M'=M-\pi$이기에

$M-\pi=E-\pi+e\sin(E-\pi)$가 되어 $M=E-e\sin E$가 된다.]

⑪ 평균운행도수(면적도수)를 가지고 실제운행도수(각도)를 구하여 검산하기

ㄱ. 계산된 평균운행도수를 가지고 역(逆 전(轉))순의 비례 관계를 이용할 수 있음.

그러나 반드시 여러 번의 계산과 여러 번의 비교를 거쳐야만 딱 맞게 됨.

- 두 차례 가설한 평균운행도수의 차 → 1률
  두 차례 가설한 실제운행도수의 차 → 2율
  지금 설정한 평균운행도수의 차 → 3률
  지금 구하려는 실제운행도수의 차 → 4율

ㄷ. 이 계산법은 번잡함 ⇒ 지금 여기에 싣지 않음.

보충자료 14 케플러 방정식 고찰

두 차례 가설한 평균운행도수의 차$=M_2-M_1=\Delta M$, 두 차례 가설한 E(편심근점이각)운행 도수의 차$=E_2-E_1=\Delta E$라 하고, $E-E_1=\dfrac{\Delta E}{\Delta M}(M-M_1)$이 된다고 하자. 그러면

$$\begin{aligned}\Delta M &= M_2-M_1=E_2-e\sin E_2-E_1+e\sin E_1\\ &=E_2-E_1-e\sin(E_1+\Delta E)+e\sin E_1\simeq\Delta E(1-e\cos E_1)\end{aligned}\qquad(1)$$

이기에

$$\frac{\Delta E}{\Delta M}=\frac{1}{1-e\cos E_1}\qquad(2)$$

이고, $M-M_1=M-E_1+e\sin E_1$이기에

$$E=E_1-\frac{E_1-e\sin E_1-M}{1-e\cos E_1}\qquad(3)$$

이 된다. 만약 M을 안다면, 먼저 $E_1=M$으로 놓으면

$$E_2=M+\frac{e\sin M}{1-e\cos M}\simeq M+e\sin M+\frac{1}{2}e^2\sin 2M\qquad(4)$$

으로 어림된다. 다시 E_2를 E_1대신 대입하면

$$E_3=E_2-\frac{E_2-e\sin E_2-M}{1-e\cos E_2}\qquad(5)$$

을 얻고, 이러한 과정을 E값이 수렴하도록 반복하면 정확한 E값을 얻을 수 있다. 이 방법은 M을 알 때에 뉴턴방법을 이용하여 $M=E-e\sin E$ 방정식에서 근 E를 구하는 방법과 동일하다.

이제 본문과 같이 두 차례 가설한 평균운행도수의 차$=M_2-M_1=\Delta M$, 두 차례 가설한 T운행(실제운행) 도수의 차$=T_2-T_1=\Delta T$라 하면 $T-T_1=\frac{\Delta T}{\Delta M}(M-M_1)$이 된다.

이제 $\sin E=\frac{\sqrt{1-e^2}\sin T}{1+e\cos T}$이기에 케플러방정식 $M=E-e\sin E$은

$$M=E-e\sin E=\sin^{-1}\left(\frac{\sqrt{1-e^2}\sin T}{1+e\cos T}\right)-\frac{e\sqrt{1-e^2}\sin T}{1+e\cos T} \tag{6}$$

가 된다.

그런데 $\sin E=\frac{\sqrt{1-e^2}\sin T}{1+e\cos T}$를 미분하면 $\frac{dE}{dT}=\frac{\sqrt{1-e^2}}{1+e\cos T}$이 되고 $\cos E_1=\frac{\cos T_1+e}{1+e\cos T_1}$이기에,

$$\frac{\Delta M}{\Delta T}=\frac{\Delta E}{\Delta T}\frac{\Delta M}{\Delta E}=\left(\frac{\sqrt{1-e^2}}{1+e\cos T_1}\right)(1-e\cos E_1)$$

$$=\left(\frac{\sqrt{1-e^2}}{1+e\cos T_1}\right)\left(1-\frac{e\cos T_1+e^2}{1+e\cos T_1}\right)=\frac{(1-e^2)^{3/2}}{(1+e\cos T_1)^2} \tag{7}$$

가 된다. 이는 면적속도 일정의 법칙에 의해서도

$$\frac{1}{2}r^2\Delta T=\frac{1}{2}\sqrt{1-e^2}\,\Delta M \tag{8}$$

이고 $r=\frac{1-e^2}{1+e\cos T}$이기에,

$$\frac{\Delta T}{\Delta M}=\frac{\sqrt{1-e^2}}{r^2}=\frac{(1+e\cos T)^2}{(1-e^2)^{3/2}} \tag{9}$$

을 얻을 수 있다. 같은 결과가 유도된다. 따라서

$$\begin{aligned} T-T_1 &= \frac{\Delta T}{\Delta M}(M-M_1)=\frac{\Delta T}{\Delta M}(M-E_1+e\sin E_1) \\ &= -\frac{(1+e\cos T_1)^2}{(1-e^2)^{3/2}}(E_1-M) \\ &\quad +\frac{(1+e\cos T_1)^2}{(1-e^2)^{3/2}}\frac{e\sqrt{1-e^2}\sin T_1}{(1+e\cos T_1)} \end{aligned} \tag{10}$$

가 되고, 이를 정리하면

$$\begin{aligned} T &= T_1-\frac{(1+e\cos T_1)^2}{(1-e^2)^{3/2}}\left(\sin^{-1}\left(\frac{\sqrt{1-e^2}\sin T_1}{1+e\cos T_1}\right)-M\right) \\ &\quad +\frac{e\sin T_1(1+e\cos T_1)}{1-e^2} \end{aligned} \tag{11}$$

가 된다. 이제 M을 안다면 T_1을 M으로 가설하여 T_2를 얻고, 이 값을 다시 T_1 대신에 넣어 T_3를 얻는다. 이 과정을 반복하면 T값이 수렴하는데 수렴한 값이 면적도수 M에 대한 T값이 된다.

(9)식을 다시 써 보면 $\Delta T=\frac{\sqrt{1-e^2}}{r^2}\Delta M$이고, (3)식은 $\Delta E=-\frac{E_1-e\sin E_1-M}{1-e\cos E_1}$이고 (2)식은 $\frac{\Delta E}{\Delta M}=\frac{1}{1-e\cos E_1}$ 이기에

$$\begin{aligned} \Delta T &= \frac{\sqrt{1-e^2}}{r^2}\Delta M=\frac{\sqrt{1-e^2}}{r^2}(1-e\cos E_1)\Delta E \\ &= \frac{\sqrt{1-e^2}}{r^2}(M-E_1+e\sin E_1) \end{aligned} \tag{12}$$

가 된다. (12)식을 아래에서 '차적구적법'으로 소개하고 있다.

5) '면적을 가지고 각도 구하기[이적구각'(以積求角)] 계산법 도해

(1) 평균운행도수(면적도수)가 근지점 이후 1도일 때 실제운행도수(각도) 구하기

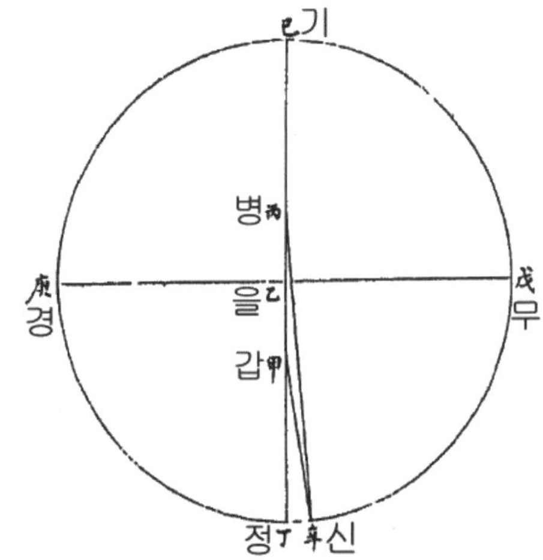

[그림 9-11] 면적을 가지고 각도 구하기(근지점 이후 1도) 1

① [그림 9－11]에서,

신: 태양

타원을 분할한 ▽갑신정의 면적도수 ⇒ 근지점 이후 1도(면적도수)의 평균운행도수

∠갑: 실제운행도수 [∠갑＝T_1이라고 하면]

② 다음의 비례식을 이용하여 중률원(中率圓 장반경과 단반경의 비례중항[중률]이 반지름인 원)을

∠갑만큼 분할한 면적 구하기

{($\overline{갑정}$ 9831000)^2＝96648561000000} : {(중률원의 반지름 9999286)^2

＝99985718480191)

＝(면적도수가 1도인 ▽갑신정의 면적 872539995229) :

(중률원을 ∠갑만큼 분할한 면적)

$$[\frac{\pi}{360°}(1-e)^2 T_1 : \frac{\pi}{360°}\sqrt{1-e^2}\,T_1 = (1-e)^2 : \sqrt{1-e^2} = \frac{\pi}{360}\sqrt{1-e^2} : \frac{\pi}{360°}\sqrt{1-e^2}\,T_1$$

('▽갑신정' 면적) : (중률원에서 T_1면적) = (중률원 1도 면적) : (중률원에서 T_1면적)

'갑신정'의 면적을 구할 때에 타원에서 1도 사이의 반경의 변화가 없다고 가정한다.]

▾ $\overline{갑정}$ (근지점에서 '지구 중심~태양'의 거리)

=($\overline{을정}$ 1천만) − (양심차 $\overline{갑을}$ 169000)

∴ (중률원을 ∠갑만큼 분할한 면적) = 902667742003

③ 중률원을 ∠갑만큼 분할한 면적을 가지고 실제운행도수(각도) 구하기

∠갑 = (중률원을 ∠갑만큼 분할한 면적 902667742003) ÷

(면적도수 1도의 면적 872539995229)

= 1도2분4.30초

⇒ 평균운행도수(면적도수)가 근지점 이후 1도일 때의 실제운행도수(각도)

$$[T_1 = \frac{\sqrt{1-e^2}}{(1-e)^2} = 1도2분4.30363초]$$

④ ②,③항의 계산에 대한 도해

[그림 9−12]에서,

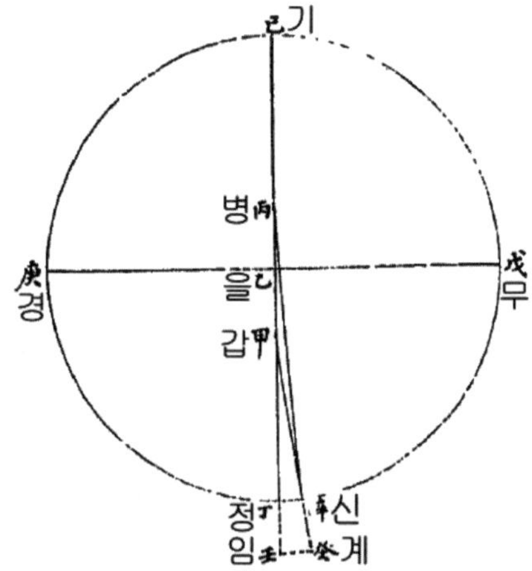

[그림 9-12] 면적을 가지고 각도 구하기(근지점 이후 1도) 2

ㄱ. 갑: ▽갑임계의 중심

$\overline{갑임}$: ▽갑임계의 반지름. 중률(中率 장반경과 단반경의 비례중항).

$\overline{\text{갑계}} = \overline{\text{갑임}}$

ㄴ. (타원을 분할한 ▽갑신정) ∽ (중률원을 분할한 ▽갑임계)이므로,

▼ $\overline{\text{갑신}}$이 $\overline{\text{갑정}}$보다 길지만 차가 크지 않으므로 닮은꼴이 됨.

다음의 비례식을 이용하여 ▽갑임계의 면적을 구함.

$(\overline{\text{갑정}})^2$: $(\overline{\text{갑임}})^2$ = (▽갑신정의 면적) : (▽갑임계의 면적)

▼ 닮은꼴인 두 평면 도형의 면적의 비

=각 도형의 경계선[계(界)]으로 만들어진 정사각형 면적의 비

→ 《기하원본》 권8 제9절에 보임.

ㄷ. ∠갑=(▽갑임계의 면적)÷(면적도수 1도에 해당하는 면적)

▼ ∠갑의 간편 계산법[첩법(捷法)]

∠갑=$(\overline{\text{갑임}})^2 \div (\overline{\text{갑정}})^2$

'ㄴ'항의 비례식에서 3률은 처음 면적도수 1도로 설정한 ▽갑신정의 면적. 'ㄷ'항의 나눗수는 면적도수 1도에 해당하는 면적.

→ 상쇄하여 곱하고 나누는 과정을 생략함.

$$[T_1 = \frac{\sqrt{1-e^2}}{(1-e)^2} = \frac{\left((1-e^2)^{1/4}\right)^2}{(1-e)^2}]$$

(2) 평균운행도수(면적도수)가 근지점 이후 2도일 때 실제운행도수(각도) 구하기

[그림 9-13] 면적을 가지고 각도 구하기(근지점 이후 2도) 1

① [그림 9－13]에서,

자: 태양

타원을 분할한 ▽갑자정의 면적도수 ⇒ 근지점 이후 2도(면적도수)의 평균운행도수

∠자갑정: 실제운행도수 [∠자갑정 = T_2이라 하면]

② 평균운행도수(면적도수)가 근지점 이후 1도일 때 '지구 중심~태양'의 거리 $\overline{갑신}$ 구하기

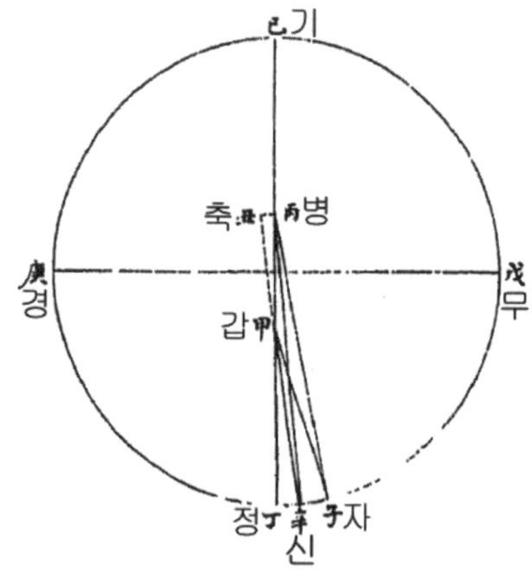

[그림 9-14] 면적을 가지고 각도 구하기(근지점 이후 2도) 2

[그림 9－14]와 같이,

$\overline{갑신}$을 '축'까지 연장하고

'병'으로부터 수선 $\overline{병축}$을 그어서 만들어진 △갑축병에서

다음의 비례식을 이용하여 $\overline{병축}$과 $\overline{갑축}$ 구하기.

ㄱ. (반경 1천만) : {sin(∠갑 1도2분4.30초) = 180549.55}

= ($\overline{갑병}$ 338000) : $\overline{병축}$

∴ $\overline{병축}$ = 6102.57 [$\overline{병축} = 2e\sin T_1$]

ㄴ. (반경 1천만) : {cos(∠갑 1도2분4.30초) = 9998370.13}

= ($\overline{갑병}$ 338000) : $\overline{갑축}$

∴ $\overline{갑축}$ = 337944.91 [$\overline{갑축} = 2e\cos T_1$]

ㄷ. [그림 9－14]의 ⊿신병축에서 $\overline{\text{신병}}$ 구하기.

구(勾)＝$\overline{\text{병축}}$＝6102.57

현(弦)+고(股)＝$\overline{\text{갑축}}$+($\overline{\text{병신}}$+$\overline{\text{갑신}}$)＝337944.91+2천만＝20337944.91

현－고＝{(현)^2－(고)^2}÷(현+고)＝(구)^2÷(현+고)

＝(6102.57)^2÷20337944.91＝1.83

$\overline{\text{신병}}$＝현＝{(현+고)+(현－고)}÷2＝(20337944.91+1.83)÷2

＝10168973.37

[현+고$=2+2e\cos T_1$, 현－고$=\dfrac{2e^2\sin^2 T_1}{1+e\cos T_1}$, 현$=1+e\cos T_1+\dfrac{e^2\sin^2 T_1}{1+e\cos T_1}$]

ㄹ. '지구 중심~태양'의 거리 $\overline{\text{갑신}}$＝{($\overline{\text{갑신}}$+$\overline{\text{신병}}$＝2천만)－10168973.37)}

＝9831026.63

['갑신'$=r_1=2-\left(1+e\cos T_1+\dfrac{e^2\sin^2 T_1}{1+e\cos T_1}\right)=\dfrac{1-e^2}{1+e\cos T_1}$]

③ [그림 9－15]에서 '▽갑신자∽▽갑계인'이므로,

다음의 비례식을 이용하여 중률원을 ∠계갑인만큼 분할한 ▽갑계인의 면적 구하기

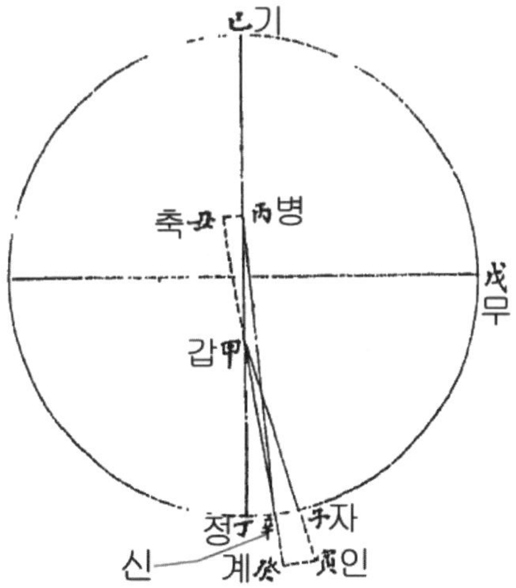

[그림 9-15] 면적을 가지고 각도 구하기(근지점 이후 2도) 3

{($\overline{\text{갑신}}$ 9831026.63)^2 = 96649084599769} : {(중률원의 반지름 9999286)^2

= 99985718480191)

= (면적도수가 1도인 ▽갑자신의 면적 872539995229)

: (▽갑계인의 면적)

∴ ▽갑계인의 면적 = 902662851769 $r_1^2 : \sqrt{1-e^2} = \frac{\pi}{360}\sqrt{1-e^2} : \frac{\pi}{360°}\sqrt{1-e^2}\,\Delta T_1$

여기서 $\frac{\pi}{360°}\sqrt{1-e^2}\,\Delta T_1$은 중률원에서 T_1과 $T_1+\Delta T_1$ 사이 호의 면적]

④ ▽갑계인의 면적을 가지고 ∠계갑인 구하기

∠계갑인 = (▽갑계인의 면적 902662851769) ÷ (면적도수 1도의 면적 872539995229) = 1도2분4.28초

[∠계갑인 = $\Delta T_1 = \frac{\sqrt{1-e^2}}{r_1^2} = \frac{(1+e\cos T_1)^2}{(1-e^2)^{3/2}}$ = 1도2분4.283451초]

⑤ [그림 9－16]에서 ∠계갑인과 ∠계갑임을 더하여 실제운행도수(각도) ∠자갑정 구하기

∠자갑정 = ∠계갑인+∠계갑임 = 1도2분4.28초+1도2분4.30초 = 2도4분8.58초

[∠자갑정 = $T_2 = T_1 + \Delta T_1$]

⇒ 평균운행도수(면적도수)가 근지점 이후 2도일 때의 실제운행도수(각도)

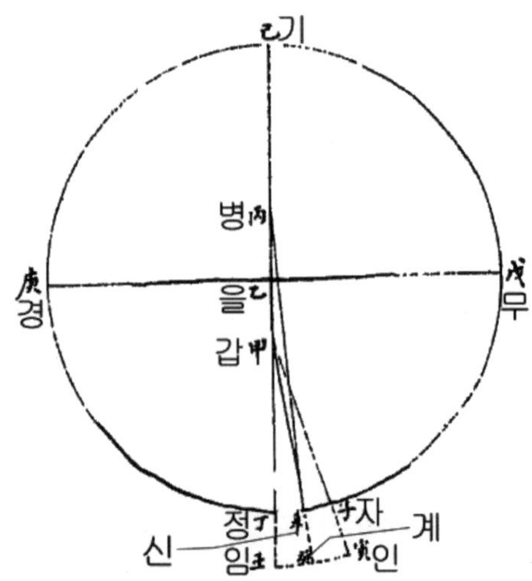

[그림 9-16] 면적을 가지고 각도 구하기(근지점 이후 2도) 4

(3) 위 계산의 검산

① 위에서 구한 실제운행도수(각도)를 가지고
'각도를 가지고 면적 구하기'[이각구적(以角求積)]계산법을 사용하여
거꾸로 평균운행도수(면적도수)를 구하면
처음의 설정보다 $\frac{1}{3}$[소반(少半)]초만큼 큼.

② '지구 중심~태양' 거리의 변화:
ㄱ. 근지점인 '정'에서 가장 짧음.
ㄴ. 이후로 원지점 '기'까지 점차 길어짐.
ㄷ. 중간거리점인 '무'에서 딱 평균[중(中)]이 됨.

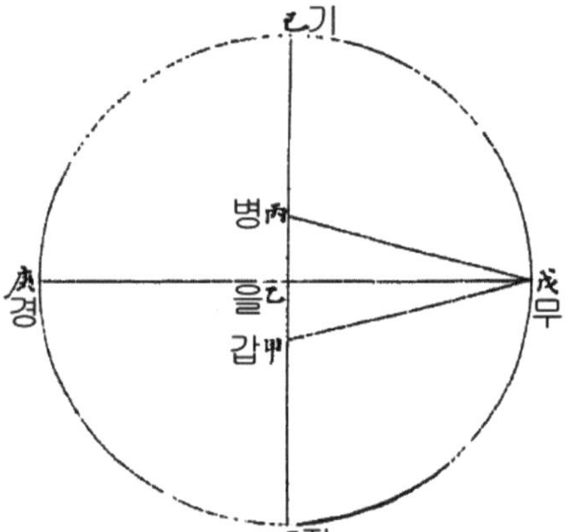

[그림 9-17] 면적을 가지고 각도 구하기(검산)

③ '(1)②'항과 '(2)③'항에서 비례식의 1률에 실제의 '지구 중심~태양'보다 조금 작은 거리를 사용함.(부채꼴의 양 옆변 중에 근지점에 가까운 변을 사용함)
→ 4율의 '중률원을 분할한 면적'이 조금 크게 나옴.[101]

④ 면적도수 1분 간격으로 계산한다면 한층 더 정밀하게 맞을 것임.
그러나 일일이 '지구 중심~태양' 거리를 우선 구해야 함.

⑤ 면적도수[적도(積度)]가 큰 경우는 이 계산법을 앞의 계산법과 함께 겸하여

사용해야 함.

→ 이후에 제시된 계산법들.

보충자료 15 이적구각법 풀이

이적구각법은 타원 모델에서 면적속도 일정의 법칙을 의미한다. 이를 식으로 나타내면

$$\frac{1}{2}r^2\Delta T=\frac{1}{2}\sqrt{1-e^2}\,\Delta M \tag{1}$$

이다. 따라서

$$\Delta T=\frac{\sqrt{1-e^2}}{r^2}\Delta M=\frac{(1+e\cos T)^2}{(1-e^2)^{3/2}}\Delta M \tag{2}$$

이 된다. 면적도수 1도($\Delta M=1°$)에 해당하는 ΔT는 각 T에 따라 다르다. 이제 $M_1=1°$에 해당하는 ΔT_0는 $T=0°$를 이용한다. 즉

$$\Delta T_0=\frac{\sqrt{1-e^2}}{r_0^2}=\frac{(1+e\cos 0°)^2}{(1-e^2)^{3/2}}=\frac{(1+e)^2}{(1-e^2)^{3/2}} \tag{3}$$

이다. 따라서 $T_1=0°+\Delta T_0$가 된다. 이제 $M_2=2°$에 대한 T_2를 구하려면 ΔT_1을 구해야 하는데 $T=T_1$을 이용한다. 즉

$$\Delta T_1=\frac{\sqrt{1-e^2}}{r_1^2}=\frac{(1+e\cos T_1)^2}{(1-e^2)^{3/2}} \tag{4}$$

이다. 따라서 $T_2=T_1+\Delta T_1$이 된다. 일반적으로 $M_n=n°$에 해당하는 T_n은 M_{n-1}에 해당하는 T_{n-1}의 값을 이용하여,

$$T_n = T_{n-1} + \Delta T_{n-1} = T_{n-1} + \frac{\sqrt{1-e^2}}{r_{n-1}^2}$$
$$= T_{n-1} + \frac{[1+e\cos(T_{n-1})]^2}{(1-e^2)^{3/2}} \quad (5)$$

으로 구한다. [보충그림 15-1]은 $e = 0.0169$ 일 때, 면적도수 1도 간격으로 '이적구각법'을 이용하여 구한 T값과 정확하게 구한 T값[125)]과의 차이를 보여준다. 오차의 누적이 쌓여 180도 부근에서 2분 정도가 된다. 이렇게 구한 T를 가지고, '이각구적법'을 이용하여 다시 M을 구하면 처음에 설정한 M값보다 큰데 180도 부근에서 2분정도 크다. 왜냐하면 (2)식에서 $\Delta M = \frac{(1-e^2)^{3/2}}{(1+e\cos T)^2}\Delta T$이고 $T \simeq 180°$ 이면 $\Delta M = \frac{(1-e^2)^{3/2}}{(1-e)^2}\Delta T$인데 $\frac{(1-e^2)^{3/2}}{(1-e)^2}$값이 1보다 아주 조금 크기에 ΔM은 2분정도인 ΔT보다 아주 조금 크다. 만약 면적도수 0.5도 간격으로 계산하면 T의 오차는 180도 부근에서 최대 1분에 못 미치고 M의 오차는 1분을 약간 넘는다. 만약 10분 간격으로 계산하면 T의 오차는 $\frac{1}{3}$분에 못 미치고, M의 오차는 $\frac{1}{3}$분을 약간 넘는다([보충그림 15-2] 참조). 만약 본문과 같이 M의 오차가 $\frac{1}{3}$초 정도가 되려면 10초 간격으로 계산하면 된다.

125) M을 알면, 케플러 방정식인 $M = E - e\sin E$를 뉴턴 방법을 이용하여 E를 구하고, $\cos T = \frac{\cos E - e}{1 - e\cos E}$를 이용하여 T를 구한다. 이렇게 구한 것이 정확한 값이다.

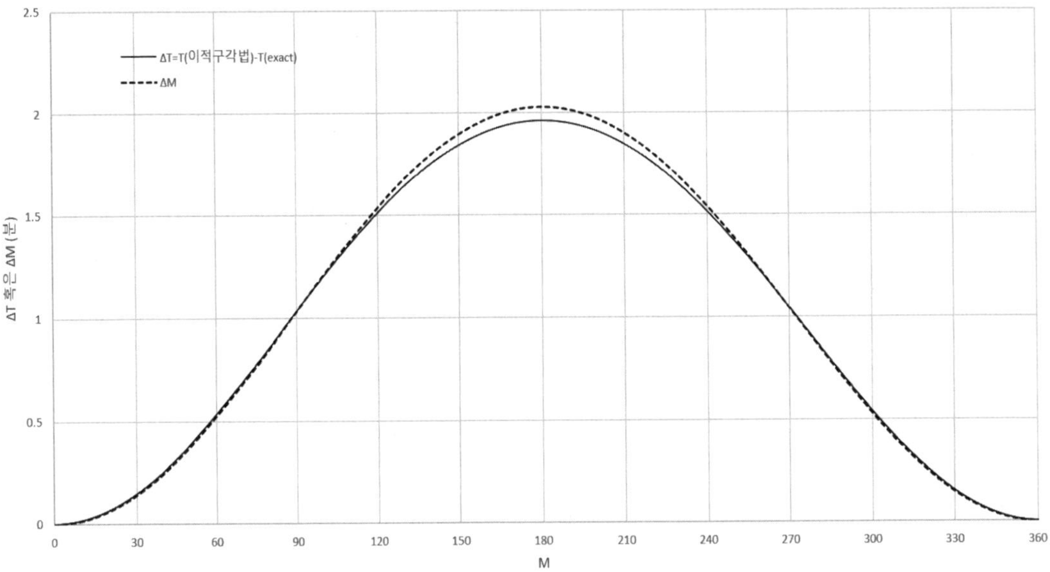

[보충그림 15-1] 면적도수 1도 간격으로 계산한 경우

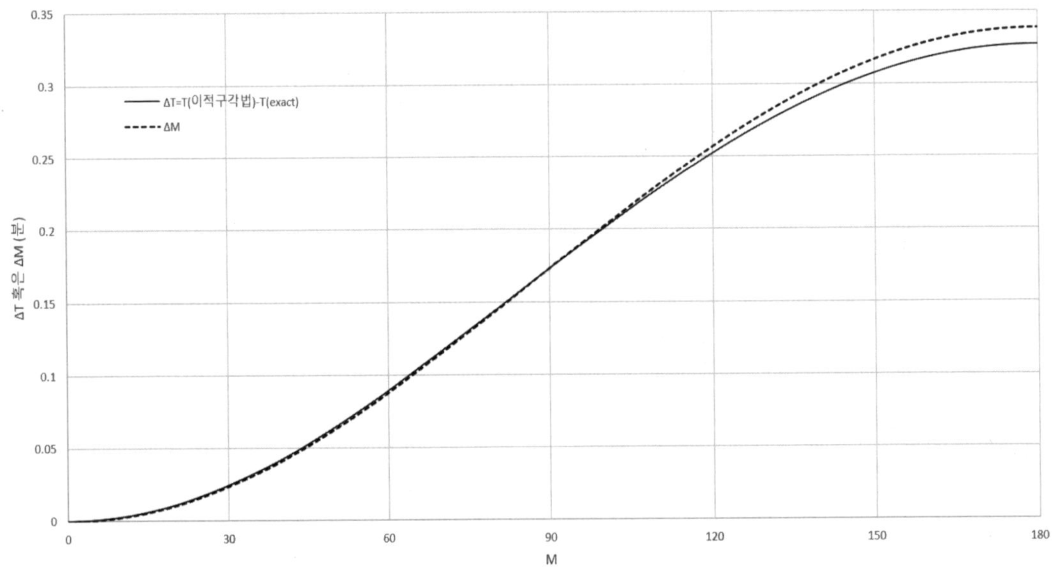

[보충그림 15-2] 면적도수 10분 간격으로 계산한 경우

6) '면적을 빌려 면적 구하기'[차적구적(借積求積)] 계산법 도해

(1) 평균운행도수(면적도수)가 근지점 이후 45도일 때 실제운행도수(각도) 구하기

① [그림 9－18]에서,

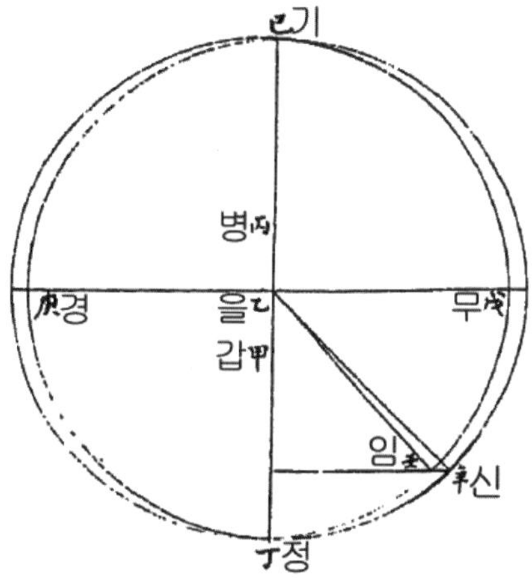

[그림 9-18] 면적을 빌려 면적 구하기(근지점 이후 45도) 1

∠신을정: 본천의 중심에서 45도 [∠신을정＝M]

▽을임정의 면적: 타원을 면적도수 45도만큼 분할한 면적 39264299785292

▾ 타원 전체의 면적을 8등분 → ▽을임정의 면적

[▽을임정의 면적＝$\frac{M}{360^\circ}\pi\sqrt{1-e^2}$]

② ∠임을정＝44도59분45.27초 [∠임을정＝ϕ라면 $\tan\phi=\sqrt{1-e^2}\tan M$]

▾ 계산법은 앞에 보임.

③ [그림 9－19]와 같이 $\overline{\text{을임}}$과 평행하게 $\overline{\text{병계}}$ 선을 그으면

→ ∠병＝∠임을정＝44도59분45.27초 [∠병＝∠임을정＝ϕ]

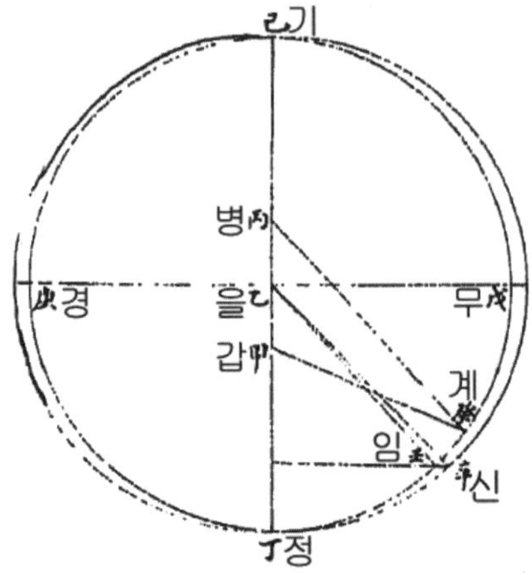

[그림 9-19] 면적을 빌려 면적 구하기(근지점 이후 45도) 2

④ 만약 (타원을 분할한 ▽갑계정의 면적)=(타원을 분할한 ▽을임정의 면적)이라면

→ ∠계갑정: 평균운행도수(면적도수)가 근지점 이후 45도일 때의 실제운행도수(각도)

⑤ [그림 9-20]의 ∠계갑정 구하기

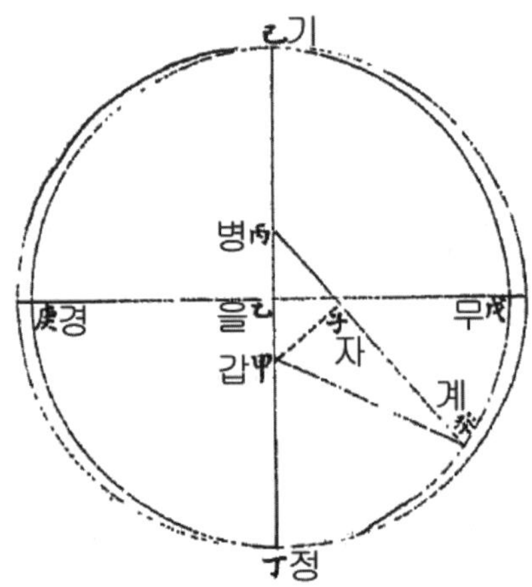

[그림 9-20] 면적을 빌려 면적 구하기(근지점 이후 45도) 3

ㄱ. △갑병계에서 다음의 두 비례식을 이용하여 $\overline{\text{갑자}}$와 $\overline{\text{병자}}$ 구하기

(반지름 1천만) : {sin(∠병)=7070562.76}=($\overline{\text{갑병}}$ 338000) : (수선 $\overline{\text{갑자}}$)

∴ 수선 $\overline{\text{갑자}}$=238985.02 [$\overline{\text{갑자}}=2e\sin\phi$]

(반지름 1천만) : {cos(∠병)=7071572.77}

=($\overline{\text{갑병}}$ 338000) : {분변(分邊 도형의 한 변을 분할했을 때 그 한 부분) $\overline{\text{병자}}$}

∴ 분변 $\overline{\text{병자}}$=239019.16 [$\overline{\text{병자}}=2e\cos\phi$]

ㄴ. ⊿계갑자에서 $\overline{\text{갑계}}$ 구하기.

구(勾)=$\overline{\text{갑자}}$=238985.02

현(弦)+고(股)=($\overline{\text{병계}}$+$\overline{\text{갑계}}$)−$\overline{\text{병자}}$=2천만−239019.16=19760980.84

현−고={(현)^2−(고)^2}÷(현+고)=(구)^2÷(현+고)

=(238985.02)^2÷19760980.84=2890.23

$\overline{\text{갑계}}$=현={(현+고)+(현−고)}÷2=(19760980.84+2890.23)÷2

=19763871.07÷2=9881935.54

[구=$\overline{\text{갑자}}=2e\sin\phi$, 현+고=2−$\overline{\text{병자}}$=2−$2e\cos\phi$, 현−고=$\dfrac{2e^2\sin^2\phi}{1-e\cos\phi}$,

현=$1-e\cos\phi+\dfrac{e^2\sin^2\phi}{1-e\cos\phi}$, 고=$1-e\cos\phi-\dfrac{e^2\sin^2\phi}{1-e\cos\phi}$]

ㄷ. ⊿계갑자에서 다음의 비례식을 사용하여 sin(∠계)와 ∠계 구하기

($\overline{\text{갑계}}$ 9881935.54) : ($\overline{\text{갑자}}$ 238985.02)=(반지름 1천만) : sin(∠계)

∴ sin(∠계)=241840.29

∠계=$\sin^{-1}$(241840.29)=1도23분8.79초

$$[\angle 계=\xi=\sin^{-1}\left(\frac{\overline{갑자}}{\overline{갑계}}\right)=\sin^{-1}\left(\frac{2e\sin\phi}{1-e\cos\phi+\dfrac{e^2\sin^2\phi}{1-e\cos\phi}}\right)=\sin^{-1}\left(\frac{2e\sin\phi(1-e\cos\phi)}{1+e^2-2e\cos\phi}\right)]$$

ㄹ. ∠계와 ∠병을 더하여 ∠계갑정의 도수 구하기

∠계갑정=∠계+∠병=1도23분8.79초+44도59분45.27초

=46도22분54.06초 [∠계갑정=$\psi=\xi+\phi$]

▾ 절선분외각법(切線分外角法)을 사용하면 비교적 간편하게 구할 수 있지만[102]

∠계의 도수가 작아서 비례 관계로 $\overline{\text{갑계}}$를 정확히 구하기 어렵기 때문에 수선법(垂線法)을 사용함.

⑥ [그림 9－21]에서,

(타원을 분할한 ▽갑계정의 면적)

＝(처음 설정한 ▽을임정의 면적 45도(면적도수))－(갑을축의 면적)

＝(처음 설정한 ▽을임정의 면적 45도(면적도수))－(인임계의 면적)

▾(▽갑계정의 면적)

＝(▽을임정의 면적)+(▽묘임계의 면적)－(△갑을묘의 면적)

그런데 $\overline{\text{갑을}}=\overline{\text{인계}}$, $\overline{\text{갑묘}}=\overline{\text{묘계}}$, $\overline{\text{을묘}}=\overline{\text{묘인}}$, $\overline{\text{묘임}}=\overline{\text{묘축}}$이므로,

(△갑을묘의 면적)＝(△인계묘의 면적)

(▽묘임계의 면적)＝(▽묘갑축의 면적)

(갑을축의 면적)＝(인임계의 면적)

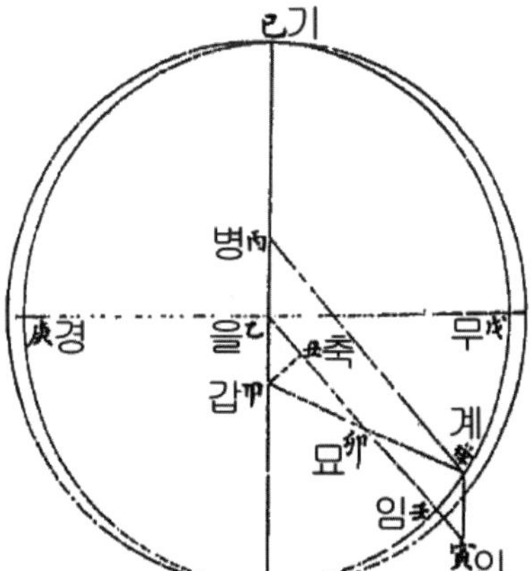

[그림 9-21] 면적을 빌려 면적 구하기(근지점 이후 45도) 4

⑦ [그림 9－22]에서 ∠갑 46도22분54.06초일 때 ▽갑계정의 면적 구하기

• 앞에 제시한 '각도를 가지고 면적 구하기'[이각구적] 계산법 사용

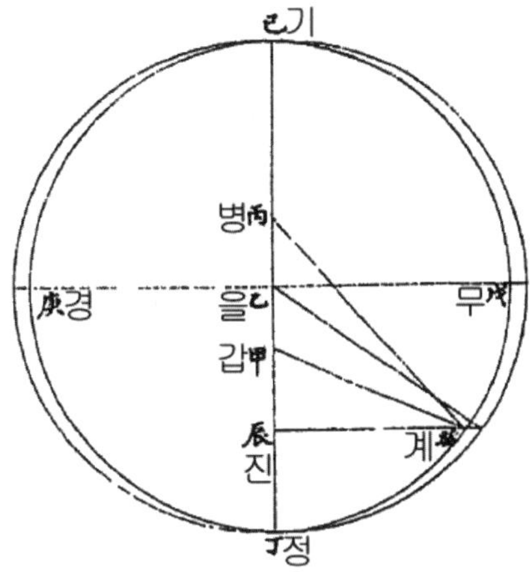

[그림 9-22] 면적을 빌려 면적 구하기(근지점 이후 45도) 5

ㄱ. 다음의 비례식을 사용하여 $\overline{\text{계진}}$ 구하기

(반경 1천만) : {sin(∠갑46도22분54.06초)=7239513.60}

=($\overline{\text{갑계}}$ 9881935.54) : $\overline{\text{계진}}$

∴ $\overline{\text{계진}}$ =7154040.67 $\left[\overline{\text{갑계}}=r=\dfrac{1-e^2}{1+e\cos\psi},\ \overline{\text{계진}}=r\sin\psi=\dfrac{(1-e^2)\sin\psi}{1+e\cos\psi}\right]$

ㄴ. [그림 9-23]에서 다음의 비례식을 이용하여 $\overline{\text{사진}}$을 구하고 $\widehat{\text{사정}}$의 도수 구하기.

(단반경 9998571.85) : (장반경 1천만)=($\overline{\text{계진}}$ 7154040.67) : $\overline{\text{사진}}$

∴ $\overline{\text{사진}}$ =7155062.52 $\left[\overline{\text{사진}}=\dfrac{\overline{\text{계진}}}{\sqrt{1-e^2}}=\dfrac{\sqrt{1-e^2}\,\sin\psi}{1+e\cos\psi}\right]$

∠사을정=$\sin^{-1}$($\overline{\text{사진}}$)=$\sin^{-1}$(7155062.52)

=45도41분4.94초 → $\widehat{\text{사정}}$의 도수[도(度)]

$\left[\angle\text{사을정}=E'\text{라 하면 } \sin E'=\overline{\text{사진}}=\dfrac{\sqrt{1-e^2}\,\sin\psi}{1+e\cos\psi}\right]$

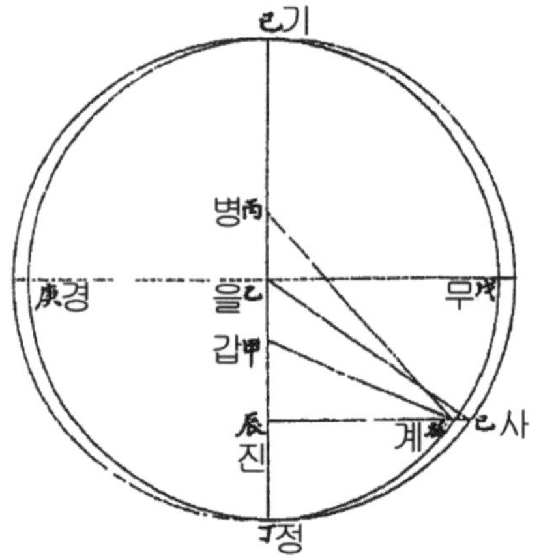

[그림 9-23] 면적을 빌려 면적 구하기(근지점 이후 45도) 6

ㄷ. 다음의 비례식을 이용하여 $\overset{\frown}{\text{사정}}$의 길이와 ▽을사정의 면적 구하기.

(180도=648000초) : (반원주의 길이 31415926.5)

=($\overset{\frown}{\text{사정}}$ 45도41분4.94초=164464.94초) : ($\overset{\frown}{\text{사정}}$의 길이)

∴ $\overset{\frown}{\text{사정}}$의 길이=7973485.2883748 [$\overset{\frown}{\text{사정}}$의 길이$=\frac{\pi}{180°}E'$]

원을 분할한 ▽을사정의 면적

=(반지름인 $\overline{\text{을정}}$ 1천만)×($\overset{\frown}{\text{사정}}$의 길이)÷2

=39867426441874 [▽을사정의 면적$=\frac{1}{2}\cdot\frac{\pi}{180°}E'$]

ㄹ. [그림 9-24]에서 다음의 비례식을 이용하여 타원을 분할한 ▽을계정의 면적 구하기

(장반경 1천만) : (단반경 9998571.85)

=(▽을사정의 면적 39867426441874) : (▽을계정의 면적)

∴ ▽을계정의 면적=39861732775367

[▽을계정의 면적$=\frac{1}{2}\cdot\frac{\pi}{180°}E'\sqrt{1-e^2}$]

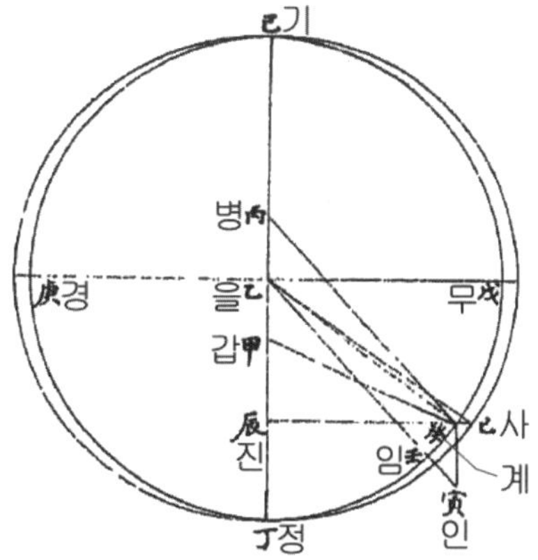

[그림 9-24] 면적을 빌려 면적 구하기(근지점 이후 45도) 7

ㅁ. ▽을계정의 면적에서 ▽을임정의 면적을 빼어 ▽을계임의 면적 구하기

▽을계임의 면적＝(▽을계정의 면적)－(면적도수 45인 ▽을임정의 면적)

＝39861732775367－39264299785292＝597432990075

[▽을계임의 면적＝$\frac{1}{2}\cdot\frac{\pi}{180°}E'\sqrt{1-e^2}-\frac{M}{360°}\pi\sqrt{1-e^2}$]

ㅂ. △을계인의 면적＝(높이 $\overline{\text{계진}}$ 7154040.67)×(밑변 $\overline{\text{계인}}$ 169000)÷2

＝604516436615

[△을계인의 면적＝$\frac{1}{2}e\times\overline{\text{계진}}=\frac{1}{2}er\sin\psi=\frac{1}{2}e\sqrt{1-e^2}\sin E'$]

ㅅ. [그림 9－25]에서 △을계인의 면적에서 ▽을계임의 면적을 빼어 인임계의 면적 구하기

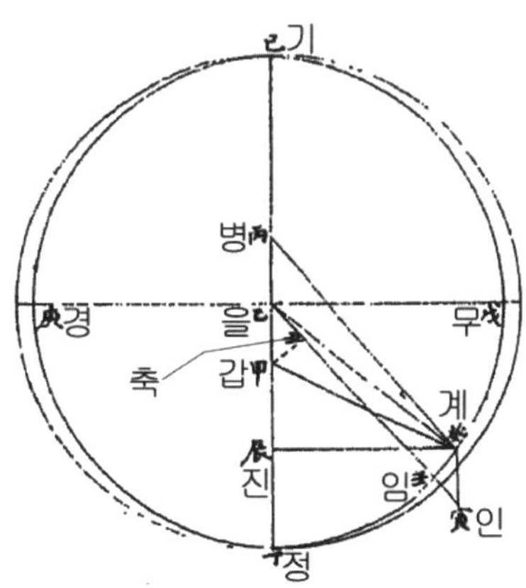

[그림 9-25] 면적을 빌려 면적 구하기(근지점 이후 45도) 8

인임계의 면적 = (△을계인의 면적) − (▽을계임의 면적)

= 604516436615 − 597432990075 = 7083446540

[인임계의 면적 $= \frac{1}{2}e\sqrt{1-e^2}\,\sin E' - \frac{1}{2}\cdot\frac{\pi}{180°}E'\sqrt{1-e^2} + \frac{M}{360°}\pi\sqrt{1-e^2}$

$= \frac{1}{2}\sqrt{1-e^2}\,(e\sin E' - \frac{\pi}{180°}E' + \frac{\pi}{180°}M) =$ △갑을축의 면적]

⇒ △갑을축의 면적

⇒ (면적도수 45도인 ▽을임정의 면적) − (▽갑계정의 면적)

⇒ (▽갑계정의 면적)

= (면적도수 45도인 ▽을임정의 면적) − △갑을축의 면적

= 39264299785292 − 7083446540 = 39257216341248

[▽갑계정의 면적 $= \frac{M}{360°}\pi\sqrt{1-e^2} - \frac{1}{2}\sqrt{1-e^2}\left(e\sin E' - \frac{\pi}{180°}E' + \frac{\pi}{180°}M\right)$

$= \frac{1}{2}\sqrt{1-e^2}\left(\frac{\pi}{180°}E' - e\sin E'\right)$]

▾ 또는 (▽갑계정의 면적) = (▽을계정의 면적) − (△갑을계의 면적)

= 39861732775367 − {($\overline{\text{갑을}}$ 169000 × $\overline{\text{계진}}$ 7154040.67) ÷ 2

= 39257216341248

[△갑을계의 면적 $= \frac{1}{2}e \times \overline{\text{계진}} = \frac{1}{2}er\sin\psi = \frac{1}{2}e\sqrt{1-e^2}\,\sin E'$ 이기에

▽갑계정의 면적 $= \frac{1}{2}\cdot\frac{\pi}{180°}E'\sqrt{1-e^2} - \frac{1}{2}e\sqrt{1-e^2}\,\sin E' = \frac{1}{2}\sqrt{1-e^2}\left(\frac{\pi}{180°}E' - e\sin E'\right)$]

⑧ [그림 9−26]에서,

(▽갑계정의 면적) < (면적도수 45도인 ▽을임정의 면적)

[▽갑계정의 면적 $\frac{1}{2}\sqrt{1-e^2}\left(\frac{\pi}{180°}E' - e\sin E'\right) < \frac{M}{360°}\pi\sqrt{1-e^2}$]

→ 평균운행도수(면적도수)가 근지점 이후 45도일 때

태양은 반드시 '계'점보다 더 전진한, [그림 9−26]의 '오' 같은 위치에 있음.

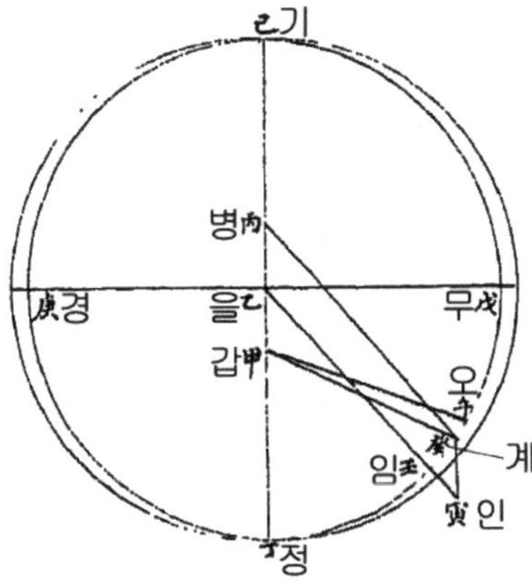

[그림 9-26] 면적을 빌려 면적 구하기(근지점 이후 45도) 9

⇒ (▽갑계오의 면적)=(인임계의 면적)=7083446540

(▽갑오정의 면적)=(타원을 면적도수 45도만큼 분할한 면적)

=(▽을임정의 면적)=7083446540

(실제운행도수 ∠오갑정)=∠계갑정+∠오갑계

[▽갑계오의 면적 $=\frac{1}{2}\sqrt{1-e^2}\left(e\sin E'-\frac{\pi}{180°}E'+\frac{\pi}{180°}M\right)$]

⑨ [그림 9-27]에서 ▽갑계오의 면적을 가지고 ∠오갑계 구하기

- 앞에 제시한 '면적을 가지고 각도 구하기'[이적구각] 계산법 사용

ㄱ. $\overline{갑미}=\overline{갑신}$=중률원(中率圓)의 반지름

(중률원을 분할한 ▽갑미신)∽(타원을 분할한 ▽갑계오)

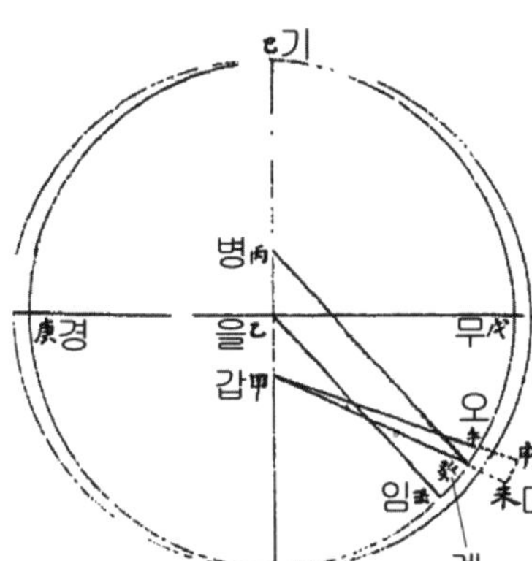

[그림 9-27] 면적을 빌려 면적 구하기(근지점 이후 45도) 10

ㄴ. 다음의 비례식을 이용하여 ▽갑미신의 면적 구하기

{($\overline{\text{갑계}}$ 9881935.54)^2

=97652650016715} : {(중률 $\overline{\text{갑미}}$ 9999286)^2=99985718480191)

=(타원을 분할한 ▽갑계오의 면적 7083446540) : (중률원을 분할한 ▽갑미신의 면적)

∴ ▽갑미신의 면적=7252680716

[$r^2 : \sqrt{1-e^2}$=▽갑계오의 면적:▽갑미신의 면적, 여기서 ∠오갑계=$\Delta\psi$, ▽갑계오의 면적=$\frac{1}{2}r^2\Delta\psi$, ▽갑미신의 면적=$\frac{1}{2}\sqrt{1-e^2}\,\Delta\psi$]

⑩ [그림 9-28]에서 ▽갑미신의 면적을 가지고 ∠미갑신 구하기

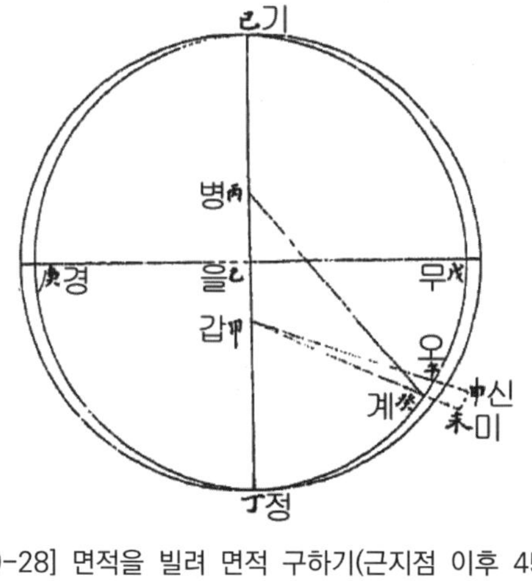

[그림 9-28] 면적을 빌려 면적 구하기(근지점 이후 45도) 11

∠미갑신

=(▽갑미신의 면적 7252680716)÷(타원을 면적도수 1초만큼 분할한 면적 242372221)

=29.92초

⇒ ∠계갑오 [$\frac{1}{2}\sqrt{1-e^2}\left(e\sin E' - \frac{\pi}{180°}E' + \frac{\pi}{180°}M\right) = \frac{1}{2}r^2\Delta\psi$이기에 ∠계갑오 $=\Delta\psi = \frac{\sqrt{1-e^2}}{r^2}\left(e\sin E' - \frac{\pi}{180°}E' + \frac{\pi}{180°}M\right)$]

⑪ [그림 9－28]에서 ∠계갑정과 ∠계갑오를 더하여 실제운행도수(각도) ∠오갑정 구하기

∠오갑정＝∠계갑정+∠계갑오＝46도22분54.06초+29.92초

＝46도23분23.98초

[∠오갑정＝$T=\psi+\Delta\psi$]

(2) '(1)'항의 계산에 대한 부연 설명

① 이 계산법은 바로 앞의 두 가지 계산법(이각구적법, 이적구각법)을 함께 겸하여 사용한 것.

② ∠오갑계가 30초에 불과함.

→ $\overline{\text{갑계}}$, $\overline{\text{갑오}}$ 두 선의 길이에 큰 차이가 없음.

→ 계산값에 오차가 거의 없이 정밀함.

③ ▽갑계정의 면적을 빌려서 면적도수 45도인 ▽을임정의 면적과 비교함.

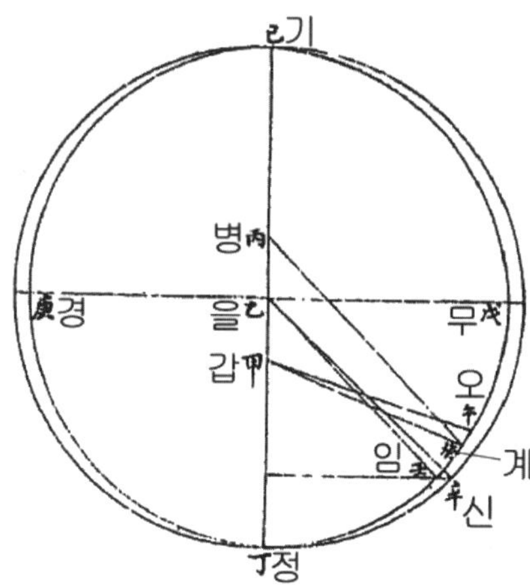

[그림 9-29] 면적을 빌려 면적 구하기(근지점 이후 45도) 12

ㄱ. 문제의 설정: [그림 9－29]에서 ∠신을정＝45도

▽을임정의 면적도수＝45도

ㄴ. ∠임을정을 계산하여 ∠병으로 삼은[104] 까닭

: 면적을 빌려서 크고 작음을 비교하기[105] 위함.

ㄷ. 타원의 면적은 면적도수 1도 간격으로 모두 '주어진 수치'[성수(成數)]가 있음.

→ 별도로 계산할 필요 없음.[106]

④ 먼저 ∠임을정을 구하여 ∠병으로 삼은 후에 ▽갑계정의 면적을 구하였는데, ▽갑계정의 면적이 처음에 설정한 ▽을임정의 면적과 서로 크게 차이 나지 않음.

→ ∠임을정을 구하는 계산도 생략할 수 있음.

→ 아래의 '다른 계산법'

(3) 평균운행도수가 근지점 이후 45도일 때 실제운행도수 구하기의 다른 계산법('간편 차적구적법')

① [그림 9－30]에서 ∠병＝45도로 설정하고 앞의 계산법에 따라 계산하면,

[∠병＝M(예각)]

$\overline{\text{갑계}}$＝9881944.28 [$\overline{\text{갑계}}=r=\dfrac{1+e^2-2e\cos M}{1-e\cos M}$]

∠계갑정＝46도23분9.14초 [∠계갑정＝ψ이면 $\sin\psi=\dfrac{2-r}{r}\sin M$]

▽갑계정의 면적＝39260794679348

[∠계′을정＝E' 이면, $\sin E'=\dfrac{r\sin\psi}{\sqrt{1-e^2}}=\dfrac{(2-r)\sin M}{\sqrt{1-e^2}}$ 이고,

▽계′을정$=\dfrac{1}{2}\cdot\dfrac{\pi}{180°}E'$, ▽계을정$=\dfrac{1}{2}\cdot\dfrac{\pi}{180°}E'\sqrt{1-e^2}$

△갑을계$=\dfrac{1}{2}er\sin\psi=\dfrac{1}{2}e\sqrt{1-e^2}\sin E'$, ▽갑계정의 면적$=\dfrac{1}{2}\sqrt{1-e^2}\left(\dfrac{\pi}{180°}E'-e\sin E'\right)$

혹은 ▽갑계정의 면적$=\dfrac{1}{2}\sqrt{1-e^2}\left\{\dfrac{\pi}{180°}\sin^{-1}\left(\dfrac{r\sin\psi}{\sqrt{1-e^2}}\right)-e\dfrac{r\sin\psi}{\sqrt{1-e^2}}\right\}$]

[그림 9-30] 면적을 빌려 면적 구하기(근지점 이후 45도, '간편 차적구적법' 1) 13

② [그림 9－31]에서,

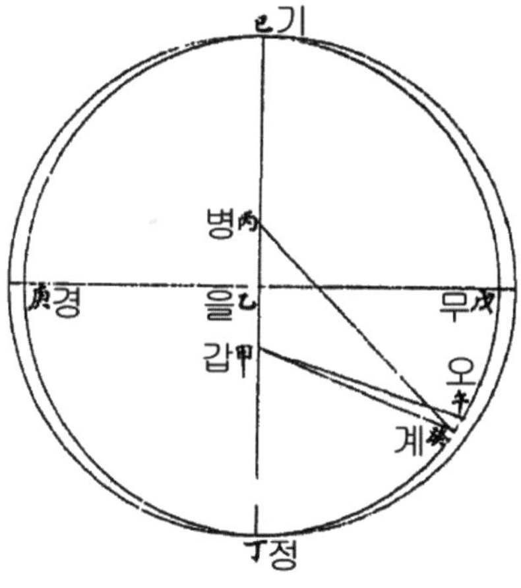

[그림 9-31] 면적을 빌려 면적 구하기(근지점 이후 45도, '간편 차적구적법' 2) 14

▽갑계오＝(면적도수 45도에 해당하는 타원의 면적)－(▽갑계정의 면적)

＝39264299785292－39260794679348＝3505105944

$$[\triangledown\text{갑계오} = \frac{M}{360^\circ}\pi\sqrt{1-e^2} - \frac{1}{2}\sqrt{1-e^2}\left(\frac{\pi}{180^\circ}E' - e\sin E'\right)$$

$$= \frac{1}{2}\sqrt{1-e^2}\left(\frac{\pi}{180^\circ}M - \frac{\pi}{180^\circ}E' + e\sin E'\right)]$$

→ 평균운행의 면적도수가 45도일 때 태양은 '계'점보다 전진한 '오'점에 있음.

③ [그림 9－32]에서,

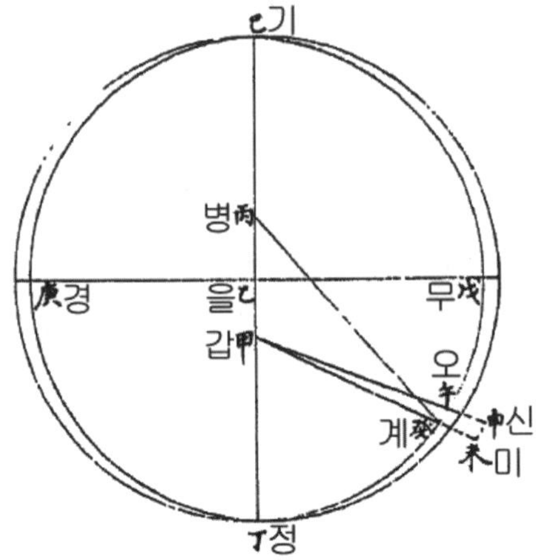

[그림 9-32] 면적을 빌려 면적 구하기(근지점 이후 45도, '간편 차적구적법' 3) 15

ㄱ. 다음의 비례식을 이용하여 원(중률원)을 분할한 ▽갑미신의 면적 구하기

{($\overline{\text{갑계}}$)^2 = 97652650016715} : {(중률 $\overline{\text{갑미}}$)^2 = 99985718480191)

=(면적 차 ▽갑계오의 면적=3505105944) : (원을 분할한 ▽갑미신의 면적)

∴ ▽갑미신의 면적=3588841841

ㄴ. ∠미갑신=(▽갑미신의 면적=3588841841)÷(면적도수 1초의 면적 =242372221)

=14.81초 ⇒ ∠계갑오

[∠미갑신 $=\Delta\psi$ 이면, $\frac{1}{2}r^2\Delta\psi=\frac{1}{2}\sqrt{1-e^2}\left(\frac{\pi}{180°}M-\frac{\pi}{180°}E'+e\sin E'\right)$ 에서

$\Delta\psi=\frac{\sqrt{1-e^2}}{r^2}\left(\frac{\pi}{180°}M-\frac{\pi}{180°}E'+e\sin E'\right)$ 이다. 이 식을 M과 r의 함수로 쓰면

$\Delta\psi=\frac{\sqrt{1-e^2}}{r^2}\left[\frac{\pi}{180°}M-\frac{\pi}{180°}\sin^{-1}\left\{\frac{(2-r)\sin M}{\sqrt{1-e^2}}\right\}+e\frac{(2-r)\sin M}{\sqrt{1-e^2}}\right]$ 이다.]

ㄷ. ∠오갑정=(∠계갑정 46도23분9.14초)+(∠미갑신 14.81초)

=46도23분23.95초 [∠오갑정 $=T=\psi+\Delta\psi$]

⇒ 평균운행도수(면적도수)가 근지점 이후 45도일 때의 실제운행도수(각도)

④ 이 계산법으로 구한 수치는 앞의 계산법과 같지만, 평균운행의 면적도수를 곧장 ∠병으로 놓았기 때문에 앞의 계산법보다 계산절차가 줄어들어 간편함.[107]

(4) 평균운행도수(면적도수)가 근지점 이후 90도일 때 실제운행도수(각도) 구하기

① [그림 9－33]에서,

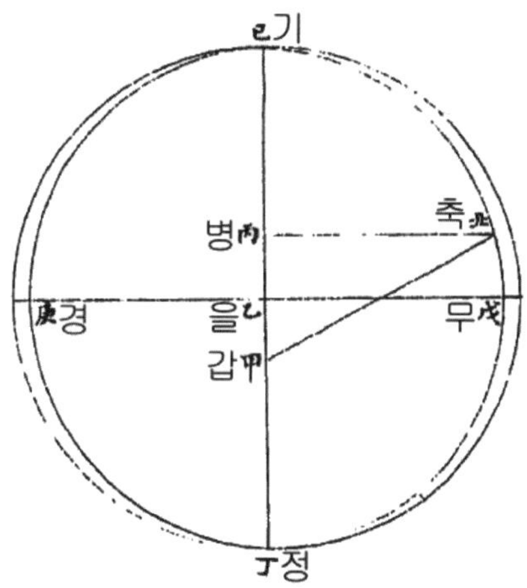

[그림 9-33] 면적을 빌려 면적 구하기(근지점 이후 90도) 1

∠병＝90도 [∠병＝∠무을정＝ϕ]

갑병축: 직각삼각형

② 계산법에 따라 계산하면,

$\overline{갑축}$ ＝10002856.1 [$\overline{갑축}=r$이면, $\overline{병축}=2-r$, $r^2=(2-r)^2+(2e)^2$이기에 $r=1+e^2$]

∠축갑정＝91도56분11.09초

▽갑축정의 면적＝78528760183695

[∠축갑정＝ψ(둔각)이면, ∠축갑기＝$180°-\psi$, $\cos(180°-\psi)=\dfrac{2e}{1+e^2}$,

$\sin(180°-\psi)=\dfrac{2-r}{r}=\dfrac{1-e^2}{1+e^2}$, $\sin(180°-E')=\dfrac{r\sin\psi}{\sqrt{1-e^2}}=\sqrt{1-e^2}$,

$E'=180°-\dfrac{180°}{\pi}\sin^{-1}\left(\sqrt{1-e^2}\right)$

$\triangledown$갑축정의 면적$=\frac{1}{2}\sqrt{1-e^2}\left(\frac{\pi}{180°}E'-e\sin E'\right)=\frac{1}{2}\sqrt{1-e^2}\{\pi-\sin^{-1}(\sqrt{1-e^2})-e\sqrt{1-e^2}\}$이다.]

③ [그림 9－34]에서,

$\triangledown$갑묘축＝($\triangledown$갑축정의 면적)－(면적도수 90도의 면적 78528599570584)

＝78528760183695－78528599570584＝160613111

[$\triangledown$갑묘축$=\frac{1}{2}\sqrt{1-e^2}\{\pi-\sin^{-1}(\sqrt{1-e^2})-e\sqrt{1-e^2}\}-\frac{90°}{360°}\pi\sqrt{1-e^2}$

$=\frac{1}{2}\sqrt{1-e^2}\left\{\frac{\pi}{2}-\sin^{-1}(\sqrt{1-e^2})-e\sqrt{1-e^2}\right\}$]

⇒ 평균운행 면적도수가 90도일 때 태양은 '축'점보다 뒤처진 '묘'에 위치함.

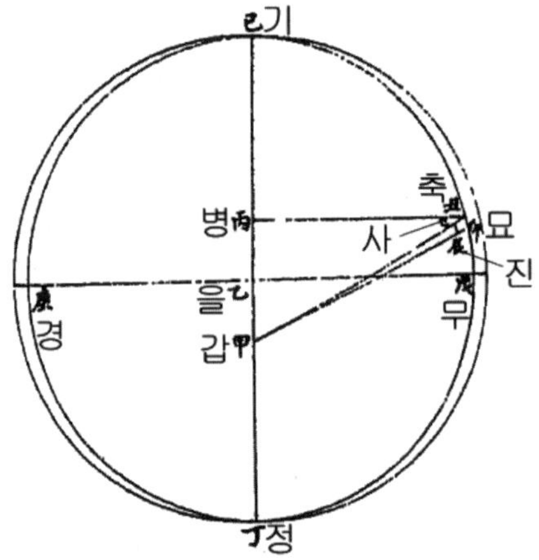

[그림 9-34] 면적을 빌려 면적 구하기(근지점 이후 90도) 2

④ [그림 9－34]에서,

$\overline{\text{갑진}}=\overline{\text{갑사}}$＝(중률원의 반지름 9999286)

(원을 분할한 $\triangledown$갑진사)$\backsim$(타원을 분할한 $\triangledown$갑묘축)

⑤ 다음의 비례식을 이용하여 원을 분할한 $\triangledown$갑진사의 면적 구하기

{($\overline{\text{갑축}}$)^2＝100057130157307} : {(중률 $\overline{\text{갑사}}$)^2＝99985718480191)

＝(면적 차 $\triangledown$축갑묘의 면적=160613111) : (원을 분할한 $\triangledown$갑진사의 면적)

$\therefore$ $\triangledown$갑진사의 면적＝160498480

⑥ $\angle$진갑사＝($\triangledown$갑진사의 면적 160498480)÷(면적도수 1초의 면적 242372221)

$= \frac{66}{100}$초 ⇒ ∠축갑묘

[∠축갑묘$=\Delta\psi$이면, $\frac{1}{2}r^2\Delta\psi = \frac{1}{2}\sqrt{1-e^2}\left\{\frac{\pi}{2} - \sin^{-1}\left(\sqrt{1-e^2}\right) - e\sqrt{1-e^2}\right\}$]에서

$\Delta\psi = \frac{\sqrt{1-e^2}}{r^2}\left\{\frac{\pi}{2} - \sin^{-1}\left(\sqrt{1-e^2}\right) - e\sqrt{1-e^2}\right\} = \frac{\sqrt{1-e^2}}{(1+e^2)^2}\left\{\frac{\pi}{2} - \sin^{-1}\left(\sqrt{1-e^2}\right) - e\sqrt{1-e^2}\right\}$이다.]

⑦ ∠묘갑정＝(∠축갑정 91도56분11.09초)－(∠축갑묘 $\frac{66}{100}$초)

＝91도56분10.43초

⇒ 평균운행도수(면적도수)가 근지점 이후 90도일 때의 실제운행도수(각도)

[∠묘갑정$= T = \psi - \Delta\psi$]

(5) 평균운행도수(면적도수)가 근지점 이후 120도일 때 실제운행도수(각도) 구하기

① [그림 9－35]에서,

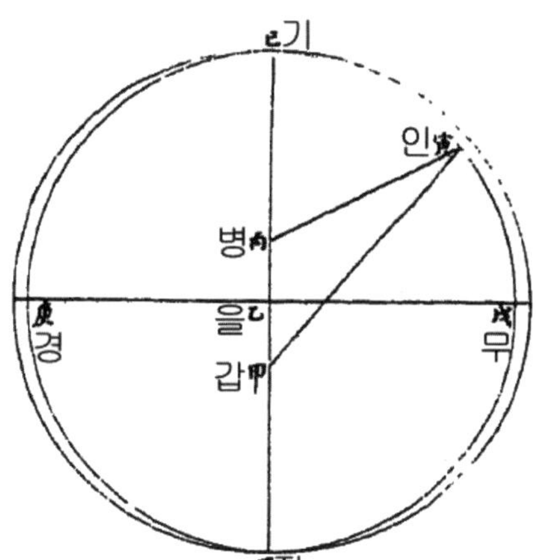

[그림 9-35] 면적을 빌려 면적 구하기(근지점 이후 120도) 1

△갑병인의 ∠병＝120도 [∠병$=\phi$(둔각)]

② 계산법에 따라 계산하면,

$\overline{\text{갑인}}$ ＝10086624.13

∠인갑정＝121도39분46.69초

▽갑인정의 면적=104707990649506

③ [그림 9-36]에서,

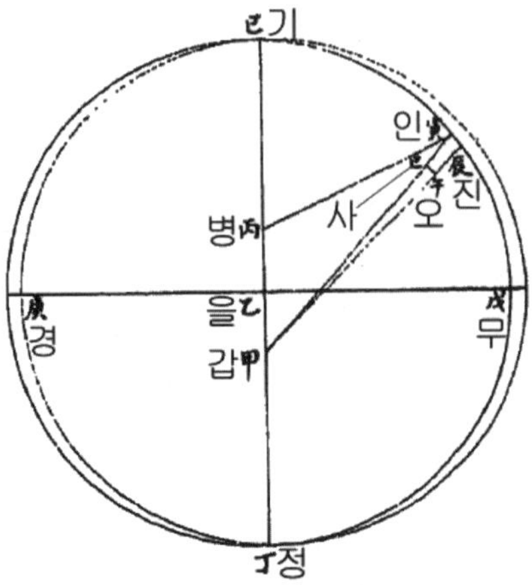

[그림 9-36] 면적을 빌려 면적 구하기(근지점 이후 120도) 2

▽갑인진=(▽갑인정의 면적)-(면적도수 120도의 면적)

=104707990649506-104704799427446=3191222969

⇒ 평균운행 면적도수가 120도일 때 태양은 '인'점보다 뒤처진 '진'에 위치함.

④ [그림 9-36]에서,

$\overline{\text{갑사}}=\overline{\text{갑오}}$=(중률원의 반지름 9999286)

(원을 분할한 ▽갑사오)∽(타원을 분할한 ▽갑인진)

⑤ 다음의 비례식을 이용하여 원(중률원)을 분할한 ▽갑사오의 면적 구하기

{($\overline{\text{갑인}}$)^2=101739986339898} : {(중률 $\overline{\text{갑사}}$)^2=99985718480191)

=(면적 차 ▽갑인진의 면적 3191222969) : (원을 분할한 ▽갑사오의 면적)

∴ ▽갑사오의 면적=3136197891

⑥ ∠사갑오=(▽갑사오의 면적 3136197891)÷(면적도수 1초의 면적 242372221)

=12.94초 ⇒ ∠인갑진

⑦ ∠진갑정=(∠인갑정 121도39분46.69초)-(∠인갑진 12.94초)

=121도39분33.75초

⇒ 평균운행도수(면적도수)가 근지점 이후 120도일 때의 실제운행도수(각도)

(6) 위에 제시한 '면적을 빌려 면적 구하기'[차적구적] 계산법은 정밀하고 원리를 알기 쉬움.

그러나 곱하고 나누고 비례식을 사용하기를 십수 차례 해야 하므로 번잡함.

→ 이 때문에 다음의 계산법을 제시함.

보충자료 16 차적구적법 풀이

이심률이 $\overline{갑을} = \overline{갑병} \div 2 = e$인 타원 및 반지름이 $(1-e^2)^{1/4}$인 외접원을 그린 [보충그림 16-1]에서 면적도수를 M이라 하고, 각 '신을정'을 M이라 놓자. 각 '임을정'을 ϕ라 하면,

$$\tan\phi = \sqrt{1-e^2}\,\tan M \tag{1}$$

의 관계를 갖는다. 이제 '임을'에 평행하게 '병계'를 그으면 각 '병'은 ϕ가 된다. ([보충그림 16-2] 참조)

이제 '갑계정'의 면적과 '을임정'의 면적이 같다고 하자. [보충그림 16-3]에서 '갑계' = 현, '계자' = 고, '갑자' = 구 라고 하면,

$$구 = 2e\sin\phi \tag{2}$$

$$현 + 고 = 2 - 2e\cos\phi \tag{3}$$

$$현 - 고 = \frac{2e^2\sin^2\phi}{1-e\cos\phi} \tag{4}$$

가 된다. 따라서

$$현 = r = 1 - e\cos\phi + \frac{e^2\sin^2\phi}{1-e\cos\phi} \tag{5-1}$$

$$고 = 1 - e\cos\phi - \frac{e^2\sin^2\phi}{1-e\cos\phi} \tag{5-2}$$

$$각\ '계' = \xi = \sin^{-1}\left[\frac{2e(1-e\cos\phi)\sin\phi}{1+e^2-2e\cos\phi}\right] \tag{6}$$

가 된다. 그리고

$$각\ '계갑정' = \psi = \phi + \xi \tag{7}$$

가 된다. 이 각이 임시의 진근점이각(true anomaly) 이다

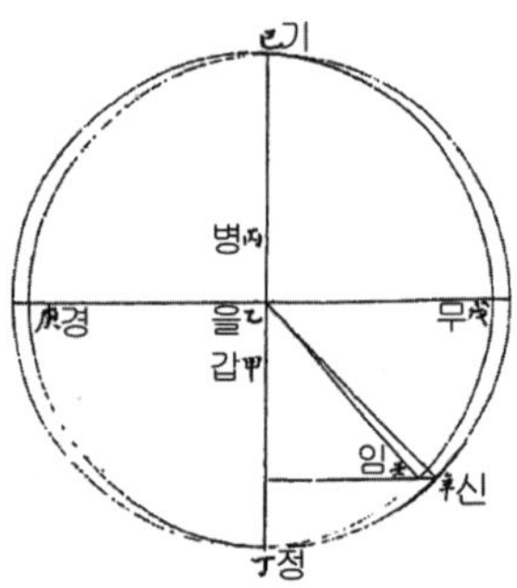

[보충그림 16-1]
[그림 9-18]과 동일

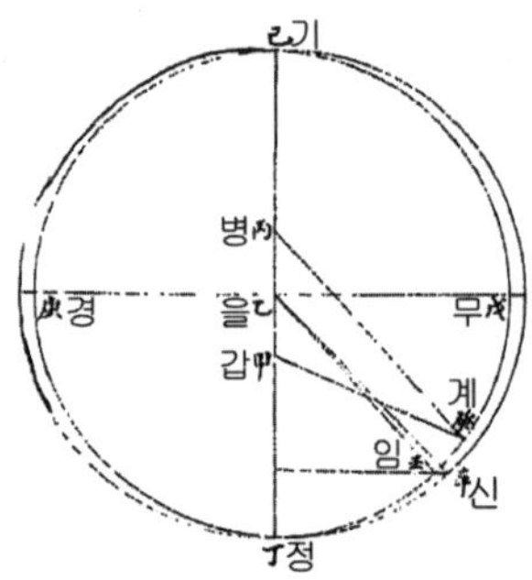

[보충그림 16-2]
[그림 9-19]와 동일

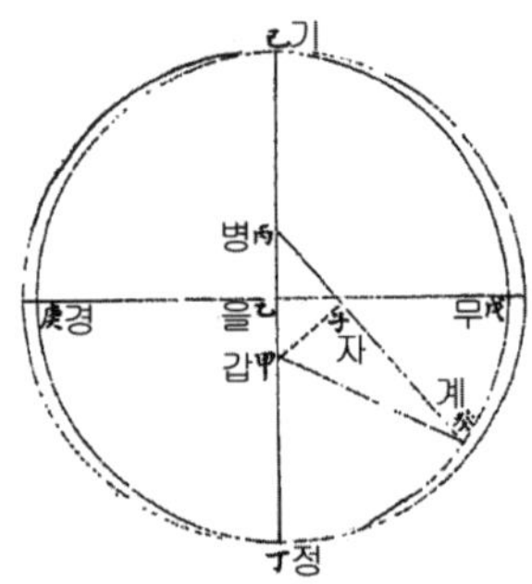

[보충그림 16-3]
[그림 9-20]과 동일

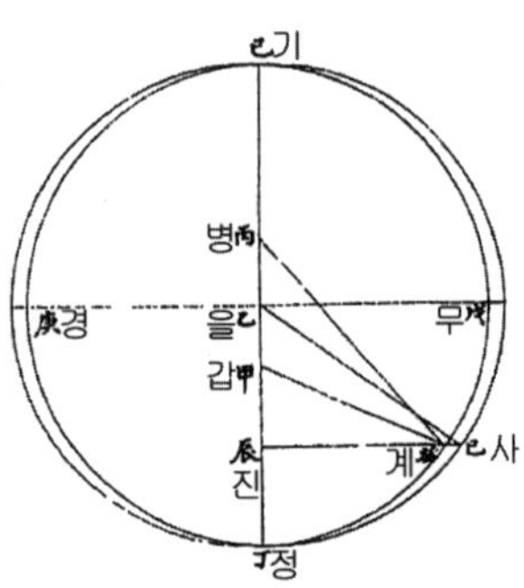

[보충그림 16-4]
[그림 9-23]과 동일

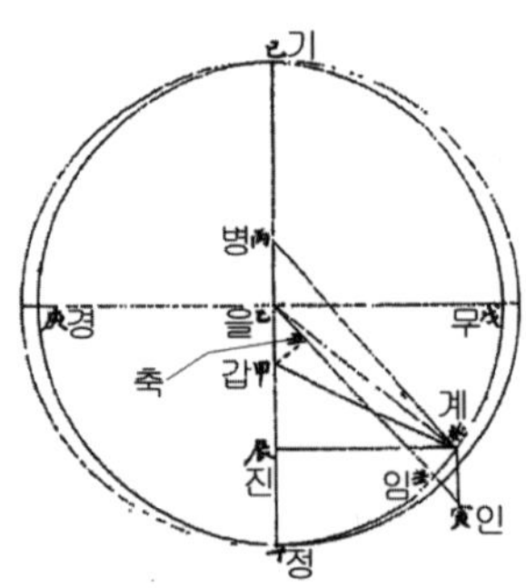

[보충그림 16-5]
[그림 9-25]와 동일

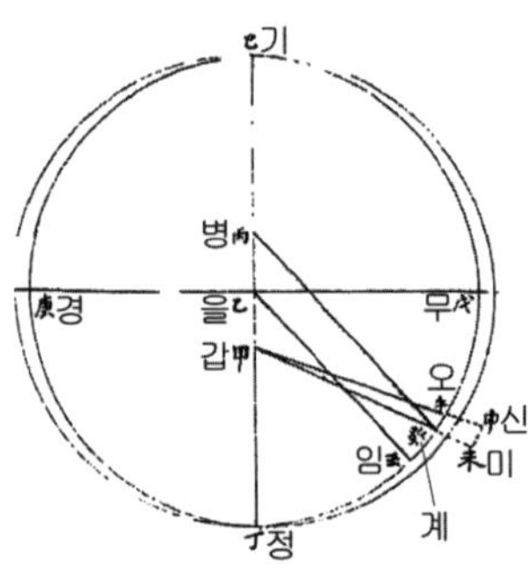

[보충그림 16-6]
[그림 9-27]과 동일

[보충그림 16-4]에서 '갑계' $= r$이기에 '계진' $= r\sin\psi$가 되고, '사진' $= \dfrac{r\sin\psi}{\sqrt{1-e^2}}$ 가 된다. 따라서 각 '을'은

$$각\ ‘을’ = E' = \sin^{-1}\left(\frac{r\sin\psi}{\sqrt{1-e^2}}\right) \tag{8-1}$$

$$\sqrt{1-e^2}\sin E' = r\sin\psi \tag{8-2}$$

가 된다. ‘을사정’의 면적은 $\frac{1}{2}E'$ 이고, ‘을계정’의 면적은 $\frac{E'}{2}\sqrt{1-e^2}$ 이 된다. [보충그림 16－5]에서 ‘을임정’의 면적은 $\frac{\sqrt{1-e^2}M}{2}$ 이기에 ‘을임계’의 면적은 $\frac{E'}{2}\sqrt{1-e^2} - \frac{1}{2}\sqrt{1-e^2}M$이다. 그런데 ‘을인계’와 ‘갑을계’의 면적은 $\frac{1}{2}er\sin\psi = \frac{1}{2}e\sqrt{1-e^2}\sin E'$ 이기에 ‘인계임’와 ‘갑을축’의 면적은 $\frac{1}{2}er\sin\psi - \frac{E'}{2}\sqrt{1-e^2} + \frac{1}{2}\sqrt{1-e^2}M$ 이 된다. 또한 ‘갑계정’의 면적은 $\frac{E'}{2}\sqrt{1-e^2} - \frac{1}{2}er\sin\psi$가 된다. 그런데 ‘갑계정’의 면적은 ‘을임정’의 면적보다 ‘인계임’ 면적만큼 작다. 따라서 [보충그림 16－6]에서와 같이 ‘갑오계’의 면적이 ‘인계임’ 혹은 ‘갑을축’의 면적과 같다고 놓는다. 각 ‘오갑계’를 $\Delta\psi$라 하면 ‘갑을축’의 면적=‘오갑계’의 면적=$\frac{1}{2}r^2\Delta\psi$가 된다. 따라서

$$\Delta\psi = \frac{er\sin\psi - E'\sqrt{1-e^2} + \sqrt{1-e^2}M}{r^2} \tag{9-1}$$

혹은

$$\Delta\psi = (e\sin E' - E' + M)\frac{\sqrt{1-e^2}}{r^2} \tag{9-2}$$

이고, 진근점이각 T는

$$T = \psi + \Delta\psi \tag{10}$$

가 된다.

$e \ll 1$인 경우, (1)식은 $\phi \simeq M - \frac{1}{4}e^2\sin 2M$으로 어림된다.[126] 그리고 (6)식은

$\xi \simeq 2e\sin\phi + e^2\sin 2\phi \simeq 2e\sin M + e^2\sin 2M$이 되어[127] $\psi = \phi + \xi \simeq M + 2e \sin M + \frac{3}{4}e^2\sin 2M$이 되고, (5-1)식은 $r \simeq 1 - e\cos M + e^2\sin^2 M$이 되므로[128] (8-1)식은 $E' \simeq M + e\sin M$으로 어림된다.[129] 그런데 [보충그림 16-5]에서 '갑을축'의 면적은 대략 $\frac{1}{2}e^2\sin M\cos M$이므로 이에 해당하는 $\Delta\psi = \frac{e^2\sin M\cos M}{r^2}$인데, $r \simeq 1 - e\cos M + e^2\sin^2 M \simeq 1$이기에 $\Delta\psi \simeq \frac{1}{2}e^2\sin 2M$이 된다. (9-1)식을 어림해도 같은 식으로 어림된다.[130] 따라서 $T = \psi + \Delta\psi = \phi + \xi + \Delta\psi \simeq M + 2e\sin M + \frac{5}{4}e^2\sin 2M$으로 어림된다.

이 식은 케플러 방정식인 $M = E - e\sin E$를 어림하면 $E \simeq M + e\sin M + \frac{1}{2}e^2\sin 2M$을 얻고, $\tan T = \frac{\sqrt{1-e^2}\sin E}{\cos E - e}$를 어림하여 $T = E + e\sin E + \frac{1}{4}e^2 \sin 2E$를 얻고, 결국 $T = M + 2e\sin M + \frac{5}{4}e^2\sin 2M$을 어림으로 얻게 된 것과 같

---

126) $e \ll 1$일 때, $\phi = M + \zeta$, $\sqrt{1-e^2} \simeq 1 - \frac{1}{2}e^2$라 놓고 (1)식에 대입하여 전개하고 어림하면 $\zeta = -\frac{1}{4}e^2\sin 2M$을 얻을 수 있다.

127) $e \ll 1$일 때, (6)식은 $\xi \simeq \frac{2e(1 - e\cos\phi)\sin\phi}{1 + e^2 - 2e\cos\phi} \simeq 2e\sin\phi(1 - e\cos\phi)(1 + 2e\cos\phi)$
$\simeq 2e\sin\phi + e^2\sin 2\phi$로 어림할 수 있다.

128) $e \ll 1$일 때, (5)식은 $r = 1 - e\cos\phi + \frac{e^2\sin^2\phi}{1 - e\cos\phi} \simeq 1 - e\cos\phi + e^2\sin^2\phi$가 된다.

129) $e \ll 1$일 때, (8-1)식은 $\sin E' = \frac{r\sin\psi}{\sqrt{1-e^2}} \simeq (1 - e\cos M)\sin(M + 2e\sin M)$
$\simeq (1 - e\cos M)(\sin M + 2e\sin M\cos M)$
$\simeq \sin M + e\sin M\cos M \simeq \sin(M + e\sin M)$으로 어림되기에 $E' \simeq M + e\sin M$이 된다.

130) $e \ll 1$일 때, (9-1)식 $\Delta\psi = \frac{er\sin\psi - E'\sqrt{1-e^2} + \sqrt{1-e^2}M}{r^2}$에서
$\frac{e\sin\psi}{r} \simeq e\sin(M + 2e\sin M)(1 + e\cos M) \simeq e(\sin M + 3e\sin M\cos M)$ 되고,
$M - E = -e\sin M$이 되기에
$\frac{M-E}{r^2} \simeq -e\sin M(1 + 2e\cos M) = -e\sin M - 2e^2\sin M\cos M$가 된다.
따라서 $\Delta\psi = e^2\sin M\cos M = \frac{1}{2}e^2\sin 2M$이 된다.

다. 거리에 대한 어림도 $r=1-e\cos M+e^2\sin^2 M$으로 같다. 차적구적법의 $E' \simeq M+e\sin M$은 케플러 방정식의 편심이각(Eccentric anomaly) $E \simeq M+e\sin M+\frac{1}{2}e^2\sin 2M$보다 $\frac{1}{2}e^2\sin 2M$만큼 작은 값이다.

이제 (9-2)식이 무엇을 의미하는지 살펴볼 필요가 있다. 케플러 방정식인 $M=E-e\sin E$의 해를 구하는 현대적 방법 중의 하나가 뉴턴 방법이다. $f(x)=0$의 근을 구하기 위해 $x=x_n$에 해당하는 $y=f(x_n)$에서의 접선은 $y=f'(x_n)(x-x_n)+f(x_n)$이 되는데 $y=0$이 되는 x의 값을 x_{n+1}이라 하면, $0=f'(x_n)(x_{n+1}-x_n)+f(x_n)$이 된다. 따라서 $x_{n+1}=x_n-\frac{f(x_n)}{f'(x_n)}$이 되는데 이를 반복하여 계산하면 결국 $f(x)=0$인 근을 얻게 된다. 즉 $\Delta x_{n+1}=x_{n+1}-x_n$이 되는데, $\Delta x=0$으로 수렴하는 x_∞에서 $f(x_\infty)=0$이기에 바로 x_∞가 근이 된다. 즉 $f(E)=E-e\sin E-M$이라 놓으면, $\Delta E=-\frac{E-e\sin E-M}{1-e\cos E}$이 된다. 이제 타원궤도에서 면적속도 일정의 법칙은 $\frac{1}{2}r^2\Delta T=\frac{\sqrt{1-e^2}}{2}\Delta M$이고, 케플러 법칙은 $\Delta M=(1-e\cos E)\Delta E$이기에, $r^2\Delta T=\sqrt{1-e^2}(1-e\cos E)\Delta E$가 된다. 이제 뉴턴 방법에서 $\Delta E=-\frac{E-e\sin E-M}{1-e\cos E}$이기에 이를 대입하면

$$\Delta T=-\frac{\sqrt{1-e^2}}{r^2}(E-e\sin E-M) \tag{11}$$

을 얻는다. 이제 (11)식을 (9-2)식인 $\Delta\psi=(e\sin E'-E'+M)\frac{\sqrt{1-e^2}}{r^2}$과 비교해 보자. (9-2)식의 ψ는 임시 진근점이각으로, (11)식의 T에 대응된다. 따라서 (9-2)식을 이용하여 계산해도 진근점이각이 구해진다. '차적구적법'은 현대의 뉴턴방법과 동일한 형태임을 알 수 있다. 다만 $E-E'=\frac{1}{2}e^2\sin 2M$의 차이가 존재하지만 뒤의 [표 16]에서 보듯이 결국 실제운행도수(진근점이각) T의 값은 같다.

◉ 간편 '차적구적법' 풀이

앞선 방법의 [보충그림 16－1]에서는 ∠신을정＝M이라 놓고, ∠임을정＝ϕ라 놓고 계산하였다. 두 각 사이에는 $\phi \simeq M - \frac{1}{4}e^2 \sin 2M$인 관계가 있다. 간편법의 [보충그림 16－7]에서는 ∠임을정＝M이라 놓았다.

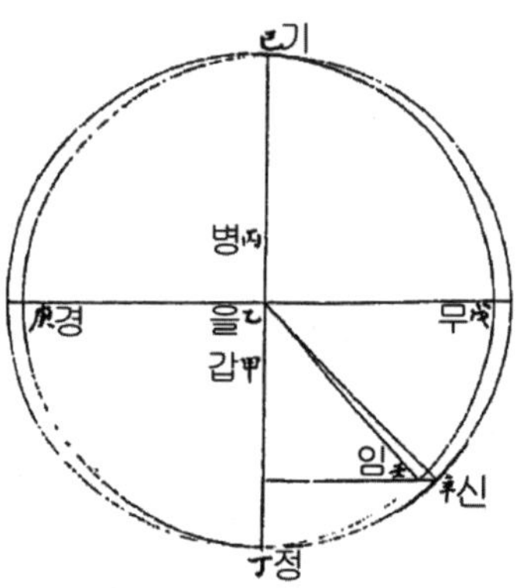

앞의 [보충그림 16-1]
[그림 9-18]과 동일

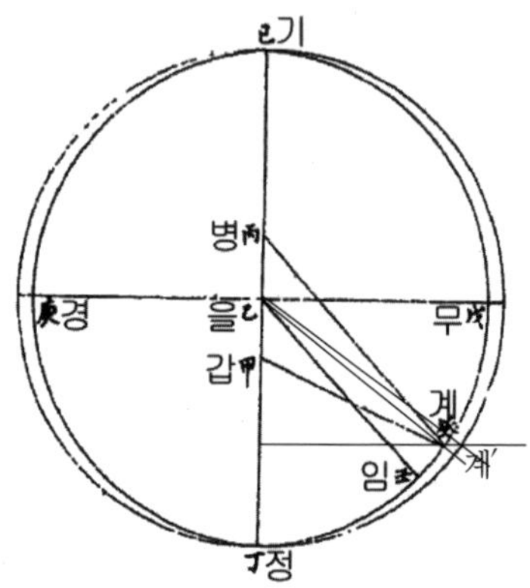

[보충그림 16-7] 간편법
[그림 9-30]과 동일

[보충그림 16－7]의 △병계갑에서 ∠병＝M, $\overline{\text{갑계}}=r$, $\overline{\text{병계}}=2-r$이기에

$$\overline{\text{갑계}} = r = \frac{1+e^2-2e\cos M}{1-e\cos M} \tag{12-1}$$

$$\overline{\text{병계}} = 2-r = \frac{1-e^2}{1-e\cos M} \tag{12-2}$$

가 된다. 또한 ∠계갑정＝ψ이면

$$\sin\psi = \frac{2-r}{r}\sin M \tag{13}$$

∠계'을정＝E'이면

$$\sin E' = \frac{r\sin\psi}{\sqrt{1-e^2}} = \frac{(2-r)\sin M}{\sqrt{1-e^2}} \tag{14}$$

이다. 또한

$$\triangledown \text{계}'\text{을정의 면적} = \frac{1}{2}\cdot\frac{\pi}{180^\circ}E' \tag{15-1}$$

$$\triangledown \text{계을정의 면적} = \frac{1}{2}\cdot\frac{\pi}{180^\circ}E'\sqrt{1-e^2} \tag{15-2}$$

$$\triangle \text{갑을계의 면적} = \frac{1}{2}er\sin\psi = \frac{1}{2}e\sqrt{1-e^2}\sin E' \tag{15-3}$$

이기에

$$\triangledown \text{갑계정의 면적} = \frac{1}{2}\sqrt{1-e^2}\left(\frac{\pi}{180^\circ}E' - e\sin E'\right) \tag{16-1}$$

혹은

$$\triangledown \text{갑계정의 면적} = \frac{1}{2}\sqrt{1-e^2}\left\{\frac{\pi}{180^\circ}\sin^{-1}\left(\frac{r\sin\psi}{\sqrt{1-e^2}}\right) - e\frac{r\sin\psi}{\sqrt{1-e^2}}\right\} \tag{16-2}$$

혹은

$$\triangledown \text{갑계정의 면적} = \frac{1}{2}\sqrt{1-e^2}\left\{\frac{\pi}{180^\circ}\sin^{-1}\left(\frac{(2-r)\sin M}{\sqrt{1-e^2}}\right) - e\frac{(2-r)\sin M}{\sqrt{1-e^2}}\right\} \tag{16-3}$$

이다. 이제 면적도수 M도에 해당하는 타원의 면적은

$$\frac{M}{360^\circ}\pi\sqrt{1-e^2} \tag{17}$$

이기에 [보충그림 16-8]에서 '▽갑계오의 면적=(면적도수 M도에 해당하는 타원의 면적)-▽갑계정의 면적'이 된다. 따라서

$$\triangledown \text{갑계오의 면적} = \frac{1}{2}\sqrt{1-e^2}\left(\frac{\pi}{180^\circ}M - \frac{\pi}{180^\circ}E' + e\sin E'\right) \tag{18}$$

이다. (18)식은 (9-2)식과 (11)식과 그 맥을 같이 하는 식이다.

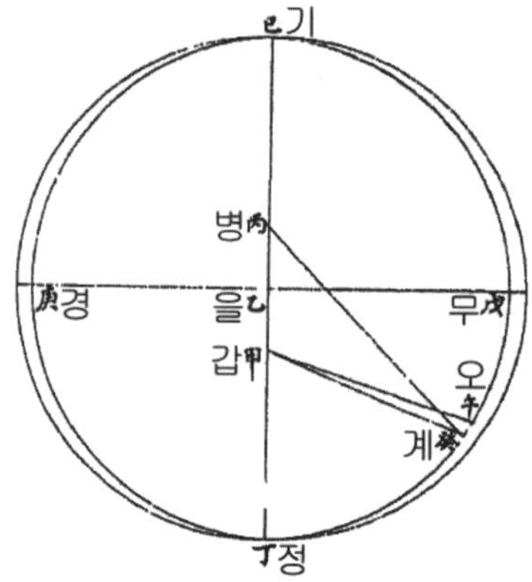

[보충그림 16-8]
[그림 9-31]과 동일

이제 ∠계갑오 $=\Delta\psi$이면 $\overline{\text{갑계}}=r$이기에

$$\frac{1}{2}r^2\Delta\psi=\frac{1}{2}\sqrt{1-e^2}\left(\frac{\pi}{180°}M-\frac{\pi}{180°}E'+e\sin E'\right) \tag{19}$$

이 되고,

$$\Delta\psi=\frac{\sqrt{1-e^2}}{r^2}\left(\frac{\pi}{180°}M-\frac{\pi}{180°}E'+e\sin E'\right) \tag{20-1}$$

혹은

$$\Delta\psi=\frac{\sqrt{1-e^2}}{r^2}\left[\frac{\pi}{180°}M-\frac{\pi}{180°}\sin^{-1}\left\{\frac{(2-r)\sin M}{\sqrt{1-e^2}}\right\}+e\frac{(2-r)\sin M}{\sqrt{1-e^2}}\right] \tag{20-2}$$

이 되고, 진근점이각인 ∠오갑정 $=T$는

$$T=\psi+\Delta\psi \tag{21}$$

이다.

[보충그림 16−9]에 차적구적 계산법을 요약하고 [보충그림 16−10]에 '간편 차적구

적법'을 요약하였다. 둘을 비교하면 차적구적법은 평균운행도수 M보다 1타원차각 $(\frac{1}{4}e^2\sin 2M)$만큼 작은 $\phi \simeq M - \frac{1}{4}e^2\sin 2M$을 ∠병으로 잡았기 때문에 그 2배를 보정하였고($\Delta\psi \simeq \frac{1}{2}e^2\sin 2M$, 각주 130 참조), '간편 차적구적법'은 평균운행도수 M 자체를 ∠병으로 잡았기 때문에 1타원차각만 보정하였음($\Delta\psi \simeq \frac{1}{4}e^2\sin 2M$)을 알 수 있다. [보충그림 16-10]에서 $e \ll 1$이어서 $E' \simeq M$이기에 $QS' \simeq \left(1-\sqrt{1-e^2}\right)\sin E' \simeq \left(1-\sqrt{1-e^2}\right)\sin M \simeq \frac{1}{2}e^2\sin M$이 된다. 따라서 $SS' \simeq QS'\cos M = \frac{1}{2}e^2\sin M\cos M = \frac{1}{4}e^2\sin 2M$이 되고, $e \ll 1$이어서 $F_1S = F_1S' \simeq 1$이기에 $\frac{SS'}{F_1S} \simeq \Delta\psi = \frac{1}{4}e^2\sin 2M$으로 어림할 수 있다.

(12-2)식과 (12-1)식은 다음과 같이 어림된다.

$$2-r = \frac{1-e^2}{1-e\cos M} \simeq (1-e^2)(1+e\cos M+e^2\cos^2 M)$$

$$\simeq 1+e\cos M - e^2\sin^2 M \simeq 1+e\cos M \quad (22\text{-}1)$$

$$r \simeq 2-(2-r) \simeq 1-e\cos M+e^2\sin^2 M \simeq 1-e\cos M \quad (22\text{-}2)$$

따라서 (13)식은 다음과 같이 어림된다.

$$\sin\psi = \frac{2-r}{r}\sin M \simeq \frac{1+e\cos M}{1-e\cos M}\sin M$$

$$\simeq (1+e\cos M)(1+e\cos M+e^2\cos^2 M)\sin M$$

$$= \sin M + 2e\sin M\cos M + 2e^2\sin M\cos^2 M \quad (23\text{-}1)$$

$\psi = M+\xi$으로 놓으면 $\sin(M+\xi) \simeq \sin M + \xi\cos M$이기에 (23-1)식에 이 식을 대입하면

$$\xi \simeq 2e\sin M + 2e^2\sin M\cos M = 2e\sin M + e^2\sin 2M \quad (23\text{-}2)$$

가 된다. 즉

$$\psi \simeq M + 2e\sin M + e^2\sin 2M \tag{23-3}$$

으로 어림된다.

[보충그림 16－7]에서

$$\frac{(2-r)\sin M}{(2-r)\cos M - e} = \frac{\sqrt{1-e^2}\,\sin E'}{\cos E'} \tag{24-1}$$

이 성립하기에 $E' = M + \zeta$로 놓으면 (24-1)식은

$$\frac{(1+e\cos M)\sin M}{(1+e\cos M)\cos M - e} \simeq \frac{\left(1-\frac{1}{2}e^2\right)(\sin M + \zeta\cos M)}{(\cos M - \zeta\sin M)} \tag{24-2}$$

로 어림되고 다시 다음과 같이 정리된다.

$$\begin{aligned}&(\sin M + e\cos M\sin M)(\cos M - \zeta\sin M)\\&\quad = \sin M\cos M + e\cos^2 M\sin M - \zeta(\sin^2 M + e\cos M\sin^2 M)\end{aligned} \tag{24-3}$$

$$\begin{aligned}&(\cos M - e\sin^2 M)(\sin M + \zeta\cos M)\left(1-\frac{1}{2}e^2\right)\\&\quad \simeq \cos M\sin M - e\sin^3 M + \zeta(\cos^2 M - e\sin^2 M\cos M)\\&\quad\quad - \frac{1}{2}e^2\sin M\cos M\end{aligned} \tag{24-4}$$

이제 (24-3)과 (24-4)식은 서로 같기에 이를 정리하면

$$\zeta = e\sin M + \frac{1}{2}e^2\sin M\cos M = e\sin M + \frac{1}{4}e^2\sin 2M = E' - M \tag{25}$$

를 얻는다.

(20-1)식을 라디안으로 표시한 식이

$$\Delta\psi = \frac{\sqrt{1-e^2}}{r^2}(M - E' + e\sin E') \tag{26}$$

이다. (14)식은 $\sin E' = \dfrac{r\sin\psi}{\sqrt{1-e^2}} = \dfrac{(2-r)\sin M}{\sqrt{1-e^2}}$ 이기에

$$e\sin E' = \frac{e\,r\sin\psi}{\sqrt{1-e^2}} = \frac{(2-r)\,e\sin M}{\sqrt{1-e^2}} \simeq (1+e\cos M)e\sin M$$
$$= e\sin M + \frac{1}{2}e^2\sin 2M \tag{27}$$

로 어림된다($e \ll 1$이기에 $\sqrt{1-e^2} \simeq 1$). 이제

$$M - E' + e\sin E' \simeq -e\sin M - \frac{1}{4}e^2\sin 2M + e\sin M + \frac{1}{2}e^2\sin 2M$$
$$= \frac{1}{4}e^2\sin 2M \tag{28-1}$$

이 되기에

$$\Delta\psi = \frac{\sqrt{1-e^2}}{r^2}(M - E' + e\sin E') \simeq \left(1 - \frac{1}{2}e^2\right) \times \frac{1}{4}e^2\sin 2M$$
$$\simeq \frac{1}{4}e^2\sin 2M \tag{28-2}$$

로 어림된다($e \ll 1$이기에 $r \simeq 1$). 따라서

$$T = \psi + \Delta\psi = M + 2e\sin M + e^2\sin 2M + \frac{1}{4}e^2\sin 2M$$
$$= M + 2e\sin M + \frac{5}{4}e^2\sin 2M \tag{29}$$

이 된다.

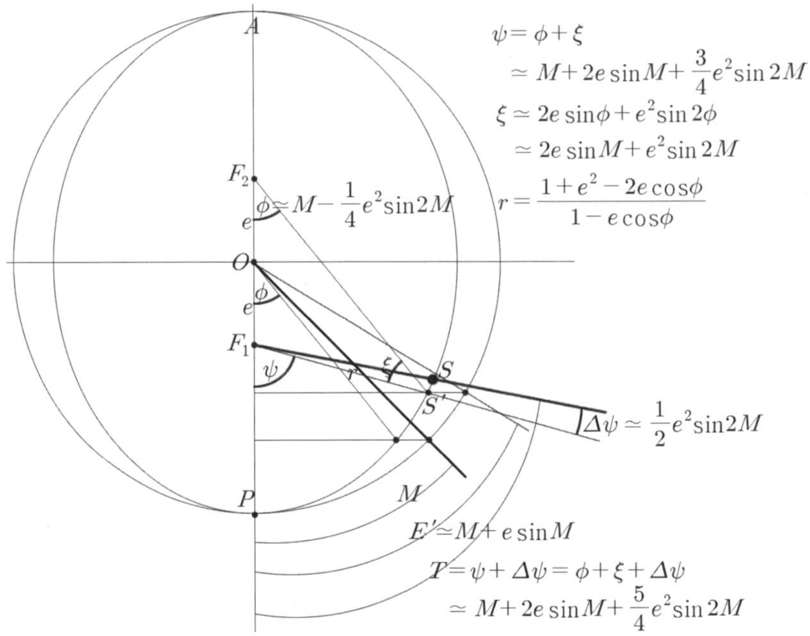

[보충그림 16-9] 차적구적 계산법 요약

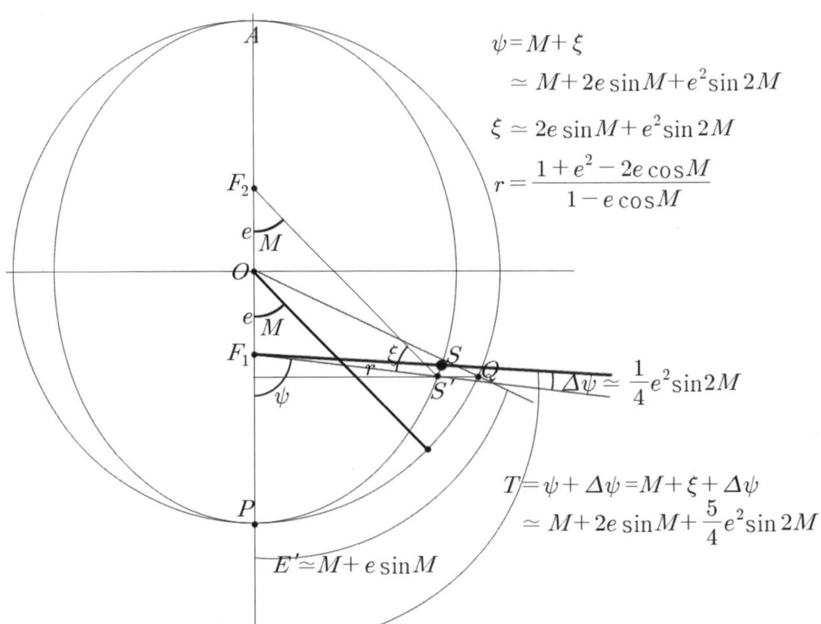

[보충그림 16-10] '간편 차적구적법' 요약

[표 16]에는 본문의 예제를 '간편 차적구적법'과 뉴턴 방법으로 구한 값들을 비교하였다. *T*값의 차이가 없다.

[표 16] 간편 '차적구적법' 본문 예제 요약과 뉴턴 방법 값과의 비교

	M(도)	2−r	r	ψ (도)	sinE´	E´(도)
간편 '차적구적법'	45	1.012	0.988	46.386	0.716	45.689
	90	1.000	1.000	91.936	1.000	90.968
	120	0.991	1.009	121.663	0.859	120.835
	M(도)에 따라 설정한 임시 면적	M(도)에 해당하는 면적	앞의 두 면적의 차	Δψ (도)	T＝ψ ＋Δψ (도)	
	0.39261	0.39264	0.00003512	0.00412144	46.390	
	0.78529	0.78529	-0.00000161	-0.00018425	91.936	
	1.04708	1.04705	-0.00003195	-0.00359871	121.659	
뉴턴 방법	M(도)	E(도)	T(도)			
	45	45.693	46.390			
	90	90.968	91.936			
	120	120.831	121.659			

7) '각도를 빌려 각도 구하기'[차각구각(借角求角)] 계산법 도해

(1) [그림 9-37]과 같이,

평균운행도수(면적도수)가 근지점 이후 45도일 때 실제운행도수(각도) 구하기

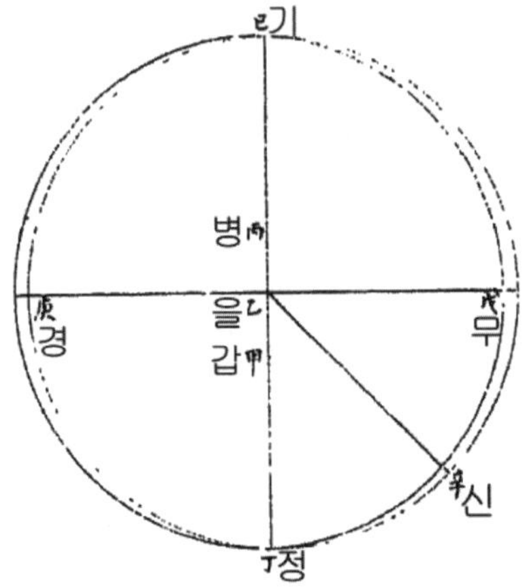

[그림 9-37] 각도를 빌려 각도 구하기(근지점 이후 45도) 1

① [그림 9－38]에서,

∠정을신＝45도 [∠정을신＝M]

타원을 분할한 ▽을임정의 면적＝45도(면적도수)[▽을임정의 면적＝$\frac{M}{360°}\pi\sqrt{1-e^2}$]

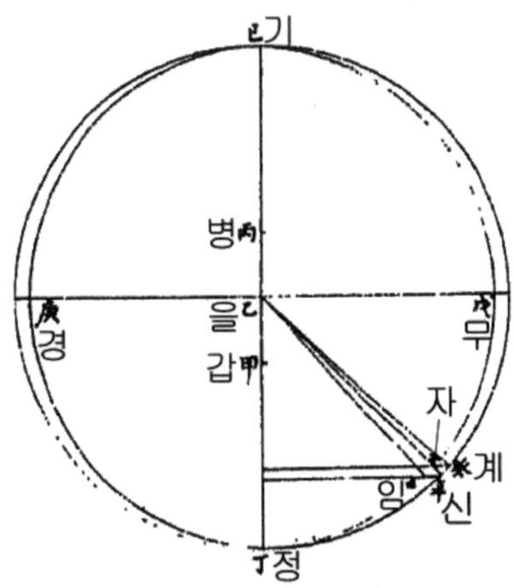

[그림 9-38] 각도를 빌려 각도 구하기(근지점 이후 45도) 2

② ∠정을계＝(∠정을신 45도)+{타원차각(橢圓差角) ∠계을자}

▾ 평균운행도수가 90도 이하이면 타원차각 하나만큼 큼.

90도 이상이면 타원차각 하나만큼 작음.

이에 대한 해설은 뒤에 보임.

③ 다음의 비례식을 이용하여 tan(∠정을계) 구하기

(단반경 9998571.85) : (장반경 1천만)＝{tan(∠정을신 45도)

＝1천만} : tan(∠정을계)

∴ tan(∠정을계)＝1000142835

[∠정을계＝E'라 하면 $\tan E' = \frac{\tan M}{\sqrt{1-e^2}}$, ∠계을자＝$\zeta = E' - M \simeq \frac{1}{4}e^2 \sin 2M$(타원차각)]

④ tan표를 검색하면,

∠정을계＝$\tan^{-1}$(1000142835)＝45도0분14.73초

⑤ [그림 9－39]에서,

$\overline{\text{을계}} \parallel \overline{\text{병축}}$

∠병＝∠정을계 [∠병＝∠정을계＝E']

▽갑축정의 면적＝(타원을 면적도수 45도만큼 분할한 면적)

＝(▽을임정의 면적)

⇒ 평균운행도수(면적도수)

∠축갑정: 실제운행도수(각도)

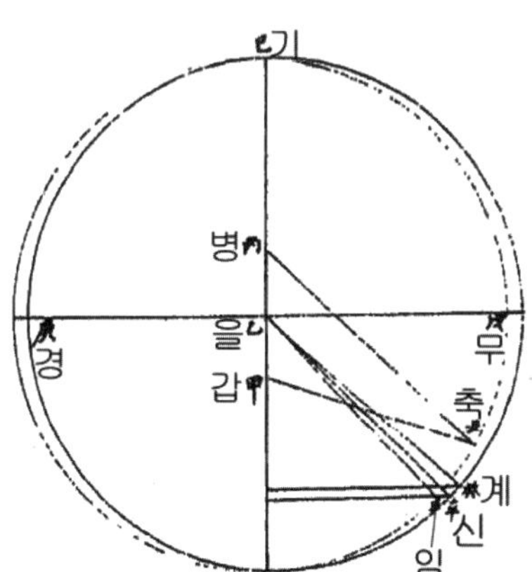

[그림 9-39] 각도를 빌려 각도 구하기(근지점 이후 45도) 3

⑥ [그림 9－40]과 같이 $\overline{\text{병축}}$ 선을 '인'까지 연장하여 $\overline{\text{축인}}$ 과 $\overline{\text{갑축}}$ 이 같게 하면,

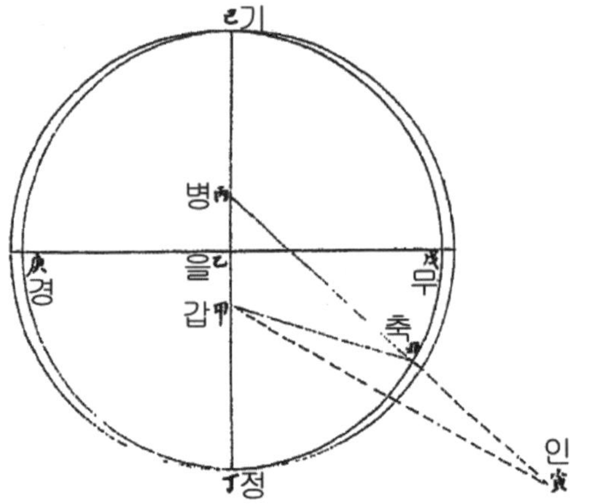

[그림 9-40] 각도를 빌려 각도 구하기(근지점 이후 45도) 4

$\overline{\text{병인}}$ ＝2천만

▾ $\overline{\text{갑축}}$ + $\overline{\text{병축}}$ ＝2천만

$\overline{\text{축인}}$ ＝ $\overline{\text{갑축}}$

⑦ [그림 9－40]의 △갑인병에 절선분외각법을 사용하여 ∠인 구하기

$$(\overline{\text{병인}}+\overline{\text{갑병}}):(\overline{\text{병인}}-\overline{\text{갑병}})=\tan\frac{180\text{도}-\angle\text{병}}{2}:\tan\left(\frac{180\text{도}-\angle\text{병}}{2}-\angle\text{인}\right)$$

(2천만+338000) : (2천만－338000)

$$=\tan\frac{180\text{도}-45\text{도}0\text{분}14.73\text{초}}{2}:\tan\left(\frac{180\text{도}-45\text{도}0\text{분}14.73\text{초}}{2}-\angle\text{인}\right)$$

∴ ∠인＝41분34.74초

[∠인＝ξ이기에 $\frac{1-e}{1+e}=\frac{\tan\left(\frac{180^\circ-E'}{2}-\xi\right)}{\tan\left(\frac{180^\circ-E'}{2}\right)}$ 혹은 $\tan\xi=\frac{e\sin E'}{1-e\cos E'}$]

⑧ ∠갑축병＝2×(∠인)＝1도23분9.49초 [∠갑축병＝2ξ(타원계각)]

▾ ∠갑축병은 △갑축인에서 ∠축의 외각

$\overline{\text{축인}}$ ＝ $\overline{\text{갑축}}$ 이므로, ∠갑＝∠인

⑨ ∠축갑정=(∠병 45도0분14.73초)+(∠갑축병 1도23분9.49초)

=46도23분24.22초 [∠축갑정$=T=E'+2\xi=M+\zeta+2\xi$]

▾ ∠축갑정은 ∠축갑병의 외각

⇒ 평균운행도수(면적도수)가 근지점 이후 45도일 때 실제운행도수(각도)

보충자료 17 차각구각법 어림

평균운행도수(면적도수)를 M, 타원차각을 ζ, 타원계각을 2ξ라 할 때에 본문에서와 같이 $E'=M+\zeta$, $T=E'+2\xi=M+\zeta+2\xi$이다. 이미 $\zeta\simeq\frac{1}{4}e^2\sin 2M$으로 어림됨을 알고 있다. 타원계각은 $\tan\xi=\frac{e\sin E'}{1-e\cos E'}$로부터 계산된다. $\xi\ll 1$, $e\ll 1$이므로 $\xi=e\sin E'+\frac{1}{2}e^2\sin 2E'$로 어림된다. 따라서 타원계각은 $2\xi=2e\sin E'+e^2\sin 2E'\simeq 2e\sin M+e^2\sin 2M$으로 어림되므로

$$T=M+\zeta+2\xi\simeq M+2e\sin M+\frac{5}{4}e^2\sin 2M \tag{1}$$

이 된다. 이는 타원 모델에서 가감차가

$$\Delta T=T-M\simeq 2e\sin M+\frac{5}{4}e^2\sin 2M \tag{2}$$

으로 어림되는 것과 같다.

(2) '(1)'항 계산의 관건인 다음 두 가지의 충족 방법

∠병＝(평균운행 면적도수)+(타원차각)

▽갑축정의 면적＝(평균운행 면적도수)

① [그림 9－41]에서,

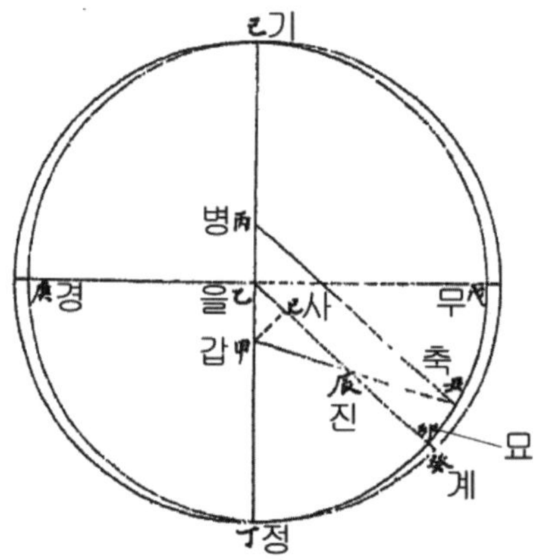

[그림 9-41] 각도를 빌려 각도 구하기(근지점 이후 45도) 5

(타원을 분할한 ▽을묘정의 면적)＝(▽갑축정의 면적)+(갑을사[110]의 면적)

▾▽을묘정＝▽갑축정－▽진축묘+△갑을진

$\overline{\text{진축}}$＝$\overline{\text{갑진}}$, $\overline{\text{진묘}}$＝$\overline{\text{사진}}$ → ▽진축묘의 면적≒▽진갑사[111]의 면적

② [그림 9－42]에서,

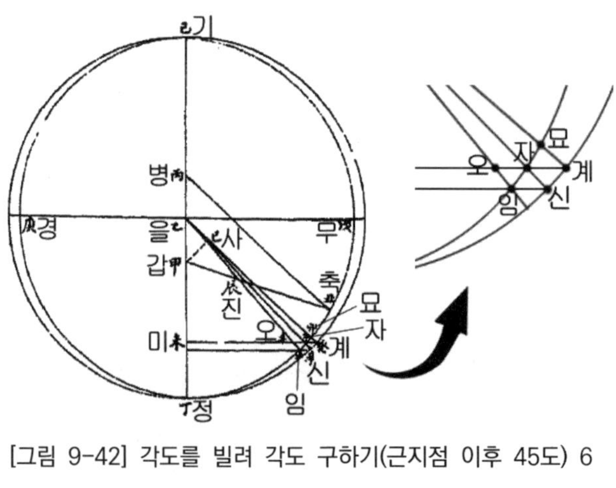

[그림 9-42] 각도를 빌려 각도 구하기(근지점 이후 45도) 6

갑을사의 면적＝△을계오의 면적

△을계오의 면적＝(타원차의 2배인 $\overline{계오}$)×(∠계을정의 여현인 $\overline{을미}$)÷2

[$\overline{계오}=2(1-\sqrt{1-e^2})\sin E' \simeq e^2\sin E'$, $\overline{을미}=\cos E'$ 이기에

갑을사의 면적＝△을계오의 면적＝$\frac{1}{2}e^2\sin E' \times \cos E'$]

▾ (타원차 $\overline{계자}$) ＞ (타원차 $\overline{신임}$), $\overline{신임}$ ＞ $\overline{자오}$.

그러나 그 차이가 크지 않으므로 $\overline{계오}$ ≒(타원차의 2배)

▽을묘임의 면적≒△을계오의 면적

▾ (계묘자의 면적)≒(자임오의 면적)

③ ▽을묘정의 면적＝(▽을임정의 면적)+(▽을묘임의 면적)

＝(▽갑축정의 면적)+(갑을사의 면적)

그런데 (갑을사의 면적)＝(▽을묘임의 면적)이므로,

▽갑축정의 면적＝(▽을임정의 면적)

＝(타원을 면적도수 45도만큼 분할한 면적)

④ ∠신을정＝45도

∠계을정＝∠신을정+(타원차각)＝∠축병정

⇒ '∠병'을 평균운행 면적도수보다 타원차각 하나만큼 크게 설정하면,

($\overline{갑축}$ 선이 분할하는 타원의 면적)＝(평균운행의 면적도수)

(3) '(2)'항의 관건인 다음의 타당성 증명

(갑을사의 면적)＝(△을계오의 면적)

① [그림 9－43]에서,

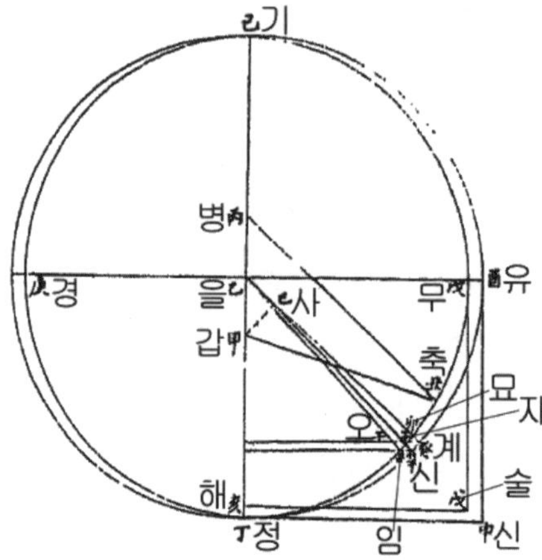

[그림 9-43] 각도를 빌려 각도 구하기(근지점 이후 45도) 7

을정신유: 장반경 $\overline{\text{을정}}$을 한 변으로 하는 정사각형 [을정신유 면적=1]

을무술해: 단반경 $\overline{\text{을무}}$를 한 변으로 하여 정사각형 [을무술해 면적=$1-e^2$]

② [그림 9－44]에서,

(두 정사각형의 면적 차)=('ㄴ'자형 유신정해술무의 면적)

=(양심차 $\overline{\text{갑을}}$의 제곱)=(정사각형 갑을건감의 면적)

['ㄴ'자형 유신정해술무의 면적=e^2]

▼ ⊿갑을무의 현= $\overline{\text{갑무}}$ = $\overline{\text{을정}}$ [현=1]

고= $\overline{\text{을무}}$ [고= $\sqrt{1-e^2}$]

구= $\overline{\text{갑을}}$ [구=e]

(현 $\overline{\text{갑무}}$)^2－(고 $\overline{\text{을무}}$)^2=(구 $\overline{\text{갑을}}$)^2

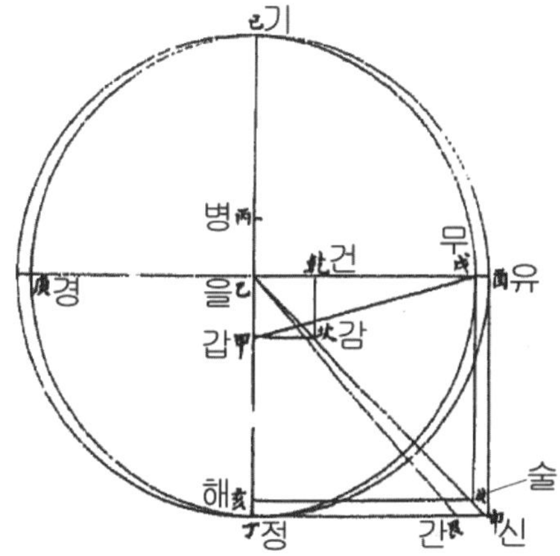

[그림 9-44] 각도를 빌려 각도 구하기(근지점 이후 45도) 8

③ [그림 9－45]와 같이 세 정사각형을 대각선[사(斜)]에 따라 양분하면,

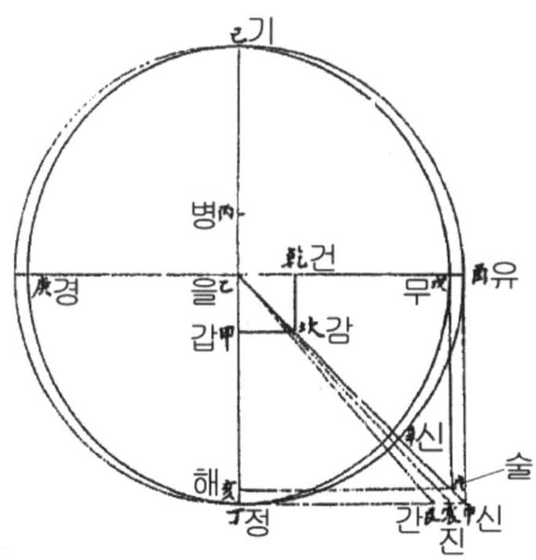

[그림 9-45] 각도를 빌려 각도 구하기(근지점 이후 45도) 9

◺을갑감의 면적＝□유신술무(酉申戌戊)의 면적 [□유신술무의 면적＝$e^2/2$]

△을신간(乙申艮)의 면적

＝(타원차의 2배인 $\overline{\text{신간}}$(申艮))×$\overline{\text{유신}}$(酉申)÷2

＝□유신진무(酉申震戊)의 면적

[□유신진무의 면적＝$1\times(1-\sqrt{1-e^2})\simeq\frac{1}{2}e^2+\frac{1}{8}e^4$]

▾ $\overline{\text{유신}}$: △을신간과 □유신진무의 공통 높이

$\overline{\text{신간}}$(申艮) = $\overline{\text{신진}}$(申震)×2

=(⏢유신술무의 면적)+{◺신진술(申震戌)의 면적}

[◺신진술의 면적 = $\frac{1}{8}e^4 \ll 1$]

⇒ (△을신간의 면적)≒(◺을갑감의 면적)

④ [그림 9－46]과 같이 세 정사각형의 한 변을 각기 대각선으로 삼아 정사각형을 그리고,

원주 상의 $\overset{\frown}{\text{정신}}$(丁辛) = 45도가 되도록 하면,

$\overline{\text{을신}}$(乙辛) = $\overline{\text{을정}}$ = 1천만

$\overline{\text{신손}}$(辛巽) = sin(45도)

$\overline{\text{신리}}$(辛離) = cos(45도)

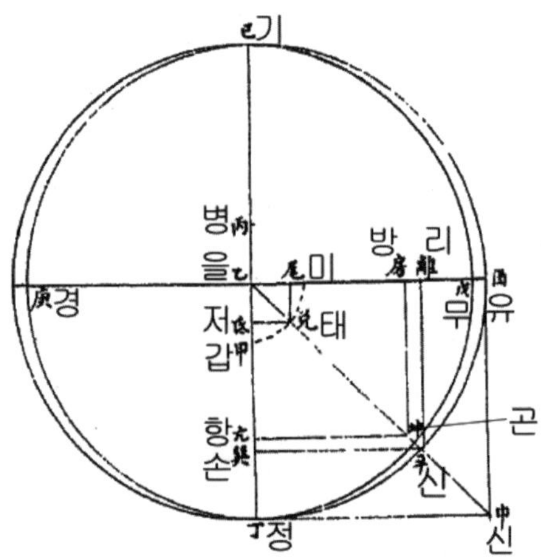

[그림 9-46] 각도를 빌려 각도 구하기(근지점 이후 45도) 10

$\overline{\text{을곤}}$ =(단반경 $\overline{\text{을무}}$)

$\overline{\text{을태}}$ =(양심차 $\overline{\text{을갑}}$)

$\overline{\text{신손}}$ // $\overline{\text{곤항}}$ // $\overline{\text{태저}}$

$\overline{\text{신리}}$ // $\overline{\text{곤방}}$ // $\overline{\text{태미}}$

[그림 9－46]의 세 정사각형의 면적 = {[그림 9－45]의 세 정사각형의 면적}÷2

⑤ 'ㄴ'자형 리신손항곤방(離辛巽亢坤房)의 면적

={정사각형 리신손을(離辛巽乙)의 면적}−(정사각형 방곤항을의 면적)

=정사각형 을미태저의 면적 [정사각형 을미태저의 면적$=e^2/2$]

⊿을태저의 면적=▱리신곤방(離辛坤房)의 면적 [▱리신곤방의 면적$=e^2/4$]

⑥ [그림 9−47]에서,

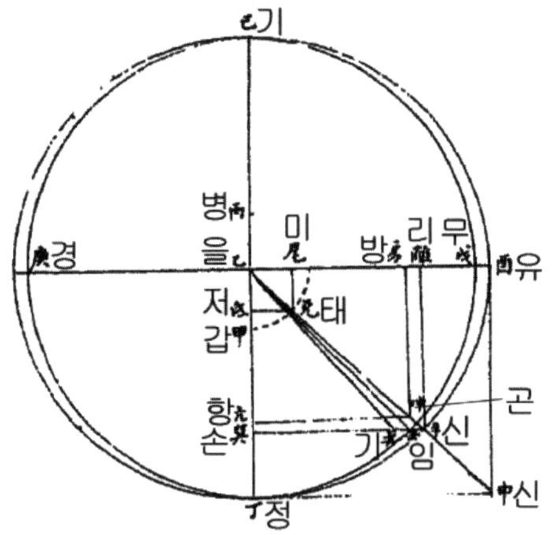

[그림 9-47] 각도를 빌려 각도 구하기(근지점 이후 45도) 11

△을신기의 면적=(타원차의 2배인 $\overline{\text{신기}}$)×(cos45도인 $\overline{\text{신리}}$)÷2

=▯리신임방의 면적

[▯리신임방의 면적$=\frac{1}{\sqrt{2}}\times(\frac{1}{\sqrt{2}}-\frac{1}{\sqrt{2}}\sqrt{1-e^2})=\frac{1}{2}(1-\sqrt{1-e^2})\simeq\frac{e^2}{4}+\frac{e^4}{16}$]

▾ $\overline{\text{신임}}$ =45도에 대한 타원차

$\overline{\text{신기}}$ =타원차×2

=(▱리신곤방의 면적)+(⊿신임곤의 면적) [⊿신임곤의 면적$=\frac{1}{16}e^4 \ll 1$]

⇒ (△을신기의 면적)≒(⊿을태저의 면적)

⑦ 이와 같은 방법으로 계산하면

매 도(度)의 정현(sin값)과 여현(cos값)으로 만들어지는 직각삼각형이

비록 밑변과 높이가 같지 않더라도

빗변(대각선)인 현은 바뀌지 않음.

→ 각 수의 비(위 ⑤, ⑥항에 제시한 각 변의 관계)가 모두 동일하게 성립함.

⑧ [그림 9－48]에서,

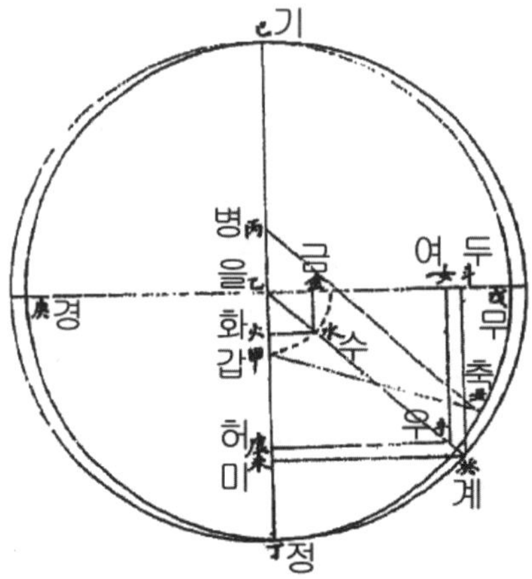

[그림 9-48] 각도를 빌려 각도 구하기(근지점 이후 45도) 12

$\overline{병축} \mathbin{/\!/} \overline{을계}$

$\overline{을우}$ ＝단반경 $\overline{을무}$

$\overline{을수}$ ＝양심차 $\overline{갑을}$

$\overline{계미}$ ＝sin(∠계을정) [∠계을정＝E']

$\overline{계두}$ ＝cos(∠계을정)

$\overline{계미} \mathbin{/\!/} \overline{우허} \mathbin{/\!/} \overline{수화}$

$\overline{계두} \mathbin{/\!/} \overline{우여} \mathbin{/\!/} \overline{수금}$

⑨ [그림 9－48]에서,

'ㄴ'자형 두계미허우여의 면적

＝(□두계미을의 면적)－(□여우허을의 면적)

['ㄴ'자형 두계미허우여의 면적＝$\sin E'\cos E' - (1-e^2)\sin E'\cos E'$

＝(□금수화을의 면적) $= e^2\sin E'\cos E'$]

(◺을수화의 면적)＝(◺두계우여의 면적) [◺두계우여의 면적＝$\frac{1}{2}e^2\sin E'\cos E'$]

⑩ [그림 9－49]에서,

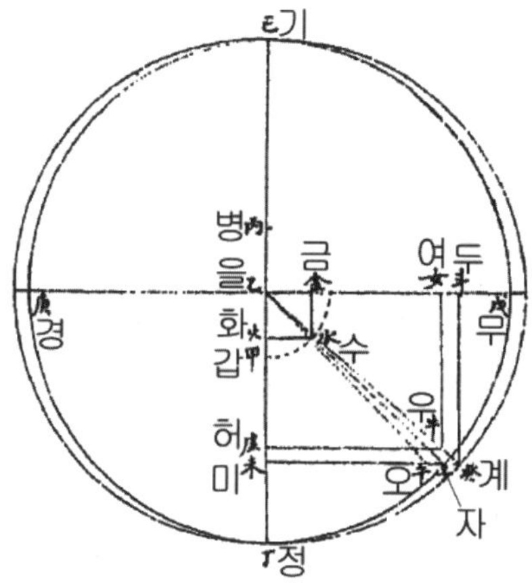

[그림 9-49] 각도를 빌려 각도 구하기(근지점 이후 45도) 13

△을계오의 면적＝(타원차의 2배인 $\overline{\text{계오}}$)×(cos45도인 $\overline{\text{계두}}$)÷2

＝□두계자여의 면적

[□두계자여의 면적$=2\left(1-\sqrt{1-e^2}\right)\sin E' \times \cos E' \div 2 = \left(1-\sqrt{1-e^2}\right)\sin E' \cos E' \simeq \left(\frac{e^2}{2}+\frac{e^4}{8}\right)\sin E' \cos E'$]

▾ $\overline{\text{계두}}$ ＝ $\overline{\text{을미}}$

$\overline{\text{계자}}$ ＝45도에 대한 타원차

$\overline{\text{계오}}$ ＝타원차×2

＝(⏢두계우여의 면적)+(◺계우자의 면적)

[◺계우자의 면적$=\frac{e^4}{8}\sin E' \cos E' \ll 1$]

⇒ (△을계오의 면적)≒(◺을수화의 면적)

⑪ [그림 9－50]에서,

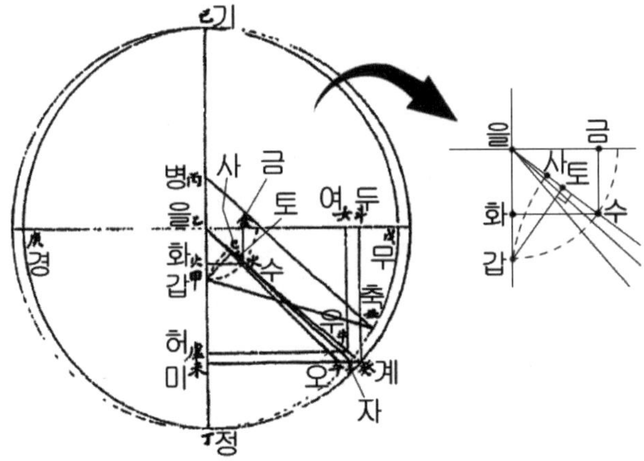

[그림 9-50] 각도를 빌려 각도 구하기(근지점 이후 45도) 14

⊾갑을토≡⊾을수화

(⊾을수화의 면적)＝(갑을사의 면적)+(활꼴[호시(弧矢)] 갑사토의 면적)

그런데 그 차이가 미(微 $\frac{1}{60}$초), 섬(纖 $\frac{1}{60}$미) 단위의 작은 수에 불과하므로,

(갑을사의 면적)≒(△을계오의 면적)

(4) '(3)'항의 계산법('각도를 빌려 각도 구하기' 계산법으로 평균운행도수가 근지점 이후 45도일 때 실제운행도수 구하기)에 대한 점검

① 이 방법으로 계산된 실제운행도수는 앞의 방법으로 계산된 값보다 $\frac{24}{100}$초만 큼 큼.

- '면적을 빌려 면적 구하기'[차적구적(借積求積)] 계산법인 '6)(1)⑪'항의
  실제운행도수(각도) ∠오갑정＝46도23분23.98초
- '면적을 빌려 면적 구하기'의 다른 계산법인 '6)(3)③ㄷ'항의
  실제운행도수(각도) ∠오갑정＝46도23분23.95초
- '각도를 빌려 각도 구하기'[차각구적(借角求角)] 계산법인 '7)(1)⑨'항의
  실제운행도수(각도) ∠축갑정＝46도23분24.22초

② 위의 차이가 발생한 원인

ㄱ. [그림 9－51]에서,

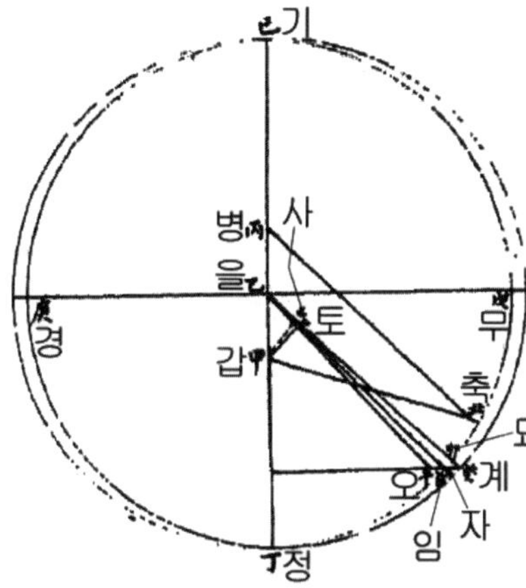

[그림 9-51] 각도를 빌려 각도 구하기(근지점 이후 45도) 15

▽을묘정의 면적＝(▽을임정의 면적)+(▽을묘임의 면적)

▽을묘임의 면적＝◺갑을토의 면적

⇒ ▽갑축정의 면적은 면적도수 45도인 ▽을임정의 면적보다 조금 큼.

⇒ 계산된 실제운행도수인 ∠갑축정 역시 조금 크게 나옴.

▾ {(▽갑축정의 면적)－(면적도수 45도인 ▽을임정의 면적)}≒활꼴 갑사토의 면적도수

ㄴ. [그림 9－52]에서,

△을계오의 면적: ◻두계우여의 면적보다 조금 큼.

$\overline{\text{계오}}$: 타원차의 2배보다 조금 작음.

그러나 그 크고 작은 차가 대략 서로 상쇄될 만큼이므로 계산하지 않아도 됨.

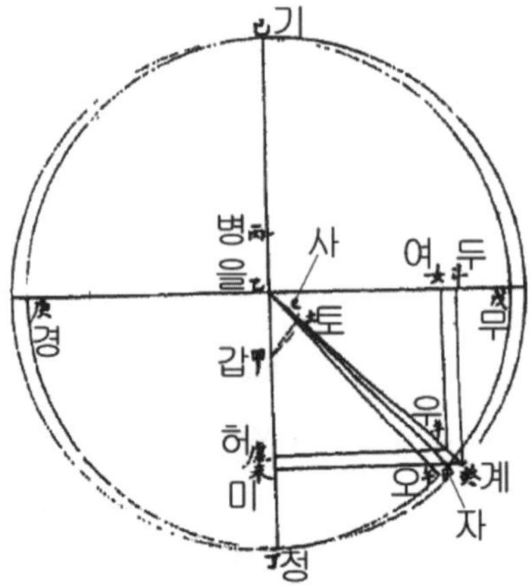

[그림 9-52] 각도를 빌려 각도 구하기(근지점 이후 45도) 16

(5) 평균운행도수(면적도수)가 근지점 이후 90도일 때 실제운행도수(각도) 구하기

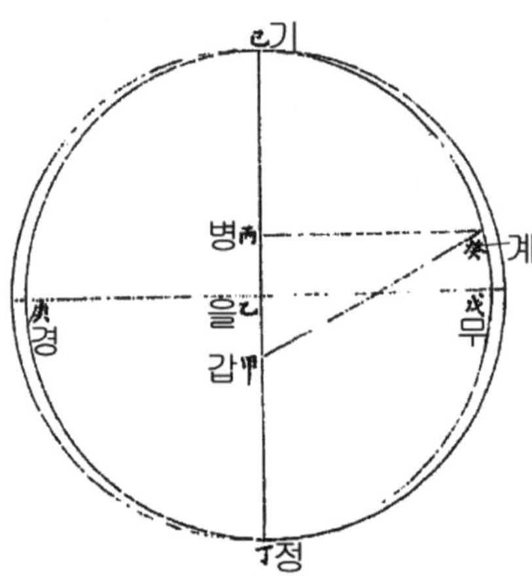

[그림 9-53] 각도를 빌려 각도 구하기(근지점 이후 90도) 1

① [그림 9－53]에서,

∠정을무: 본천 중심에서 90도(각도)

타원을 분할한 ▽을무정의 면적＝90도(면적도수)

$\overline{\text{을무}} \parallel \overline{\text{병계}}$

∠병＝∠무을정 [∠병＝∠무을정＝$E'=M+\zeta$

타원을 분할한 ▽갑계정의 면적＝90도(면적도수)＝▽을무정의 면적

⇒ 평균운행도수 $= M$]

▾ 근지점 이후 90도에서는 타원차가 없음. [$\because M$=90도일 때, $\zeta \simeq \frac{1}{4}e^2 \sin 2M = 0$]

∠계갑정: 실제운행도수

② [그림 9-54]와 같이 $\overline{\text{병계}}$ 선을 '자'까지 연장하여 $\overline{\text{계자}}$와 $\overline{\text{갑계}}$가 같게 하면,

$\overline{\text{병자}}$ = 2천만

③ [그림 9-54]의 ⊿갑병자에서 ∠자=58분5.55초

$(\overline{\text{병자}}+\overline{\text{갑병}}) : (\overline{\text{병자}}-\overline{\text{갑병}}) = \tan\frac{180\text{도}-\angle\text{병}}{2} : \tan(\frac{180\text{도}-\angle\text{병}}{2}-\angle\text{자})$

$(2\text{천만}+338000) : (2\text{천만}-338000) = \tan\frac{180\text{도}-90\text{도}}{2} : \tan(\frac{180\text{도}-90\text{도}}{2}-\angle\text{자})$

∴ ∠자=58분5.55초

④ ∠갑계병=2×(∠자)=1도56분11.10초

⑤ ∠계갑정=(∠병 90도)+(∠갑계병 1도56분11.10초)=91도56분11.10초

⇒ 평균운행도수(면적도수)가 근지점 이후 90도일 때 실제운행도수(각도)

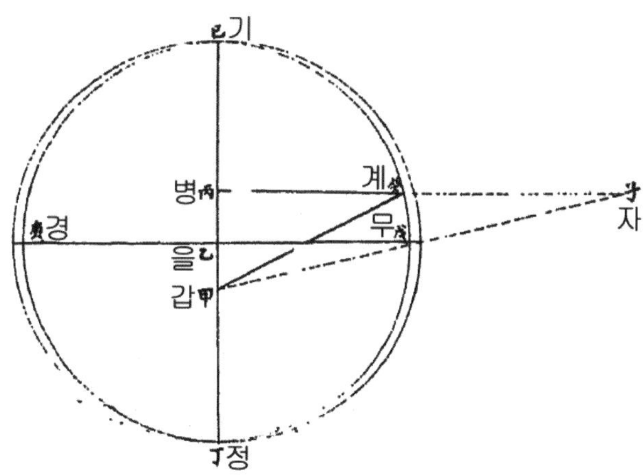

[그림 9-54] 각도를 빌려 각도 구하기(근지점 이후 90도) 2

(6) '(5)'항의 계산법에 대한 부연 설명

① ▽을무정의 면적＝90도(면적도수).

▾ 타원의 $\frac{1}{4}$이기 때문임.

∠무을정＝90도(각도).

▾ 면적도수의 분할선과 각도의 분할선이 공히 하나의 직선상에 있으므로 타원차각이 0도임. [M=90도일 때, $\zeta \simeq \frac{1}{4}e^2\sin 2M=0$]

② [그림 9－55]에서,

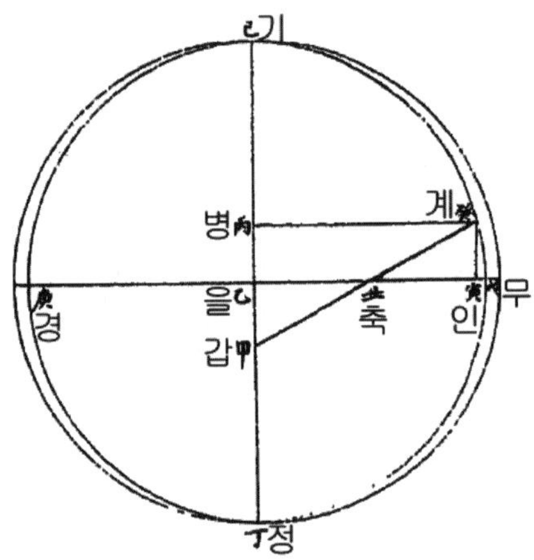

[그림 9-55] 각도를 빌려 각도 구하기(근지점 이후 90도) 3

∠병＝∠을 [$E' = M$]

▽갑계정의 면적＝▽을무정의 면적

▾ ▽갑계정의 면적＝(▽을무정의 면적)+(▽축계무의 면적)－(△갑을축의 면적)

△갑을축의 면적＝△축계인의 면적

▽축계무의 면적＝(△갑을축의 면적)+(활꼴 계무인의 면적)

그런데 활꼴 계무인의 면적이 매우 작으므로,

▽축계무의 면적≒△갑을축의 면적

▽갑계정의 면적≒▽을무정의 면적

⇒ 곧장 평균운행 면적도수를 ∠병으로 삼아 ∠갑을 구하면 실제운행도수가 됨.

(7) '(5)'항의 계산법에 대한 점검

① 이 계산법으로 구한 실제운행도수는 앞의 방법으로 계산한 값보다 $\frac{67}{100}$초만큼 큼.

▾'면적을 빌려 면적 구하기' 계산법인 '6)(4)⑦'항의

실제운행도수(각도) ∠묘갑정=91도56분10.43초

▾'각도를 빌려 각도 구하기' 계산법인 '7)(5)⑤'항의

실제운행도수(각도) ∠계갑정=91도56분11.10초

② 위의 차이가 발생한 원인

: ▽갑계정의 면적={(▽을무정의 면적)+(활꼴 계무인의 면적)} > 90도

⇒ 실제운행도수도 조금 크게 계산됨.

③ ∠병=90도 → {활꼴의 반현(半弦) $\overline{\text{계인}}$}={양심차 $\overline{\text{갑을}}$}

→ 활꼴의 반현이 가장 길고 활꼴의 면적도 가장 큼.

⇒ 평균운행과 실제운행의 차가 최대가 됨.

이곳을 지나면 차가 또 점차 작아짐.

(8) 평균운행도수(면적도수)가 근지점 이후 120도일 때 실제운행도수(각도) 구하기

① [그림 9-56]에서

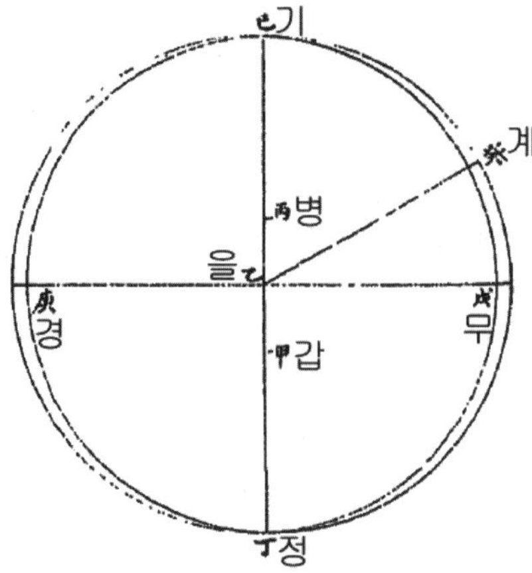

[그림 9-56] 각도를 빌려 각도 구하기(근지점 이후 120도) 1

∠정을계: 본천 중심에서 120도(각도) [∠정을계 $=M$]

② [그림 9−57]에서,

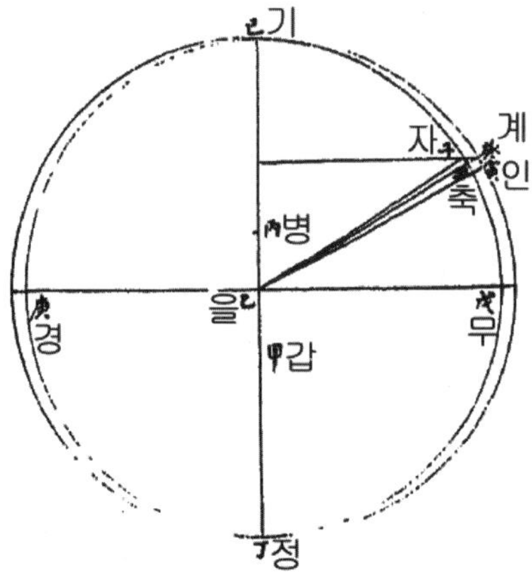

[그림 9-57] 각도를 빌려 각도 구하기(근지점 이후 120도) 2

타원을 분할한 ▽을자정의 면적＝120도(면적도수)

[▽을자정의 면적$=\frac{M}{360°}\pi\sqrt{1-e^2}$]

③ [그림 9−57]에서,

∠정을계−(타원차각 ∠축을인)＝∠인을정

▾ 평균운행도수가 90도 이상이면 타원차각 하나만큼 작음.

∠정을계의 외각＝∠계을기

∠인을정의 외각={∠계을기+(타원차각)}=∠기을인

[∠정을인=E'라 하면 $\tan(180° - E') = \frac{\tan(180° - M)}{\sqrt{1-e^2}}$,

$∠$축을인$=\zeta = -(E' - M) \simeq -\frac{1}{4}e^2 \sin 2M$(타원차각)]

④ 다음의 비례식을 이용하여 tan(∠기을인) 구하기

(단반경 9998571.85) : (장반경 1천만)

={tan(∠계을기 60도)=17320508} : tan(∠기을인)

∴ tan(∠기을인)=17322981.98

⑤ tan표를 검색하면,

∠기을인=$\tan^{-1}$(17322981.98)=60도0분12.76초

⑥ 내각 ∠인을정=180도−∠기을인=119도59분17.24초

⑦ [그림 9−58]에서,

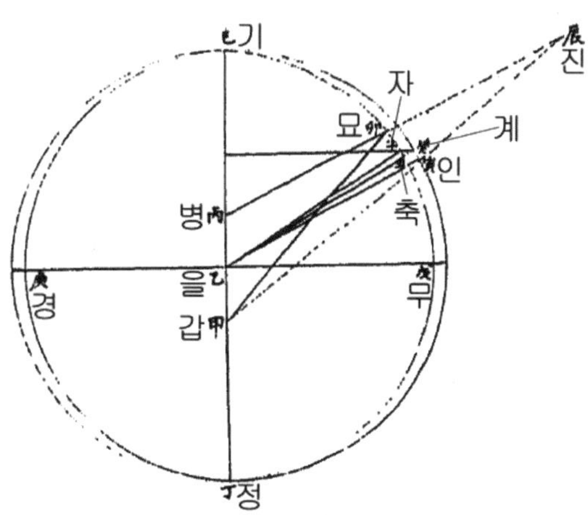

[그림 9-58] 각도를 빌려 각도 구하기(근지점 이후 120도) 3

$\overline{\text{을인}} \parallel \overline{\text{병묘}}$

∠병=∠인을정 [∠병=∠인을정=E']

▽갑묘정의 면적=(타원을 면적도수 120도만큼 분할한 면적)

=(▽을자정의 면적)

⇒ 평균운행도수(면적도수)

∠묘갑정: 실제운행도수(각도)

⑧ [그림 9－58]과 같이 $\overline{\text{병묘}}$ 선을 '진'까지 연장하여 $\overline{\text{묘진}}$과 $\overline{\text{갑묘}}$가 같게 하면, $\overline{\text{병진}}$ ＝2천만

⑨ [그림 9－59]의 △갑병진에서 절선분외각법으로 ∠진 구하기

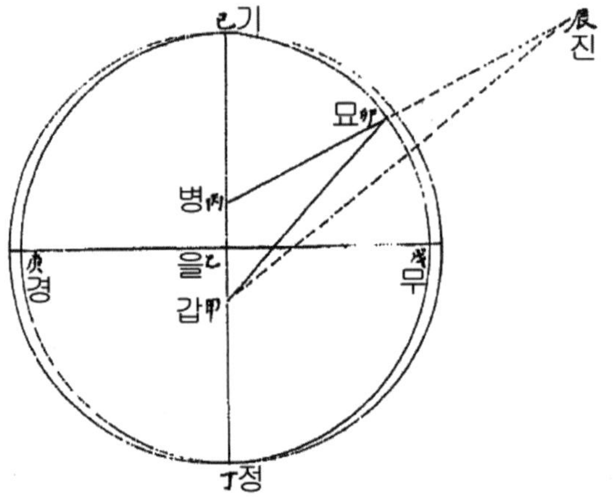

[그림 9-59] 각도를 빌려 각도 구하기(근지점 이후 120도) 4

$$(\overline{\text{병진}}+\overline{\text{갑병}}):(\overline{\text{병진}}-\overline{\text{갑병}})=\tan\frac{180\text{도}-\angle\text{병}}{2}:\tan(\frac{180\text{도}-\angle\text{병}}{2}-\angle\text{진})$$

(2천만+338000) : (2천만－338000)

$$=\tan\frac{180\text{도}-119\text{도}59\text{분}17.24\text{초}}{2}:\tan(\frac{180\text{도}-119\text{도}59\text{분}17.24\text{초}}{2}-\angle\text{진})$$

∴ ∠진＝49분53.46초

[∠진＝ξ라 하면, $\frac{1-e}{1+e}=\frac{\tan\left(\frac{180'-E'}{2}-\xi\right)}{\tan\left(\frac{180'-E'}{2}\right)}$ 혹은 $\tan\xi=\frac{e\sin E'}{1-e\cos E'}$]

⑩ ∠갑묘병＝2×(∠진)＝1도39분46.92초 [∠갑묘병＝2ξ(타원계각)]

⑪ ∠묘갑정＝(내각 ∠병 119도59분47.24초)+(∠갑묘병 1도39분46.92초)

＝121도39분34.16초

⇒ 평균운행도수(면적도수)가 근지점 이후 120도일 때 실제운행도수(각도)

[∠묘갑정＝$T=E'+2\xi=M+\zeta+2\xi$]

(9) '(8)'항의 계산법에 대한 부연 설명

① [그림 9－60]에서,

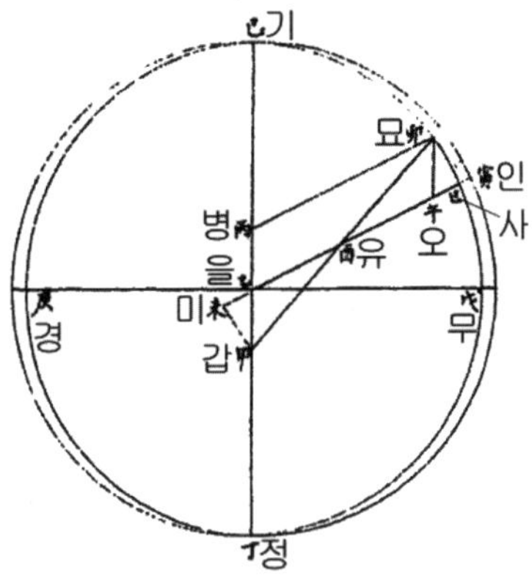

[그림 9-60] 각도를 빌려 각도 구하기(근지점 이후 120도) 5

▽을사정의 면적＝(▽갑묘정의 면적)－(묘사오의 면적)

묘사오의 면적＝갑을미[122]의 면적

▼ ▽을사정의 면적＝(▽갑묘정의 면적)－(▽묘사유의 면적)

+(△갑을유의 면적)

△갑을유의 면적＝△묘오유와 면적

▼ $\overline{\text{유미}} = \overline{\text{유사}}$, $\overline{\text{유갑}} = \overline{\text{유묘}}$, $\overline{\text{묘오}} = \overline{\text{갑을}}$

→ 묘사오의 면적＝갑을미의 면적

② [그림 9－61]에서,

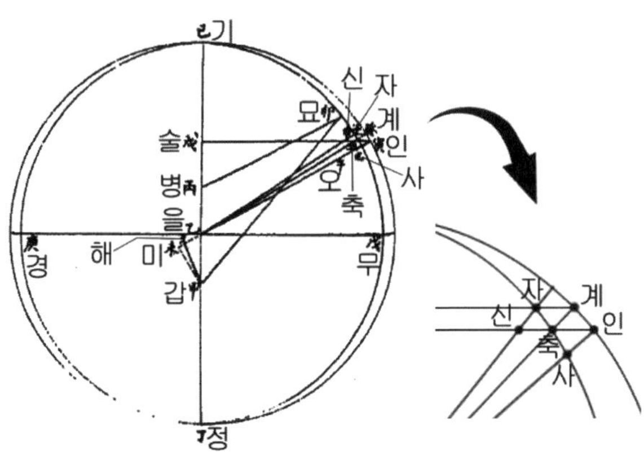

[그림 9-61] 각도를 빌려 각도 구하기(근지점 이후 120도) 6

갑을미의 면적=(△을인신의 면적)

=(타원차의 2배인 $\overline{\text{인신}}$)×(∠인을술의 여현인 $\overline{\text{을술}}$)÷2

[$\overline{\text{인신}}=2\left(1-\sqrt{1-e^2}\right)\sin(180°-E')\simeq e^2\sin(180°-E')$, $\overline{\text{을술}}=\cos(180°-E')$

갑을미의 면적=△을인신의 면적$=\frac{1}{2}e^2\sin E'\times\cos E'$]

▾(타원차 $\overline{\text{인축}}$) > (타원차 $\overline{\text{계자}}$), $\overline{\text{계자}}$ > $\overline{\text{축신}}$

그러나 그 차이가 크지 않으므로 $\overline{\text{인신}}$≒(타원차×2)

▾($\overline{\text{인신}}$×$\overline{\text{을술}}$÷2)=(△을인신의 면적)=(갑을해의 면적)

=(갑을미의 면적)−(활꼴 갑미해의 면적)

그런데 갑미해의 면적이 아주 작으므로,

⇒ (갑을미의 면적)≒(을인신의 면적)

=▽을자사의 면적

▾인축사의 면적≒자축신의 면적

③ [그림 9−61]에서,

▽을사정의 면적=(▽을자정의 면적)−(▽을자사의 면적)

=(▽갑묘정의 면적)−(갑을미의 면적)

④ [그림 9−62]에서,

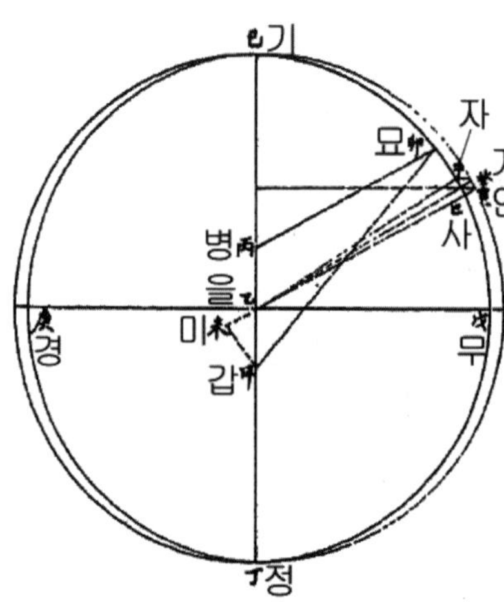

[그림 9-62] 각도를 빌려 각도 구하기(근지점 이후 120도) 7

갑을미의 면적 = ▽을자사의 면적

▽갑묘정의 면적 = ▽을자정의 면적 ⇒ 타원을 면적도수 120도만큼 분할한 면적

∠계을정 = 120도(각도)

∠묘병정 = ∠인을정 = ∠계을정 − (타원차각)

∴ ∠병 = (평균운행 120도(면적도수)) − (타원차각) [∠병 = $E' = M - \zeta$

⑤ [그림 9−63]에서,

$\overline{\text{갑묘}}$선이 분할하는 타원의 면적 ⇒ 평균운행 면적도수

▽갑묘정의 면적 = $\frac{M}{360°}\sqrt{1-e^2}$

▽갑묘정의 면적도수 = M

∠묘갑정 ⇒ 실제운행도수 ∠묘갑정 = T]

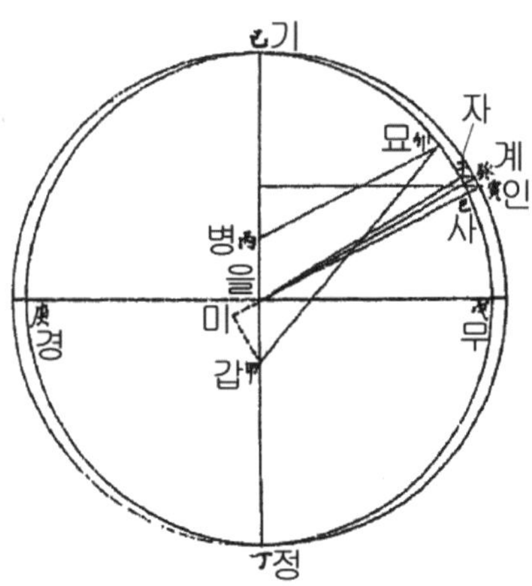

[그림 9-63] 각도를 빌려 각도 구하기(근지점 이후 120도) 8

(10) '(8)'항의 계산법에 대한 점검

① 이 계산법으로 구한 실제운행도수는 앞의 방법으로 계산한 값보다 $\frac{41}{100}$초만큼 큼.

▾'면적을 빌려 면적 구하기' 계산법인 '6)(5)⑦'항의

실제운행도수(각도) ∠진갑정 = 121도39분33.75초

▾'각도를 빌려 각도 구하기' 계산법인 '7)(8)⑪'항의

실제운행도수(각도) ∠묘갑정=121도39분34.16

② 위의 차이가 발생한 원인

[그림 9－64]에서,

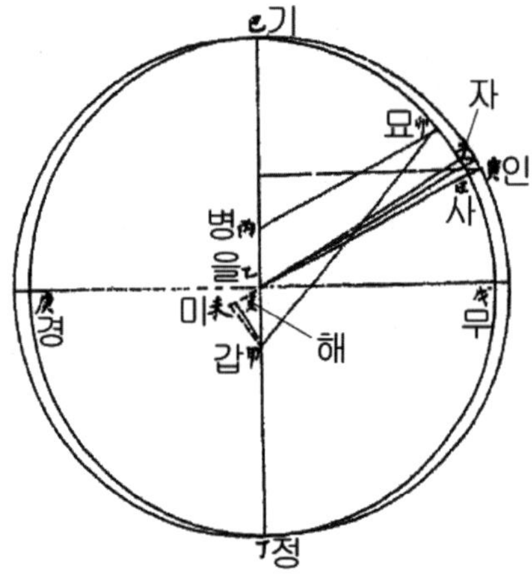

[그림 9-64] 각도를 빌려 각도 구하기(근지점 이후 120도) 9

▽을사정의 면적=(▽을자정의 면적)－(▽을자사의 면적)

=(▽갑묘정의 면적)－(갑을미의 면적)

▽을자사의 면적=갑을해의 면적 < 갑을미의 면적

▽갑묘정의 면적 > (면적도수 120도인 ▽을자정의 면적)

⇒ 실제운행도수로 계산된 ∠묘갑정 > 120도(각도)

③ 최대 오차가 $\frac{1}{2}$초 남짓에 불과하여 정밀하지 않다고 할 수 없고,

계산법이 매우 간편하므로

태양의 실제운행도수 계산에는 이 방법을 사용함.

④ ∠병=90도 → [그림 9－55]에서 {활꼴의 반현(半弦) $\overline{\text{계인}}$}={양심차 $\overline{\text{갑을}}$}

→ 활꼴의 반현이 가장 길고 활꼴의 면적도 가장 큼.

⇒ 평균운행과 실제운행의 차가 최대가 됨.

이곳을 지나면 차가 또 점차 작아짐.

보충자료 18 차각구각법과 차적구각법의 차이

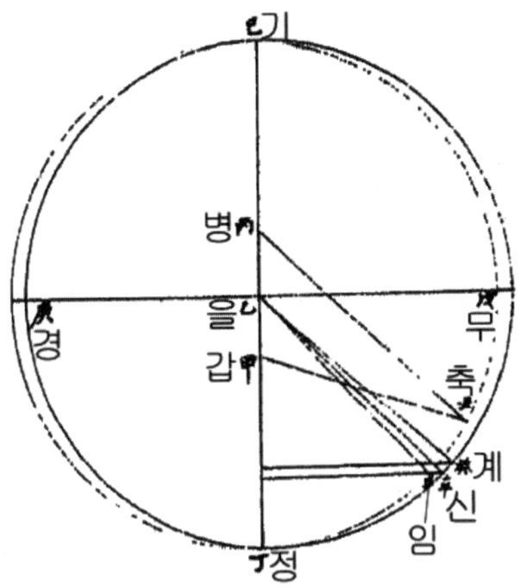

[보충그림 18-1]
[그림 9-39]와 동일

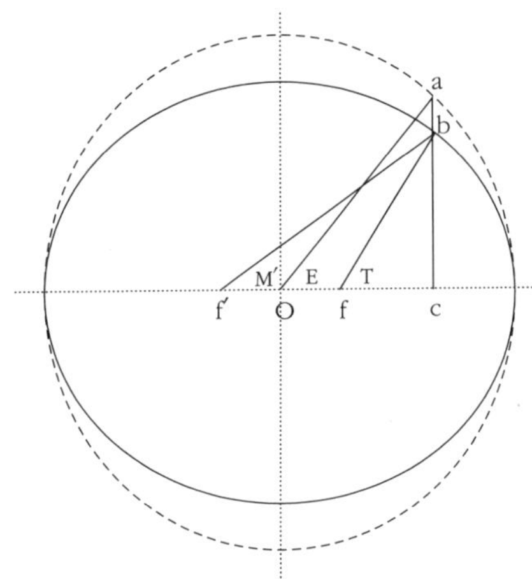

[보충그림 18-2]
타원궤도에서 각 운행도수

차각구각법과 차적구적법을 비교하면, 각 '신을정'이 외접원에서 평균운행도수 M으로 주어졌을 때 차각구각법에서는 [보충그림 18-1] 및 [보충그림 18-3]과 같이 1타원차각($\zeta \simeq \frac{1}{4}e^2\sin 2M$)만큼 큰 각인 각 '계을정'을 $E' = M + \zeta$로 이용하여 ∠병을 E'와 동일하게 잡았고, 차적구적법에서는 [보충그림 18-4]와 같이 1타원차각이 작은 각인 각 '임을정'을 $\phi = M - \zeta$로 이용하여 ∠병을 ϕ와 동일하게 잡았으며, '간편 차적구적법'에서는 [보충그림 18-5]와 같이 평균운행도수 M을 그대로 ∠병으로 설정하였다. 이 때문에 차적구적법에서는 앞의 [보충자료 16]의 [보충그림 16-5]에서 '갑을축' 면적에 해당하는 2타원차각($\Delta\psi \simeq \frac{1}{2}e^2\sin 2M = 2\zeta$)만큼 보정을 해 주어야 하고, '간편 차적구적법'에서는 그 절반에 해당하는 1타원차각($\Delta\psi \simeq \frac{1}{4}e^2\sin 2M = \zeta$)만큼 보정해 주는 데 비하여, 차각구각법에서는 보정할 필요가 없다.

또한 [보충그림 18-2]의 타원에서 $\tan M' = \dfrac{\sqrt{1-e^2}\,\sin E}{e + \cos E}$ 이기에 $e \ll 1$인 경우,

$$M' \simeq E - e\sin E - \frac{1}{4}e^2\sin 2E \tag{11}$$

이다. 그런데 케플러 방정식인 $M = E - e\sin E$를 이용하면, $E \simeq M + e\sin M + \frac{1}{2}e^2\sin 2M$으로 어림된다. 이 식을 (11)식에 대입하면,

$$M' \simeq M + \frac{1}{4}e^2\sin 2M \tag{12}$$

이 된다. 즉 M'는 M보다 1타원차각만큼 크다. 이 M'각은 [보충그림 18-1]의 ∠병=∠정을계와 같다. 따라서 이 각에 해당하는 진근점이각 T는 M'에 ∠병축갑을 더한 값이다. 이 각 ∠병축갑이 타원계각인 2ξ이고, $\tan\xi = \dfrac{e\sin M'}{1 - e\cos M'}$이다. 곧, $T = M' + 2\xi$가 된다. 이 방법이 차각구각법이다.

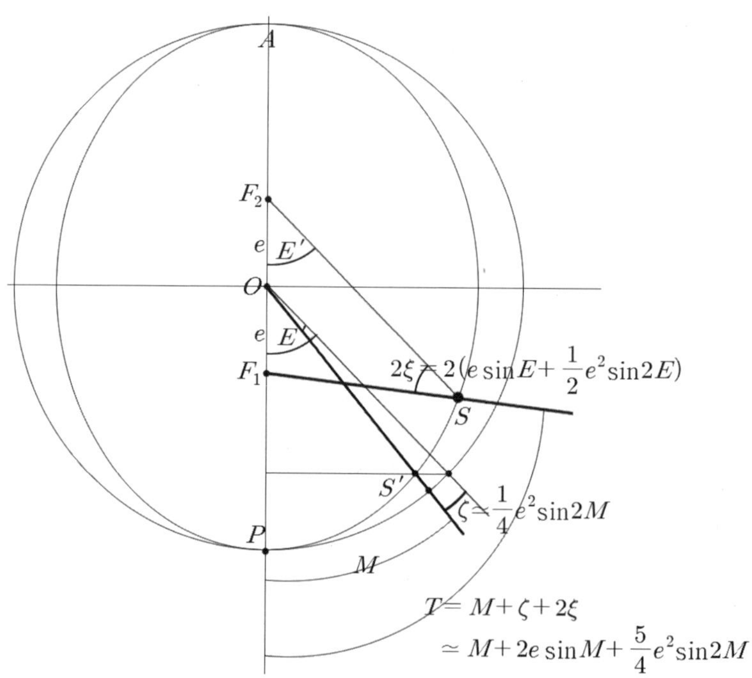

[보충그림 18-3] 차각구각 계산법 요약

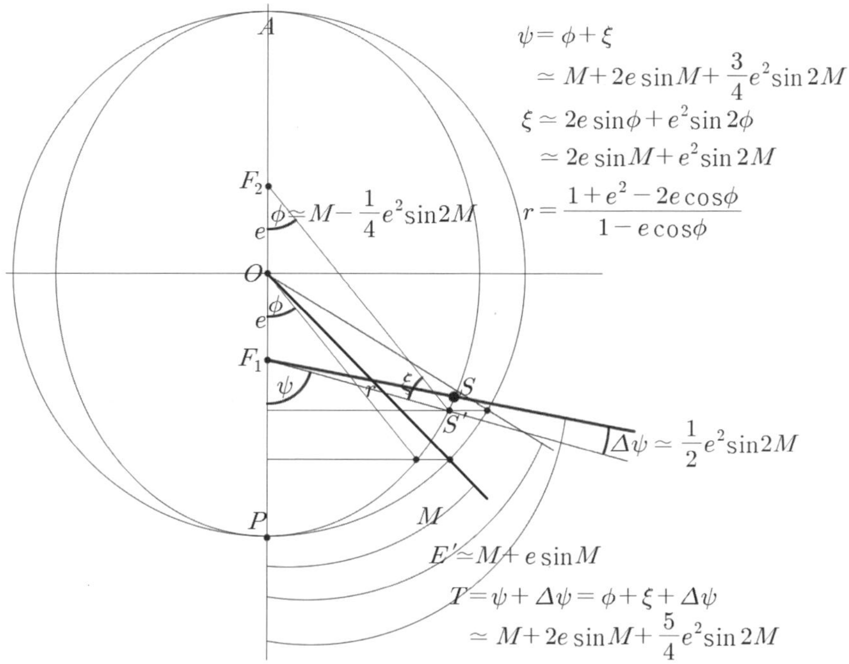

[보충그림 18-4] 차적구적 계산법 요약. [보충그림 16-9]와 동일.

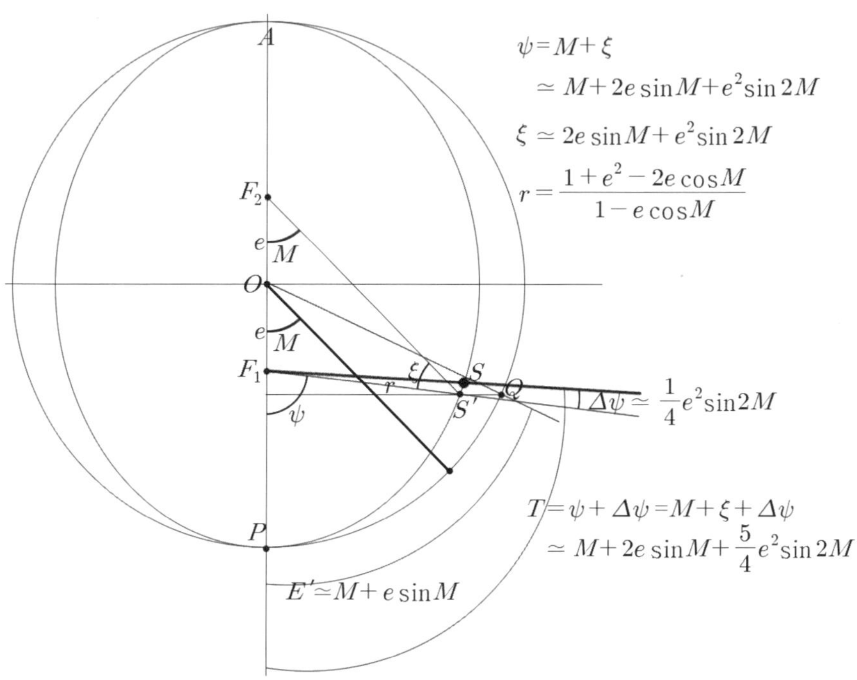

[보충그림 18-5] 차적구적 간편법 요약. [보충그림 16-10]과 동일.

[표 18]은 본문의 예제를 '차각구각법'으로 계산하여 만든 것이다. 본문의 값과 거의 동일하다.

[표 18] 치각구각법으로 구한 본문의 예제

M(면적도수)	M' = ψ	ζ(타원차각)	2ξ(타원계각)	T(진근점 이각)
45	45.00409165	0.0040916	1.385973	46.39007
90	90	0	1.936413	91.93641
120	119.9964567	-0.003543	1.663033	121.6595

제10장

영축차 구하기 [구균수(求均數)]

원문	번역문
均數者, 盈縮差也。	균수는 영축차이다.
最卑前後兩象限, 爲行盈, 最高前後兩象限, 爲行縮。	근지점[최비(最卑)] 전후의 양쪽 90도[상한(象限)] 구간에서는 운행이 빠르고[영(盈)], 원지점[최고(最高)] 전후의 양쪽 90도 구간에서는 운행이 느리다[축(縮)].
然盈縮差, 自最卑、最高起算。最高前一象限, 雖行縮, 而實行仍大於平行。故最卑後半周, 皆爲加差。	그러나 영축차는 근지점과 원지점으로부터 계산한다. 원지점 이전의 90도 구간에서 운행 속도는 느리지만[행축] 실제운행 위치의 도수가 여전히 평균운행 위치의 도수보다 크다. 따라서 근지점 이후의 180도[반주(半周)] 구간은 모두 가차(加差)가 된다.
最卑前一象限, 雖行盈, 而實行仍小於平行。故最高後半周, 皆爲減差。上編言之詳矣。	근지점 이전의 90도 구간에서 운행 속도는 빠르지만[행영] 실제운행 위치의 도수가 여전히 평균운행 위치의 도수보다 작다. 따라서 원지점 이후의 180도 구간은 모두 감차(減差)가 된다. 《역상고성》 상편(上編)에 이에 대해 상세히 언급하였다.
今求盈縮差, 用前借角求角之法。	지금 영축차 계산에는 앞(제9장)에서 다룬 '각도를 빌려 각도 구하기'[차각구각(借角求角)] 계산

與不同心天之法畧同, 但多一橢圓差角[131]耳。

법을 사용한다. 이는 부동심천(不同心天 이심원(離心圓)) 모형과 대략 같은데, 다마 타원차각(橢圓差角) 하나를 더 고려할 뿐이다.

故先以平行, 求得對倍兩心差之角, 又以平行, 求得橢圓差角, 與對倍兩心差之角相加減, 而得均數。加減之法, 具詳於左。

따라서 우선 평균운행을 가지고 양심차(兩心差)의 2배에 대한 대각(對角)을 구하고, 또 평균운행을 가지고 타원차각(橢圓差角)을 구하여 양심차의 2배에 대한 대각과 서로 더하거나 빼어 균수를 구한다. 더하거나 빼는 방법은 왼쪽(아래)에 상세히 제시하였다.

如圖甲爲地心, 乙爲本天心, 甲乙爲兩心差, 甲丙爲倍差。丁戊己庚爲本天, 辛壬癸子爲黃道。

그림과 같이 '갑'을 지구 중심, '을'을 본천(태양천)의 중심, 갑을을 양심차, 갑병을 양심차의 2배, 정무기경을 본천, 신임계자를 황도라 하자.

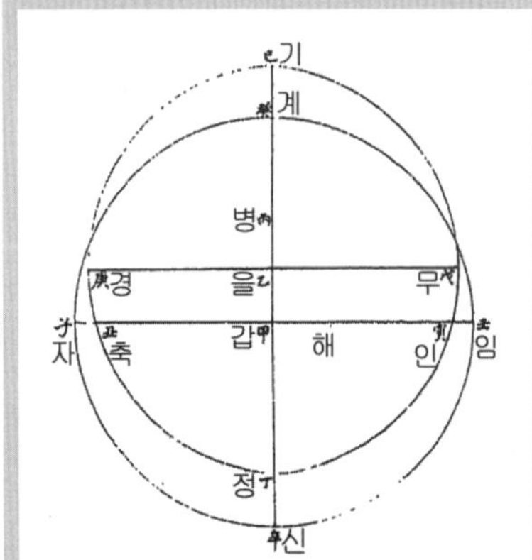

以行度言之, 太陽在最卑前後, 當子辛、辛壬兩象限。其本天平行丑甲寅丁面積, 未及半周, 而以黃道度計之, 止見自子行至壬。故爲行盈。

운행 도수[행도(行度)]로 말하면, 태양이 근지점 전후에 있을 때는 황도의 자신, 신임 두 90도 구간에 있게 된다. 이때 본천상의 평균운행도수(면적도수)인 축갑인정의 면적은 180도에 못 미치는데, 황도상의 도수(각도)를 헤아리면 오직 '자'에서 '임'까지 운행하는 것으로 보일 뿐이다. 따

라서 '운행이 빠른 것'[행영]이 된다.[132)]

太陽在最高前後，當壬癸、癸子兩象限。其本天平行寅甲丑巳面積，已過半周，而以黃道度計之，止見自壬行至子。故爲行縮。

태양이 원지점 전후에 있을 때는 황도의 임계, 계자 두 90도 구간에 있게 된다. 이때 본천상의 평균운행도수(면적도수)인 인갑축기의 면적은 180도를 넘는데, 황도상의 도수(각도)를 헤아리면 오직 '임'에서 '자'까지 운행하는 것으로 보일 뿐이다. 따라서 '운행이 느린 것'[행축]이 된다.

以盈縮差言之，太陽在最卑丁，是爲初宮初度，當黃道之辛。甲、丁、辛成一直線，無盈縮差。

영축차로 말하면, 태양이 근지점 '정'에 있을 때가 초궁초도(0궁0도; 근지점 이후 0도)로서 황도상의 '신'에 투영되는데, 이때는 '갑', '정', '신'이 일직선을 이루어 영축차가 없다.

太陽在最高己，是爲六宮初度，當黃道之癸。甲、癸、己成一直線，亦無盈縮差。

태양이 원지점 '기'에 있을 때는 6궁초도(6궁0도; 근지점 이후 180도)로서 황도상의 '계'에 투영되는데, 이때도 '갑', '계', '기'가 일직선을 이루어 영축차가 없다.

而自最卑後，行丁寅戊己半周，實行皆大於平行。如平行至寅，所截甲寅丁平行積度，畧與寅丙丁角度等。【爭一橢圓差角，故謂畧等。】自地心甲視之，已當黃道之壬，壬甲辛角必大於寅丙丁角。

근지점 이후로 정인무기 180도 구간을 운행하는 동안은 실제운행도수(각도)가 모두 평균운행도수(면적도수)보다 크다.

예를 들어 평균운행이 '인'에 이르렀을 때 본천을 분할한 ▽갑인정의 평균운행 면적도수[적도(積度)]는 대략 ∠인병정과 같은다.【타원차각 하나를 다툴 뿐이므로 대략 같다고 하였다.】 그런데 지구 중심 '갑'에서 보면 이미 황도상의 '임'에 있어서, ∠임갑신은 반드시 ∠인병정보다 크다.

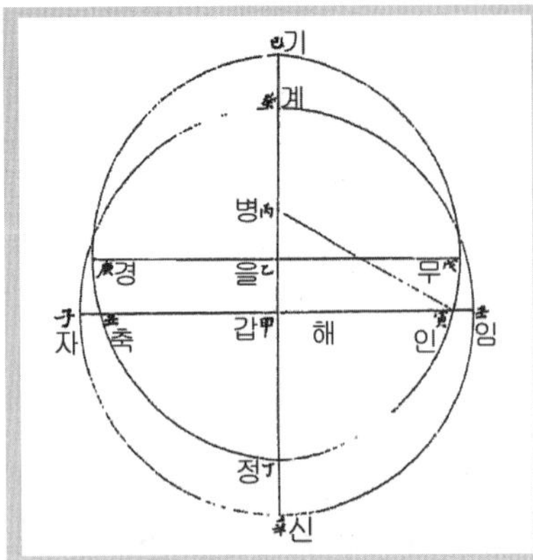

又如平行至戊，所截之甲戊丁平行積度，畧與戊丙丁角度等。自地心甲視之，已當黃道之卯，卯甲辛角必大於戊丙丁角。故皆爲加差。

또 예를 들어 평균운행이 '무'에 이르렀을 때 본천을 분할한 ▽갑무정의 평균운행 면적도수는 대략 ∠무병정와 같다. 그런데 지구 중심 '갑'에서 보면 이미 황도상의 '묘'에 있어서, ∠묘갑신이 반드시 ∠무병정보다 크다.

따라서 이 구간의 영축차는 모두 가차(加差)가 된다.

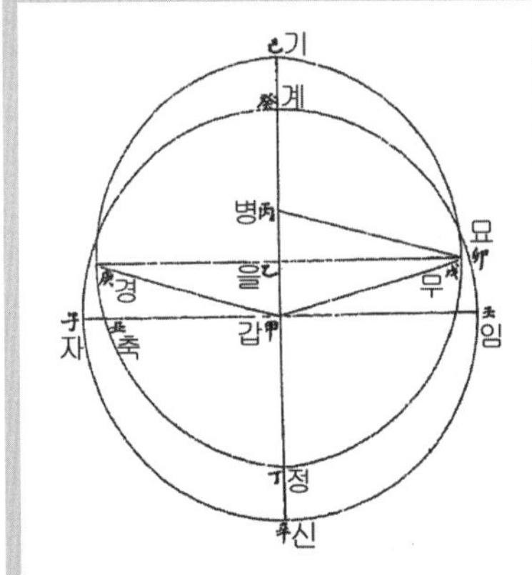

自最高後行己庚丑丁半周，實行皆小於平行。如平行至庚，所截甲庚己平行積度，畧與庚丙己角度等。自地心甲視之，方當黃道之辰，辰甲癸角必小於庚丙己角。

원지점 이후로 기경축정 180도 구간을 운행하는 동안은 실제운행도수(각도)가 모두 평균운행도수(면적도수)보다 작다.

예를 들어 평균운행이 '경'에 이르렀을 때 본천을 분할한 ▽갑경기의 평균운행 면적도수는 대략 ∠경병기와 같다. 그런데 지구 중심 '갑'에서 보면 바야흐로 황도상의 '진'에 있어서, ∠진

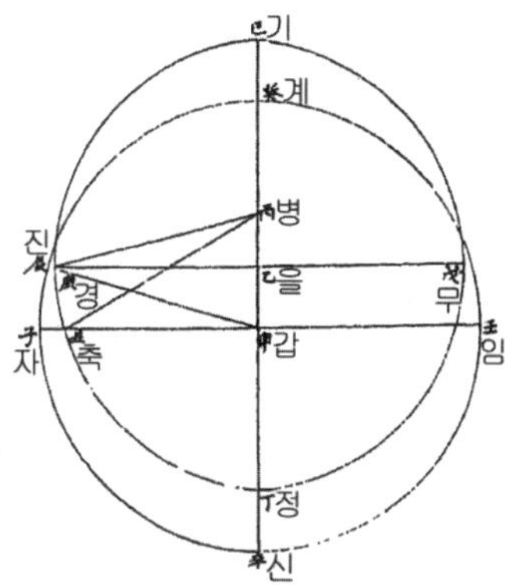

갑계가 반드시 ∠경병기보다 작다.

又如平行至丑, 所截甲丑已平行積度, 畧與丑丙己角度等。自地心甲視之, 方當黃道之子, 子甲癸角必小於丑丙已角。故皆爲減差。

또 예를 들어 평균운행이 '축'에 이르렀을 때 본천을 분할한 ▽갑축기의 평균운행 면적도수는 대략 ∠축병기와 같다. 그런데 지구 중심 '갑'에서 보면 바야흐로 황도상의 '자'에 있어서, ∠자갑계가 반드시 ∠축병기보다 작다.

따라서 이 구간의 영축차는 모두 감차(減差)가 된다.

此盈縮之理, 與不同心天之理同。

이 같은 영축의 원리는 부동심천의 원리와 같다.

至求盈縮差之法, 當先以平行積度, 加減橢圓差角,【九十度以內, 大一橢圓差角, 則加。九十度以外, 小一橢圓差角, 則減。正九十度, 無差角。解見前。】爲所設之丙角。而求對倍差之角, 與所設之丙角相加, 得實行。以平行與實行相減, 乃爲均數。【解見前借角求角法。】

영축차를 계산하는 방법은 다음과 같다. 우선 평균운행 면적도수에 타원차각을 더하거나 빼어【평균운행 면적도수가 90도 이하이면 타원차각 하나만큼 크므로 더하고, 90도 이상이면 타원차각 하나만큼 작으므로 뺀다. 딱 90도이면 타원차각이 없다. 해설이 앞(제9장)에 보인다.】 ∠병으로 설정한다. 그리고 양심차의 2배에 대한 대각(對角)을 구하여, 처음에 설정한 ∠병과 서로 합하면 실제운행도수가 나온다. 평균운행도수와 실제운행도수의 차를 구하면 균수가 된다.【이에 대한 해설은 앞(제9장)의 '각도를 빌려 각도 구하기'[借角求角] 계산법에 보인다.】

然其數奇零，不便立算。故先以平行，求得對倍差之角，而後加減橢圓差角，爲尤便也。

그러나 그 수치에 우수리가 있어서 계산이 불편하다. 이 때문에 우선 평균운행도수를 가지고 양심차의 2배에 대한 대각(對角)을 구한 후에 타원차각을 더하거나 빼는데, 이렇게 하면 계산이 더욱 간편하다.

如設太陽在巳，甲巳丁分橢圓面積，爲平行距最卑後六十度。知巳丙甲角度，比所設之甲巳丁平行積度，大一橢圓差角。則於巳丙甲角內，減未丙午橢圓差角，餘午丙甲角，必爲六十度，而與甲巳丁平行積度相等。

예를 들어 태양이 ‘사’에 있어서, 타원을 분할한 ▽갑사정의 면적이 근지점 이후 평균운행도수 60도라고 하자. ∠사병갑이 처음 설정한 ▽갑사정의 평균운행 면적도수보다 타원차각 하나만큼 큼을 안다. 그렇다면 ∠사병갑에서 타원차각 ∠미병오를 빼고 남은 ∠오병갑이 반드시 60도로서 ▽갑사정의 평균운행 면적도수와 같다.

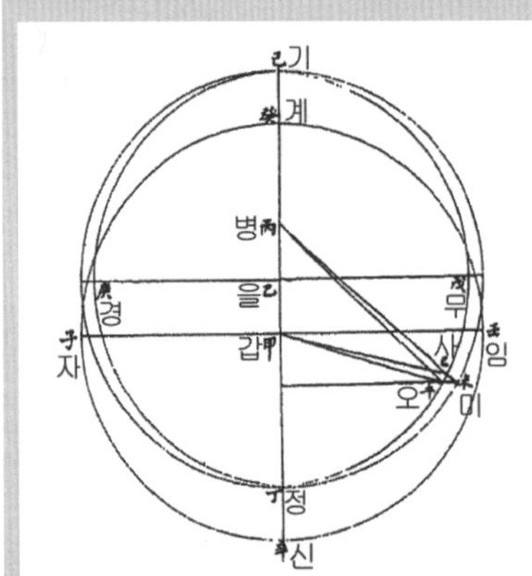

故先設午丙甲角爲六十度，用甲丙午三角形，求得對甲丙倍差之午角一度四十一分二十九秒，與平行午丙甲角相加，則得午甲丁角。

따라서 우선 ∠오병갑을 60도로 설정하고 삼각형 △갑병오를 사용하여 양심차의 2배인 $\overline{\text{갑병}}$에 마주한 각 ∠오 1도41분29초를 구한 후에 평균운행도수인 ∠오병갑과 더하면 ∠오갑정이 나온다.

然太陽原在巳，當黃道之申。實行申甲辛角,【即辛申弧。】比午甲丁角，尙大一巳甲午角。

그러나 태양은 원래 ‘사’에 있어서 황도상의 ‘신(申)’에 투영되므로 실제운행도수인 ∠신갑신(申甲辛)【곧 $\frown$신신(辛申)이다.】은 ∠오갑정보다 ∠

사갑오 하나만큼 크다.

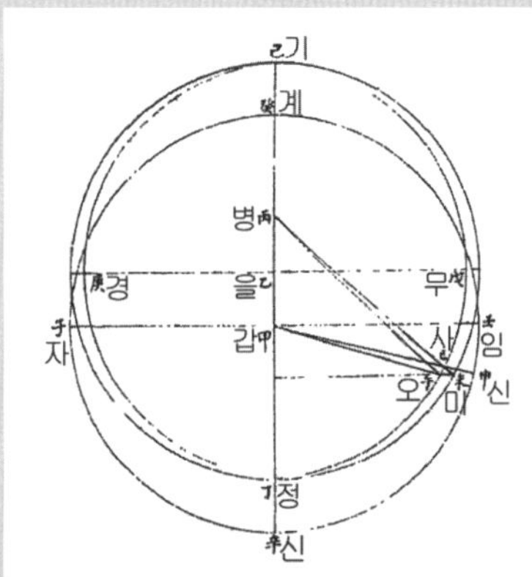

故又求得未丙午橢圓差角一十三秒, 與巳甲午角等。【巳甲午角與未丙午角, 同當巳午弧。而甲午線短於丙午, 則角畧大。 然所差甚微, 故爲相等。】與午角相加,【九十度以內, 大一橢圓差角, 故加。】得一度四十一分四十二秒, 是爲均數。爲加差, 以加於平行, 而得實行也。

따라서 또 타원차각 ∠미병오 13초를 구하여 ∠사갑오와 같다고 간주한다.【∠사갑오는 ∠미병오와 더불어 공히 사오에 해당하지만 갑오가 병오보다 짧으므로 ∠사갑오의 각도가 조금 크다. 그러나 그 차이가 매우 작으므로 서로 같다고 간주한다.】 이를 ∠오와 더하면【평균운행도수가 90도 이하여서 타원차각 하나만큼 크므로 더한다.】 1도41분42초가 나오는데, 이것이 균수이다. 이는 가차이므로 평균운행도수에 더하여 실제운행도수를 구한다.

若太陽在酉, 當黃道之戌, 甲酉己分橢圓面積, 爲平行距最高後一百二十度, 而距最卑前六十度,

만약 태양이 '유'에 있어서 황도상의 '술'에 투영되며, 타원을 분할한 ▽갑유기의 면적이 원지점 이후 평균운행도수 120도여서 근지점 이전 60도라면,

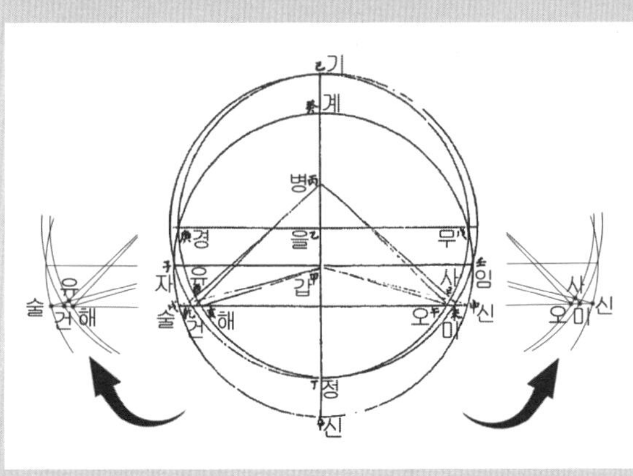

則對甲丙倍差之亥角，與午角等，乾丙亥橢圓差角，亦與未丙午角等。但其均數爲減差，以減於平行，而得實行也。

양심차의 2배인 갑병에 마주한 각 ∠해는 ∠오와 같고, 타원차각 ∠건병해도 ∠미병오와 같다. 다만 이 균수는 감차(減差)이므로 이 수를 평균운행도수에서 빼어 실제운행도수를 구한다.

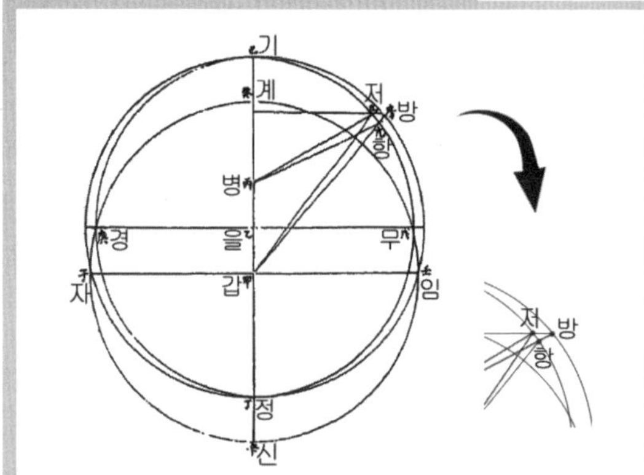

如設太陽在亢，甲亢丁分橢圓面積，爲平行距最卑後一百二十度。知亢丙甲角度，比所設之甲亢丁平行積度，小一橢圓差角。則於亢丙甲角，加房丙氐橢圓差角，得氐丙甲角，必爲一百二十度，而與甲亢丁平行積度相等。

예를 들어[133] 태양이 '항'에 있어서, 타원을 분할한 ▽갑항정의 면적이 근지점 이후 평균운행도수 120도라고 하자. ∠항병갑이 처음 설정한 ▽갑항정의 평균운행 면적도수보다 타원차각 하나만큼 작음을 안다. 그렇다면 ∠항병갑에 타원차각 ∠방병저를 더하여 나온 ∠저병갑이 반드시 120도로서 ▽갑항정의 평균운행 면적도수와 같다.

故先設氐丙甲角爲一百二十度，用甲丙氐三角形，求得對甲丙倍差之氐角一度三十九分四十七秒，與平行氐丙甲角相加，則得氐甲丁角。

따라서 우선 ∠저병갑을 120도로 설정하고 삼각형 △갑병저를 사용하여 양심차의 2배인 갑병에 마주한 각 ∠저 1도39분47초를 구한 후에 평균운행도수인 ∠저병갑과 더하면 ∠저갑정이 나온다.

然太陽原在亢，當黃道之尾。實行尾甲辛角，【即辛尾弧。】比氐甲丁角，尚小一氐甲亢角。

그러나 태양은 원래 '항'에 있어서 황도상의 '미'에 투영되므로 실제운행도수인 ∠미갑신(尾甲辛)【곧 신미(辛尾)

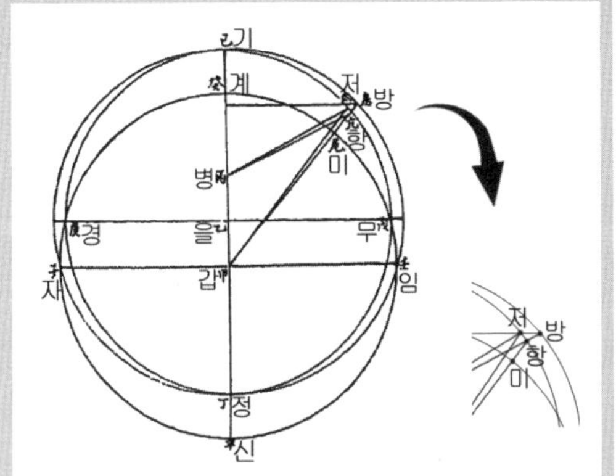

이다.】은 ∠저갑정보다 ∠저갑항 하나만큼 작다.

故又求得房丙氐橢圓差角一十三秒，與氐甲亢角等。【氐甲亢角與房丙氐角，同當亢氐弧，而甲氐線長於丙氐，則角畧小。然所差甚微，故爲相等。】與氐角相減，【九十度以外，小一橢圓差角，故減。】餘一度三十九分三十四秒，是爲均數。爲加差，以加於平行，而得實行也。

따라서 또 타원차각 ∠방병저[134] 13초를 구하여 ∠저갑항과 같다고 간주한다.【∠저갑항은 ∠방병저와 더불어 공히 $\overset{\frown}{항저}$에 해당하지만 $\overline{갑저}$가 $\overline{병저}$보다 길므로 ∠저갑항의 각도가 조금 작다. 그러나 그 차이가 매우 작으므로 서로 같다고 간주한다.】 이를 ∠저에서 빼면【평균운행도수가 90도 이상이라서 타원차각 하나만큼 작으므로 뺀다.】 1도39분34초가 남는데, 이것이 균수이다. 이는 가차이므로 평균운행도수에 더하여 실제운행도수를 구한다.

若太陽在斗，當黃道之牛，甲斗己分橢圓面積，爲平行距最高後六十度，

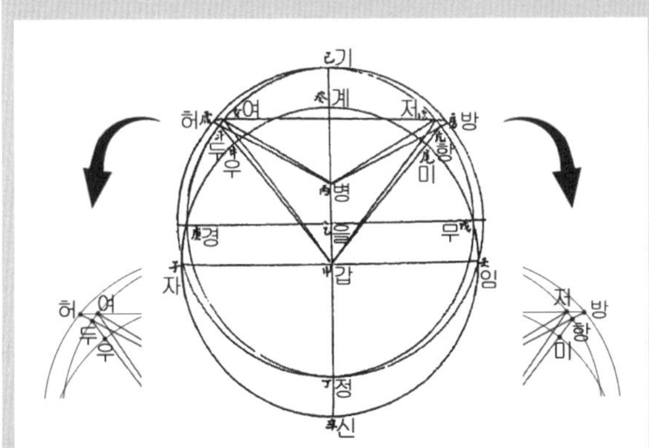

만약 태양이 '두'에 있어서 황도상의 '우'에 투영되며, 타원을 분할한 ▽갑두기의 면적이 원지점 이후 평균운행도수 60도라면,

則對甲丙倍差之女角，與氐角等，女丙虛橢圓差角，亦與房丙氐角等。但其均數爲減差，以減於平行，而得實行也。	양심차의 2배인 $\overline{\text{갑병}}$에 마주한 각 ∠여는 ∠저와 같고, 타원차각 ∠여병허도 ∠방병저와 같다. 다만 이 균수는 감차(減差)이므로 이 수를 평균 운행도수에서 빼어 실제운행도수를 구한다.
用此法, 求得最卑後半周之加差, 即得最高後半周之減差, 列爲表。	이 방법을 사용하여 근지점 이후 180도 구간의 가차를 구하면 곧 원지점 이후 180도 구간의 감차도 나오는데, 이를 〈균수표(均數表)〉에 열거하였다.
此法與以丙爲心作不同心天之法畧同。但多一橢圓差角[135], 又平圓之半徑爲一千萬, 橢圓則自甲、丙兩心出線, 合於圓界, 共爲二千萬耳。	이 계산법은 '병'을 중심으로 한 부동심천 모형과 대략 같다. 다른 점은 오직 타원차각 하나를 더 고려하고, 또 원의 반경이 1천만인 데 비해 타원은 '갑'과 '병' 두 중심에서 시작하여 타원의 경계에서 만나는 두 선분의 합이 2천만이라는 것뿐이다.
而太陽距地高卑之差，止及兩心差之半，與均輪之法，不謀而合。	그리고 원지점과 근지점에서 지구로부터 태양까지 거리가 중간거리에서보다 멀고 가까우 차가 양심차의 절반에 그치는데, 이 점은 균륜 모형과 약속이나 한 듯이 합치한다.
故橢圓之法，正所以合不同心天與本輪、均輪而一之也。	그러므로 타원 모형은 바로 부동심천 모형, 본륜 모형, 균륜 모형을 합하여 하나로 만든 것이다.

131) 角: 저본에는 없으나, 橢圓差와 橢圓差角이 지칭하는 바가 다르며, 본문의 도해에서 모두 橢圓差角 하나가 크거나 작음을 언급하고 있으므로 이에 부합하도록 보충하였다.

132) 이때……된다: 본천은 태양이 면적속도 일정의 법칙에 따라 운행한다고 설정된 타원궤도이다. 따라서 본천에서 운행한 면적이 180도에 못 미친다는 것은 운행 시간이 반년보다 작다는 말이다. 황도는 지구에서 실제로 관측되는 겉보기 태양 운행의 원궤도이다. 따라서 '자'부터 '임'까지는 지구에서 볼 때 정확히 하늘의 절반을 운행한 것이다. 하늘의 절반을 반년보다 짧은 시간에 운행하므로 운행속도가 평균보다 빠른 것이 된다.

133) 예를 들어: 저본의 그림에는 '방'이 $\overline{\text{갑항}}$의 연장선상에 그려졌으나 $\overline{\text{병항}}$의 연장선상에 '방'이 있어야 해설에 부합한다. 오른쪽 아래의 부분 확대도는 정정하여 그렸다. 건륭 7년 내부

내용 정리

1) 태양 운행의 영축(盈縮)과 영축차(盈縮差)

- 균수(均數): 영축차

(1) 태양 운행의 영축(盈縮)

① 근지점[최비(最卑)] 전후의 각 90도[상한(象限)] 구간: 운행이 빠름 → 영(盈)

② 원지점[최고(最高)] 전후의 각 90도 구간: 운행이 느림 → 축(縮)

(2) 영축차의 가(加)와 감(減)

① 영축차 계산의 시작점: 근지점과 원지점

② 원지점 이전의 90도 구간: 운행 속도는 느리지만[축]
(실제운행 위치의 도수) > (평균운행 위치의 도수)
⇒ 근지점 이후의 180도[반주(半周)] 구간은 모두 가차(加差).

③ 근지점 이전의 90도 구간: 운행 속도는 빠르지만[영]
(실제운행 위치의 도수) < (평균운행 위치의 도수)
⇒ 원지점 이후의 180도 구간은 모두 감차(減差).

- 《역상고성》 상편(上編)에 상세히 언급함.

2) 태양 운행의 영축차 계산

(1) **계산법:** 앞(제9장)에서 다룬 '각도를 빌려 각도 구하기'[차각구각(借角求角)] 계산법 사용.

간본의 그림은 이 부분이 또렷하지 않다.

134) ∠방병저: 위와 같다.

135) 角: 저본에는 없으나, 橢圓差와 橢圓差角이 지칭하는 바가 다르며, 지금까지의 도해에서 모두 橢圓差角 하나가 크거나 작음을 언급하였므로 이에 부합하도록 보충하였다.

→ 부동심천(不同心天 이심원(離心圓)) 모형과 대략 같고,
타원차각(橢圓差角) 하나를 더 고려하는 점이 다를 뿐임.

(2) 계산 절차

① 평균운행을 가지고 양심차(兩心差)의 2배에 대한 대각(對角)을 구함.
② 평균운행을 가지고 타원차각을 구함.
③ '①'과 '②'를 서로 더하거나 빼어 균수를 구함.
• 더하거나 빼는 방법은 아래에 상세함.

3) 태양 운행의 영축과 영축차 도해

[그림 10－1]에서,

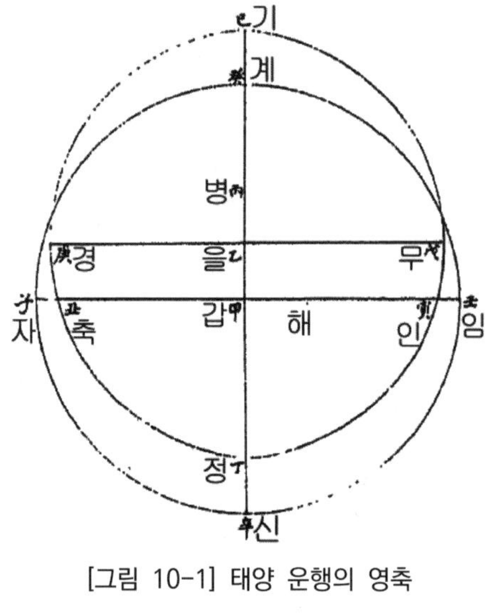

[그림 10-1] 태양 운행의 영축

갑: 지구 중심

을: 본천(태양천)의 중심

$\overline{\text{갑을}}$: 양심차

$\overline{\text{갑병}}$: 양심차의 2배

정무기경: 본천

신임계자: 황도

(1) 운행 도수[행도(行度)]로 말하면,

① 태양이 근지점 전후, 곧 황도의 자신, 신임 두 90도 구간에 있을 때

ㄱ. (본천상의 평균운행도수인 축갑인정의 면적) < 180도(면적도수)

ㄴ. (황도상에서 '자'부터 '임'까지의 운행 도수) = 180도(각도)

⇒ 운행이 빠름[영].[132]

② 태양이 원지점 전후, 곧 황도의 임계, 계자 두 90도 구간에 있을 때

ㄱ. (본천상의 평균운행도수인 인갑축기의 면적) > 180도(면적도수)

ㄴ. (황도상에서 '임'부터 '자'까지의 운행 도수(각도)) = 180도(각도)

⇒ 운행이 느림[축].

(2) 영축차로 말하면,

① 태양이 근지점 '정', 곧 초궁초도(0궁0도; 근지점 이후 0도)에 있을 때

ㄱ. 황도상의 '신'에 투영됨.

ㄴ. '갑', '정', '신'이 일직선을 이룸.

⇒ 영축차가 없음.

② 태양이 원지점 '기', 곧 6궁초도(6궁0도; 근지점 이후 180도)에 있을 때

ㄱ. 황도상의 '계'에 투영됨.

ㄴ. '갑', '계', '기'가 일직선을 이룸.

⇒ 영축차가 없음.

③ 근지점 이후의 정인무기 180도 구간을 운행할 때

: (실제운행도수(각도)) > (평균운행도수(면적도수))

⇒ 이 구간의 영축차는 모두 가차(加差).

③-예시1. [그림 10－2]와 같이 평균운행이 '인'에 이르렀을 때

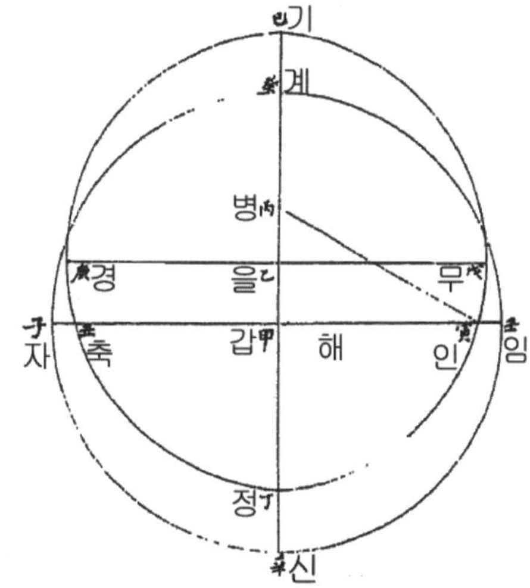

[그림 10-2] 태양 운행의 영축차(가차) 1

ㄱ. 본천을 분할한 평균운행 '면적도수[적도(積度)]'인 ▽갑인정≒∠인병정

▾ 타원차각 하나를 다툴 뿐이므로 대략 같다고 함.

ㄴ. 지구 중심 '갑'에서 보면 태양은 이미 황도상의 '임'에 있음.

ㄷ. (∠임갑신) ＞ (∠인병정)

→ (실제운행도수(각도)) ＞ (평균운행도수(면적도수))

③-예시2. [그림 10－3]과 같이 평균운행이 '무'에 이르렀을 때

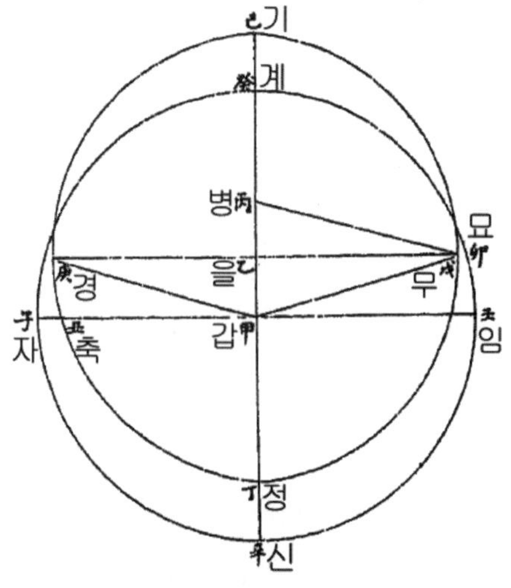

[그림 10-3] 태양 운행의 영축차(가차) 2

ㄱ. 본천을 분할한 평균운행 면적도수인 ▽갑무정≒∠무병정

ㄴ. 지구 중심 '갑'에서 보면 태양은 이미 황도상의 '묘'에 있음.

ㄷ. (∠묘갑신) > (∠무병정)

→ (실제운행도수(각도)) > (평균운행도수(면적도수))

④ 원지점 이후의 기경축정 180도 구간을 운행할 때

: (실제운행도수(각도)) < (평균운행도수(면적도수))

⇒ 이 구간의 영축차는 모두 감차(減差).

④-예시1. [그림 10－4]와 같이 평균운행이 '경'에 이르렀을 때

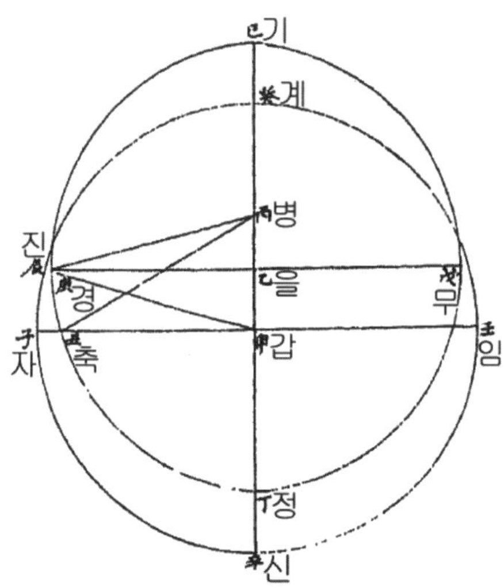

[그림 10-4] 태양 운행의 영축차(감차)

ㄱ. 본천을 분할한 평균운행 면적도수인 ▽갑경기≒∠경병기

ㄴ. 지구 중심 '갑'에서 보면 태양은 바야흐로 황도상의 '진'에 있음.

ㄷ. (∠진갑계) < (∠경병기)

→ (실제운행도수(각도)) < (평균운행도수(면적도수))

④-예시2. [그림 10－4]와 같이 평균운행이 '축'에 이르렀을 때

ㄱ. 본천을 분할한 평균운행 면적도수인 ▽갑축기≒∠축병기

ㄴ. 지구 중심 '갑'에서 보면 태양은 바야흐로 황도상의 '자'에 있음.

ㄷ. (∠자갑계) < (∠축병기)

→ (실제운행도수(각도)) < (평균운행도수(면적도수))

⇒ 이 같은 영축의 원리는 부동심천의 원리와 같음.

4) 태양 운행의 영축차 계산법 도해

(1) 계산법 1(차각구각법)

① (평균운행 면적도수)±(타원차각) = ∠병 [$\angle$병$=E'=M+\zeta$]

▾ 평균운행 면적도수가 90도 이하이면 더함.

90도 이상이면 뺌.

딱 90도이면 타원차각이 없음.

▾ 이에 대한 해설은 앞(제9장)에 보임.

② ∠병을 가지고 양심차의 2배에 대한 대각(對角)을 구함.

[타원계각 2ξ 구하기. $\tan\xi=\dfrac{e\sin E'}{1-e\cos E'}$]

③ 실제운행도수 = ①±② [$T=E'+2\xi=M+\zeta+2\xi$]

④ 균수 = (실제운행도수) − (평균운행도수) [$q=T-M=\zeta+2\xi$]

▾ 이에 대한 해설은 앞(제9장)의 '각도를 빌려 각도 구하기'[借角求角] 계산법에 보임.

→ 이 계산법은 수치에 우수리가 있어서 계산이 불편함.

(2) 계산법 2(차각구각 간편법)

① 평균운행도수를 가지고 양심차의 2배에 대한 대각(對角)을 구함.

[타원계각 2ξ 구하기. $\tan\xi=\dfrac{e\sin M}{1-e\cos M}$]

② 균수 = ①±타원차각 [$q=\zeta+2\xi$]

→ 계산이 간편함.

(3) 계산예 1: [그림 10-5]와 같이 태양이 '사'에 있는 경우.

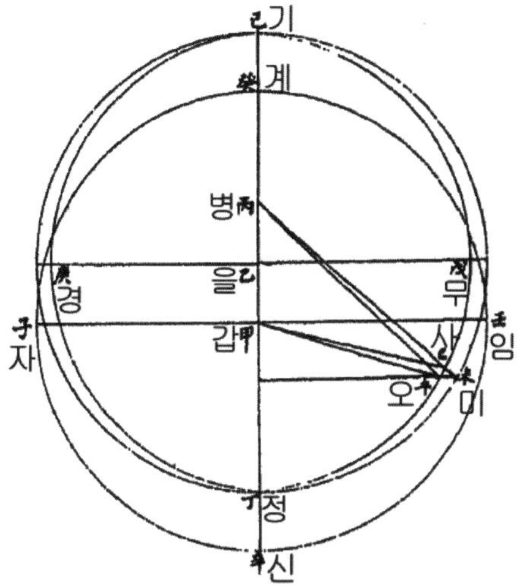

[그림 10-5] 태양의 영축차 계산(근지점 이후 평균운행 60도) 1

① (타원을 분할한 ▽갑사정의 면적)=(근지점 이후 평균운행 면적도수 60도)

[▽갑사정의 면적=M]

② ∠오병갑={(∠사병갑)−(타원차각 ∠미병오)}=60도

=(평균운행 면적도수 ▽갑사정)

[∠오병갑=M, ∠사병갑=E', 타원차각 ∠미병오=ζ일 때, $E'=M+\zeta$]

③ △갑병오에서 양심차의 2배인 $\overline{\text{갑병}}$에 마주한 대각(對角)∠오=1도41분29초

[∠오=2ξ(타원계각)]

④ ∠오갑정=(∠오병갑 60도)+(∠오 1도41분29초) [∠오갑정=$\psi=M+2\xi$]

⑤ [그림 10−6]에서 태양은 원래 '사'에 있어서 황도상의 '신(申)'에 투영되므로,

실제운행도수 ∠신갑신(申甲辛)=(∠오갑정)+(∠사갑오) [∠신갑신=$T=\psi+\zeta$]

▾ ∠신갑신=$\overset{\frown}{\text{신신}}$(辛申)

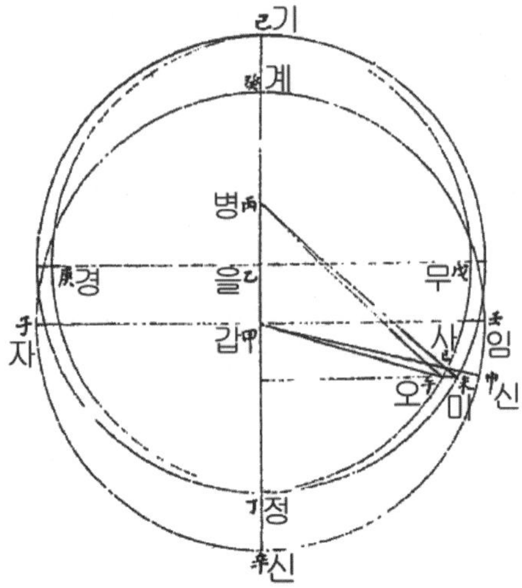

[그림 10-6] 태양의 영축차 계산(근지점 이후 평균운행 60도) 2

⑥ 타원차각 ∠미병오＝13초≒∠사갑오 [∠미병오＝ζ(타원차각)]

▾ ∠사갑오는 ∠미병오와 더불어 공히 사오에 해당함.

그런데 '갑오 ＜ 병오'이므로, '(∠사갑오) ＞ (∠미병오)'임.

그러나 그 차이가 매우 작으므로 서로 같다고 간주함.

⑦ 균수＝∠오+∠사갑오＝1도41분42초, 가차(加差) [$q = T - M = 2\xi + \zeta$]

▾ 평균운행도수가 90도 이하여서 타원차각을 더함.

⑧ 실제운행도수＝(평균운행도수)+(균수) [$T = M + q = M + 2\xi + \zeta$]

(4) 계산예 2: [그림 10-7]과 같이 태양이 '유'에 있어서 황도상의 '술'에 투영되는 경우

① (타원을 분할한 ▽갑유기의 면적)＝(원지점 이후 평균운행도수 120도) → 근지점 이전 60도.

② 양심차의 2배인 갑병에 마주한 대각(對角) ∠해＝∠오

③ (타원차각 ∠건병해)＝(타원차각 ∠미병오)

④ 균수＝∠해+∠건병해＝1도41분42초, 감차(減差)

⑤ 실제운행도수＝(평균운행도수)－(균수)

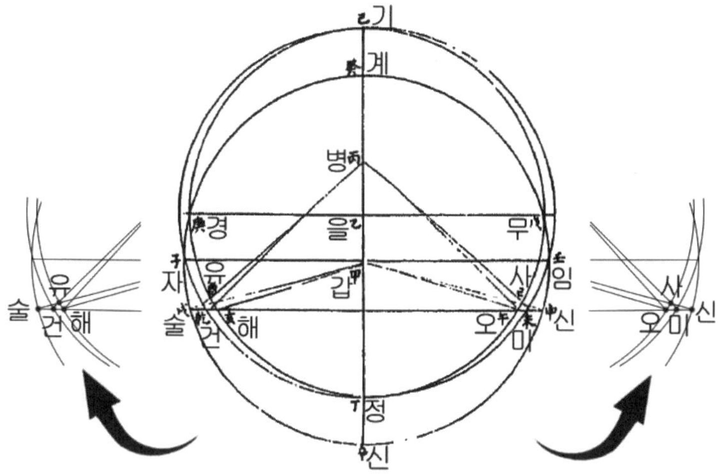

[그림 10-7] 태양의 영축차 계산(근지점 이전 평균운행 60도)

(5) 계산예 3: [그림 10-8]과 같이 태양이 '항'에 있는 경우.

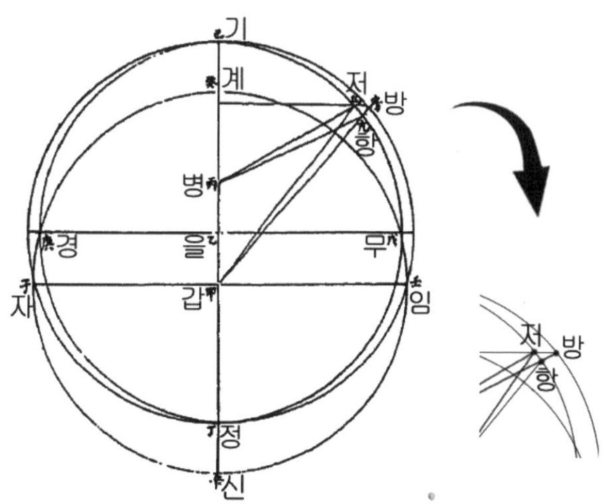

[그림 10-8] 태양의 영축차 계산(근지점 이후 평균운행 120도) 1

① (타원을 분할한 ▽갑항정의 면적)＝(근지점 이후 평균운행도수 120도)

② ∠저병갑＝{(∠항병갑)+(타원차각 ∠방병저)}＝120도

＝(평균운행 면적도수 ▽갑항정)

③ △갑병저에서 양심차의 2배인 $\overline{\text{갑병}}$에 마주한 대각(對角) ∠저

=1도39분47초

④ ∠저갑정=(∠저병갑 120도)+(∠저 1도39분47초)

⑤ [그림 10-9]에서 태양은 원래 '항'에 있어서 황도상의 '미'에 투영되므로, 실제운행도수 ∠미갑신(尾甲辛)=(∠저갑정)-(∠저갑항)

⑥ 타원차각 ∠방병저=13초≒∠저갑항

▾ ∠저갑항은 ∠방병저와 더불어 공히 항저에 해당함.
그런데 '갑저 > 병저'이므로, '(∠저갑항) < (∠방병저)'임.
그러나 그 차이가 매우 작으므로 서로 같다고 간주함.

⑦ 균수=∠저-∠저갑항=1도39분34초, 가차

▾ 평균운행도수가 90도 이상이라서 타원차각을 뺌.

⑧ 실제운행도수=(평균운행도수)+(균수)

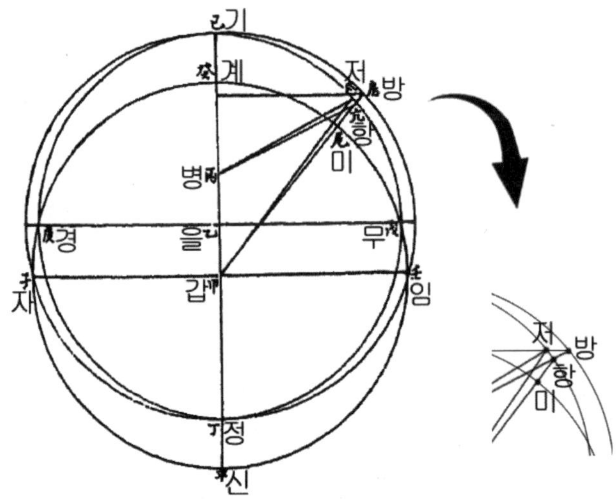

[그림 10-9] 태양의 영축차 계산(근지점 이후 평균운행 120도) 2

(6) 계산예 4: [그림 10-10]과 같이 태양이 '두'에 있어서 황도상의 '우'에 투영되는 경우

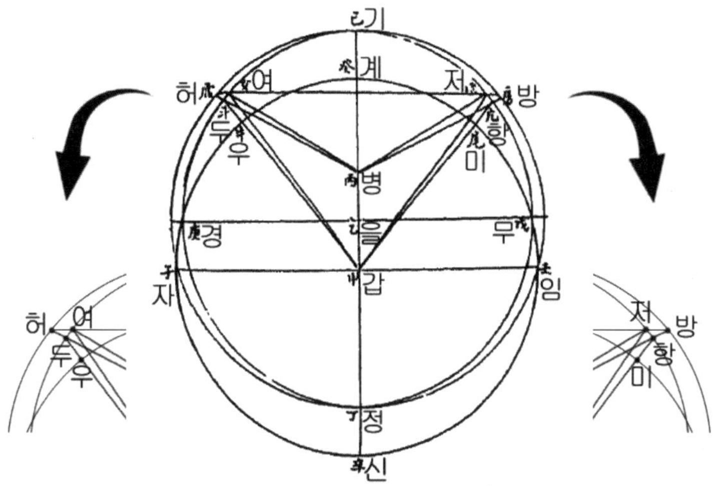

[그림 10-10] 태양의 영축차 계산(원지점 이후 평균운행 60도)

① (타원을 분할한 ▽갑두기의 면적)=(원지점 이후 평균운행도수 60도)

② 양심차의 2배인 $\overline{\text{갑병}}$에 마주한 대각(對角) ∠여=∠저

③ (타원차각 ∠여병허)=(타원차각 ∠방병저)

④ 균수=∠여−∠여병허=1도39분34초, 감차

⑤ 실제운행도수=(평균운행도수)−(균수)

(7) 위 계산예의 방법으로 근지점 이후 180도 구간의 가차를 구하면,

원지점 이후 180도 구간의 감차도 곧바로 나옴.

→ 이를 〈균수표(均數表)〉에 열거함.

5) 이 계산법(타원 모형의 '각도를 빌려 각도 구하기')과 이전의 태양 운행 모형의 비교

(1) 이 계산법은 '병'을 중심으로 삼은 부동심천 모형과 대략 같음. 다른 점은 오직 2가지.

① 이 계산법은 부동심천 모형보다 타원차각 하나를 더 고려함

② 부동심천 모형에서 원의 반경은 1천만.
이 계산법의 타원은 '갑', '병' 두 중심과 타원주의 한 점을 이은 두 선분의 합이 2천만.

(2) 타원 모형은 '지구~태양'의 거리가 균륜 모형과 일치함.

{(원지점에서 '지구~태양'의 거리) − (중간거리점[중거(中距)]에서 '지구~태양'의 거리)}
= {(중간거리점에서 '지구~태양'의 거리) − (근지점에서 '지구~태양'의 거리)}
= 양심차의 절반

(3) 타원 모형은 바로 부동심천 모형, 본륜 모형, 균륜 모형을 합하여 하나로 만든 것.

보충자료 19 타원 모델에서 영축차 계산법

본문에 제시한 '계산법 1'은 '차각구각법'을 따르고 있다. 즉 평균운행도수(면적도수)를 M이라 할 때에 M에 타원차각 ζ를 더한 $E' = M + \zeta$를 $\tan E' = \dfrac{\tan M}{\sqrt{1-e^2}}$으로 먼저 계산하여 $\zeta = E' - M$으로 타원차각을 구하고, 타원계각 2ξ는 $\tan\xi = \dfrac{e\sin E'}{1 - e\cos E'}$를 이용해서 구한 다음, 영축차인 가감차 $q = \zeta + 2\xi$를 구하였다.

'계산법 2'는 '간편 차각구각법'을 따르고 있다. 이는 M으로부터 먼저 타원계각 2ξ를 $\tan\xi = \dfrac{e\sin M}{1 - e\cos M}$를 이용해서 구한 다음, 타원차각 ζ는 $\tan E' = \dfrac{\tan M}{\sqrt{1-e^2}}$으로부터 $\zeta = E' - M$을 구하여 $q = \zeta + 2\xi$를 구한다. '간편 차각구각법'은 타원계각 2ξ를 구할 때 우수리가 많이 붙은 E' 대신에 곧바로 M을 사용하기 때문에 계산이 간편하다. 두 계산법 모두 어림하면 $q \cong 2e\sin M + \dfrac{5}{4}e^2\sin 2M$이 된다.

균륜 모델에서는 가감차를 $\tan q = \dfrac{2e\sin M}{1 - e\cos M}$(균륜모델에서는 타원차각을 고려하지 않으므로)으로 계산하였다. $q \ll 1$이기에 어림하면 $q \simeq \dfrac{2e\sin M}{1-e\cos M} \simeq 2\xi$이다. 즉 균륜 모델의 가감차는 타원 모델의 타원계각과 같다. 균륜 모델에서 가감차 어림식은 $q \cong 2e\sin M + e^2\sin 2M$이다. 즉 두 모델 사이의 가감차 차이는 타원차각 $\zeta = \dfrac{1}{4}e^2\sin 2M$이다.

'간편 차각구각법'을 이용하여 본문의 계산예를 다시 계산하여 [표 19]에 제시하였다. 본문의 값들과 거의 동일하다.

[표 19] '간편 차각구각법'을 이용하여 구한 본문의 계산예

	계산예 1	계산예 2	계산예 3	계산예 4
M	60	-60	120	-120
ξ	0.845748276	-0.845748276	0.831573892	-0.831573892
2ξ	1도41분29.39초	-1도41분29.40초	1도39분47.33초	-1도39분47.33초
M+2ξ	61.69149655	-61.69149655	121.6631478	-121.6631478
M´	60.00354334	-60.00354334	119.9964567	-119.9964567
ζ(도)	0.003543343	-0.003543343	-0.003543343	0.003543343
ζ(초)	12.75603498	-12.75603498	-12.75603498	12.75603498
M+2ξ+ζ	61도41분42.14초	-61도41분42.15초	121도39분34.58초	-121도39분34.58초
q=2ξ+ζ	1도41분42.14초	-1도41분42.146초	1도39분34.58초	-1도39분34.58초

제 2 부

《역상고성후편(曆象考成後編)》 제4권 〈일전보법(日躔步法)〉

제1장

태양의 위치 계산에 사용하는 천문 상수 [추일전용수(推日躔用數)]

원문	번역문
雍正元年癸卯天正冬至，爲元。	옹정(雍正 청 세종(淸世宗)의 연호. 1723년~1735년) 원년 계묘년(1723)의 천정동지(天正冬至)[136]가 역원[원(元)]이다.
周天，三百六十度。【入算，化作一百二十九萬六千秒。】	주천(周天 천구의 둘레)은 360도이다.【계산에 사용할 때는 129만6000초로 환산한다.】
周日，一萬分。	주일(周日 만 하루의 분(分)수)은 1만분(分)이다.
周歲，三百六十五日二四二三三四四二。	주세(周歲 만 1년의 일분(日分: 날짜수와 '1일=10000분'의 분(分)수로 나타낸 시간))는 365.24233442일[137]이다.
紀法，六十。	기법(紀法 갑자일부터 계해일까지의 날짜수)은 60이다.
宿法，二十八。	수법(宿法 각수(角宿) 날부터 진수(軫宿) 날까지의 날짜수)은 28이다.
太陽每日平行，三千五百四十八秒小餘三二九○八九七。【太陽每日平行五十九分零八秒一十九微四十四纖四	태양의 매일 '평균운행도수[평행(平行)]'는 3548.3290897초[138]이다.【태양의 매일 평균운행도수 59분08초19미44섬43홀22망에 초법(秒法: 초 단위 환산율)[139]을 사용하여 환산하면[통(通)] 이 수가 나온다.】

十三忽二十二芒，以秒法通之，即得。】

最卑每歲平行，六十二秒小餘九九七五。【最卑每歲平行一分二秒五十九微五十一纖零八忽，以秒法通之，即得。】

근지점[최비(最卑)]의 매년 평균운행도수[평행]는 62.9975초[140]이다.【근지점의 매년 평균운행도수 1분2초59미51섬08홀에 초법을 사용하여 환산하면 이 수가 나온다.】

最卑每日平行，十分秒之一又七二四八。【最卑每日平行十微二十纖五十六忽，以秒法通之，即得。】

근지점의 매일 평균운행도수[평행]는 0.17248초[141]이다.【근지점의 매일 평균운행도수 10미20섬56홀에 초법을 사용하여 환산하면 이 수가 나온다.】

太陽本天大半徑，一千萬。小半徑，九百九十九萬八千五百七十一小餘八五。

태양 본천의 장반경[대반경(大半徑)]은 1천만이고, 단반경[소반경(小半徑)]은 999만8571.85이다.

兩心差，十六萬九千。

양심차(兩心差)는 16만9000이다.[142]

氣應，三十二日一二二五四。【氣應者，癸卯年天正平冬至距甲子日子正初刻之日分，乃丙申日丑正三刻十一分有奇也。

기응(氣應)은 32.12254일이다.【기응은 계묘년 천정평동지(天正平冬至)가 갑자일 자정초각(새벽 0시)으로부터 떨어진 일분(日分)이다. 계묘년 천정평동지 시각은 곧 병신일 축정(丑正: 새벽 2시)3각11분 남짓이다.

○按《下編》，康熙二十三年甲子氣應，爲七日六五六三七四九二六。依法，以求癸卯年天正冬至，則得三十二日一○一六八七四。

○《역상고성》 하편(下編)〈일전역법(日躔曆法)〉을 보면 강희(康熙: 청 성조(淸聖祖)의 연호) 23년(1684) 갑자년의 기응은 7.656374926일이었고, 그 계산법에 따라 계묘년(1723)의 천정동지 때 기응을 계산하면 32.1016874일이 나온다.[143]

今所定氣應，遲百分日之二又○八五二六。於時，差二刻．於經度，差一分十四秒．而緯度則無差也。

그런데 지금 정한 기응은 이보다 0.0208526일만큼 늦어서(커서), 시간상으로는 2각(=30분), 경도(經度)상으로는 1분14초의 차이가 난다.[144] 위도의 차이는 없다. 그 원인은 다음과 같다.

蓋算家推測，惟憑春、秋分。而推測之法，則以所測之視高度，減蒙氣差，加地半徑差，而得太陽之實高度。然後以距緯，求其經度，而得節氣時刻焉。	천문역산가(天文曆算家)들은 계산하고 관측할 때 오직 춘분과 추분을 기준으로 하는데, 절기시각을 계산하고 관측하는 방법은 다음과 같다. 관측한 '겉보기 지평고도[시고도(視高度)]'에서 청몽기차[몽기차(蒙氣差)]를 빼고 지반경차(地半徑差)를 더하여 태양의 지심고도[실고도(實高度)]를 구한다. 그런 다음에 태양의 적위[거위(距緯)]를 가지고 경도를 구하여 절기 시각을 구해낸다.
《上編》謂:"春、秋分太陽高五十度，無蒙氣差，而加地半徑差一分五十六秒。"	《역상고성》상편(上編)〈일전역리(日躔曆理)〉에서는 춘분과 추분 때 태양의 남중고도가 50도이므로 청몽기차는 없고 지반경차 1분56초를 더한다고 하였다.[145]
今法謂:"地半徑差甚微，可以不計，而減蒙氣差五十秒。"	그러나 지금 계산법에서는 지반경차가 매우 작으므로 계산하지 않아도 되고 청몽기차 50초를 뺀다고 하였다.
故所測視高度雖同，而所推實高度，恒低二分四十六秒。則經度必差六分五十八秒，春分日道自南而北，時刻必差而遲，秋分日道自北而南，時刻必差而早。	이 때문에 측정한 겉보기 지평고도[시고도]가 비록 같더라도 계산된 지심고도[실고도]가 항상 2분46초만큼 낮다. 따라서 경도가 반드시 6분58초만큼 차이가 나는데,[146] 춘분에는 태양이 운행하는 길[일도(日道)]이 남쪽에서 북쪽으로 향하므로 시각이 반드시 차이가 나서 늦어지고, 추분에는 태양이 운행하는 길이 북쪽에서 남쪽으로 향하므로 시각이 반드시 차이가 나서 앞당겨진다.[147]
故春分均數，少加六分五十八秒，秋分均數，少減六分五十八秒，則所推與所測合矣。	이 때문에 춘분 때는 균수(均數)의 가균(加均: 가차(加差))값을 6분58초만큼 늘리고, 추분 때는 균수의 감균(減均: 감차(減差))값을 6분58초만큼 줄였는데,[148] 이리하여 계산 시각과 실측 시각이 일치되었다.
然今所測之視高度，春分又比前低二十七秒，秋分又比前高二十七秒。則經度又差一分十四秒，時刻皆差而遲。故定氣應，遲二刻。則經度即減一分十四秒，緯度即差二十七秒，而春、秋分之視高，乃與實測脗合也。】	그러나 지금 실측한 겉보기 지평고도[시고도]는 춘분 때 또 이전의 고도보다 27초만큼 낮고 추분 때 또 이전의 고도보다 27초만큼 높다. 따라서 경도가 또 1분14초만큼 차이가 나게 되어[149] 춘분과 추분의 시각이 모두 차이가 나서 늦다. 이 때문에 기응을 정할 때 2각만큼 늦춘(키운) 것이다.[150] 이에 따라 경도는 1분14초만큼 감소하고 위

	도는 27초만큼 차이가 나서, 춘분과 추분 때 겉보기 지평고도가 마침내 실측고도와 정확히 일치한다.】
宿應, 二十七日一二二五四。【宿應者, 癸卯年天正平冬至, 距角宿値日子正初刻之日分, 乃軫宿値日丑正三刻十一分有奇也。】	수응(宿應)은 27.12254일이다.【수응은 계묘년 천정평동지 시각이 '각수에 해당하는 날[각수치일(角宿値日)]' 자정초각(0시)으로부터 떨어진 일분(日分)이다. 계묘년 천정평동지 시각은 곧 '진수에 해당하는 날[진수치일(軫宿値日)]' 축정(丑正)3각11분 남짓이다.】
最卑應, 八度七分三十二秒二十二微。【最卑應者, 癸卯年天正平冬至次日子正初刻最卑, 過冬至之度分也。	최비응(最卑應)은 8도7분32초22미이다.【최비응은 계묘년 천정평동지의 이튿날 자정초각(0시) 때 근지점[최비]이 동지점을 지난 도분(度分: 도(度)수와 분(分)수로 나타낸 각도)이다.
○按《下編》, 甲子年最卑應, 爲七度一十分一十一秒一十微。依法, 以求癸卯年最卑應, 則得七度四十九分五十六秒四十微。	○《역상고성》 하편〈일전역법〉을 보면 강희 23년(1684) 갑자년의 최비응은 7도10분11초10미였고, 그 계산법에 따라 계묘년(1723)의 최비응을 계산하면 7도49분56초40미 나온다.[151]
今所定最卑應, 多十七分三十五秒四十二微。	지금 정한 최비응은 이보다 17분35초42미만큼이 크다.
蓋旣改定均數, 則春分以加少而遲, 秋分以減少而早, 與實測合矣。	그 까닭은 다음과 같다. 균수를 개정함에 따라, 춘분 때는 가균(加均)이 작아져서 시각이 늦춰지고, 추분 때는 감균(減均)이 작아져서 시각이 앞당겨진다.[152] 그리하여 계산 시각이 실측 시각과 일치하게 되었다.
然逐節氣測之, 春分前之所遲, 秋分前之所早者, 較多. 春分後之所遲, 秋分後之所早者, 較少。故定最卑應多十七分有奇, 則引數即少十七分有奇。	그런데 절기마다 실측하면, 춘분 전에 늦춰지는 절기시각과 추분 전에 앞당겨지는 절기시각은 비교적 크고, 춘분 후에 늦춰지는 절기시각과 추분 후에 앞당겨지는 절기시각은 비교적 작다. 이 때문에 최비응을 17분 남짓 크게 정하였는데, 그 결과로 인수(引數: 근지점 이각)가 17분 남짓 작아졌다.

春分前加均，以漸而多。引數少，則加者少。故遲者遂多。春分後加均，以漸而少。引數少，則加者多。故遲者遂少。	춘분 전의 가균(加均)은 인수의 증가에 따라 점차 커지므로 인수가 작아지면 가균의 값이 작아진다. 따라서 늦춰지는 시각이 결국 커진다.[153] 춘분 후의 가균은 점차 작아지므로 인수가 작아지면 가균의 값이 커진다. 따라서 늦춰지는 시각이 결국 작아진다.
秋分前減均，以漸而多。引數少，則減者少。故早者遂多。秋分後減均，以漸而少。引數少，則減者多。故早者遂少。	추분 전의 감균(減均)은 인수의 증가에 따라 점차 커지므로 인수가 작아지면 감균의 값이 작아진다. 따라서 앞당겨지는 시각이 결국 커진다. 추분 후의 감균은 점차 작아지므로 인수가 작아지면 감균이 커진다. 따라서 앞당겨지는 시각이 결국 작아진다.
而春､秋分之前後，乃皆與實測脗合也。】	이리하여 춘분과 춘분 전후에 마침내 모두 실측 시각과 정확히 일치하게 되었다.】

136) 옹정(雍正)……천정동지(天正冬至): 천정동지는 해당 연도의 직전 동지를 뜻하므로, 곧 임인년(1722) 11월 동지를 가리킨다.

137) 365.24233442일: 365일5시3각3분57.69초=365일5시48분57.69초에 해당한다. 《역상고성》 하편(下編) 제1권 〈일전역법(日躔曆法)〉의 주세=365.2421875일=365일5시3각3분45초=365일5시48분45초보다 0.0001469일=12.69초만큼 크다.

138) 3548.3290897초: 《역상고성》 〈일전역법〉의 태양의 평균운행도수=3548.3305169초=59분08초19미49섬51홀39망보다 0.0014272초=05섬08홀17망만큼 작다.

139) 초법(秒法): 초 단위의 환산율인 60초/분, 60미/초, 60^2섬/초, 60^3홀/초, 60^4망/초 등을 통칭한 말이다.

140) 62.9975초: 《역상고성》 〈일전역법〉의 근지점의 매년 평균운행도수=61.16666초=1분01초10미보다 1.83084초=1초49.85미만큼 크다.

141) 0.17248초: 《역상고성》 〈일전역법〉의 근지점의 매일 평균운행도수=0.167469초=10미02섬53홀18망보다 0.005011초=18섬2홀만큼 크다.

142) 16만9000이다: 《역상고성》 〈일전역법〉의 양심차(兩心差)는 태양본천 반경 1천만에 대해 358416이었다. 《역상고성후편》의 양심차×2=33만8000은 《역상고성》의 양심차보다 20416만큼 작다.

143) 그 계산법에……나온다: 《역상고성》 〈일전역법〉의 주세(周歲: 만 1년의 일수)=365.2421875일을 강희 갑자년(1684)부터 옹정 계묘년(1723)까지 경과 햇수인 39에 곱한 후에 기법(紀法: 갑자일부터 계해일까지의 날짜수)=60으로 나누면 나머지가 24.4453125일이 나오는데, 이 수에 《역상고성》 〈일전역법〉의 기응=7.656374926일을 더하면 32.1016874일이 나온다.

144) 시간상으로는……난다: 0.0208526일에 태양의 1일 운행 경도 0.985647°를 곱하면 1분14초가 나온다.

145) 역상고성……하였다: 〈제6장 회귀년의 길이를 측정하여 태양의 평균운행도수 정하기[측세실이정평행(測歲實以定平行)]〉에 보인다.

내용 정리

1) 역원(曆元): 옹정(雍正 청 세종(淸世宗)의 연호) 원년 계묘년(1723)의 천정동지(天正冬至)[136]

2) 주천(周天 천구의 둘레): 360도

▾ 계산에 사용할 때는 129만6000초로 환산하여 사용함.

[360도×3600초/도=1296000초]

---

146) 따라서……나는데: 태양의 황경 변화량 $\Delta\lambda$와 적위 변화량 $\Delta\delta$의 관계는 $\sin\delta=\sin\lambda\sin\varepsilon$로부터 $\cos\delta\Delta\delta=\cos\lambda\,\Delta\lambda\sin\varepsilon$, $\Delta\lambda=\frac{\cos\delta}{\cos\lambda\sin\varepsilon}\Delta\delta$이 된다. 《역상고성후편》에서 사용한 황적교각 ε=23도29분과 $\Delta\delta$=2분46초, λ=0도, δ=0도를 대입하면 $\Delta\lambda$=6분56초34.84미가 된다. 초 단위에서 차이가 나는 것은 이 당시에 사용한 삼각함수 값이 조금 달랐기 때문이다. 이후의 계산에서도 모두 마찬가지이다.

147) 춘분에는……앞당겨진다: 태양이 고도가 낮으므로 태양의 적위가 낮다. 따라서 춘분 때는 태양의 경도가 후퇴하여 춘분점에 도달하는 시각이 늦어지고, 추분 때는 태양의 경도가 전진되어 추분점에 도달하는 시각이 앞당겨진다.

148) 이 때문에……줄였는데: 《역상고성》의 최대 균수 2도03분11초와 《역상고성후편》의 최대 균수 1도56분12초의 차가 6분59초≒6분58초이다.

149) 그러나……되어: $\Delta\lambda=\frac{\cos\delta}{\cos\lambda\sin\varepsilon}\Delta\delta$에 ε=23도29분, $\Delta\delta$=27초, λ=0도, δ=0도를 대입하면 $\Delta\lambda$=1분7초45.43미가 된다.

150) 이 때문에……것이다: 태양의 경도 차 1분14초를 태양의 1일 운행 경도 0.985647°/일로 나누면 30분=2각이 나온다.

151) 강희……나온다: 《역상고성》 〈일전역법〉의 근지점의 매년 운행도수=61.1666초를 강희 갑자년(1684)부터 옹정 계묘년(1723)까지 경과 햇수인 39에 곱하면 39분45초29.84미가 나오는데, 이 수에 《역상고성》 〈일전역법〉의 최비응=7도10분11초10미를 더하면 7도49분56초39.84미가 나온다.

152) 균수를……앞당겨진다: 《역상고성》 상・하편의 최대 영축차는 춘분 때 +2도03분11초, 추분 때 −2도03분11초이던 것이 《역상고성후편》에서는 ±1도56분12초로 바뀌었다. 그러므로 춘분 때는 가균(加均)이 작아져서 태양의 경도가 후퇴하므로 춘분점에 도달하는 시각이 늦춰지고, 추분 때는 감균(減均)이 작아져서 태양의 경도가 전진하므로 추분점에 도달하는 시각이 앞당겨진다.

153) 따라서……커진다: 《역상고성》 상・하편과 비교한 말이다. 춘분 후와 추분 전후도 모두 마찬가지이다.

3) 주일(周日 하루 동안의 분(分)수**): 1만분(分)**

4) 주세(周歲 1년 동안의 일분(日分)**): 365.24233442일**[137]

5) 기법(紀法 갑자일부터 계해일까지의 날짜수**): 60**

6) 수법(宿法 각수(角宿)부터 진수(軫宿)까지의 별자리 수**): 28**

7) 태양의 매일 '평균운행도수[평행(平行)]': 3548.3290897초[138]

▾ 태양의 매일 평균운행도수 59분08초19미44섬43홀22망을 초 단위로 환산한 수

8) 근지점[최비(最卑)]의 매년 평균운행도수: 62.9975초[140]

▾ 근지점의 매년 평균운행도수 1분2초59미51섬08홀을 초 단위로 환산한 수

9) 근지점의 매일 평균운행도수: 0.17248초[141]

▾ 근지점의 매일 평균운행도수 10미20섬56홀을 초 단위로 환산한 수

10) 태양 본천의 장반경[대반경(大半徑)]: 1천만
단반경[소반경(小半徑)]: 999만8571.85

11) 양심차(兩心差): 16만9000[142]

12) 기응(氣應): 32.12254일

▾ 기응은 계묘년 천정평동지(天正平冬至)가
갑자일 자정초각(새벽 0시)으로부터 떨어진 일분(日分)

▾ 계묘년 천정평동지 시각은 병신일 축정(丑正 새벽 2시)3각11분 남짓

▾ (1) 《역상고성》 〈일전역법〉의 강희 23년(1684) 갑자년의 기응:

7.656374926일

▾ (2) 계묘년(1723)의 기응 계산값: 32.1016874일[143]

[{*MOD*(39년×365.2421875일, 60)}+(강희 갑자년의 기응 7.656374926일)

=24.4453125일+7.656374926일=32.1016874일]

▾ (3) 《역상고성후편》의 기응=《역상고성》 하편의 기응+0.0208526일

⇒ 천정평동지 시각이 2각(=30분)만큼 늦어짐

⇒ 천정평동지 때 태양의 경도(經度)가 1분14초만큼 후퇴함.

[0.0208526일×(태양의 1일 운행 경도 0.985647°/일)=1분14초]

위도의 차이는 없음.

▾ (4) '(3)'항의 차가 발생한 원인

① 천문역산가(天文曆算家)들은 계산하고 관측할 때 오직 춘분과 추분을 기준으로 함.

② 절기시각을 계산하고 관측하는 방법

ㄱ. 태양의 지심고도[실고도(實高度)] [$=a$]

=(관측한 '겉보기 지평고도'[시고도(視高度)])－(청몽기차[몽기차(蒙氣差)])+지반경차(地半徑差)

ㄴ. 태양의 적위[거위(距緯)]를 구함. [$\delta=a-90°+\phi$]

ㄷ. 태양의 경도를 구함. [$\lambda=\sin^{-1}(\frac{\sin\delta}{\sin\varepsilon})$]

ㄹ. 절기 시각을 구함. [절기시각=관측 시각±Δt=관측 시각±$\Delta\lambda$÷0.985647도/일]

③ 《역상고성》과 《역상고성후편》의 지심고도[실고도] 계산값 차

ㄱ. 《역상고성》[145]: 춘분과 추분 때 태양의 남중고도가 50도이므로
청몽기차=0도

지반경차＝1분56초

ㄴ. 《역상고성후편》: 춘분과 추분 때 태양의 고도가 50도이므로

청몽기차＝50초

지반경차≒0도

ㄷ. 측정한 '겉보기 지평고도'[시고도]가 같을 때,

(《역상고성》의 지심고도[실고도])－(《역상고성후편》의 지심고도)

＝2분46초

④ 지심고도 2분46초의 차 → 경도 6분58초 차

[$\sin\delta = \sin\lambda \sin\varepsilon$로부터 $\cos\delta \Delta\delta = \cos\lambda \, \Delta\lambda \sin\varepsilon$, $\Delta\lambda = \dfrac{\cos\delta}{\cos\lambda \sin\varepsilon}\Delta\delta$

《역상고성후편》의 황적교각 ε＝23도29분, $\Delta\delta$＝2분46초, λ＝0도, δ＝0도를 대입하면,

$\Delta\lambda$＝6분56초34.84미≒6분58초]

⑤ 계산 시각과 실측 시각을 일치시키기 위한 균수의 조정.

ㄱ. 춘분에는 태양이 남쪽에서 북쪽으로 향하므로 시각이 늦어짐.[147]

⇒ 춘분 때는 태양 균수의 가균(加均)값을 6분58초만큼 줄임.[148]

ㄴ. 추분에는 태양이 북쪽에서 남쪽으로 향하므로 시각이 앞당겨짐.

⇒ 추분 때는 태양 균수의 감균(減均)값을 6분58초만큼 줄임.

ㄷ. 이렇게 하여 계산 시각과 실측 시각이 일치됨.

⑥ 실측한 '겉보기 지평고도'[시고도]의 변화

ㄱ. 춘분 때: 이전의 실측고도보다 27초만큼 낮음.

ㄴ. 추분 때: 이전의 실측고도보다 27초만큼 높음.

⇒ 경도의 차 1분14초 발생

[$\Delta\lambda = \dfrac{\cos\delta}{\cos\lambda \sin\varepsilon}\Delta\delta$에 ε＝23도29분, $\Delta\delta$＝27초, λ＝0도, δ＝0도를 대입하면

$\Delta\lambda$＝1분7초45.43미≒1분14초]

⇒ 춘분과 추분의 시각이 모두 늦어짐.

[($\Delta\lambda$＝1분14초)÷(태양의 1일 운행 경도 0.985647°/일)＝30분]

⑦ 기응을 2각(＝30분)만큼 늘림.(천정동지시각을 2각만큼 늦춤.)

⑧ 경도는 1분14초 감소하고 위도는 27초만큼 차이가 남.

⇒ 춘분과 추분 때 겉보기 지평고도가 실측고도와 정확히 일치함.

13) 수응(宿應): 27.12254일

- 수응: 계묘년 천정평동지 시각이
  '각수에 해당하는 날'[각수치일(角宿値日)] 자정초각(0시)으로부터 떨어진 일분(日分).
- 계묘년 천정평동지 시각
  ='진수에 해당하는 날'[진수치일(軫宿値日)] 축정(丑正)3각11분 남짓.

14) 최비응(最卑應): 8도7분32초22미.

- 최비응: 계묘년 천정평동지의 이튿날 자정초각(0시) 때 근지점[최비]이 동지점을 지난 도분(度分 도(度)수와 분(分)수로 나타낸 각도).
- (1) 《역상고성》〈일전역법〉의 강희 23년(1684) 갑자년의 최비응: 7도10분11초10미
- (2) 계묘년(1723)의 최비응 계산값: 7도49분56초40미[151]

  [(61.1666초×39년)+7도10분11초10미=7도49분56초39.84미≒7도49분56초40미]
- (3) 《역상고성후편》의 최비응=(《역상고성》 하편의 최비응)+17분35초42미
- (4) '(3)'항의 차이가 발생한 까닭

① 균수의 개정에 따른 태양의 경도와 절기시각의 변화[152]

ㄱ. 춘분 때: 가균(加均)이 줄어듦 → 춘분시각이 늦춰짐.

ㄴ. 추분 때: 감균(減均)이 줄어듦 → 추분시각이 앞당겨짐.

ㄷ. 이렇게 하여 계산 시각이 실측 시각과 일치함.

② 춘분 전후 절기시각의 변화

ㄱ. 춘분 전의 절기시각: 늦춰지는 시각 차가 비교적 큼.
추분 전의 절기시각: 앞당겨지는 시각 차가 비교적 큼.

ㄴ. 춘분 후의 절기시각: 늦춰지는 시각 차가 비교적 작음.

추분 후의 절기시각: 앞당겨지는 시각 차가 비교적 작음.

③ '②'항의 이유로 인하여 최비응을 17분 남짓 크게 정함.

→ 인수가 17분 남짓 작아짐.

④ 인수(引數 근지점 이각)의 증가에 따른 균수와 시각의 변화를 고려하여 인수를 줄인 것임.[153]

ㄱ. 춘분 전의 가균(加均)은 인수의 증가에 따라 점차 커짐.

⇒ 인수가 작아지면 → 가균의 값이 작아짐 → 늦춰지는 시각 차가 커짐.

ㄴ. 춘분 후의 가균은 인수의 증가에 따라 점차 작아짐.

⇒ 인수가 작아지면 → 가균의 값이 커짐 → 늦춰지는 시각 차가 작아짐.

ㄷ. 추분 전의 감균(感均)은 인수의 증가에 따라 점차 커짐.

⇒ 인수가 작아지면 → 감균의 값이 작아짐 → 앞당겨지는 시각 차가 커짐.

ㄹ. 추분 후의 감균은 인수의 증가에 따라 점차 작아짐.

⇒ 인수가 작아지면 → 감균의 값이 커짐 → 앞당겨지는 시각 차가 작아짐.

⑤ 이리하여 춘분과 춘분 전후에 계산 시각이 실측 시각과 정확히 일치하게 됨.

제2장

태양의 위치 계산법 [추일전법(推日躔法)]

원문 / **번역문**

求積年

自雍正元年癸卯, 距所求之年, 共若干年, 減一年, 得積年。

적년(積年 역원 이후 경과 햇수) 구하기

옹정 원년(1723년) 계묘년으로부터 구하려는 연도까지 총 햇수[154]에서 1년을 빼면 적년이 나온다.

求中積分

以積年, 與歲實三百六十五日二四二三三四四二相乘, 得中積分。

중적분(中積分 역원 이후 경과 일분(日分)) **구하기**

적년을 세실(歲實 회귀년의 길이) 365.24233442일과 곱하면[155] 중적분이 나온다.

求通積分

置中積分, 加氣應三十二日一二二五四, 得通積分。上考往古, 則置中積分, 減氣應, 得通積分。

통적분(通積分 역원 직전 갑자일 0시 이후 경과 일분) **구하기**

중적분을 놓고 기응(氣應 천정평동지 시각이 갑자일 0시로부터 떨어진 일분) 32.12254일을 더하면 통적분이 나온다. 역원 이전을 계산할 때는 중적분을 놓고 기응을 빼면 통적분이 나온다.

求天正冬至

置通積分, 其日滿紀法六十去之, 餘爲天正冬至日分。上考往古, 則以所餘, 轉與紀法六十相減, 餘爲天正冬至日分。自初日甲子起算, 得天正冬至干支。 以一千四百四十

천정동지(天正冬至) 날짜와 시각 구하기

통적분을 놓고, 그 날짜수가 기법 60에 차면 버리고 남는 수가 천정동지의 일분(日分 날짜수와 '1일=10000분'의 분(分)수로 나타낸 시간)이 된다. 역원 이전을 계산할 때는 이렇게 하여 남는 수와 기법 60의 차를 구하여 남는 수가 천정동지의

分, 通其小餘, 得天正冬至時分秒。

일분이 된다. 0일인 갑자일로부터 헤아리면 천정동지의 간지(干支)가 나오고, '1440분/일'을 사용하여 우수리[소여(小餘)]를 분 단위로 환산하면[통(通)] 천정동지의 시, 분, 초가 나온다.

求年根

以周日一萬分爲一率, 太陽每日平行三千五百四十八秒三二九○八九七爲二率, 以天正冬至分,【不用日。】與周日一萬分相減, 餘爲三率, 求得四率爲秒。以分收之, 得年根。

연근(年根 역원 이튿날 0시에 동지점부터 태양까지 거리**) 구하기**

주일(周日 하루 동안의 분(分)수) 1만분을 1률로 삼고, 태양의 매일 평균운행도수 3548.3290987초[156]를 2율로 삼고, 천정동지의 분(分)수【일(日)수는 사용하지 않는다.】와 주일 1만분의 차를 구하여 남는 수를 3률로 삼아서 계산하면 4율로 초 단위의 수가 나오는데, 이를 분 단위로 환산하면[수(收)] 연근이 나온다.

求紀日

以天正冬至干支, 加一日, 得紀日。

기일(紀日 천정동지 이튿날의 간지**) 구하기**

천정동지 날짜의 간지에 1일을 더하면 기일이 나온다.

求値宿

置中積分, 加宿應二十七日一二二五四, 爲通積宿其日。滿宿法二十八去之, 外加一日, 爲値宿日分。上考往古, 則置中積分, 減宿應, 爲通積宿其日。滿宿法二十八去之, 餘數轉與宿法二十八相減, 外加一日, 爲値宿日分。自初日角宿起算, 得値宿。

치수(値宿 천정동지 이튿날의 수(宿)**) 구하기**

중적분을 놓고 수응(宿應 각수(角宿)일 0시부터 천정평동지 시각까지 일분) 27.12254일을 더하면 통적수기일(通積宿其日)이 되는데, 그 날짜수가 수법(宿法) 28에 차면 버리고 별도로 1일을 더하면 치수(値宿)의 일분이 된다. 역원 이전을 계산할 때는 중적분을 놓고 수응을 뺀 수가 통적수기일이 되는데, 그 날짜수가 수법 28에 차면 버리고 남는 수와 수법 28의 차를 구한ㄴ 후에 별도로 1일을 더하면 치수의 일분이 된다. 0일인 각수로부터 헤아리면 치수(値宿)가 나온다.

求日數

自天正冬至次日, 距所求本日, 共若干日, 與太陽每日平行三千五百四十八秒三二九○八九七相乘, 得數爲秒。以宮度分收之, 得日數。

일수(日數 경과 날짜수 동안 평균운행도수) **구하기**

천정동지의 이튿날로부터 구하려는 날까지 총 날짜수를 태양의 매일 평균운행도수 3548.3290897초와 서로 곱하면[157] 초 단위의 수가 나오는데, 이를 궁(宮), 도, 분 단위로 환산하면 일수가 나온다.

求平行

以年根, 與日數相加, 得平行。

평행(平行 동지부터 역산 대상일 0시까지 태양의 평균운행도수) **구하기**

연근(年根)을 일수(日數)와 더하면 평행이 나온다.

求最卑平行

以積年, 與最卑每歲平行六十二秒九九七五相乘, 得積年之行。又以日數, 與最卑每日平行十分秒之一又七二四八相乘, 得日數之行。兩數相併, 與最卑應八度七分三十二秒二十二微相加, 得最卑平行。上考往古, 則置最卑應, 減積年之行, 加日數之行, 得最卑平行。

근지점의 평행[최비평행(最卑平行) 구하려는 날 0시에 근지점이 동지점부터 떨어진 도수] **구하기**

적년(積年)을 근지점의 매년 평균운행도수 62.9975초와 서로 곱하면[158] 적년 동안 근지점의 운행도수가 나온다. 또 일수(日數)를 근지점의 매일 평균운행도수 0.17248초와 서로 곱하면[159] 일수 동안 근지점의 운행도수가 나온다. 이 두 수를 서로 합하여 최비응(最卑應 천정평동지 이튿날 0시의 근지점이 동지점을 지난 도분(度分)) 8도7분32초22미와 서로 더하면[160] 근지점의 평행이 나온다. 역원 이전을 계산할 때는 최비응을 놓고 적년 동안의 운행 도수를 빼고 일수 동안의 운행 도수를 더하면 근지점의 평행이 나온다.

求引數

置平行, 減最卑平行, 得引數。

인수(引數 근지점 이각) **구하기**

평행(平行)을 놓고 근지점의 평행을 빼면 인수가 나온다.

求均數

以二千萬爲一邊, 倍兩心差三三八〇〇〇爲一邊, 引數爲所夾之角,【六宮内引數, 即爲所夾之角。六宮外引數, 與全周相減, 餘爲所夾之角。】用切線分外角法, 求得對倍兩心差之角。倍之, 爲橢圓界角。又以橢圓小半徑九九九八五七一【小餘八五】爲一率, 大半徑一千萬爲二率, 引數【即前所夾之角。】之正切爲三率, 求得四率, 爲平[161]圓之正切。檢表, 得度分秒, 與引數相減, 餘爲橢圓差角。最卑前後各三宮, 與橢圓界角相加, 最高前後各三宮, 與橢圓界角相減,【〇、一、二宮爲最卑後, 九、十、十一宮爲最卑前。三、四、五宮爲最高前, 六、七、八宮爲最高後。】得均數。引數初宮至五宮爲加, 六宮至十一宮爲減。

균수(均數 영축차) 구하기

2천만을 한 변으로 삼고, 양심차의 2배인 338000을 한 변으로 삼고, 인수를 두 변 사이에 낀 각으로 삼아【6궁(180도) 이하의 인수는 그것이 곧 사잇각이 되고, 6궁 이상의 인수는 360도[전주(全周)]와의 차를 구하여 남은 수가 사잇각이 된다.】 절선분외각법(切線分外角法)[162]을 사용해서 계산하면 양심차에 마주한 대각(對角)이 나온다. 이 수를 2배하면 타원계각(橢圓界角)이 된다. 또 타원의 단반경 9998571.85를 1률로 삼고, 장반경 1천만을 2율로 삼고, 인수【곧 사잇각이다.】의 정절(正切 tan값)을 3률로 삼아서 계산하면 4율로 나오는 것이 외접원에서의 정절(tan값)이다. 정절표(正切表 tan표)를 검색하면 도, 분, 초가 나오는데, 이 수와 인수의 차를 구하여 남는 수가 타원차각(橢圓差角)이 된다. 근지점 전후 각 3궁(90도)의 구간에서는 타원계각과 서로 더하고, 원지점 전후 각 3궁의 구간에서는 타원계각과 서로 빼어【0궁, 1궁, 2궁은 근지점 후이고, 9궁, 10궁, 11궁은 근지점 전이며, 3궁, 4궁, 5궁은 원지점 전이고, 6궁, 7궁, 8궁은 원지점 후이다.】 균수를 구한다. 인수가 초궁(0궁)부터 5궁까지에 있으면 가균(加均)이 되고, 6궁부터 11궁까지에 있으면 감균(減均)이 된다.

求實行

置平行, 加減均數, 得實行。

실행(實行 동지부터 구하려는 날 0시까지 태양의 실제 운행도수) 구하기

평행을 놓아 균수를 더하거나 빼면 실행이 나온다.

求宿度

以積年, 與歲差五十一秒相乘, 得

수도(宿度 구하려는 날 0시에 태양의 황도 수도) 구하기

적년을 세차(歲差) 51초와 서로 곱하여 수를 얻은 후에 계묘년(1723년)의 황도수검(黃道宿鈐 28

數。與癸卯年黃道宿鈐相加，得本年宿鈐。察實行，足減某宿度分則減之，餘爲某宿度分。	수의 각 거성(距星)의 황경을 황도 12궁을 기준으로 나타낸 표)과 더하면 구하려는 그 해의 수검(宿鈐)이 나온다.[163] 실행을 살펴보아 어느 수(宿)의 도분(도수와 분수)을 빼기에 충분하면 그것을 빼고 남는 수가 아무 수의 도분이 된다.
右法除均數外，餘俱與《下編》同，但用數小異耳。至用表推算之法，則全與《下編》同。故不復載。	위 계산법에서 균수의 계산을 제외한 나머지는 모두 《역상고성》 하편과 같고 사용한 천문 상수가 조금 다를 뿐이다. 표를 사용한 계산법은 《역상고성》 하편과 완전히 같으므로 다시 기재하지 않는다.[164]

154) 총 햇수: 옹정 원년을 1년으로 하여 계산한 햇수이다.

155) 적년을……곱하면: 《역상고성》 〈일전역법〉에서는 적년에 주세(周歲) 365일2421.875분을 곱하도록 하였다.

156) 태양의……3548.3290987초: 《역상고성》 〈일전역법〉에서는 태양의 매일 평균운행도수[평행(平行)]로 3548.3305169초를 사용하였다.

157) 천정동지의……곱하면: 《역상고성》 〈일전역법〉에서는 총 날짜수를 태양의 매일 평균운행도수 3548.3305169초와 서로 곱하도록 하였다.

158) 적년(積年)을……곱하면: 《역상고성》 〈일전역법〉에서는 적년을 근지점의 매년 평균운행도수 61.16666와 서로 곱하도록 하였다.

159) 일수(日數)를……곱하면: 《역상고성》 〈일전역법〉에서는 일수를 근지점의 매일 평균운행도수 0.167469초와 서로 곱하도록 하였다.

160) 이 두 수를……더하면: 《역상고성》 〈일전역법〉에서는 앞의 두 수를 서로 합한 후에 최비응(最卑應) 7도10분11초10미와 서로 더하도록 하였다.

161) 平: 저본에는 "橢"로 되어 있으나 계산의 흐름에 맞추어 바로잡았다.

162) 절선분외각법(切線分外角法): [보충자료 12] 참조.

163) 적년을……나온다: 《역상고성후편》에는 항성표(恒星表)가 들어있지 않으므로, 계묘년(1723)의 황도수검은 《역상고성 표》 권14 〈항성표〉의 〈항성황도경위도표(恒星黃道經緯度表)〉를 가지고 '(경과 햇수 39년)×(세차 51초/년)'으로 계산하여 사용해야 한다.

164) 위……않는다: 《역상고성》 하편 〈일전역법〉에는 제3장 〈표를 사용한 태양의 위치 계산법[용표추일전법(用表推日躔法)]〉이 있다. 《강민정 외 3인, 역상고성에 기술된 태양의 운동, 교육과학사, 2023, pp.242~245》 참조.

내용 정리

1) 적년(積年 역원 이후 경과 햇수) 구하기

계산식 적년='(역산 대상 연도)~(역원인 옹정 원년(1723년) 계묘년의 연도)의 총 햇수[154]'—1년

2)중적분(中積分 역원 이후 경과 일분(日分)) 구하기

계산식 중적분=적년×세실(歲實 회귀년의 길이) 365.24233442일[155]

3) 통적분(通積分 역원 직전 갑자일 0시 이후 경과 일분) 구하기

계산식 통적분= {중적분+(기응(氣應)32.12254일) ←역원이후 / 중적분−(기응 32.12254일 ←역원이전}

보충자료 20 역원 이후와 역원 이전의 통적분 계산 비교

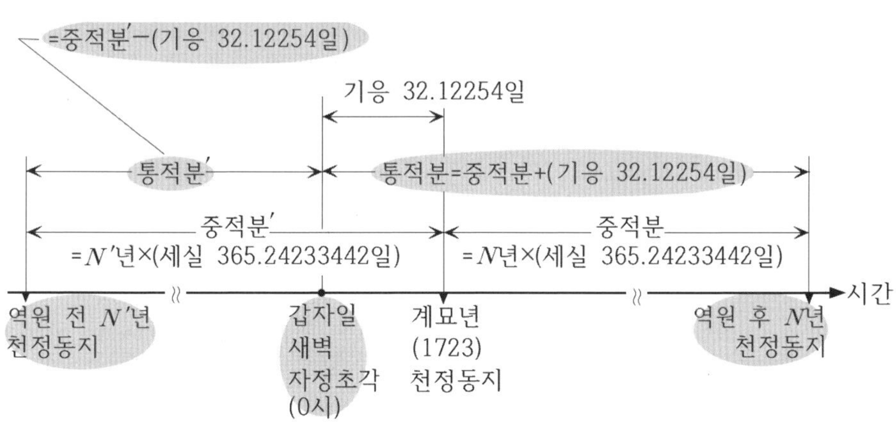

[보충그림 20] 역원 이후와 역원 이전의 통적분 계산 비교

4) 천정동지(天正冬至) 날짜와 시각 구하기

계산식 (1) 천정동지의 일분

$$=\begin{cases} MOD(\text{통적분}, \text{기법}60) & \leftarrow \text{역원이후}^{165)} \\ (\text{기법}60) - MOD(\text{통적분}, \text{기법}60) & \leftarrow \text{역원이전} \end{cases}$$

(2) 천정동지의 날짜(간지 일)＝COUNT(갑자, 천정동지 일분 중 일수)[166]

(3) 천정동지의 시각(시분초)＝(천정동지의 일분 중 분(分)수)×(1440분/10000분)[167]

보충자료 21 **역원 이후와 역원 이전의 천정동지 일분 계산 비교**

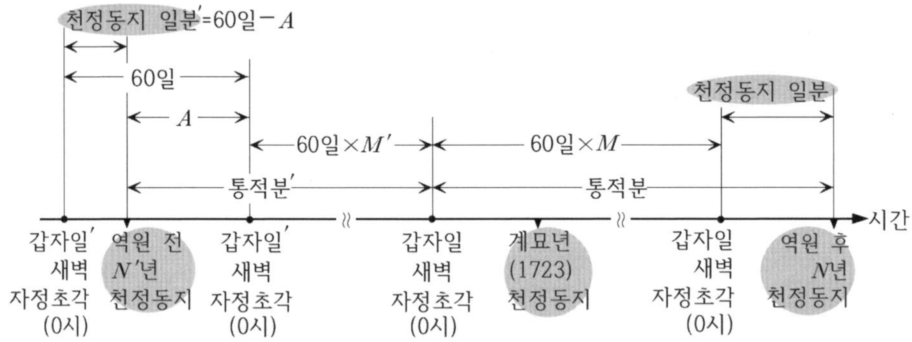

[보충그림 21] 역원 이후와 역원 이전의 천정동지 일분 계산 비교

5) 연근(年根 역원 이튿날 0시에 동지점부터 태양까지 거리) 구하기

계산식 (1) 다음의 비례식을 이용하여 초 단위의 수(①)를 구함

{주일(周日) 10000분} : {태양의 매일 평균운행도수 3548.3290987초

165) MOD(a, b)는 주어진 값 a에서 일정한 수 b를 거듭 덜어내고 남은 값, 곧 나눗셈 $a \div b$의 나머지를 구하는 연산을 나타낸다. 예를 들어 MOD(25, 7)＝4이다.

166) COUNT(a, b)는 주어진 순번 a부터 b만큼 헤아려 나간 순번이 무엇인지를 구하는 연산을 나타낸다. 예를 들어 COUNT(갑자, 11)＝을해이다.

167) '천정동지의 일분'과 '10000분'의 '분'은 '1일＝1만분'의 단위이고, '1400분'의 '분'은 '1시간＝60분'의 단위이다.

[156]}

= {(주일 10000분)—(천정동지 일분 중 분(分)수)} : (초 단위의 수①)

(2) 연근(분 단위) = ①÷60초/분

보충자료 22 **연근 구하기**

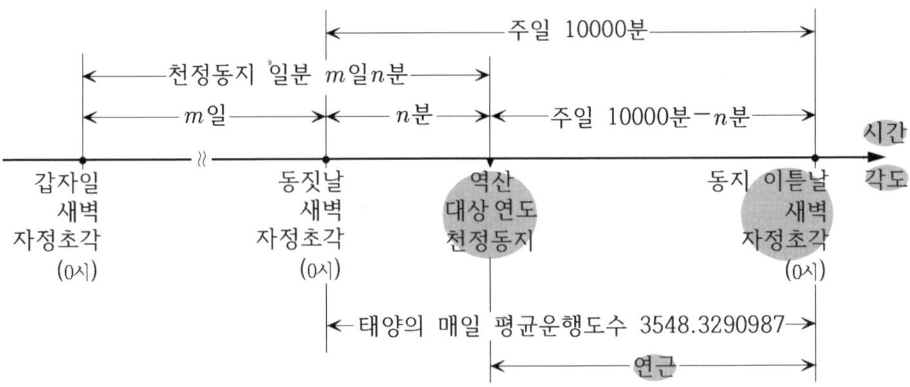

[보충그림 22] 천정동지 일분을 가지고 연근 구하기

6) 기일(紀日 천정동지 이튿날의 간지) 구하기

계산식 기일 = (천정동지 날짜의 간지)+1일

7) 치수(値宿 천정동지 이튿날의 수(宿)) 구하기

계산식 (1) 통적수기일(通積宿其日)

$$= \begin{cases} \text{중적분} + (\text{수응(宿應)}\ 27.12254\text{일}) & \leftarrow \text{역원이후} \\ \text{중적분} - (\text{수응}\ 27.12254\text{일}) & \leftarrow \text{역원이전} \end{cases}$$

(2) 치수 일분(日分)

$$= \begin{cases} MOD(\text{통적수기일, 수법(宿法)}28) + 1\text{일} & \leftarrow \text{역원이후} \\ (\text{수법}28\text{일}) - MOD(\text{통적수기일, 수법}28) + 1\text{일} & \leftarrow \text{역원이전} \end{cases}$$

(3) 치수 = COUNT(각수(角宿), 치수 일분 중 일수)

보충자료 23 역원 이전과 역원 이후의 치수 계산 비교

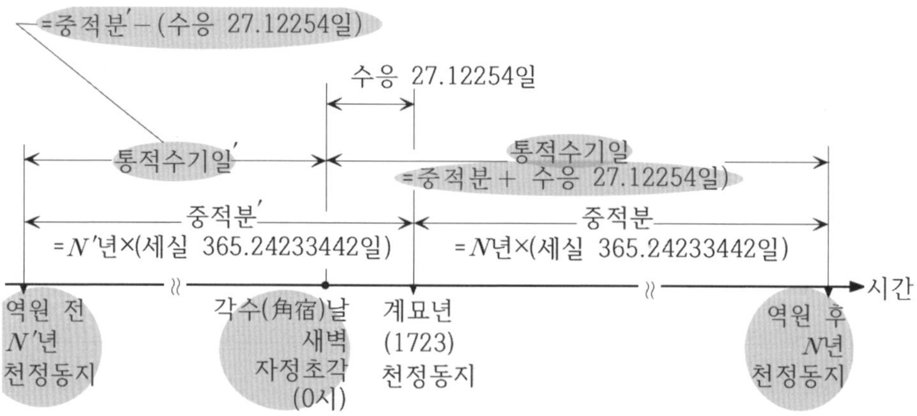

[보충그림 23-1] 역원 이전과 이후의 통적수기일 계산 비교

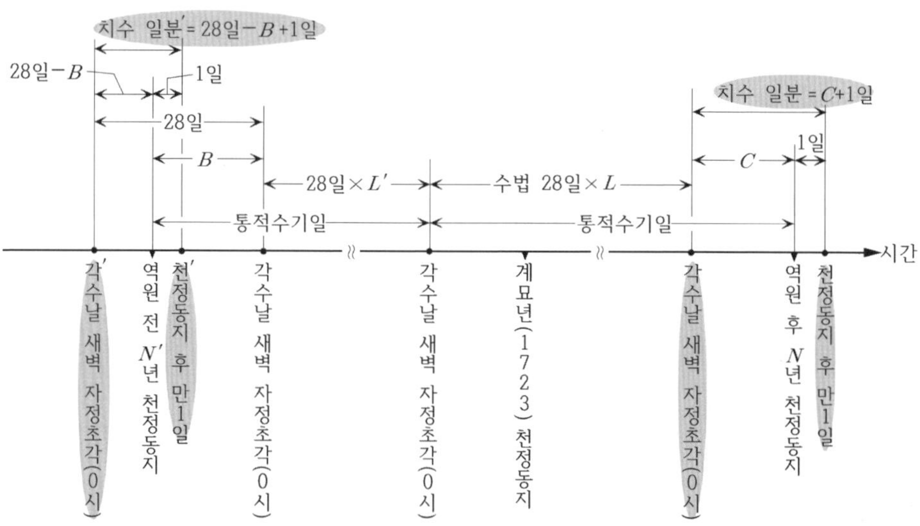

[보충그림 23-2] 역원 이전과 이후의 치수 일분 계산 비교

8) 일수(日數 경과 날짜수 동안 평균운행도수) 구하기

계산식 (1) ('천정동지 이튿날~역산 대상일'의 총 날짜수(일))

×(태양의 매일 평균운행도수 3548.3290897秒/일[157])(초)

(2) '(1)'항에서 구한 초 단위 계산값을 궁(宮), 도(度), 분(分) 단위로 정리.

9) 평행(平行 동지부터 역산 대상일 0시까지 태양의 평균운행도수) 구하기

계산식 평행＝연근(年根)+일수(日數)

보충자료 24 **연근과 일수로부터 평행 구하기**

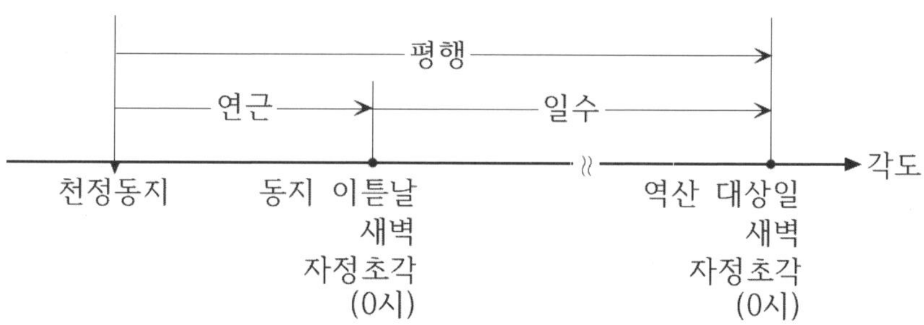

[보충그림 24] 연근과 일수로부터 태양의 평행 구하기

10) 근지점의 평행[최비평행(最卑平行) 구하려는 날 0시에 근지점이 동지점부터 떨어진 도수] 구하기

계산식 (1) 적년(積年) 동안 근지점의 운행도수

＝적년×(근지점의 매년 평균운행도수 62.9975秒[158])

(2) 일수(日數)동안 근지점의 운행도수＝일수×(근지점의 매일 평균운행도수 0.17248秒[159])

(3) 근지점의 평행＝
- (1)＋(2)＋최비응 8도7분32초22미 ←역원이후
- 최비응 8도7분32초22미—(1)＋(2) ←역원이전 [160]

보충자료 25 **역원 이전과 이후의 근지점의 평행 계산 비교**

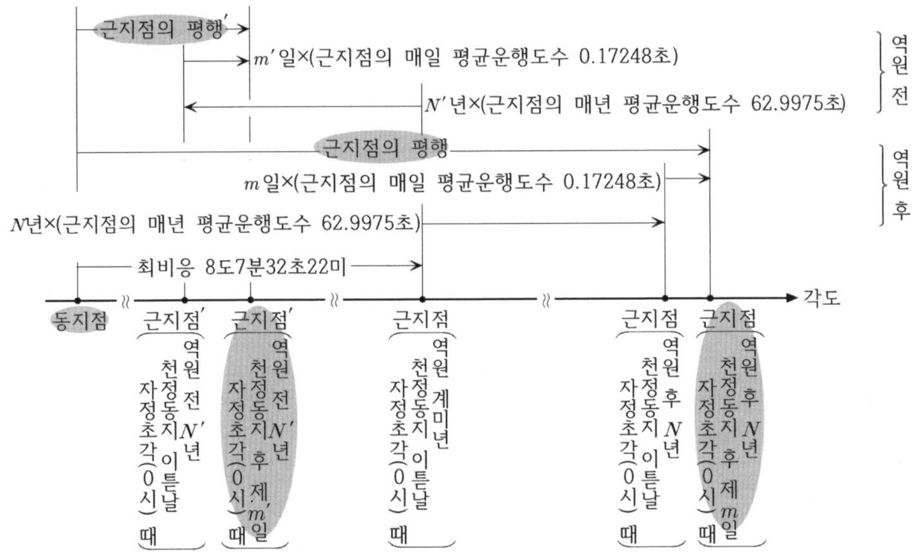

[보충그림 25] 역원 이전과 이후의 근지점의 평행 계산 비교

11) 인수(引數 근지점 이각) 구하기

계산식 (1) 인수=평행—(근지점의 평행)

12) 균수(均數 영축차) 구하기

계산식 (1) 양심차의 2배에 마주한 대각(對角) 구하기

: 다음과 같은 두 변과 사잇각에 절선분외각법(切線分外角法)을 사용하여 계산함.

① 한 변의 길이는 2천만, 다른 한 변의 길이는 양심차의 2배인 338000.

② 두 변의 사잇각=인수

▾ 사잇각 { = 인수 0도 ≤ 인수 ≤ 180도 일 때
= 360도 − 인수 180도 ≤ 인수 ≤ 360도 일 때 }

(2) 타원계각(橢圓界角)={양심차의 2배에 마주한 대각(對角)}×2

(3) 다음의 비례식을 이용하여 외접원에서의 정절(tan값)을 구함.

(단반경 9998571.85) : (장반경 1천만)

={인수(사잇각)의 정절(正切 tan값)} : (외접원에서의 정절)

(4) 정절표(正切表 tan표)에서 '(3)'항의 계산값을 검색하면 도, 분, 초의 각도가 나옴.

(5) 타원차각(橢圓差角)={'(4)'항의 각도}－인수

(6) 균수=$\begin{cases}\text{타원계각＋타원차각} & \leftarrow \text{근지점 전후 각 90도 구간} \\ \text{타원계각－타원차각} & \leftarrow \text{원지점 전후 각 90도 구간}\end{cases}$

▼0궁, 1궁, 2궁: 근지점 후

9궁, 10궁, 11궁: 근지점 전

3궁, 4궁, 5궁: 원지점 전

6궁, 7궁, 8궁: 원지점 후

(7) 균수의 가감(加減): $\begin{cases}\text{가균} & \leftarrow 0\text{궁} < \text{인수} < 5\text{궁} \\ \text{감균} & \leftarrow 6\text{궁} < \text{인수} < 11\text{궁}\end{cases}$

보충자료 26 타원궤도에서 균수 구하기 도해

태양이 S에 있을 때, 본문의 순서를 따르면서 생략된 아래 '(6)'항을 보충하여 균수 구하기 계산법을 도해하면 다음과 같다.

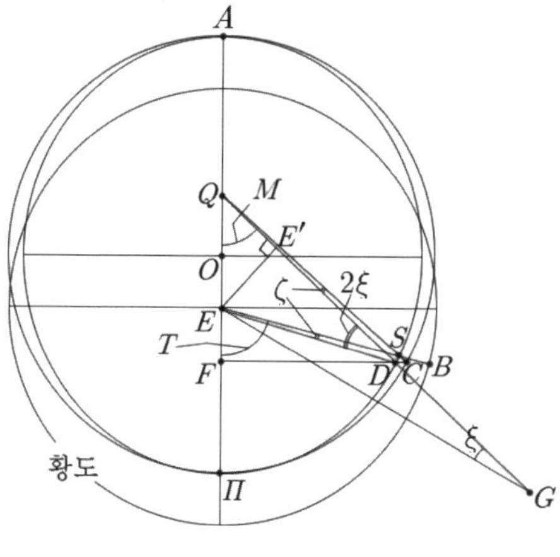

[보충그림 26] 타원궤도에서 균수 계산

(1) $\triangle QEG$에서 양심차의 2배인 $\overline{QE}(=2e)$에 대한 대각 $\angle G=(\xi)$구하기.
$\overline{QE}=338000$, $\overline{QG}=2$천만, $\angle Q=M$을 알므로 다음과 같이 '절선분외각법'을 $(\overline{QG}+\overline{QE}):(\overline{QG}-\overline{QE})=\tan\frac{180도-\angle Q}{2}:\tan(\frac{180도-\angle Q}{2}-\angle G)$을 사용하면

$\frac{1+e}{1-e}=\frac{\tan\left(\frac{180°-M}{2}\right)}{\tan\left(\frac{180°-M}{2}-\xi\right)}$이 된다. 다른 방법으로

$\overline{E'G}=2-2e\cos M$, $\overline{EE'}=2e\sin M$이기에 $\tan\xi=\frac{e\sin M}{1-e\cos M}$이다.

(2) 타원계각 $\angle QDE=2\xi$

(3) 다음의 비례식을 이용하여 외접원에서의 정절(tan값) $\overline{CF}=\tan(\angle CQF)$ 구하기.
(단반경 9998571.85) : (장반경 1천만) $=\overline{DF}:\overline{CF}=\tan(\angle DQF=M):\tan(\angle CQF)$

(4) tan표를 검색하여 $\angle CQF=\tan^{-1}\left\{\frac{\tan M}{\sqrt{1-e^2}}\right\}$찾기.

(5) 타원차각 $\zeta=\angle CQF-M\fallingdotseq\angle BED$

(6) 실제운행도수 $T=\angle DE\Pi+\angle BED\fallingdotseq\angle DE\Pi+\zeta=M+2\xi+\zeta$

(7) 균수 $q=T-M=2\xi+\zeta$

13) 실행(實行 동지부터 역산 대상일 0시까지 태양의 실제운행도수) 구하기

계산식 실행=평행±균수

보충자료 27 평행과 균수를 가지고 실행 구하기

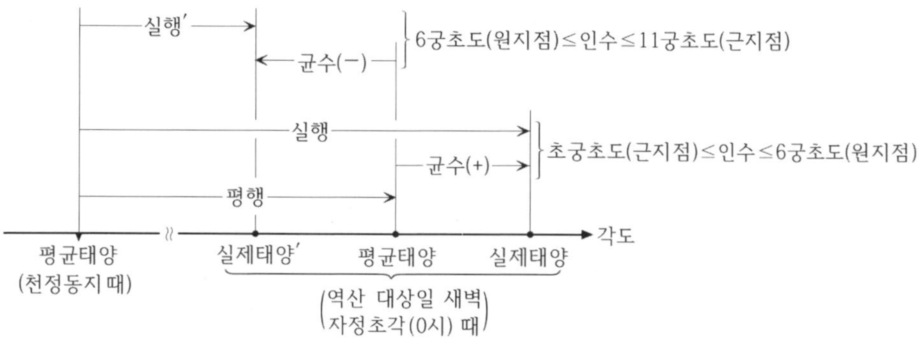

[보충그림 27] 평행과 균수를 가지고 실행 구하기

14) 수도(宿度 구하려는 날 0시에 태양의 황도 수도) 구하기

계산식 (1) 역산 대상 연도의 황도수검(黃道宿鈐 28수 각 거성(距星)의 황경을 황도 12궁을 기준으로 나타낸 표)

=(역원인 계묘년(1723)의 황도수검)[163]+{적년(경과 햇수)×(세차(歲差) 51초/년)}

(2) 수도=실행—(역산 대상 연도의 황도수검 안에서 실행을 넘지 않으면서 가장 가까운 수(宿)의 도분(度分))

15) 위 계산법과 《역상고성》 하편 〈일전역법〉의 관계

(1) 균수의 계산을 제외한 나머지는 계산법이 모두 서로 같고, 다만 사용한 천문 상수가 조금 다를 뿐임.

(2) 표를 사용한 계산법은 완전히 같으므로 다시 기재하지 않음.[164]

보충자료 28 태양위치 계산법 요약

역원 후 역산 대상 연도 동지로부터 실행 구하기

물리량	계산식	표 이용
역산 대상의 연도	a년	
적년 $=b$	$b=a-1723$(역원)	
중적분 $=c$	$c=b\times 365.24233442$(세실)	
통적분 $=d$	$d=c+32.12254$(기응)	
천정동지 일분 $=e$ 천정동지 간지일 천정동지 시분초 $=g$	$e=\mathrm{mod}(d,60)$ (일), 일분 $=10000e$ 갑자로부터 $int(e)$ 만큼 간 간지 $g=(e-int(e))$ (일)	
연근 $=h$ (동지로부터 이튿날 자정 초각까지 태양경도 증분) (초 단위)	$h=(1-g)\times 3548.3290987$	〈일전표〉의 〈태양연근표〉 '거동지표'로 바로 읽음.
기일	천정동지 이튿날의 간지	〈일전표〉의 〈태양연근표〉 '기일'로 바로 읽음.
통적수기일 $=k$ 치수 일분 $=l$ 치수 $=m$	$k=c+27.122554$(수응) $l=int(\mathrm{mod}(k,28))+1$ $m=$ 각수(角宿)로부터 l만큼간 수	〈일전표〉의 〈태양연근표〉 '치수'로 바로 읽음.
천정동지 이튿날 자정 초각부터 역산 대상일 자정초각까지 일수	α일	
일수 $=p$(α일 동안 태양경도 증분) (초 단위)	$p=\alpha\times 3548.3290987$ 초	〈일전표〉의 〈태양주세평행표〉 이용
평행 $=\overline{m}$ (초 단위)	$\overline{m}=h+p$	
적년동안 근지점의 운행도수 $=s$ 일수동안 근지점의 운행도수 $=u$	$s=b\times 62.9975$ 초 $u=\alpha\times 0.17248$ 초	〈일전표〉의 〈태양주세평행표〉 이용
근지점의 평행 $=\overline{m}_0$ (역산대상연도 천정동지이튿날 자정 초각 때 근지점이 동지점으로부터 떨어진 도수)	$\overline{m}_0=s+u+v_0$ $v_0=$8도7분32초22미(역원 최비응)	〈일전표〉의 〈태양연근표〉 '최비' $v=v_0+s$를 바로 읽음.
인수 $=M$	$M=\overline{m}-\overline{m}_0$	

물리량	계산식	표 이용
균수(가감차) $=q$	$\frac{1+e}{1-e}=\frac{\tan\left(\frac{180^\circ-M}{2}\right)}{\tan\left(\frac{180-M}{2}-\xi\right)}$ 혹은 $\tan\xi=\frac{e\sin M}{1-e\cos M}$ 로부터 2ξ(타원계각)를 구함. $\tan M'=\frac{\tan M}{\sqrt{1-e^2}}$ 로부터 ζ(타원차각)$=M'-M$을 구함. $q=2\xi+\zeta$	〈일전표〉의 〈태양균수표〉 이용.
실행 $=\lambda$(역산 대상일의 자정 초각 때 동지로부터 태양의 실제 위치)	$\lambda=\overline{m}\pm q=\overline{m_0}+M\pm q$	균수의 가감을 살핌
역산 대상 연도의 황도수검	(역원인 갑자년의 황도수검)+적년×51초/년(세차(歲差))	
수도 (역산대상일 자정 초각 태양 실제 위치)	실행—(역산 대상 연도의 황도수검 안에서 실행을 넘지 않으면서 가장 가까운 수(宿)의 도분(度分))	

1. 이 방법으로 구한 실행은 동지점을 중심으로 구한 도수이기에 춘분점을 기준하는 황경은 270도를 더해 주어야 한다.
2. 사용한 상수 값(양심차, 근지점 이동, 세실 등)과 가감차 구하는 방법이 현대의 방법과 서로 다르기에 이 방법을 이용하여 구한 황경 값과 현대 빙법으로 구한 황경 값에 오차가 있을 수 밖에 없다. 그러나 그 오차는 매우 작다.

제 **3** 부

《역상고성후편(曆象考成後編)》 제7권 〈일전표(日躔表)〉

일전표(日躔表)[168)]

제 1 표. 태양연근표(太陽年根表)

제 2 표. 태양주세평행표(太陽周歲平行表)

제 3 표. 태양주일평행표(太陽周日平行表)

제 4 표. 태양균수표(太陽均數表)

제 5 표. 황적거도표(黃赤距度表)

제 6 표. 황적승도표(黃赤升度表)

제 7 표. 승도시차표(升度時差表)

제 8 표. 균수시차표(均數時差表)

제 9 표. 태양거지심표(太陽距地心表)

제10표. 청몽기차표(淸蒙氣差表)

168) 일전표: 《역상고성후편》의 〈일전표〉는 《역상고성》 표 제1권 〈일전표〉 중 제7표 〈황도적경교각표(黃道赤經交角表)〉, 제10표 〈태양지반경차표(太陽地半徑差表)〉, 제12표 〈태양실행표(太陽實行表)〉가 제외되었다. 위의 제9표 〈태양거지심표(太陽距地心表)〉는 《숭정역서》에 원래 실렸다가 《역상고성》에는 실리지 않았던 것이다.

제1표

태양연근표(太陽年根表)

원문

번역문

太陽年根表, 以雍正元年癸卯爲元, 其距冬至, 最卑之度分, 與前表小異。

〈태양연근표〉는 옹정 원년(1723년) 계묘년을 역원(曆元)으로 삼았으며, 거동지(距冬至 천정동지 이튿날 0시에 동지점부터 평균태양까지 거리)와 최비(最卑 천정동지 이튿날 0시에 동지점부터 근지점까지 거리)의 도분(度分 도수와 분수)이 이전의 표(《역상고성표》 제1권 〈일전표〉의 제1표 〈태양연근표〉)와 조금 다르다.

【求逐年距冬至法, 以周日一萬分爲一率, 太陽每日平行三千五百四十八秒小餘三二九○八九七爲二率。以癸卯天正冬至氣應分數一千二百二十五分小餘四, 與周日一萬分相減, 餘八千七百七十四分小餘六爲三率, 求得四率三千一百一十三秒小餘五一六八四三。 収作五十一分五十三秒三十一微, 爲癸卯年距冬至之數。

【매년 거동지를 구하는 계산법은 다음과 같다. 주일(周日) 1만분을 1률로 삼고, 태양의 매일 평균운행도수 3548.3290897초를 2율로 삼고, 계묘년(1723년) 천정동지의 기응(氣應: 천정평동지 시각이 갑자일 0시로부터 떨어진 날짜수와 분(分)수) 중 분(分)수 1225.4분과 주일 1만분의 차를 구하여 남은 8774.6분을 3률로 삼아서 계산하면 4율로 3113.516843초가 남는다. 이를 분, 초, 미 단위로 환산한 51분53초31미이 계묘년의 거동지 값이다.[169]

此後以本年距冬至之數, 平年加三百六十五日之太陽平行三百五十九度四十五分四十秒零七微零三纖四十九忽零九芒半, 閏年加三百六十六日之太陽平行三百六十度四十四分四十八秒二十

이후로는 본년(거동지 값을 아는 해)의 거동지 값에 평년(平年)에는 365일 동안 태양의 평균운행도수 359도45분40초07미03섬49홀09.5망을 더하고, 윤년(閏年)에는 366일 동안 태양의 평균운행도수 360도44분48초26미48섬32홀31.5망을 더한 후에, 360도를 채워 제거해 버리면 곧

六微四十八纖三十二忽三十一芒半, 滿三百六十度去之, 即得次年距冬至之數。	이듬해의 거동지 값이 나온다.[170]
求逐年最卑法, 癸卯年天正冬至最卑應八度零七分三十二秒二十二微, 即癸卯年最卑過冬至之數。	매년 최비를 구하는 계산법은 다음과 같다. 계묘년 천정동지 때 최비응(천정평동지 이튿날 0시에 근지점이 동지점을 지난 도분(度分)) 8도07분32초22미가 곧 계묘년에 근지점이 동지점을 지난 도수이다.[171]
此後平年加三百六十五日之最卑行一分零二秒五十七微二十四纖四十三忽, 閏年加三百六十六日之最卑行一分零三秒零七微四十五纖四十忽, 即得次年最卑過冬至之數。	이후로는 평년에는 365일 동안 근지점의 운행 도수 1분02초57미24섬43홀을 더하고, 윤년에는 366일 동안 근지점의 평균운행도수 1분03초07미45섬40홀을 더하면, 곧 이듬해에 근지점이 동지점을 지난 도수가 나온다.[172]
滿三十纖者, 進作一微, 不足三十纖者, 去之。後倣此。】	미 단위 이하의 우수리가 30섬 이상이면 1미로 반올림하고 30섬 미만이면 버린다. 이후에도 마찬가지이다.】
其紀日、值宿, 並與前表法同。	기일(紀日 천정동지 이튿날의 간지)과 치수(值宿 천정동지 이튿날에 해당하는 수(宿))는 모두 이전 표의 계산법과 같다.
用表之法, 如求乾隆元年丙辰之年根, 則察本表紀年, 自癸卯年後第一丙辰, 爲所求之年。	표를 사용하는 방법은 다음과 같다. 예를 들어 건륭(乾隆) 원년(1736년) 병진년의 연근을 구한다면, 이 표의 '기년(紀年)'을 살펴 계묘년(1723년) 이후 첫 번째 병진년을 찾으면 이것이 구하려는 해가 된다.
乃視丙辰所對各數錄之, 其距冬至爲四十三分零二微, 最卑爲八度二十一分一十一秒一十九微, 紀日爲乙巳, 值宿爲婁宿也。	이제 병진년에 대한 각 수치를 읽어 기록하면, 거동지는 43분02미, 최비는 8도21분11초19미, 기일은 을사일, 치수는 누수(婁宿)이다.

내용 정리

1) 〈태양연근표〉의 역원: 옹정 원년(1723년) 계묘년

→ 거동지(距冬至 천정동지 이튿날 0시에 동지점부터 평균태양까지 거리)와 최비(最卑 천정동지 이튿날 0시에 동지점부터 근지점까지 거리)의 도분(度分 도수와 분수)이 이전의 표(《역상고성표》 제1권 〈일전표〉의 〈제1표 태양연근표〉)와 조금 다름.

▾(1) 매년 거동지 계산법

① 다음의 비례식을 이용하여 계묘년(1723년)의 거동지 구하기

{주일(周日) 1만분} : (태양의 매일 평균운행도수 3548.3290897초)

={(주일 1만분)−(계묘년 천정동지의 기응 중 분(分)수 1225.4분)} : (초 단위의 거동지)

∴ 거동지=3113.516843초=51분53초31미[169]

② 계묘년 이후의 거동지 구하기

ㄱ. $A=N$년의 거동지+

$$\begin{cases}\text{365일 동안 태양의 평균운행도수} & \leftarrow N\text{년이 평년일 때}\\ \text{366일 동안 태양의 평균운행도수} & \leftarrow N\text{년이 윤년일 때}\end{cases}$$

365일 동안 태양의 평균운행도수=359도45분40초07미03섬49홀09.5망[170]

366일 동안 태양의 평균운행도수=360도44분48초26미48섬32홀31.5망

---

169) 매년……값이다: 《역상고성표》 의 〈태양연근표〉에서는 태양의 매일 평균운행도수 3548.3305169초를 2율로 삼고, 역원 갑자년(1684년) 천정동지의 기응의 분(分)수 6563.74926분을 주일 1만분에서 빼고 남은 3436.25074분을 3률로 삼아 계산해서, 역원 갑자년의 거동지 값으로 20분19초17미43섬12홀40망이 나왔다.

170) 이후로는……나온다: 《역상고성표》 의 〈태양연근표〉에서는 365일 동안 태양의 평균운행도수로 359도45분40초38미19섬12홀24망을, 366일 동안 태양의 평균운행도수로 360도34분48초58미09섬04홀03망을 사용하였다.

171) 매년……도수이다: 《역상고성표》 의 〈태양연근표〉에서는 갑자년(1684년) 천정동지 때 최비응 7도10분11초10미가 곧 역원 갑자년의 최비가 되었다.

172) 이후로는……나온다: 《역상고성표》 의 〈태양연근표〉에서는 365일 동안 근지점의 운행 도수로 1분01초07미34섬15홀58망을, 366일 동안 근지점의 평균운행도수로 1분01초17미37섬09홀16망을 사용하였다.

ㄴ. $(N+1)$년의 거동지 $= MOD(A,\ 360$도$)$

▾ (2) 매년 최비 계산법

① 계묘년(1723년)의 최비 = 계묘년 천정동지 때 최비응(最卑應) 8도07분32초22미[171]

② $(N+1)$년의 최비 = N년의 최비+

$\begin{cases} 365\text{일동안 근지점의 평균운행도수} & \leftarrow N\text{년이 평년일 때} \\ 366\text{일동안 근지점의 평균운행도수} & \leftarrow N\text{년이 윤년일 때} \end{cases}$

ㄱ. 365일 동안 근지점의 평균운행도수 = 1분02초57미24섬43홀[172]

366일 동안 근지점의 평균운행도수 = 1분03초07미45섬40홀

ㄴ. 미 단위 이하의 우수리가 30섬 이상이면 1미로 반올림하고, 30섬 미만이면 버림.

→ 이후에도 계속 이와 같이 반올림함.

2) 표의 사용법 예시: 건륭(乾隆) 원년(1736년) 병진년의 연근(年根) 구하기

• **이 표의 '기년(紀年)'을 살핌**: 역원인 계묘년 뒤로 첫 번째 병진년을 찾음.

⇒ 병진년에 해당하는 각 수치를 읽어 기록함.

① **거동지**: 43분00초02미

② **최비**: 8도21분11초19미

③ **기일**: 을사(乙巳)

④ **치수(値宿)**: 누수(婁宿)

표 [173)]

○ **수록 범위**: 1723년 계묘년(옹정 원년)~2022년 임인년. 총 5갑자＝300년.

○ **거동지**: 51분53초31미에서 시작하여

매년 14분19초53미씩 감소하되,

4, 5년마다 든 윤년과 그 이듬해 사이에는 44분48초27미씩 증가함.[174)]

○ **최비**: 8도07분32초22미(1684년)부터 13도21분28초53미(2022년)까지.

격년으로 1분2초57미와 1분2초58미씩 번갈아 증가하되,

4, 5년마다 든 윤년과 그 이듬해 사이에는 1분3초8미씩 증가함.[175)]

○ **기일**: 정유(丁酉)에서 시작하여

매년 5간지 밀려나가되,

4, 5년마다 한 번씩은 6간지씩 밀려나감.

○ **치수**: 진(軫)에서 시작하여

매년 1수씩 밀려나가되,

4, 5년마다 한 번씩은 2수씩 밀려나감.

---

173) '**표**'에 기술한 내용은 원문의 서술 내용이 아니라 원문의 표를 분석한 것이다. 이후의 모든 표에 대해 마찬가지이다.

174) 하루 운행 도수인 59분08초20미에서 14분19초53미를 뺀 값이 44분48초27미이다. 하루 동안의 운행 도수를 더 더했기 때문이다. 《역상고성표》 〈태양연근표〉에는 매년 14분19초22미(또는 21미)씩 감소하되, 4, 5년마다 한 번씩은 44분48초58미씩 증가하였다. 이처럼 가감의 수치가 다른 까닭은 태양의 하루 운행도수가 다르기 때문이다. 《강민정 외 3인, 역상고성에 기술된 태양의 운동, 교육과학사, 2023년, 283쪽의 [보충자료 2]》를 참고할 수 있다.

175) 《역상고성표》 〈태양연근표〉에는 매년 1분1초8미(또는 7미)씩 증가하되, 4, 5년마다 한 번씩은 1분1초18미(또는 17미)씩 증가하였다.

○ **역원 이후 제3년인 병오년**(1726년), **다시 그 4년 후인 경술년**(1730년) **등이 윤년임.**[176)]

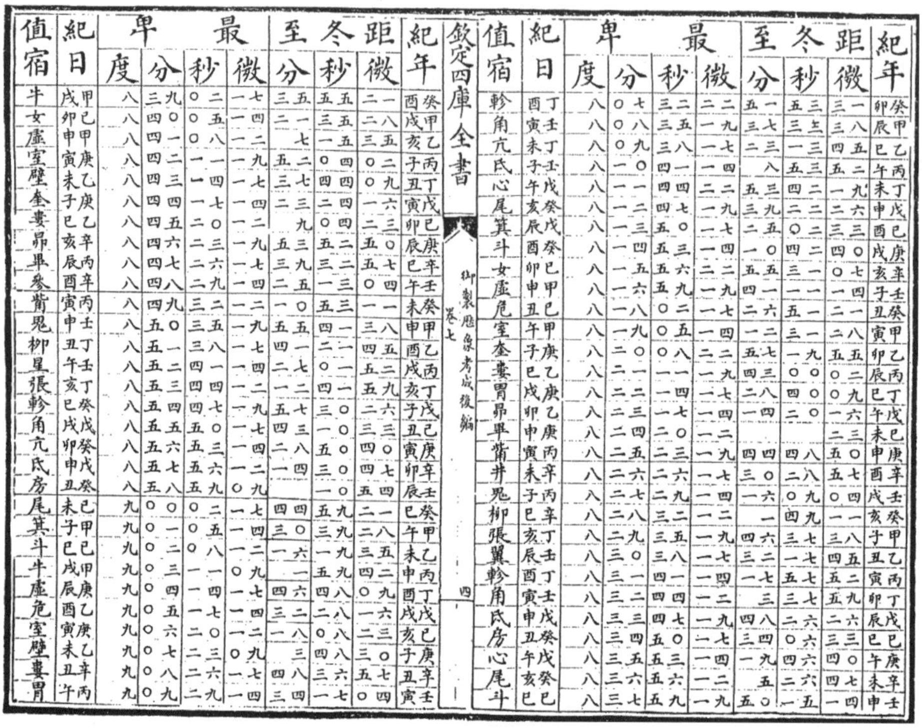

[그림 1] 《역상고성후편》 제7권 〈일전표〉의 〈태양연근표(太陽年根表)〉 첫 두 면

176) 본년의 거동지 값에서 14분19초53미를 빼면 이듬해의 거동지 값이 나오는데, 이 값이 음수가 나오면 '도' 단위에서 1도를 60분으로 내려 양수로 만들게 되는데, 윤년은 바로 그 결과로 거동지값이 커지기 직전의 해이기도 하다.

[표 1] [그림 1]의 〈태양연근표〉에 주어진 값과 계산값

	거동지			후편값			최비				후편값					거동지			후편값			최비				후편값			
년	분	초	미	분	초	미	도	분	초	미	도	분	초	미	년	분	초	미	분	초	미	도	분	초	미	도	분	초	미
1723	51	53	31	五一	五三	三一	8	7	32	22	八	〇七	三二	二二	1753	35	55	21	三五	五五	二一	8	39	2	15	八	三九	〇二	一七
1724	37	33	38	三七	三三	三八	8	8	35	19	八	〇八	三五	一九	1754	21	35	28	二一	三五	二八	8	40	5	12	八	四〇	〇五	一四
1725	23	13	45	二三	一三	四五	8	9	38	17	八	〇九	三八	一七	1755	7	15	35	七	一五	三五	8	41	8	9	八	四一	〇八	一二
1726	8	53	52	八	五三	五二	8	10	41	14	八	一〇	四一	一四	1756	52	4	2	五二	〇四	〇二	8	42	11	17	八	四二	一一	一九
1727	53	42	19	五三	四二	一九	8	11	44	22	八	一一	四四	二二	1757	37	44	9	三七	四四	〇九	8	43	14	14	八	四三	一四	一七
1728	39	22	26	三九	二二	二六	8	12	47	19	八	一二	四七	一九	1758	23	24	16	二三	二四	一六	8	44	17	12	八	四四	一七	一四
1729	25	2	33	二五	〇二	三三	8	13	50	16	八	一三	五〇	一七	1759	9	4	23	九	〇四	二三	8	45	20	9	八	四五	二〇	一二
1730	10	42	40	一〇	四二	四〇	8	14	53	14	八	一四	五三	一四	1760	53	52	50	五三	五二	五〇	8	46	23	17	八	四六	二三	一九
1731	55	31	7	五五	三一	〇七	8	15	56	21	八	一五	五六	二二	1761	39	32	57	三九	三二	五七	8	47	26	14	八	四七	二六	一七
1732	41	11	14	四一	一一	一四	8	16	59	19	八	一六	五九	一九	1762	25	13	4	二五	一三	〇四	8	48	29	11	八	四八	二九	一四
1733	26	51	21	二六	五一	二一	8	18	2	16	八	一八	〇二	一七	1763	10	53	11	一〇	五三	一一	8	49	32	9	八	四九	三二	一二
1734	12	31	28	一二	三一	二八	8	19	5	13	八	一九	〇五	一四	1764	55	41	38	五五	四一	三八	8	50	35	17	八	五〇	三五	一九
1735	57	19	55	五七	一九	五五	8	20	8	21	八	二〇	〇八	二二	1765	41	21	45	四一	二一	四五	8	51	38	14	八	五一	三八	一七
1736	43	0	2	四三	〇〇	〇二	8	21	11	18	八	二一	一一	一九	1766	27	1	52	二七	〇一	五二	8	52	41	11	八	五二	四一	一四
1737	28	40	9	二八	四〇	〇九	8	22	14	16	八	二二	一四	一七	1767	12	41	59	一二	四一	五九	8	53	44	9	八	五三	四四	一二
1738	14	20	16	一四	二〇	一六	8	23	17	13	八	二三	一七	一四	1768	57	30	26	五七	三〇	二六	8	54	47	16	八	五四	四七	一九
1739	0	0	23			二三	8	24	20	11	八	二四	二〇	一二	1769	43	10	33	四三	一〇	三三	8	55	50	14	八	五五	五〇	一七
1740	44	48	50	四四	四八	五〇	8	25	23	18	八	二五	二三	一九	1770	28	50	40	二八	五〇	四〇	8	56	53	11	八	五六	五三	一四
1741	30	28	57	三〇	二八	五七	8	26	26	16	八	二六	二六	一七	1771	14	30	47	一四	三〇	四七	8	57	56	8	八	五七	五六	一二
1742	16	9	4	一六	〇九	〇四	8	27	29	13	八	二七	二九	一四	1772	0	10	54		一〇	五四	8	58	59	6	八	五八	五九	〇九
1743	1	49	11	一	四九	一一	8	28	32	10	八	二八	三二	一二	1773	44	59	21	四四	五九	二一	9	0	2	13	九	〇〇	〇二	一七
1744	46	37	38	四六	三七	三八	8	29	35	18	八	二九	三五	一九	1774	30	39	28	三〇	三九	二八	9	1	5	11	九	〇一	〇五	一四
1745	32	17	45	三二	一七	四五	8	30	38	15	八	三〇	三八	一七	1775	16	19	35	一六	一九	三五	9	2	8	8	九	〇二	〇八	一二
1746	17	57	52	一七	五七	五二	8	31	41	13	八	三一	四一	一四	1776	1	59	42	一	五九	四二	9	3	11	5	九	〇三	一一	〇九
1747	3	37	59	三	三七	五九	8	32	44	10	八	三二	四四	一二	1777	46	48	9	四六	四八	〇九	9	4	14	13	九	〇四	一四	一七
1748	48	26	26	四八	二六	二六	8	33	47	18	八	三三	四七	一九	1778	32	28	16	三二	二八	一六	9	5	17	10	九	〇五	一七	一四
1749	34	6	33	三四	〇六	三三	8	34	50	15	八	三四	五〇	一七	1779	18	8	23	一八	〇八	二三	9	6	20	8	九	〇六	二〇	一二
1750	19	46	40	一九	四六	四〇	8	35	53	12	八	三五	五三	一四	1780	3	48	30	三	四八	三〇	9	7	23	5	九	〇七	二三	〇九
1751	5	26	47	五	二六	四七	8	36	56	10	八	三六	五六	一二	1781	48	36	57	四八	三六	五七	9	8	26	13	九	〇八	二六	一七
1752	50	15	14	五〇	一五	一四	8	37	59	17	八	三七	五九	一九	1782	34	17	4	三四	一七	〇四	9	9	29	10	九	〇九	二九	一四

※ 역원인 1723년의 거동지 값이 51분53초31미이다. 세실은 365.24233442일이기에 1일 평균 운행도수는 $\frac{360}{365.24233442} = 0.985646969$도이다. 어떤 해의 거동지($a_n$)는 전 해의 거동지($a_{n-1}$)에 $365 \times \frac{360}{365.24233442} = 359.7611438$도를 더해서 이 값이 360도를 넘으면 360도를 덜어주고 남은 값이 그 해의 거동지이다. 즉 $x_n = a_{n-1} + 365 \times \frac{360}{365.24233442}$인데 만약 $x_n > 360°$이면 $a_n = \mathrm{mod}(x_n,\ 360)$이 거동지이다. 따라서 전해는 평년이다. 그러나 만약 $x_n < 360°$이면 다시 x_n대

신 $x_n' = a_{n-1} + 366 \times \frac{360}{365.24233442}$ 을 계산하면 $x_n' > 360°$ 이기에 전 해는 윤년이 되고, 그해의 거동지는 $a_n = \text{mod}(x_n', 360)$으로 구한다. 평년에는 $360 - 365 \times \frac{360}{365.24233442} = 0.238856187 \simeq 14$분19초53미 씩 감소하고, 윤년에는 $366 \times \frac{360}{365.24233442} - 360 = 0.746790783 \simeq 44$분48초27미 씩 증가하게 된다.

역원인 1723년의 최비는 8도7분32초22미다. 365.24233442일 동안에 62,9975초를 이동한다. 따라서 1일 동안에는 $\frac{62.9975}{365.24233442}$초를 움직인다. 따라서 평년에는 전년도 최비에 $365 \times \frac{62.9975}{365.24233442}$초 즉 1분02초57.34210956미를 더해주고, 윤년에는 $366 \times \frac{62.9975}{365.24233442}$초 즉 1분03초7.690992056미를 더해주면 그해의 최비를 얻을 수 있다. 표에서는 평년에는 1분2초57미 혹은 1분2초58미를 번갈아 더해주고, 윤년에는 1분3초8미씩 더해주었기에 햇수가 누적될 수록 최비의 값이 아주 조금씩 증가하게 된다. 따라서 계산값보다 후편값이 아주 조금 크다.

제2표

태양주세평행표(太陽周歲平行表)

원문 / **번역문**

太陽周歲平行表，以太陽平行及最卑行，自一日至三百六十六日，逐日列之。

〈태양주세평행표〉는 태양의 '평균운행도수[평행(平行)]'와 '근지점의 운행도수[최비행(最卑行)]'를 1일부터 366일까지 매일에 대하여 열거한 것이다.

表名平行者，乃太陽自一日至三百六十六日之平行積度也。【太陽每日平行五十九分零八秒一十九微四十四纖四十三忽二十二芒零三塵累加之，即得逐日之平行。】

표의 항목명 중 '평행(平行)'은 바로 1일부터 366일까지 태양의 평균운행 누적 도수이다.【태양의 매일 평균운행도수 59분08초19미44섬43홀22망03진을 누가하면[177] 곧 매일의 평균운행도수가 나온다.】

最卑行者，乃最卑自一日至三百六十六日之分秒也。【最卑每日行一十微二十纖五十七忽累加之，即得逐日之最卑行。】

표의 항목명 중 '최비행(最卑行)'은 바로 1일부터 366일까지 근지점[최비(最卑)]의 운행 분초(分秒)이다.【근지점의 매일 운행도수 10미20섬57홀을 누가하면[178] 곧 매일의 근지점의 운행 분초가 나온다.】

用表之法，如求冬至後九十二日之太陽平行及最卑行，則察本表日數，九十二所對各數錄之。

표를 사용하는 방법은 다음과 같다. 예를 들어 동지 후 92일의 태양의 평균운행도수와 근지점의 운행 분초를 구한다면, 이 표의 '일수(日數)'를 살펴 92일에 대한 각 수를 기록한다.

其平行爲三宮零四十分四十六秒

그 평행은 3궁0도40분46초17미(90도40분46초17

一十七微，即九十二日太陽平行之共數。其最卑行爲一十五秒五十二微，即九十二日最卑行之共數也。	미)로서, 이것이 곧 92일 동안 태양이 평균운행한 총 도수이다. 그 최비행은 15초52미로서, 이것이 곧 92일 동안 근지점이 운행한 총 도수이다.[179]

내용 정리

1) 내용: 태양의 '평균운행도수[평행(平行)]'와 '근지점의 운행도수[최비행(最卑行)]'를 1일부터 366일까지 매일에 대하여 열거함.

2) 표의 구성과 계산법

(1) 평행(平行): 1일부터 366일까지 태양의 평균운행 누적 도수

▼ n일의 평행=(태양의 매일 평균운행도수 59분08초19미44섬43홀22망03진/일)[177]×n일

(2) 최비행(最卑行): 1일부터 366일까지 근지점[최비(最卑)]의 운행 누적 분초(分秒)

▼ n일의 최비행=(근지점의 매일 운행도수 10미20섬57홀/일)[178]×n일

---

177) 태양의……누가하면: 《역상고성표》 제1권 〈일전표〉의 〈태양주세평행표〉에서는 태양의 매일 평균운행도수 59분08초19미49섬51홀39망을 누가한다고 하였다.

178) 근지점의……누가하면: 《역상고성표》 〈태양주세평행표〉에서는 근지점의 매일 운행 도수 10미02섬53홀18망을 누가한다고 하였다.

179) 그 평행은……도수이다: 《역상고성표》 〈태양주세평행표〉에는 92일 동안 평행이 3궁0도40분46초24미(90도40분46초24미)로, 최비행이 15초24미로 되어 있다.

3) 표의 사용법 예시: 동지 후 92일 때 태양의 평행과 최비행 구하기

- **이 표의 '일수(日數)'를 살핌**: 92일을 찾음.
  ⇒ 92일에 해당하는 각 수치를 읽어 기록함.

(1) **평행**: 3궁0도40분46초17미 ⇒ 92일 동안 태양이 평균운행한 총 도수.[179]

(2) **최비행**: 15초52미 ⇒ 92일 동안 근지점이 운행한 총 도수.

표

○ **수록 범위**: 1일~366일

○ '**평행**': 1일에 대한 59분08초20미에서 시작하여,
366일에 대한 12궁00도44분48초27미(360도44분48초27미)로 끝남.[180)]
⇒ 매일 59분08초20미씩 증가하되, 3, 4일마다 한 번씩은 59분08초19미씩 증가함.[181)]

○ '**최비행**': 1일의 10미에서 시작하여, 366일의 1분03초08미로 끝남.
⇒ 매일 10미씩 증가하되, 2, 3일마다 한 번씩은 11미씩 증가함.[182)]

---

180) 《역상고성표》 〈태양주세평행표〉에서는 1일에 대한 59분08초20미에서 시작하여, 366일에 대한 12궁00도44분48초58미로 끝났다.

181) 반올림에 따른 현상이다. 《역상고성표》 〈태양주세평행표〉에서는 매일 59분08초20미씩 증가하되, 6, 7일마다 한 번씩 59분08초19미씩 증가하였다.

182) 반올림에 따른 현상이다. 《역상고성표》 〈태양주세평행표〉에서는 매일 10미씩 증가하되, 20, 21일마다 한 번씩 11미씩 증가하였다.

最卑行			平行					日數
分	秒	微	宮	度	分	秒	微	
		一〇			五九	〇八	二〇	一
		二一		一	五八	一六	三九	二
		三一		二	五七	二四	五九	三
		四一		三	五六	三三	一九	四
		五二		四	五五	四一	三九	五
	一	〇二		五	五四	四九	五八	六
	一	一二		六	五三	五八	一八	七
	一	二三		七	五三	〇六	三八	八
	一	三三		八	五二	一四	五八	一九
	一	四三		九	五一	二三	一七	一〇
	一	五四		一〇	五〇	三一	三七	一一
	二	〇四		一一	四九	三九	五七	一二
	二	一五		一二	四八	四八	一七	一三
	二	二五		一三	四七	五六	三六	一四
	二	三五		一四	四七	〇四	五六	一五
	二	四六		一五	四六	一三	一六	一六
	二	五六		一六	四五	二一	三六	一七
	三	〇六		一七	四四	二九	五五	一八
	三	一七		一八	四三	三八	一五	一九
	三	二七		一九	四二	四六	三五	二〇
	三	三七		二〇	四一	五四	五五	二一
	三	四八		二一	四一	〇三	一四	二二
	三	五八		二二	四〇	一一	三四	二三
	四	〇八		二三	三九	一九	五四	二四
	四	一九		二四	三八	二八	一四	二五
	四	二九		二五	三七	三六	三三	二六
	四	三九		二六	三六	四四	五三	二七
	四	五〇		二七	三五	五三	一三	二八
	五	〇〇		二八	三五	〇一	三三	二九
	五	一〇		二九	三四	〇九	五二	三〇

最卑行			平行					日數
分	秒	微	宮	度	分	秒	微	
	五	二一	一	〇〇	三三	一八	一二	三一
	五	三一	一	〇一	三二	二六	三二	三二
	五	四二	一	〇二	三一	三四	五二	三三
	五	五二	一	〇三	三〇	四三	一一	三四
	六	〇二	一	〇四	二九	五一	三一	三五
	六	一三	一	〇五	二八	五九	五一	三六
	六	二三	一	〇六	二八	〇八	一一	三七
	六	三三	一	〇七	二七	一六	三〇	三八
	六	四四	一	〇八	二六	二四	五〇	三九
	六	五四	一	〇九	二五	三三	一〇	四〇
	七	〇四	一	一〇	二四	四一	三〇	四一
	七	一五	一	一一	二三	四九	四九	四二
	七	二五	一	一二	二二	五八	〇九	四三
	七	三五	一	一三	二二	〇六	二九	四四
	七	四六	一	一四	二一	一四	四九	四五
	七	五六	一	一五	二〇	二三	〇八	四六
	八	〇六	一	一六	一九	三一	二八	四七
	八	一七	一	一七	一八	三九	四八	四八
	八	二七	一	一八	一七	四八	〇八	四九
	八	三七	一	一九	一六	五六	二七	五〇
	八	四八	一	二〇	一六	〇四	四七	五一
	八	五八	一	二一	一五	一三	〇七	五二
	九	〇九	一	二二	一四	二一	二七	五三
	九	一九	一	二三	一三	二九	四六	五四
	九	二九	一	二四	一二	三八	〇六	五五
	九	四〇	一	二五	一一	四六	二六	五六
	九	五〇	一	二六	一〇	五四	四五	五七
	一〇	〇〇	一	二七	一〇	〇三	〇五	五八
	一〇	一一	一	二八	〇九	一一	二五	五九
	一〇	二一	一	二九	〇八	一九	四五	六〇

[그림 2] 《역상고성후편》 제7권 〈일전표〉의 〈태양주세평행표(太陽周歲平行表)〉 첫 두 면

[표 2] [그림 2]의 〈태양주세평행표〉에 주어진 값과 계산값

	평행										최비행			
일수	궁	도	분	초	미	궁	도	분	초	미	초	미	초	미
1	0	0	59	8	20			五九	〇八	二〇	0	10		一〇
2	0	1	58	16	39		一	五八	一六	三九	0	21		二一
3	0	2	57	24	59		二	五七	二四	五九	0	31		三一
4	0	3	56	33	19		三	五六	三三	一九	0	41		四一
5	0	4	55	41	39		四	五五	四一	三九	0	52		五二
6	0	5	54	49	58		五	五四	四九	五八	1	2	一	〇二
7	0	6	53	58	18		六	五三	五八	一八	1	12	一	一二
8	0	7	53	6	38		七	五三	〇六	三八	1	23	一	二三
9	0	8	52	14	58		八	五二	一四	五八	1	33	一	三三
10	0	9	51	23	17		九	五一	二三	一七	1	43	一	四三
11	0	10	50	31	37		一〇	五〇	三一	三七	1	54	一	五四
12	0	11	49	39	57		一一	四九	三九	五七	2	4	二	〇四
13	0	12	48	48	17		一二	四八	四八	一七	2	15	二	一五
14	0	13	47	56	36		一三	四七	五六	三六	2	25	二	二五
15	0	14	47	4	56		一四	四七	〇四	五六	2	35	二	三五
16	0	15	46	13	16		一五	四六	一三	一六	2	46	二	四六
17	0	16	45	21	36		一六	四五	二一	三六	2	56	二	五六
18	0	17	44	29	55		一七	四四	二九	五五	3	6	三	〇六
19	0	18	43	38	15		一八	四三	三八	一五	3	17	三	一七
20	0	19	42	46	35		一九	四二	四六	三五	3	27	三	二七
21	0	20	41	54	55		二〇	四一	五四	五五	3	37	三	三七
22	0	21	41	3	14		二一	四一	〇三	一四	3	48	三	四八
23	0	22	40	11	34		二二	四〇	一一	三四	3	58	三	五八
24	0	23	39	19	54		二三	三九	一九	五四	4	8	四	〇八
25	0	24	38	28	14		二四	三八	二八	一四	4	19	四	一九
26	0	25	37	36	33		二五	三七	三六	三三	4	29	四	二九
27	0	26	36	44	53		二六	三六	四四	五三	4	39	四	三九
28	0	27	35	53	13		二七	三五	五三	一三	4	50	四	五〇
29	0	28	35	1	33		二八	三五	〇一	三三	5	0	五	〇〇
30	0	29	34	9	52		二九	三四	〇九	五二	5	10	五	一〇

	평행										최비행			
일수	궁	도	분	초	미	궁	도	분	초	미	초	미	초	미
31	1	0	33	18	12	一	〇〇	三三	一八	一二	5	21	五	二一
32	1	1	32	26	32	一	〇一	三二	二六	三二	5	31	五	三一
33	1	2	31	34	52	一	〇二	三一	三四	五二	5	42	五	四二
34	1	3	30	43	11	一	〇三	三〇	四三	一一	5	52	五	五二
35	1	4	29	51	31	一	〇四	二九	五一	三一	6	2	六	〇二
36	1	5	28	59	51	一	〇五	二八	五九	五一	6	13	六	一三
37	1	6	28	8	11	一	〇六	二八	〇八	一一	6	23	六	二三
38	1	7	27	16	30	一	〇七	二七	一六	三〇	6	33	六	三三
39	1	8	26	24	50	一	〇八	二六	二四	五〇	6	44	六	四四
40	1	9	25	33	10	一	〇九	二五	三三	一〇	6	54	六	五四
41	1	10	24	41	30	一	一〇	二四	四一	三〇	7	4	七	〇四
42	1	11	23	49	49	一	一一	二三	四九	四九	7	15	七	一五
43	1	12	22	58	9	一	一二	二二	五八	〇九	7	25	七	二五
44	1	13	22	6	29	一	一三	二二	〇六	二九	7	35	七	三五
45	1	14	21	14	49	一	一四	二一	一四	四九	7	46	七	四六
46	1	15	20	23	8	一	一五	二〇	二三	〇八	7	56	七	五六
47	1	16	19	31	28	一	一六	一九	三一	二八	8	6	八	〇六
48	1	17	18	39	48	一	一七	一八	三九	四八	8	17	八	一七
49	1	18	17	48	8	一	一八	一七	四八	〇八	8	27	八	二七
50	1	19	16	56	27	一	一九	一六	五六	二七	8	37	八	三七
51	1	20	16	4	47	一	二〇	一六	〇四	四七	8	48	八	四八
52	1	21	15	13	7	一	二一	一五	一三	〇七	8	58	八	五八
53	1	22	14	21	27	一	二二	一四	二一	二七	9	8	九	〇九
54	1	23	13	29	46	一	二三	一三	二九	四六	9	19	九	一九
55	1	24	12	38	6	一	二四	一二	三八	〇六	9	29	九	二九
56	1	25	11	46	26	一	二五	一一	四六	二六	9	40	九	四〇
57	1	26	10	54	45	一	二六	一〇	五四	四五	9	50	九	五〇
58	1	27	10	3	5	一	二七	一〇	〇三	〇五	10	0	一〇	〇〇
59	1	28	9	11	25	一	二八	〇九	一一	二五	10	11	一〇	一一
60	1	29	8	19	45	一	二九	〇八	一九	四五	10	21	一〇	二一

※ 세실이 365.24233442일이기에 태양의 1일 평균운행도수는 0.985647도=59분08초19미44섬43홀22망4.274209진이다. 최비행의 1일 운행도수는 0.172481초=10미20섬55.97697홀이다. 평행은 일수에 0.985647도를 곱하여 계산하고, 최비행은 0.172481초에 일수를 곱하여 계산한다. 이렇게 계산한 값과 후편값은 동일하다.

제3표

태양주일평행표(太陽周日平行表)

원문	번역문
太陽周日平行表，以一日内之時、分、秒，與逐時、逐分、逐秒之平行數對列之。	〈태양주일평행표〉는 하루 중의 시, 분, 초를 1시간 간격, 1분 간격, 1초 간격의 평균운행도수와 대응시켜 배열한 것이다.
因太陽每日之平行，比前表，止差五纖有奇，而列表至微而止，故其數皆與前表同。	태양의 매일 평균운행도수는 이전의 표(《역상고성표》 제1권 〈일전표〉의 제3표 〈태양주일평행표〉)에 비해 5섬 남짓 밖에 차이가 나지 않는데,[183] 표에 제시한 수는 미 단위에 그친다.[184] 이 때문에 그 수치는 모두 이전의 표와 같다.
用表之法，如求一十二時四十二分五十一秒之太陽平行，則察本表一十二時所對之數，爲二十九分三十四秒一十微，四十二分所對之數，爲一分四十三秒二十九微三十四纖，五十一秒所對之數，爲二秒零五微四十纖一十二忽。	표를 사용하는 방법은 다음과 같다. 예를 들어 12시간42분51초 동안 태양의 평균운행도수를 구할 겨우, 이 표에서 시, 분, 초를 살펴 대응하는 수를 찾으면 12시에 대한 수는 29분34초10미, 42분에 대한 수는 1분43초29미34섬, 51초에 대한 수는 2초05미40섬12홀이다.
合計三數，得三十一分一十九秒四十五微一十四纖一十二忽，即所求之太陽平行也。	이 세 수를 합하면 31분19초45미14섬12홀이 나오는데, 이것이 곧 구하려는 태양의 평균운행도수이다.

내용 정리

1) 내용: 하루 중의 시, 분, 초를
태양의 1시간 간격, 1분 간격, 1초 간격의 평균운행도수와 대응시켜 배열한 것

2) 표에 제시된 수치: 《역상고성표》 〈일전표〉의 제3표 〈태양주일평행표〉와 동일함.

• 태양의 매일 평균운행도수는 《역상고성표》에 비해 5섬 남짓에 불과한데,[183] 표에 제시한 수는 미 단위에 그치기[184] 때문.

3) 표의 사용법 예시: 12시간42분51초 동안 태양의 평균운행도수 구하기

(1) 이 표에서 12시에 대한 수: 29분34초10미
42분에 대한 수: 1분43초29미34섬
51초에 대한 수: 2초05미40섬12홀

(2) 표에서 읽은 세 수를 합하면 31분19초45미14섬12홀
⇒ 12시간42분51초 동안 태양이 평균운행한 도수

표

○ **수록 범위**: 1시(분, 초)~60시(분, 초)

○ 표값: 1시(분, 초)에 대한 2분27초51미(2초27미51섬, 2미27섬51홀)에서 시작하여,

---

183) 태양의……않는데: 《역상고성표》의 값은 59분08초19미49섬51홀39망이고, 《역상고성후편》의 값은 59분08초19미44섬43홀22망03진이다.

184) 표에……그친다: 이 표에서 분에 대한 수는 초, 미, 섬 단위로 읽고, 초에 대한 수는 미, 섬, 홀 단위로 읽도록 되어 있지만, 그 수치는 시간에 대한 분, 초, 미 단위의 수치를 그대로 사용하고 단위만 바꾸어 읽도록 한 것이므로 수치의 정밀도는 미 단위에 그친다.

60시(분, 초)에 대한 2도27분50초49미(2분27초50미49섬, 2초27미50섬 49홀)로 끝남.

24시에 대한 표값은 59분08초20미.

⇒ 매시(매분, 매초) 2분27초51미(2초27미51섬, 2미27섬51홀)씩 증가하되 5, 6시(분, 초)마다 한 번씩은 2분27초50미(2초27미50섬, 2미27섬50홀)씩 증가함.[185]

度分秒	分秒微	秒微纖	微纖忽	時分秒	度分秒	分秒微	秒微纖	微纖忽	時分秒
一	一六	二三	一五	三一		二	二七	五一	一
一	一八	五一	○六	三二		四	五五	四二	二
一	二一	一八	五七	三三		七	二三	三二	三
一	二三	四六	四八	三四		九	五一	二三	四
一	二六	一四	三九	三五		一二	一九	一四	五
一	二八	四二	二九	三六		一四	四七	○五	六
一	三一	一○	二○	三七		一七	一四	五六	七
一	三三	三八	一一	三八		一九	四二	四七	八
一	三六	○六	○二	三九		二二	一○	三七	九
一	三八	三三	五三	四○		二四	三八	二八	一○
一	四一	○一	四三	四一		二七	○六	一九	一一
一	四三	二九	三四	四二		二九	三四	一○	一二
一	四五	五七	二五	四三		三二	○二	○一	一三
一	四八	二五	一六	四四		三四	二九	五一	一四
一	五○	五三	○七	四五		三六	五七	四二	一五
一	五三	二○	五八	四六		三九	二五	三七	一六
一	五五	四八	四八	四七		四一	五三	二四	一七
一	五八	一六	三九	四八		四四	二一	一五	一八
二	○○	四四	三○	四九		四六	四九	○六	一九
二	○三	一二	二一	五○		四九	一六	五六	二○
二	○五	四○	一二	五一		五一	四四	四七	二一
二	○八	○八	○[illegible]	五二		五四	一二	三八	二二
二	一○	三五	五三	五三		五六	四○	二九	二三
二	一三	○三	四四	五四		五九	○八	二○	二四
二	一五	三一	三五	五五	一	○一	三六	一○	二五
二	一七	五九	二六	五六	一	○四	○四	○一	二六
二	二○	二七	一七	五七	一	○六	三一	五二	二七
二	二二	五五	○七	五八	一	○八	五九	四三	二八
二	二五	二二	五八	五九	一	一一	二七	三四	二九
二	二七	五○	四九	六○	一	一三	五五	二五	三○

[그림 3] 《역상고성후편》 제7권 〈일전표〉의 〈태양주일평행표(太陽周日平行表)〉

185) 《역상고성표》 〈태양주일평행표〉와 완전히 동일하다.

[표 3] [그림 3]의 〈태양주일평행표〉에 주어진 값과 계산값

단위	계산값				후편값				단위	계산값				후편값			
시	도	분	초	미	도	분	초	미	시	도	분	초	미	도	분	초	미
분	분	초	미	섬	분	초	미	섬	분	분	초	미	섬	분	초	미	섬
초	초	미	섬	홀	초	미	섬	홀	초	초	미	섬	홀	초	미	섬	홀
1	0	2	27	51		二	二七	五一	31	1	16	23	16	一	一六	二三	一五
2	0	4	55	42		四	五五	四二	32	1	18	51	6	一	一八	五一	〇六
3	0	7	23	32		七	二三	三二	33	1	21	18	57	一	二一	一八	五七
4	0	9	51	23		九	五一	二三	34	1	23	46	48	一	二三	四六	四八
5	0	12	19	14		一二	一九	一四	35	1	26	14	39	一	二六	一四	三九
6	0	14	47	5		一四	四七	〇五	36	1	28	42	30	一	二八	四二	二九
7	0	17	14	56		一七	一四	五六	37	1	31	10	20	一	三一	一〇	二〇
8	0	19	42	47		一九	四二	四七	38	1	33	38	11	一	三三	三八	一一
9	0	22	10	37		二二	一〇	三七	39	1	36	6	2	一	三六	〇六	〇二
10	0	24	38	28		二四	三八	二八	40	1	38	33	53	一	三八	三三	五三
11	0	27	6	19		二七	〇六	一九	41	1	41	1	44	一	四一	〇一	四三
12	0	29	34	10		二九	三四	一〇	42	1	43	29	35	一	四三	二九	三四
13	0	32	2	1		三二	〇二	〇一	43	1	45	57	25	一	四五	五七	二五
14	0	34	29	52		三四	二九	五一	44	1	48	25	16	一	四八	二五	一六
15	0	36	57	42		三六	五七	四二	45	1	50	53	7	一	五〇	五三	〇七
16	0	39	25	33		三九	二五	三三	46	1	53	20	58	一	五三	二〇	五八
17	0	41	53	24		四一	五三	二四	47	1	55	48	49	一	五五	四八	四八
18	0	44	21	15		四四	二一	一五	48	1	58	16	39	一	五八	一六	三九
19	0	46	49	6		四六	四九	〇六	49	2	0	44	30	二	〇〇	四四	三〇
20	0	49	16	56		四九	一六	五六	50	2	3	12	21	二	〇三	一二	二一
21	0	51	44	47		五一	四四	四七	51	2	5	40	12	二	〇五	四〇	一二
22	0	54	12	38		五四	一二	三八	52	2	8	8	3	二	〇八	〇八	〇三
23	0	56	40	29		五六	四〇	二九	53	2	10	35	54	二	一〇	三五	五三
24	0	59	8	20		五九	〇八	二〇	54	2	13	3	44	二	一三	〇三	四四
25	1	1	36	11	一	〇一	三六	一〇	55	2	15	31	35	二	一五	三一	三五
26	1	4	4	1	一	〇四	〇四	〇一	56	2	17	59	26	二	一七	五九	二六
27	1	6	31	52	一	〇六	三一	五二	57	2	20	27	17	二	二〇	二七	一七
28	1	8	59	43	一	〇八	五九	四三	58	2	22	55	8	二	二二	五五	〇七
29	1	11	27	34	一	一一	二七	三四	59	2	25	22	59	二	二五	二二	五八
30	1	13	55	25	一	一三	五五	二五	60	2	27	50	49	二	二七	五〇	四九

※ 태양의 1일 평균 운행 도수는 0.985647도이기에 1시간 동안 평균운행도수는 0.041069도 곧, 2분27초50미49섬21홀48망25진이다. 1분은 이 값을 60으로 나눈 값이기에 단위만 하나 아래로 내려가면 된다. 따라서 1분 동안 평균운행도수는 2초27미50섬49홀21망48진이 되고, 1초 동안 평균운행도수는 2미27섬50홀49망21진이 된다. 각 평균운행도수에 경과 시간, 경과 분, 경과 초를 곱하여 계산한다. 계산값과 후편값은 동일하다.

제4표

태양균수표(太陽均數表)

원문	번역문
太陽均數表，按最卑、最高，分順逆列之。引數初宮至五宮，爲最卑後，列於上。引數六宮至十一宮，爲最高後，列於下。	〈태양균수표(太陽均數表)〉는 근지점[최비(最卑)]과 원지점[최고(最高)]를 기준으로 태양의 인수(引數 근지점 이각)를 순방향과 역방향으로 나누어 배열하였다. 인수가 초궁부터 5궁까지(0도부터 180도까지)인 구간은 근지점 이후로서 상층에 배열하고, 인수가 6궁부터 11궁까지(180도부터 360도까지)인 구간은 원지점 이후로서 하층에 배열하였다.
前後列引數度分，分順逆，以別加減。	앞줄과 뒷줄에 인수의 도분(도수와 분수)을 배열하되 순방향과 역방향으로 나누어 가(加 가균(加均); 가차(加差))와 감(減 감균(減均); 감차(減差))을 구별하였다.
中列逐宮逐度之均數，旁列較數。	가운뎃줄에 매궁(每宮), 매도(每度)에 대한 균수(均數 영축차)를 배열하고 그 옆에 증감분(增減分)[교수(較數)]을 배열하였다.
太陽引數在上六宮者，用順度，其號爲加。太陽引數在下六宮者，用逆度，其號爲減。	태양의 인수가 상층의 여섯 궁에 속한 경우는 순방향의 도수를 사용하고 그 부호는 가(加)가 되며, 태양의 인수가 하층의 여섯 궁에 속한 경우는 역방향의 도수를 사용하고 그 부호는 감

(減)이 된다.

用表之法, 以引數之宮, 對引數之度分, 其縱橫相遇, 即所求之均數也。

표를 사용하는 방법은 다음과 같다. 인수의 궁(宮)을 인수의 도분(度分)과 마주하여 종횡으로 서로 만나는 곳의 수치가 곧 구하려는 균수이다.

表以十分爲率。若引數有零分者, 按中比例法求之。

이 표는 10분 간격으로 작성되었다. 인수에 '분 단위의 한 자릿수[영분(零分)]'가 있는 경우는 중비례법(中比例法 비례보간(比例補間))에 따라 구한다.

設太陽引數爲二宮五度一十二分, 求其均數。則察二宮五度一十分, 所對之均數, 爲一度四十六分二十三秒, 較數爲八秒。

예를 들어 태양의 인수가 2궁5도12분일 때 그 균수를 구해 보자. 표에서 2궁5도10분을 찾으면 그에 대한 균수가 1도46분23초이고 증감분[교수]이 8초이다.[186)]

乃以引數一十分爲一率, 較數八秒爲二率, 設數二分爲三率, 求得四率一秒小餘六。

이제 인수 10분을 1률로 삼고, 증감분 8초를 2율로 삼고 처음에 설정한 인수의 우수리 2분을 3률로 삼아서 계산하면 4율로 1.6초가 나온다.

收作二秒, 與二宮五度一十分之均數一度四十六分二十三秒相加, 【因二十分之均數, 大於一十分之均數, 故相加。反是, 則相減也。】得一度四十六分二十五秒, 爲所求之均數。其號爲加, 即爲加均也。

이 수를 2초로 반올림[수(收)]한 후에 2궁5도10분에 대한 균수 1도46분23초와 서로 더하면【20분에 대한 균수가 10분에 대한 균수보다 크므로 서로 더한다. 이와 반대의 경우에는 서로 뺀다.】 1도46분25초가 나오는데, 이것이 구하려는 균수이다. 그 부호가 가(加)이므로 가균(加均)이 된다.

---

186) 예를 들어……8초이다: 《역상고성표》 제1권 〈일전표〉의 〈태양균수표〉에도 이 계산 예가 실려 있는데, 표에서 q(2궁5도10분) = 1도52분37초와 q(2궁5도20분) = 1도52분46초를 읽고 Δq = |q(2궁5도20분)—q(2궁5도10분)| = 9초를 산출한 후 비례보간으로 δq = 1.8초 ≒ 2초를 구하였다. 《역상고성후편》의 〈태양균수표〉는 증감분[교수] Δq를 제시하여 계산 절차

내용 정리

1) 표의 구성과 형식

(1) 표의 상층과 하층에 인수(引數 태양의 근지점 이각)의 궁(宮)을 배열함.

① 근지점[최비(最卑)]과 원지점[최고(最高)]를 기준으로
태양의 인수를 순방향과 역방향으로 나누어 배열함.

② 인수가 초궁~5궁(0도~180도): 근지점 이후. 상층에 배열.

③ 인수가 6궁~11궁(180도~360도): 원지점 이후. 하층에 배열.

(2) 표의 앞줄과 뒷줄에 인수의 도분(度分 도수와 분수)을 배열하고 가감의 부호를 구별함.

① 앞줄의 도분은 순방향, 가(加)

② 뒷줄의 도분은 역방향, 감(減)

(3) 가웃뎃 줄의 표값: 매궁 매도에 대한 균수(均數 영축차)와 증감분(增減分)[교수(較數)]

① 태양의 인수가 상층의 여섯 궁에 속하면 순방향의 도수를 사용하고 가호(加號 +)가 됨.

② 태양의 인수가 하층의 여섯 궁에 속하면 역방향의 도수를 사용하고 감호(減號 +)가 됨.

를 줄였다.

2) 표의 사용법

(1) 인수의 궁과 도분이 종횡으로 만나는 곳의 값이 해당 궁도분에 대한 균수임.

(2) 표는 인수 10분 간격으로 작성됨.

(3) 인수에 '분 단위의 한 자릿수'[영분(零分)]가 있는 경우는
중비례법(中比例法 비례보간(比例補間))으로 구함.

(4) 계산 예: 태양의 인수가 2궁5도12분일 때 균수 q(2궁5도12분) 구하기.

① 표에서 q(2궁5도10분)＝1도46분23초, Δq＝8초[186]

② 다음의 비례식으로 δq＝|q(2궁5도12분)—q(2궁5도10분)|을 구함.
(인수 차 10분) : (Δq 8초) ＝ (인수 차 2분) : δq
δq＝1.6초≒2초

③ q(2궁5도12분)＝q(2궁5도10분)+δq＝1도46분23초+2초＝1도46분25초
▾ q(2궁5도20분) 〉 q(2궁5도10분) 이므로 δq를 더해줌.

④ 인수 2궁5도12분은 가호(加號 +)의 구간에 속하므로 가균(加均)임.
q(2궁5도12분)＝+1도46분25초

표

○ **수록 범위**: 인수(근지점 이각)가 '초궁0도0분~11궁30도00분'인 범위
상단: 초궁0도0분~5궁30도00분
하단: 6궁0도0분~11궁30도00분

○ **간격**: 인수 10분

○ **표값(균수)**: 초궁0도0분(0도)에 대한 균수 0도0분0초에서 시작하여
2궁28도20분(88도20분)~2궁29도00분의 구간에서 최대 가균(加均) +1도56분13초.
5궁30도00분＝6궁00도00(180도)분에 대해 다시 0도0분0초.
9궁01도00분(271도)~9궁01도40분의 구간에서 최대 감균(減均) —1도56분13초.[187)]

○ **표값(증감분[교수])**[188]: 초궁00도20분(0도20분)~초궁00도40분에서 가균의 최대 증분 21초,

2궁28도30분(88도30분)~2궁29도50분의 구간에서 대부분 0초.

5궁28도20분(178도20분)~5궁29도10분에서 가균의 최대 감분 20초,

6궁00도50분(180도50분)~6궁01도40분에서 감균의 최대 증분 20초,

9궁00도10분(270도10분)~9궁01도30분의 구간에서 대부분 0초.

11궁29도20분(359도20분)~11궁29도40분에서 감균의 최대 감분 21초.

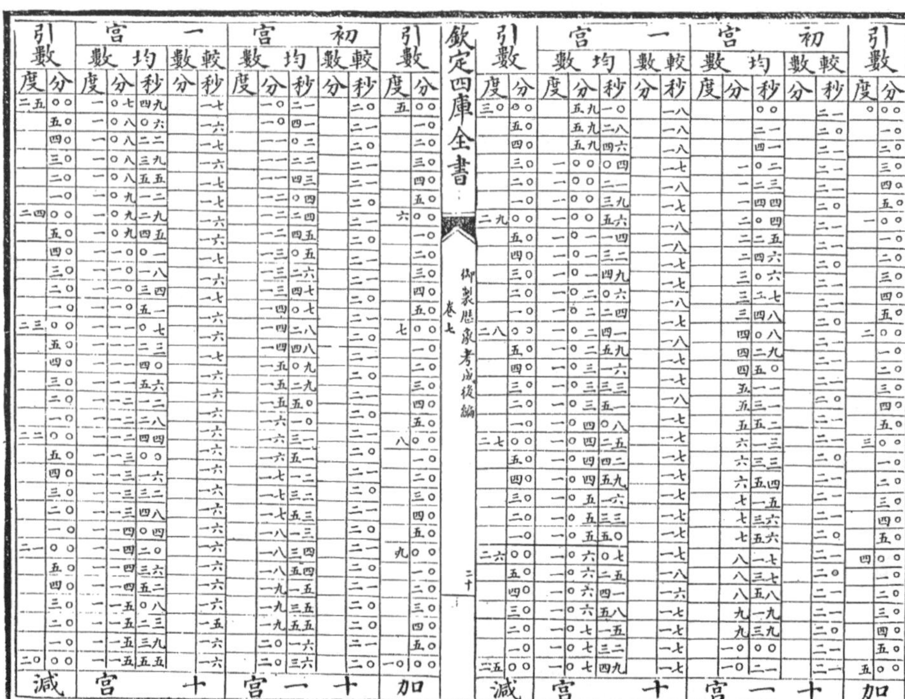

[그림 4] 《역상고성후편》 제7권 〈일전표〉의 〈태양균수표(太陽均數表)〉 첫 두 면

187) 《역상고성표》의 〈태양균수표〉는 인수 2궁28도50분~2궁29도10분의 구간에서 최대 가균(加均) +2도03분11초를 보이고, 9궁00도50분~9궁01도10분의 구간에서 최대 감균(減均) −2도03분11초를 보였다.

188) 《역상고성후편》의 〈태양균수표〉에서 새로 추가한 항목이다. 이로 인해 분량이 많아져서, 《역상고성표》의 〈태양균수표〉가 상층에 6개 궁, 하층에 6개 궁 도합 12개 궁을 한꺼번에 실은 것과 달리, 상층에 2개 궁, 하층에 2개 궁 도합 4개 궁씩 총 3조로 나누어 싣고 있다.

[표 4] [그림 4]의 〈태양균수표〉에 주어진 값과 계산값

M		q			후편값		
도	분	도	분	초	도	분	초
0	0	0	0	0			〇〇
0	10	0	0	21			二一
0	20	0	0	41			四一
0	30	0	1	2		一	〇二
0	40	0	1	23		一	二三
0	50	0	1	44		一	四四
1	0	0	2	4		二	〇四
1	10	0	2	25		二	二五
1	20	0	2	46		二	四六
1	30	0	3	6		三	〇六
1	40	0	3	27		三	二七
1	50	0	3	48		三	四八
2	0	0	4	9		四	〇八
2	10	0	4	29		四	二九
2	20	0	4	50		四	五〇
2	30	0	5	11		五	一一
2	40	0	5	31		五	三一
2	50	0	5	52		五	五二
3	0	0	6	13		六	一三
3	10	0	6	33		六	三三
3	20	0	6	54		六	五四
3	30	0	7	15		七	一五
3	40	0	7	35		七	三六
3	50	0	7	56		七	五六
4	0	0	8	17		八	一七
4	10	0	8	37		八	三七
4	20	0	8	58		八	五八
4	30	0	9	19		九	一九
4	40	0	9	39		九	三九
4	50	0	10	0		一〇	〇〇
5	0	0	10	21		一〇	二一

M		q			후편값		
도	분	도	분	초	도	분	초
5	0	0	10	21		一〇	二一
5	10	0	10	41		一〇	四一
5	20	0	11	2		一一	〇二
5	30	0	11	23		一一	二二
5	40	0	11	43		一一	四三
5	50	0	12	4		一二	〇四
6	0	0	12	24		一二	二四
6	10	0	12	45		一二	四五
6	20	0	13	6		一三	〇五
6	30	0	13	26		一三	二六
6	40	0	13	47		一三	四七
6	50	0	14	7		一四	〇七
7	0	0	14	28		一四	二八
7	10	0	14	48		一四	四八
7	20	0	15	9		一五	〇九
7	30	0	15	29		一五	二九
7	40	0	15	50		一五	五〇
7	50	0	16	10		一六	一〇
8	0	0	16	31		一六	三一
8	10	0	16	51		一六	五一
8	20	0	17	12		一七	一二
8	30	0	17	32		一七	三二
8	40	0	17	53		一七	五三
8	50	0	18	13		一八	一三
9	0	0	18	34		一八	三四
9	10	0	18	54		一八	五四
9	20	0	19	15		一九	一五
9	30	0	19	35		一九	三五
9	40	0	19	56		一九	五五
9	50	0	20	16		二〇	一六
10	0	0	20	36		二〇	三六

M		q			후편값		
도	분	도	분	초	도	분	초
30	0	0	59	11		五九	一[illegible]
30	10	0	59	28		五九	二[illegible]
30	20	0	59	46		五九	四[illegible]
30	30	1	0	4	一	〇〇	〇[illegible]
30	40	1	0	21	一	〇〇	二[illegible]
30	50	1	0	39	一	〇〇	三[illegible]
31	0	1	0	57	一	〇〇	五[illegible]
31	10	1	1	14	一	〇一	一[illegible]
31	20	1	1	32	一	〇一	三[illegible]
31	30	1	1	49	一	〇一	四[illegible]
31	40	1	2	7	一	〇二	〇[illegible]
31	50	1	2	24	一	〇二	二[illegible]
32	0	1	2	42	一	〇二	四[illegible]
32	10	1	2	59	一	〇二	五[illegible]
32	20	1	3	16	一	〇三	一[illegible]
32	30	1	3	34	一	〇三	三[illegible]
32	40	1	3	51	一	〇三	五[illegible]
32	50	1	4	8	一	〇四	〇[illegible]
33	0	1	4	25	一	〇四	二[illegible]
33	10	1	4	42	一	〇四	四[illegible]
33	20	1	4	60	一	〇四	五[illegible]
33	30	1	5	17	一	〇五	一[illegible]
33	40	1	5	34	一	〇五	三[illegible]
33	50	1	5	51	一	〇五	五[illegible]
34	0	1	6	8	一	〇六	〇[illegible]
34	10	1	6	25	一	〇六	二[illegible]
34	20	1	6	42	一	〇六	四[illegible]
34	30	1	6	59	一	〇六	五[illegible]
34	40	1	7	15	一	〇七	一[illegible]
34	50	1	7	32	一	〇七	三[illegible]
35	0	1	7	49	一	〇七	四九

M		q			후편값		
도	분	도	분	초	도	분	초
35	0	1	7	49	一	〇七	四九
35	10	1	8	6	一	〇八	〇六
35	20	1	8	22	一	〇八	二二
35	30	1	8	39	一	〇八	三九
35	40	1	8	56	一	〇八	五五
35	50	1	9	12	一	〇九	一二
36	0	1	9	29	一	〇九	二九
36	10	1	9	45	一	〇九	四五
36	20	1	10	2	一	一〇	〇一
36	30	1	10	18	一	一〇	一八
36	40	1	10	35	一	一〇	三四
36	50	1	10	51	一	一〇	五一
37	0	1	11	7	一	一一	〇七
37	10	1	11	24	一	一一	二三
37	20	1	11	40	一	一一	四〇
37	30	1	11	56	一	一一	五六
37	40	1	12	12	一	一二	一二
37	50	1	12	28	一	一二	二八
38	0	1	12	45	一	一二	四四
38	10	1	13	1	一	一三	〇〇
38	20	1	13	17	一	一三	一六
38	30	1	13	33	一	一三	三二
38	40	1	13	49	一	一三	四八
38	50	1	14	4	一	一四	〇四
39	0	1	14	20	一	一四	二〇
39	10	1	14	36	一	一四	三六
39	20	1	14	52	一	一四	五二
39	30	1	15	8	一	一五	〇八
39	40	1	15	23	一	一五	二三
39	50	1	15	39	一	一五	三九
40	0	1	15	55	一	一五	五五

※ '차적구적법'에 의해 계산한 값과 후편에 주어진 값이 거의 동일하다. 차이는 1초 정도이다.

제5표

황적거도표(黃赤距度表)

원문	번역문
黃赤距度表，按二分、二至，分順逆列之。	〈황적거도표〉는 춘분·추분과 하지·동지를 기준으로 순방향과 역방향으로 나누어 배열하였다.
二分後之各宮，列於上。降婁、大梁、實沈三宮，係春分後，爲北緯。壽星、大火、析木三宮，係秋分後，爲南緯。其數同。	춘분·추분 후의 각 궁은 상단에 배열하였다. 강루(降婁 ARI), 대량(大梁 TAU), 실침(實沈 GEM)의 3개 궁은 춘분 후로서 북위(北緯)이고, 수성(壽星 LIB), 대화(大火 SCO), 석목(析木 SGR)의 3개 궁은 추분 후로서 남위(南緯)이다. 거도(距度 적도로부터 남북으로 떨어지 도수; 적위(赤緯))의 수치는 서로 같다.
二至後之各宮，列於下。鶉首、鶉火、鶉尾三宮，係夏至後，爲北緯。星紀、元枵、娵訾三宮，係冬至後，爲南緯。其數同。	하지·동지 후의 각 궁은 하단에 배열하였다. 순수(鶉首 CNC), 순화(鶉火 LEO), 순미(鶉尾 VIR)의 3개 궁은 하지 후로서 북위이고, 성기(星紀 CAP), 현효(玄枵 AQU),[189] 추자(娵訾 PSC)의 3개 궁은 동지 후로서 남위이다. 거도의 수치는 서로 같다.
太陽實行在上六宮者，　用順度。太陽實行在下六宮者，　用逆度。俱與前表同。	태양의 실제운행도수[실행(實行)]가 상단의 6개 궁에 속한 경우는 순방향의 도수를 사용하고, 태양의 실제운행도수가 하단의 6개 궁에 속한

경우는 역방향의 도수를 사용한다. 이는 모두 이전의 표(《역상고성표》 제1권 〈일전표〉의 제5표 〈황적거도표〉)와 동일하다.

用表之法, 以實行之宮, 對實行之度分, 其縱橫相遇, 即所求之距度也。

표를 사용하는 방법은 다음과 같다. 실제운행도수[실행]의 궁(宮)을 실제운행도수의 도분(度分)과 마주하여 종횡으로 만나는 곳의 도수가 곧 구하려는 거도이다.

表以十分爲率。若實行有零分者, 按中比例法求之。

표는 10분 간격으로 작성되었다. 실제운행도수에 '분 단위의 한 자릿수'[영분(零分)]가 있는 경우는 중비례법(中比例法 비례보간)에 따라 구한다.

設太陽實行在黃道大火宮二十一度一十五分, 求黃赤距度。則以大火宮二十一度一十分所對之數一十八度零五分零二秒, 與下層二十一度二十分所對之數一十八度零七分三十九秒相減, 餘二分三十七秒, 爲一十分之較。

예를 들어 태양의 실제운행이 황도의 대화궁(大火宮 SCO) 21도15분에 있을 때 황적거도(黃赤距度 황도상의 점이 적도로부터 남북으로 떨어지 도수; 적위)를 구해 보자. 대화궁 21도10분에 대한 도수 18도05분02초와 그 아래층 21도20분에 대한 도수 18도07분39초의[190] 차를 구하면 2분37초가 남는데, 이것이 실제운행도수의 차 10분에 대한 황적거도의 차이다.

乃以一十分爲一率, 較數二分三十七秒, 化作一百五十七秒爲二率, 設數五分爲三率, 求得四率七十八秒小餘五。

이제 10분을 1률로 삼고, 황적거도의 차 2분37초를 초 단위로 변환한 157초를 2율로 삼고, 처음에 설정한 실제운행도수의 우수리 5분을 3률로 삼아서 계산하면 4율로 78.5초가 나온다.

收作一分一十九秒, 與大火宮二十一度一十分之距度一十八度零五分零二秒相加,【因二十分之距度,

이 수의 단위를 환산한 1분19초를 대화궁 21도10분에 대한 거도 18도05분02초와 서로 더하면【20분에 대한 거도가 10분에 대한 거도보다 크므로 서로

大於一十分之距度，故相加。反是，則相減也。】 得一十八度零六分二十一秒，爲所求之距度也。	더한다. 이와 반대의 경우에는 서로 뺀다.】 18초06분21초가 나오는데, 이것이 구하려는 황적거도이다.

내용 정리

1) 표의 구성과 형식

(1) 춘분 · 추분과 하지 · 동지를 기준으로 상단과 하단에 순방향과 역방향으로 나누어 배열함.

① 상단: 춘분 · 추분 후의 각 궁

ㄱ. 강루(降婁 ARI), 대량(大梁 TAU), 실침(實沈 GEM) → 춘분 후, 북위(北緯)

ㄴ. 수성(壽星 LIB), 대화(大火 SCO), 석목(析木 SGR) → 추분 후, 남위(南緯)

ㄷ. 남북의 거도(距度 적도로부터 남북으로 떨어지 도수; 적위(赤緯))값은 서로 같음.

② 하단: 하지 · 동지 후의 각 궁

ㄱ. 순수(鶉首 CNC), 순화(鶉火 LEO), 순미(鶉尾 VIR) → 하지 후, 북위

ㄴ. 하층: 성기(星紀 CAP), 현효(玄枵 AQU),[189] 추자(娵訾 PSC) → 동지 후, 남위

ㄷ.남북의 거도값은 서로 같음.

189) 현효(玄枵): 저본에는 '원효(元枵)'로 되어 있으나 이는 청 성조(淸聖祖) 강희제(康熙帝)의 이름인 '현엽(玄燁)'의 글자를 사용하지 않기 위해 원래 '현효(玄枵)'의 '현(玄)'을 '원(元)'으로 바꿔쓴 것에 불과하므로 번역문에서는 모두 원래의 명칭인 현효(玄枵)로 옮겼다. 이후에도 모두 마찬가지이다.

190) 예를 들어……18도07분39초의: 《역상고성표》 제1권 〈일전표〉의 〈황적거도표〉에도 이 계산 예가 실려 있는데, 표에서 δ(대화궁21도10분)＝18도05분24초와 δ(대화궁21도20분)＝18도08분02초를 찾았다.

(2) 상단 · 하단에 따라 사용하는 도수가 다름.

① 상단의 6개 궁: 앞줄의 '순방향의 도수[순도(順度)]'를 사용함.

② 하단의 6개 궁: 뒷줄의 '역방향의 도수[역도(逆度)]'를 사용함.

→ 모두 이전의 표(《역상고성표》 제1권 〈일전표〉의 제5표 〈황적거도표〉)와 동일함.

보충자료 29 태양의 실제운행도수(λ)에 대한 황적거도(δ)

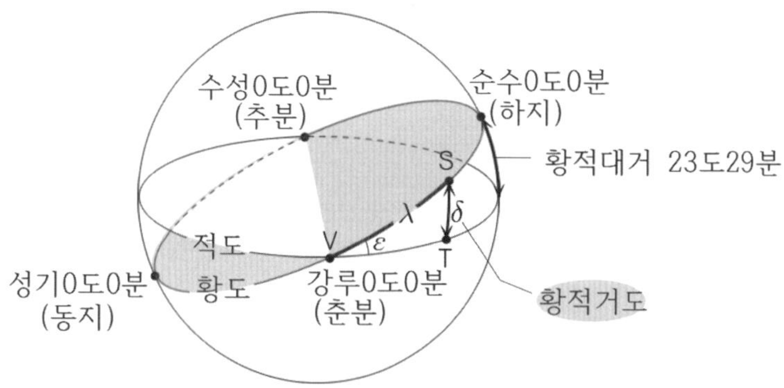

[보충그림 29] 황적거도

ΔSVT에서 $\angle T$가 직각이므로 다음 관계에 의해 춘 · 추분점으로부터 황경차 λ를 알 때 황적거도 δ를 구할 수 있다.

$$\sin\delta = \sin\varepsilon \cdot \sin\lambda$$

2) 표의 사용법

(1) 실제운행의 궁(宮)과 도분(度分)이 종횡으로 만나는 곳의 값 ⇒ 황적거도

(2) 표는 태양의 실제운행 10분 간격으로 작성됨.

(3) 실제운행에 '분 단위의 한 자릿수[영분(零分)]'가 있는 경우는 중비례법(中比例法 비례보간)으로 구함.

(4) 계산 예: 태양의 실제운행이 황도의 대화궁(大火宮 SCO) 21도15분에 있을 때 황적거도 δ(대화궁21도15분) 구하기.

① 표에서 δ(대화궁21도10분)＝18도05분02초[190]

δ(대화궁21도20분)＝18도07분39초

② $\Delta\delta$＝|δ(대화궁21도20분)—δ(대화궁21도10분)|＝2분37초

③ 다음의 비례식으로 $d\delta$＝|δ(대화궁21도15분)—δ(대화궁21도10분)|을 구함.

(실제운행 차 10분) : ($\Delta\delta$ (2분38초＝) 157초)＝(실제운행 차 5분) : $d\delta$

$d\delta$＝78.5초≒1분19초

④ δ(대화궁21도15분)＝δ(대화궁21도10분)+$d\delta$＝18도05분02초+1분19초＝18초06분21초

▾ δ(대화궁21도20분) 〉 δ(대화궁21도10분) 이므로 $d\delta$를 더해줌. 이와 반대인 경우에는 빼줌.

표

○ **수록 범위**: 황도(黃道) 상의 강루궁0도0분(춘분점)~추자궁30도00분(춘분점)

상단의 상행: 우에서 좌로 강루궁0도0분(춘분점)~실침궁30도00분(하지점) → 북위

하단의 하행: 좌에서 우로 순수궁0도0분(하지점)~순미궁30도00분(추분점) → 북위

상단의 하행: 우에서 좌로 성수궁0도0분(추분점)~석목궁30도00분(동지점) → 남위

하단의 상행: 좌에서 우로 성기궁0도0분(동지점)~추자궁30도00분(춘분점) → 남위

○ **간격**: 황도 상의 도수 10분

○ **표값**: 강루궁0도0분(춘분점)에서 0도0분0초.

순수궁0도0분(하지점)에서 북위 23도29분.

성수궁0도0분(추분점)에서 0도0분0초.

성기궁0도0분(동지점)에서 남위 23도29분.[191]

○ **형식**: 황적거도값의 대칭성을 이용하여 폭을 1/4로 압축하여 나타냄.

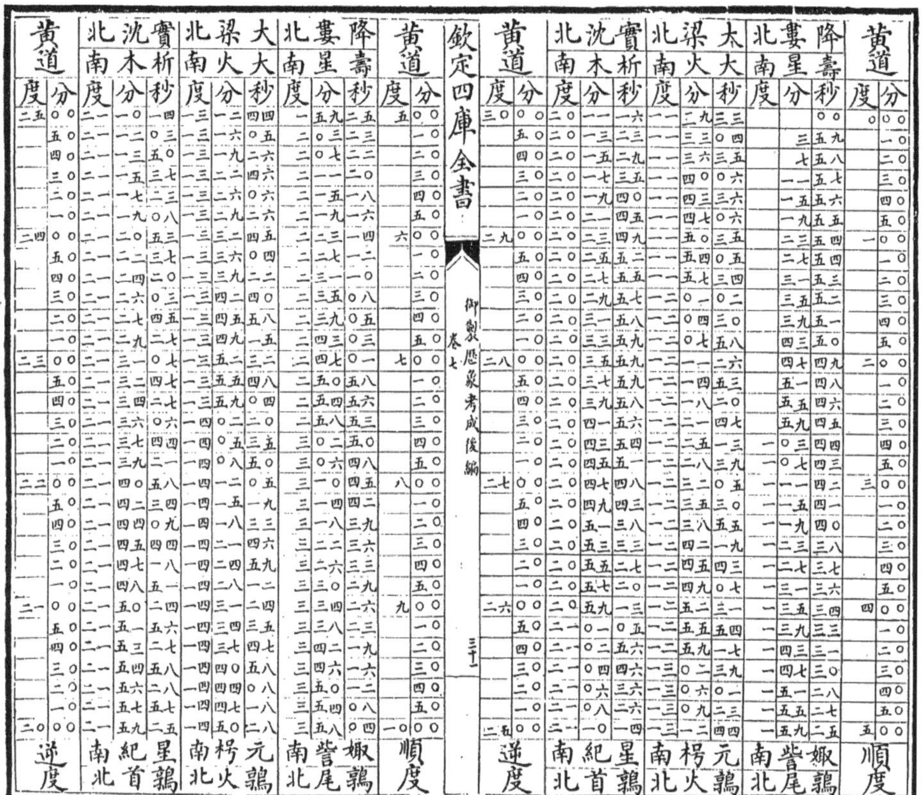

[그림 5] 《역상고성후편》 제7권 〈일전표〉의 〈황적거도표(黃赤距度表)〉 첫 두 면

191) 《역상고성표》 〈황적거도표〉에서는 순수궁0도0분(하지점)에서 북위 23도29분30초, 성기궁0도0분(동지점)에서 남위 23도29분30초이다.

[표 5] [그림 5]의 〈황적거도표〉에 주어진 값과 계산값

황도		적위			후편값			황도		적위			후편값			황도		적위			후편값		
도	분	도	분	초	도	분	초	도	분	도	분	초	도	분	초	도	분	도	분	초	도	분	초
0	0	0	0	0			○○	30	0	11	29	33	一一	二九	三三	60	0	20	11	16	二○	一一	一六
0	10	0	3	59		三	五九	30	10	11	33	4	一一	三三	○四	60	10	20	13	23	二○	一三	二三
0	20	0	7	58		七	五八	30	20	11	36	35	一一	三六	三五	60	20	20	15	29	二○	一五	二九
0	30	0	11	57		一一	五七	30	30	11	40	6	一一	四○	○六	60	30	20	17	35	二○	一七	三五
0	40	0	15	56		一五	五六	30	40	11	43	36	一一	四三	三六	60	40	20	19	40	二○	一九	四○
0	50	0	19	55		一九	五五	30	50	11	47	6	一一	四七	○六	60	50	20	21	45	二○	二一	四五
1	0	0	23	54		二三	五四	31	0	11	50	35	一一	五○	三五	61	0	20	23	49	二○	二三	四九
1	10	0	27	54		二七	五四	31	10	11	54	5	一一	五四	○五	61	10	20	25	52	二○	二五	五二
1	20	0	31	53		三一	五三	31	20	11	57	34	一一	五七	三四	61	20	20	27	55	二○	二七	五五
1	30	0	35	52		三五	五二	31	30	12	1	2	一二	○一	○二	61	30	20	29	57	二○	二九	五七
1	40	0	39	51		三九	五一	31	40	12	4	30	一二	○四	三○	61	40	20	31	58	二○	三一	五八
1	50	0	43	50		四三	五○	31	50	12	7	58	一二	○七	五八	61	50	20	33	59	二○	三三	五九
2	0	0	47	49		四七	四九	32	0	12	11	26	一二	一一	二六	62	0	20	35	59	二○	三五	五九
2	10	0	51	48		五一	四八	32	10	12	14	53	一二	一四	五三	62	10	20	37	59	二○	三七	五九
2	20	0	55	46		五五	四六	32	20	12	18	20	一二	一八	二○	62	20	20	39	58	二○	三九	五八
2	30	0	59	45		五九	四五	32	30	12	21	47	一二	二一	四七	62	30	20	41	56	二○	四一	五六
2	40	1	3	44	一	○三	四四	32	40	12	25	13	一二	二五	一三	62	40	20	43	54	二○	四三	五四
2	50	1	7	43	一	○七	四三	32	50	12	28	39	一二	二八	三九	62	50	20	45	51	二○	四五	五一
3	0	1	11	42	一	一一	四二	33	0	12	32	5	一二	三二	○五	63	0	20	47	48	二○	四七	四八
3	10	1	15	41	一	一五	四一	33	10	12	35	30	一二	三五	三○	63	10	20	49	43	二○	四九	四三
3	20	1	19	40	一	一九	四○	33	20	12	38	55	一二	三八	五五	63	20	20	51	38	二○	五一	三八
3	30	1	23	38	一	二三	三八	33	30	12	42	19	一二	四二	一九	63	30	20	53	33	二○	五三	三三
3	40	1	27	37	一	二七	三七	33	40	12	45	43	一二	四五	四三	63	40	20	55	27	二○	五五	二七
3	50	1	31	36	一	三一	三六	33	50	12	49	7	一二	四九	○七	63	50	20	57	20	二○	五七	二○
4	0	1	35	34	一	三五	三四	34	0	12	52	31	一二	五二	三一	63	60	20	59	13	二○	五九	一三
4	10	1	39	33	一	三九	三三	34	10	12	55	54	一二	五五	五四	64	10	21	1	5	二一	○一	○五
4	20	1	43	31	一	四三	三一	34	20	12	59	17	一二	五九	一七	64	20	21	2	56	二一	○二	五六
4	30	1	47	30	一	四七	三○	34	30	13	2	39	一三	○二	三九	64	30	21	4	46	二一	○四	四六
4	40	1	51	28	一	五一	二八	34	40	13	6	1	一三	○六	○一	64	40	21	6	36	二一	○六	三六
4	50	1	55	27	一	五五	二七	34	50	13	9	23	一三	○九	二三	64	50	21	8	26	二一	○八	二六
5	0	1	59	25	一	五九	二五	35	0	13	12	44	一三	一二	四四	65	0	21	10	14	二一	一○	一四
5	10	2	3	23	二	○三	二三	35	10	13	16	5	一三	一六	○五	65	10	21	12	3	二一	一二	○三
5	20	2	7	22	二	○七	二二	35	20	13	19	26	一三	一九	二六	65	20	21	13	50	二一	一三	五○
5	30	2	11	20	二	一一	二○	35	30	13	22	46	一三	二二	四六	65	30	21	15	37	二一	一五	三七
5	40	2	15	18	二	一五	一八	35	40	13	26	6	一三	二六	○六	65	40	21	17	23	二一	一七	二三
5	50	2	19	16	二	一九	一六	35	50	13	29	26	一三	二九	二六	65	50	21	19	8	二一	一九	○八
6	0	2	23	14	二	二三	一四	36	0	13	32	45	一三	三二	四五	66	0	21	20	53	二一	二○	五三
6	10	2	27	12	二	二七	一二	36	10	13	36	4	一三	三六	○四	66	10	21	22	37	二一	二二	三七
6	20	2	31	10	二	三一	一○	36	20	13	39	22	一三	三九	二二	66	20	21	24	20	二一	二四	二○
6	30	2	35	8	二	三五	○八	36	30	13	42	40	一三	四二	四○	66	30	21	26	3	二一	二六	○三
6	40	2	39	5	二	三九	○五	36	40	13	45	58	一三	四五	五八	66	40	21	27	45	二一	二七	四五
6	50	2	43	3	二	四三	○三	36	50	13	49	15	一三	四九	一五	66	50	21	29	27	二一	二九	二七
7	0	2	47	1	二	四七	○一	37	0	13	52	32	一三	五二	三二	67	0	21	31	7	二一	三一	○七
7	10	2	50	58	二	五○	五八	37	10	13	55	48	一三	五五	四八	67	10	21	32	47	二一	三二	四七
7	20	2	54	56	二	五四	五六	37	20	13	59	4	一三	五九	○四	67	20	21	34	27	二一	三四	二七
7	30	2	58	53	二	五八	五三	37	30	14	2	20	一四	○二	二○	67	30	21	36	6	二一	三六	○六
7	40	3	2	50	三	○二	五○	37	40	14	5	35	一四	○五	三五	67	40	21	37	44	二一	三七	四四
7	50	3	6	48	三	○六	四八	37	50	14	8	50	一四	○八	五○	67	50	21	39	21	二一	三九	二一
8	0	3	10	45	三	一○	四五	38	0	14	12	5	一四	一二	○五	68	0	21	40	58	二一	四○	五八
8	10	3	14	42	三	一四	四二	38	10	14	15	19	一四	一五	一九	68	10	21	42	34	二一	四二	三四
8	20	3	18	39	三	一八	三九	38	20	14	18	33	一四	一八	三三	68	20	21	44	9	二一	四四	○九
8	30	3	22	36	三	二二	三六	38	30	14	21	46	一四	二一	四六	68	30	21	45	44	二一	四五	四四
8	40	3	26	33	三	二六	三三	38	40	14	24	59	一四	二四	五九	68	40	21	47	18	二一	四七	一八
8	50	3	30	29	三	三○	二九	38	50	14	28	12	一四	二八	一二	68	50	21	48	51	二一	四八	五一
9	0	3	34	26	三	三四	二六	38	60	14	31	24	一四	三一	二四	69	0	21	50	24	二一	五○	二四
9	10	3	38	23	三	三八	二三	39	10	14	34	35	一四	三四	三五	69	10	21	51	56	二一	五一	五六
9	20	3	42	19	三	四二	一九	39	20	14	37	47	一四	三七	四七	69	20	21	53	27	二一	五三	二七
9	30	3	46	16	三	四六	一六	39	30	14	40	58	一四	四○	五八	69	30	21	54	58	二一	五四	五八
9	40	3	50	12	三	五○	一二	39	40	14	44	8	一四	四四	○八	69	40	21	56	28	二一	五六	二八
9	50	3	54	8	三	五四	○八	39	50	14	47	18	一四	四七	一八	69	50	21	57	57	二一	五七	五七
10	0	3	58	4	三	五八	○四	39	60	14	50	28	一四	五○	二八	70	0	21	59	25	二一	五九	二五

※ [보충자료 29]에 의해 계산한 값과 후편에 주어진 값이 동일하다.

제6표

황적승도표(黃赤升度表)

원문	번역문
黃赤升度表, 黃道宮度與赤道宮度, 並列之, 皆自冬至星紀宮, 起初宮即○宮, 元枵宮爲一宮, 以太陽經度爲次。	〈황적승도표〉는 황도상의 궁도(宮度)와 적도상의 궁도를 나란히 배열하되, 모두 동지점이 있는 성기궁(星紀宮 CAP)에서부터 초궁 곧 0궁을 시작하고, 현효궁(玄枵宮 AQU)을 1궁으로 삼아서 태양의 경도가 증가하는 순서로 배열하였다.
用宮數, 不用宮名者, 太陽當交宮之際, 惟二分、二至, 黃、赤同度, 其餘恒不同宮。故用宮數, 以便列表。俱與前表同。	궁의 이름을 사용하지 않고 궁의 수(성기궁으로부터 센 서수(序數))를 사용한 까닭은 태양이 각 궁에 닿을 때 오직 춘분점·추분점과 하지점·동지점에서만 황도와 적도의 도수가 같고, 그밖의 곳에서는 궁이 항상 일치하지는 않기 때문이다. 그래서 궁의 수를 사용하여 표에서 항목 배열을 편리하게 한 것이다. 이는 모두 이전의 표(《역상고성표》 제1권 〈일전표〉의 제6표 〈황적승도표〉)와 동일하다.
用表之法, 以太陽實行, 察黃道宮度, 其所對之赤道宮度, 即所求之赤道升度也。	표를 사용하는 방법은 다음과 같다. 태양의 실제운행도수[실행]을 가지고 황도궁도(黃道宮度 황도상의 궁도)를 찾으면 그에 대한 적도궁도(赤道宮度 적도상의 궁도)가 곧 구하려는 적도승도(赤道升度 적경(赤經))이다.

表以逐度爲率。若實行有零分者，按中比例法求之。	이 표는 1도 간격으로 작성되었다. 실제운행도수에 '분 단위의 우수리'[영분(零分)]가 있는 경우는 중비례법(中比例法 비례보간)에 따라 구한다.
設太陽實行在黃道降婁宮五度二十四分，求赤道升度。自星紀宮起初宮計之，爲三宮五度二十四分。則以黃道三宮五度所對之數三宮四度三十五分一十六秒，與下層三宮六度所對之數三宮五度三十分二十二秒相減，餘五十五分零六秒，爲一度之較。	예를 들어 태양의 실제운행이 황도상의 강루궁(降婁宮 ARI) 05도24분에 있을 때 적도승도를 구해 보자. 성기궁을 0궁으로 삼아 여기서부터 헤아리면 이 황도 궁도는 3궁5도24분이 된다. 황도상의 3궁5도에 대한 적도승도 값 3궁4도35분16초와 그 아래층의 3궁6도에 대한 적도승도 값 3궁5도30분22초의[192] 차를 구하면 55분06초가 남는데, 이것이 황도상의 도수 차 1도에 대한 적도승도의 차이다.
乃以一度，化作六十分爲一率，較數五十五分零六秒，化作三千三百零六秒爲二率，設數二十四分爲三率，求得四率一千三百二十二秒。	이제 1도를 환산한 60분을 1률로 삼고, 적도승도의 차 55분06초를 환산한 3,306초를 2율로 삼고, 처음에 설정한 황도 궁도의 우수리 24분을 3률로 삼아서 계산하면 4율로 1,322초가 나온다.
收作二十二分零二秒，與三宮五度之赤道度三宮四度三十五分一十六秒相加，得三宮四度五十七分一十八秒，爲所求之赤道升度也。	이 수를 환산한 22분02초를 황도 궁도 3궁5도에 대한 적도승도 3궁4도35분16초와 서로 더하면 3궁4도57분18초가 나오는데, 이것이 구하려는 적도승도이다.

192) 예를 들어……3궁5도30분22초의: 《역상고성표》 제1권 〈일전표〉의 〈황적승도표〉에도 이 계산 예가 실려 있는데, 표에서 α(3궁05도)＝3궁04도35분15초와 α(3궁06도)＝3궁05도30분21초를 찾아 계산하였다.

내용 정리

1) 표의 구성과 형식: 황도상의 궁도(宮度)와 적도상의 궁도를 나란히 배열함.

(1) 태양의 경도가 증가하는 순서로 배열.

→ 동지점인 성기궁(星紀宮 CAP)을 초궁(0궁), 현효궁(玄枵宮 AQU)을 1궁으로 나타냄.

(2) 궁의 이름을 사용하지 않고 궁의 수(성기궁으로부터 센 서수(序數))를 사용한 까닭

: 태양이 각 궁에 닿을 때

오직 춘분점 · 추분점과 하지점 · 동지점에서만 황도와 적도의 도수가 일치하고, 그밖의 곳에서는 궁이 항상 일치하지는 않음.

→ 궁의 수를 사용하여 표의 항목 배열을 편리하게 함.

2) 표의 사용법

(1) 태양의 실제운행도수[실행]를 가지고 황도궁도(黃道宮度 황도상의 궁도)를 찾음.

(2) 황도궁도에 대응하는 적도궁도(赤道宮度 적도상의 궁도)가 곧 적도승도(赤道升度 적경(赤經)).

(3) 표는 황도궁도 1도 간격으로 작성됨.

(4) 태양의 실제운행에 분(分) 단위의 우수리가 있는 경우는 중비례법(中比例法 비례보간)으로 구함.

(5) 계산 예: 태양의 실제운행이 황도상의 강루궁(降婁宮 ARI) 05도24분에 있을 때

적도승도 α(강루궁05도24분) 구하기.

① 성기궁을 초궁(0궁)으로 하여 헤아려 나가면 강루궁05도24분은 3궁05도24분임.

② 표에서 α(3궁05도)＝3궁04도35분16초[192]

α(3궁06도)＝3궁05도30분22초

③ $\Delta\alpha$＝|α(3궁06도)—α(3궁05도)|＝55분06초

④ 다음의 비례식으로 $\delta\alpha$＝|α(3궁05도24분)—α(3궁05도)|를 구함.

(실행 차 (1도=) 60분) : ($\Delta\alpha$ (55분06초=) 3306초) = (실제운행도수 차 24분) : $\delta\alpha$

$\delta\alpha$＝1322초＝22분02초

⑤ α(3궁05도24)＝α(3궁05도)+$\delta\alpha$ ＝3궁04도35분16초+22분02초＝3궁04도57분18초

보충자료 30 태양의 실제운행도수(λ)에 대한 적도승도(α)

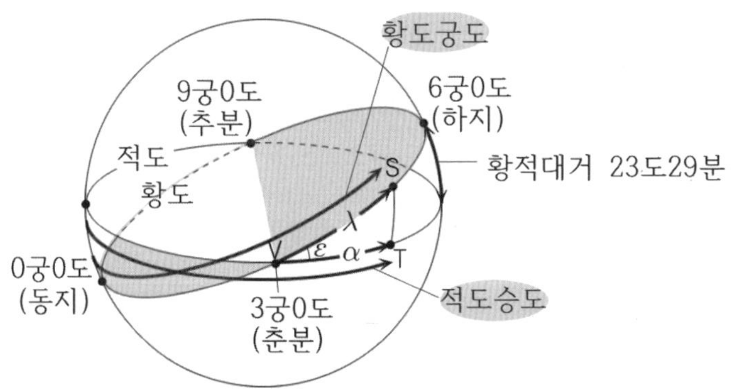

[보충그림 30] 적도승도

$\triangle SVT$에서 $\angle T$가 직각이므로 다음 관계에 의해 춘·추분점으로부터 황경차 λ를 알 때 적경차 α를 구할 수 있다.

$$\tan\alpha = \cos\varepsilon \cdot \tan\lambda$$

아래 [그림 6]의 표에 주어진 황도궁도(λ')와 적도승도(α')는 동지점부터 헤아린 도수이므로 0궁~3궁(동지~춘분)까지는 표의 황도궁도 λ'를 $\lambda=90$도$-\lambda'$로 변환한 후에 위 식에 대입하여 α를 구하고, 이를 다시 90도$-\alpha=\alpha'$로 변환해야 표의 적도승도 α'가 나온다.

3궁~6궁(춘분~하지)까지는 표의 황도궁도 λ'를 $\lambda=\lambda'-90$도로 변환하여 α를 구한 후에 다시 90도$+\alpha=\alpha'$로 변환해야 표의 적도승도 α'가 나온다.

6궁~9궁(하지~추분)까지는 표의 황도궁도 λ'를 $\lambda=270$도$-\lambda'$로 변환하여 α를 구한 후에 다시 270도$-\alpha=\alpha'$로 변환해야 표의 적도승도 α'가 나온다.

9궁~0궁(추분~동지)까지는 표의 황도궁도 λ'를 가지고 $\lambda=\lambda'-270$도로 변환하여 α를 구한 후에 다시 270도$+\alpha=\alpha'$로 변환해야 표의 적도승도 α'가 나온다.

표

- **수록 범위**: 태양의 실제운행이 '황도 0궁0도0분(동지점)~11궁30도(동지점)'인 범위
- **간격**: 황도상의 1도
- **표값**: 황도궁도가 0궁0도(동지점)일 때 적도승도 0궁0도0분0초.

  황도궁도가 1궁0도일 때s 적도승도 1궁02도11분24초.

  황도궁도가 1궁14도일 때 적도승도 1궁16도28분33초. → 황적승도차 극대

  황도궁도가 2궁0도일 때 적도승도 2궁02도05분50초.

  황도궁도가 3궁0도(춘분점)일 때 적도승도 3궁0도0분0초.

  황도궁도가 4궁0도일 때 적도승도 3궁27도54분10초.

  황도궁도가 4궁16도일 때 적도승도 4궁13도31분27초. → 황적승도차 극대

  황도궁도가 5궁0도일 때 적도승도 4궁27도48분36초.

  황도궁도가 6궁0도(하지점)일 때 적도승도 6궁0도0분0초.

  황도궁도가 7궁0도일 때 적도승도 7궁02도11분24초.

  황도궁도가 7궁14도일 때 적도승도 7궁16도28분33초. → 황적승도차 극대

  황도궁도가 8궁0도일 때 적도승도 8궁02도05분50초.

황도궁도가 9궁0도(추분점)일 때 적도승도 9궁0도0분0초.

황도궁도가 10궁0도일 때 적도승도 9궁27도54분10초.

황도궁도가 10궁16도일 때 적도승도 10궁13도31분27초. → 황적승도차 극대

황도궁도가 11궁0도일 때 적도승도 10궁27도48분36초.

→ 황도궁도가 춘분점에서 전후로 대칭인 두 곳의 적도승도의 합은 6궁

황도궁도가 하지점에서 전후로 대칭인 두 곳의 적도승도의 합은 12궁

황도궁도가 추분점에서 전후로 대칭인 두 곳의 적도승도의 합은 18궁

황도궁도가 동지점에서 전후로 대칭인 두 곳의 적도승도의 합은 12궁

→ 춘분점, 추분점, 하지점, 동지점을 기준으로 $\Delta\delta$가 같으면 $\Delta\alpha$도 동일함.

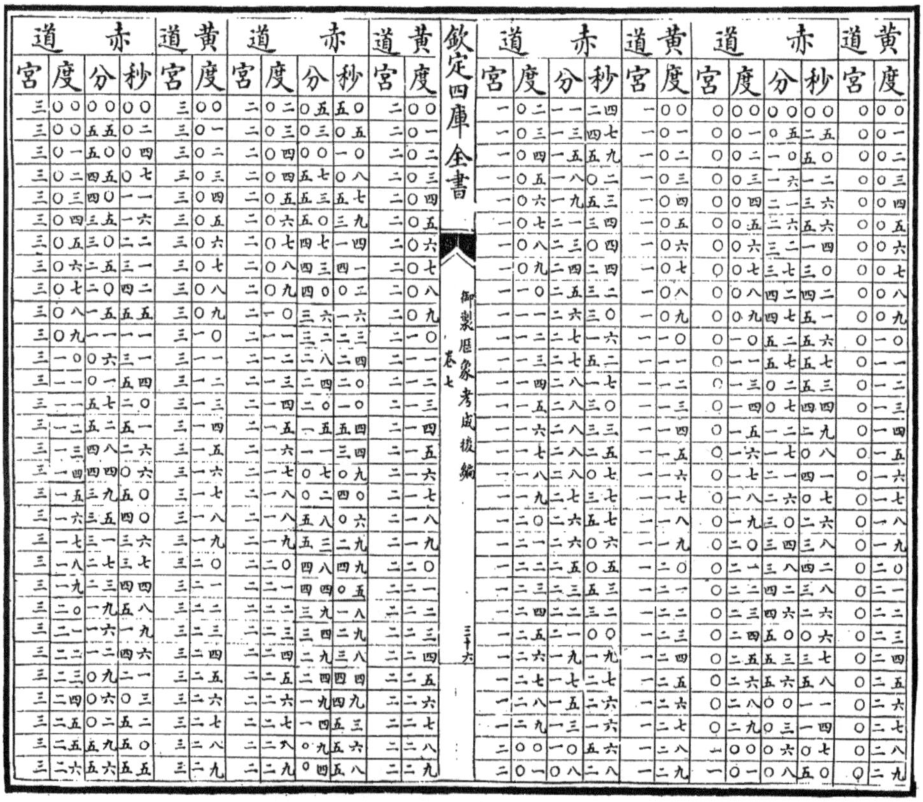

[그림 6] 《역상고성후편》 제7권 〈일전표〉의 〈황적승도표(黃赤升度表)〉 첫 두 면

[표 6-1] [그림 6]의 〈황적승도표〉에 주어진 값과 계산값

황도궁도	적도승도				후편값				황도궁도	적도승도				후편값				황도궁도	적도승도				후편값			
도	궁	도	분	초	궁	도	분	초	도	궁	도	분	초	궁	도	분	초	도	궁	도	분	초	궁	도	분	초
0	0	0	0	0	〇	〇〇	〇〇	〇〇	30	1	2	11	24	一	〇二	一一	二四	60	2	2	5	50	二	〇二	〇五	五〇
1	0	1	5	25	〇	〇一	〇五	二五	31	1	3	13	47	一	〇三	一三	四七	61	2	3	3	5	二	〇三	〇三	〇五
2	0	2	10	50	〇	〇二	一〇	五〇	32	1	4	15	59	一	〇四	一五	五九	62	2	4	0	10	二	〇四	〇〇	一〇
3	0	3	16	13	〇	〇三	一六	一三	33	1	5	18	2	一	〇五	一八	〇二	63	2	4	57	8	二	〇四	五七	〇八
4	0	4	21	36	〇	〇四	二一	三六	34	1	6	19	53	一	〇六	一九	五三	64	2	5	53	57	二	〇五	五三	五七
5	0	5	26	56	〇	〇五	二六	五六	35	1	7	21	34	一	〇七	二一	三四	65	2	6	50	39	二	〇六	五〇	三九
6	0	6	32	14	〇	〇六	三二	一四	36	1	8	23	4	一	〇八	二三	〇四	66	2	7	47	14	二	〇七	四七	一四
7	0	7	37	30	〇	〇七	三七	三〇	37	1	9	24	24	一	〇九	二四	二四	67	2	8	43	41	二	〇八	四三	四一
8	0	8	42	42	〇	〇八	四二	四二	38	1	10	25	32	一	一〇	二五	三二	68	2	9	40	2	二	〇九	四〇	〇二
9	0	9	47	51	〇	〇九	四七	五一	39	1	11	26	30	一	一一	二六	三〇	69	2	10	36	16	二	一〇	三六	一六
10	0	10	52	56	〇	一〇	五二	五六	40	1	12	27	16	一	一二	二七	一六	70	2	11	32	23	二	一一	三二	二三
11	0	11	57	57	〇	一一	五七	五七	41	1	13	27	52	一	一三	二七	五二	71	2	12	28	24	二	一二	二八	二四
12	0	13	2	53	〇	一三	〇二	五三	42	1	14	28	17	一	一四	二八	一七	72	2	13	24	20	二	一三	二四	二〇
13	0	14	7	44	〇	一四	〇七	四四	43	1	15	28	30	一	一五	二八	三〇	73	2	14	20	10	二	一四	二〇	一〇
14	0	15	12	29	〇	一五	一二	二九	44	1	16	28	33	一	一六	二八	三三	74	2	15	15	54	二	一五	一五	五四
15	0	16	17	8	〇	一六	一七	〇八	45	1	17	28	25	一	一七	二八	二五	75	2	16	11	34	二	一六	一一	三四
16	0	17	21	41	〇	一七	二一	四一	46	1	18	28	7	一	一八	二八	〇七	76	2	17	7	9	二	一七	〇七	〇九
17	0	18	26	7	〇	一八	二六	〇七	47	1	19	27	37	一	一九	二七	三七	77	2	18	2	40	二	一八	〇二	四〇
18	0	19	30	26	〇	一九	三〇	二六	48	1	20	26	57	一	二〇	二六	五七	78	2	18	58	6	二	一八	五八	〇六
19	0	20	34	38	〇	二〇	三四	三八	49	1	21	26	6	一	二一	二六	〇六	79	2	19	53	29	二	一九	五三	二九
20	0	21	38	42	〇	二一	三八	四二	50	1	22	25	5	一	二二	二五	〇五	80	2	20	48	49	二	二〇	四八	四九
21	0	22	42	38	〇	二二	四二	三八	51	1	23	23	53	一	二三	二三	五三	81	2	21	44	5	二	二一	四四	〇五
22	0	23	46	26	〇	二三	四六	二六	52	1	24	22	32	一	二四	二二	三二	82	2	22	39	18	二	二二	三九	一八
23	0	24	50	6	〇	二四	五〇	〇六	53	1	25	21	0	一	二五	二一	〇〇	83	2	23	34	29	二	二三	三四	二九
24	0	25	53	37	〇	二五	五三	三七	54	1	26	19	18	一	二六	一九	一九	84	2	24	29	38	二	二四	二九	三八
25	0	26	56	58	〇	二六	五六	五八	55	1	27	17	27	一	二七	一七	二七	85	2	25	24	44	二	二五	二四	四四
26	0	28	0	11	〇	二八	〇〇	一一	56	1	28	15	26	一	二八	一五	二六	86	2	26	19	49	二	二六	一九	四九
27	0	29	3	14	〇	二九	〇三	一四	57	1	29	13	16	一	二九	一三	一六	87	2	27	14	53	二	二七	一四	五三
28	1	0	6	7	一	〇〇	〇六	〇七	58	2	0	10	56	二	〇〇	一〇	五六	88	2	28	9	56	二	二八	〇九	五六
29	1	1	8	50	一	〇一	〇八	五〇	59	2	1	8	28	二	〇一	〇八	二八	89	2	29	4	58	二	二九	〇四	五八

춘분점을 기준으로 하는 황경에 해당하는 적경값은 [표 6－2]에 제시하였다. [표 6－1]의 황도궁도는 동지점을 기준으로 한 도수이고, [표 6－2]의 황경은 춘분점을 기준으로 하는 도수이다.

[표 6-2] 황경에 해당하는 적경

황경	적경				황경	적경				황경	적경				황경	적경			
	궁	도	분	초		궁	도	분	초		궁	도	분	초		궁	도	분	초
0	0	0	0	0	30	0	27	54	10	60	1	27	48	36	90	3	0	0	0
1	0	0	55	2	31	0	28	51	32	61	1	28	51	10	91	3	1	5	25
2	0	1	50	4	32	0	29	49	4	62	1	29	53	53	92	3	2	10	50
3	0	2	45	7	33	1	0	46	44	63	2	0	56	46	93	3	3	16	13
4	0	3	40	11	34	1	1	44	34	64	2	1	59	49	94	3	4	21	36
5	0	4	35	16	35	1	2	42	33	65	2	3	3	2	95	3	5	26	56
6	0	5	30	22	36	1	3	40	42	66	2	4	6	23	96	3	6	32	14
7	0	6	25	31	37	1	4	38	60	67	2	5	9	54	97	3	7	37	30
8	0	7	20	42	38	1	5	37	28	68	2	6	13	34	98	3	8	42	42
9	0	8	15	55	39	1	6	36	7	69	2	7	17	22	99	3	9	47	51
10	0	9	11	11	40	1	7	34	55	70	2	8	21	18	100	3	10	52	56
11	0	10	6	31	41	1	8	33	54	71	2	9	25	22	101	3	11	57	57
12	0	11	1	54	42	1	9	33	3	72	2	10	29	34	102	3	13	2	53
13	0	11	57	20	43	1	10	32	23	73	2	11	33	53	103	3	14	7	44
14	0	12	52	51	44	1	11	31	53	74	2	12	38	19	104	3	15	12	29
15	0	13	48	26	45	1	12	31	35	75	2	13	42	52	105	3	16	17	8
16	0	14	44	6	46	1	13	31	27	76	2	14	47	31	106	3	17	21	41
17	0	15	39	50	47	1	14	31	30	77	2	15	52	16	107	3	18	26	7
18	0	16	35	40	48	1	15	31	43	78	2	16	57	7	108	3	19	30	26
19	0	17	31	36	49	1	16	32	8	79	2	18	2	3	109	3	20	34	38
20	0	18	27	37	50	1	17	32	44	80	2	19	7	4	110	3	21	38	42
21	0	19	23	44	51	1	18	33	30	81	2	20	12	9	111	3	22	42	38
22	0	20	19	58	52	1	19	34	28	82	2	21	17	18	112	3	23	46	26
23	0	21	16	19	53	1	20	35	36	83	2	22	22	30	113	3	24	50	6
24	0	22	12	46	54	1	21	36	56	84	2	23	27	46	114	3	25	53	37
25	0	23	9	21	55	1	22	38	26	85	2	24	33	4	115	3	26	56	58
26	0	24	6	3	56	1	23	40	7	86	2	25	38	24	116	3	28	0	11
27	0	25	2	52	57	1	24	41	58	87	2	26	43	47	117	3	29	3	14
28	0	25	59	50	58	1	25	44	1	88	2	27	49	10	118	4	0	6	7
29	0	26	56	55	59	1	26	46	13	89	2	28	54	35	119	4	1	8	50

제7표

승도시차표(升度時差表)

원문	번역문
升度時差表，按二分、二至，分順逆列之。二分後六宮，列於上，二至後六宮，列於下。	〈승도시차표〉는 춘분 · 추분과 하지 · 동지를 기준으로 순방향과 역방향으로 나누어 배열하였다. 춘분 · 추분 후의 6개 궁은 상단에 배열하고, 하지 · 동지 후의 6개 궁은 하단에 배열하였다.
前後列黃道度，分順逆，以別加減。	앞줄과 뒷줄에 황도의 도수를 배열하되 순방향과 역방향으로 나누어 가(加 가차(加差))와 감(減 감차(減差))을 구별하였다.
中列逐宮逐度之升度時差，即赤道升度與黃道相差度分所變時刻之分秒。【每一度，變時之四分。每十五分，變時之一分。每十五秒，變時之一秒。】	가운뎃줄에 매궁(每宮), 매도(每度)에 대한 승도시차(升度時差 황경과 적경의 차로 인한 시차)를 배열하였는데, 이는 곧 적도승도(적경)가 황도의 도수(황경)와 차이 나는 도분(도수와 분수)을 시간의 분초(분수와 초수)로 환산한 값이다.【1도마다 시간의 4분으로 환산하고, 15분마다 시간의 1분으로 환산하고, 15초마다 시간의 1초로 환산한다.】
太陽實行在上六宮者，用順度，其號爲加。太陽實行在下六宮者，用逆度，其號爲減。俱與前表同。	태양의 실제운행도수[실행(實行)]가 상단의 여섯 궁에 속한 경우는 순방향의 도수를 사용하고 그 부호는 가(加)가 되며, 태양의 실제운행도수가 하단의 여섯 궁에 속한 경우는 역방향의 도수를 사용하고 그 부호는 감(減)이 된다. 이는

모두 이전의 표(《역상고성표》 제1권 〈일전표〉의 제8표 〈승도시차표〉)와 동일하다.

用表之法, 以實行之宮, 對實行之度, 其縱橫相遇, 即所求之升度時差也。

표를 사용하는 방법은 다음과 같다. 실제운행도수[실행]의 궁(宮)을 실제운행도수의 도(度)와 마주하여 종횡으로 만나는 곳의 수치가 곧 구하려는 승도시차이다.

設太陽實行在黃道大梁宮八度, 求升度時差。則察大梁宮八度, 所對之數爲九分三十秒, 即所求之升度時差。其號爲加, 即爲加差也。【大梁宮在上, 故用順度。】

예를 들어 태양의 실제운행이 황도의 대량궁(大梁宮 TAU) 8도에 있을 때 승도시차를 구해 보자. 표에서 대량궁 8도를 찾으면 그에 대한 표값이 9분30초인데,[193] 이것이 곧 구하려는 승도시차이다. 그 부호가 가(加)이므로 곧 가차(加差)이다.【대량궁은 상단에 있으므로 순방향의 도수를 사용한다.】

若實行有零分者, 按中比例法求之。

실제운행도수에 '분 단위의 우수리'[영분(零分)]가 있는 경우는 중비례법(中比例法 비례보간)에 따라 구한다.

193) 예를 들어……9분30초인데: 《역상고성표》 제1권 〈일전표〉의 〈승도시차표〉에도 이 계산 예가 실려 있는데, 표에서 황도의 대량궁(大梁宮 TAU) 8도에 대한 승도시차로 9분31초를 찾았다.

내용 정리

1) 표의 구성과 형식

(1) 표의 상단과 하단에 춘분·추분과 하지·동지를 기준으로 태양의 실제운행도수[실행(實行)]를 순방향과 역방향으로 나누어 배열함.

① 상단: 춘분 · 추분 후의 6개 궁

② 하단: 하지 · 동지 후의 6개 궁

(2) 표의 앞줄과 뒷줄에 황도의 도수를 배열하고 가감의 부호를 구별함.

① 앞줄의 도수는 순방향, 가(加)

② 뒷줄의 도수는 역방향, 감(減)

(3) 가운뎃 줄의 표값: 매궁 매도에 대한 승도시차(升度時差 황경과 적경의 차로 인한 시차)

① 승도시차: 적도승도(적경)가 황도의 도수(황경)와 차이 나는 도분(도수와 분수)을 시간의 분초(분수와 초수)로 환산한 값.

▾ 1도→시간 4분, 15분→시간 1분, 15초→시간 1초

② 태양의 실제운행도수가 상단의 여섯 궁에 있으면 → 순방향의 도수 사용, 가(加 +)

하단의 여섯 궁에 있으면 → 역방향의 도수 사용, 감(減 −)

⇒ 이전의 표(《역상고성표》 제1권 〈일전표〉의 제8표 〈승도시차표〉)와 같음.

2) 표의 사용법

(1) 실제운행의 궁수와 도수가 종횡으로 만나는 곳의 값이 곧 구하려는 승도시차임.

(2) 계산 예: 태양의 실제운행이 황도의 대량궁(大梁宮 TAU) 8도에 있을 때 승도시차 구하기

① 표에서 대량궁 8도에 대한 표값 9분30초를 찾음[193] ⇒ 구하려는 승도시차.

② 해당하는 부호가 가(+)이므로 가차(加差)임.

▾ 대량궁은 상단에 있으므로 순방향의 도수를 사용함.

③ 실제운행도수에 '분 단위의 우수리'[零分]가 있는 경우는
중비례법(中比例法 비례보간)으로 구함.

표

○ **수록 범위**: 태양의 실제운행도수가 '강루궁0도(춘분점)~추자궁30도(춘분점)' 인 범위
상단에 우에서 좌로: 강루궁(0도는 춘분점)~실침궁(30도는 하지점)
하단에 좌에서 우로: 순수궁(0도는 하지점)~순미궁(30도는 추분점)
상단에 우에서 좌로: 성수궁(0도는 추분점)~석목궁(30도는 동지점)
하단에 좌에서 우로: 성기궁(0도는 동지점)~추자궁(30도는 춘분점)

○ **간격**: 태양의 실행 1도

○ **표값**: 강루궁0도(춘분점)에서 0분0초.
대량궁16도(황경 46도)에서 양의 최대값 +9분54초.
순수궁0도(하지점)에서 0분0초.
순화궁14도(황경 134도)에서 음의 최대값 —9분54초.
성수궁0도(추분점)에서 0분0초.
대화궁16도(황경 226도)에서 양의 최대값 +9분54초.
성기궁0도(동지점)에서 0분0초.
현효궁14도(황경 314도)에서 음의 최대값 —9분54초.[194]

194) 《역상고성표》 〈승도시차표〉에서는 양의 최대값과 음의 최대값이 ±9분59초이다.

黃道度	降婁秒	壽星分	大梁秒	大火分	實沈秒	析木分	黃道度
〇	〇		二三	八	四五	八	三〇
一	二〇		三四	八	三五	八	二九
二	四〇		四四	八	二五	八	二八
三	〇〇	一	五三	八	一三	八	二七
四	一九	一	〇二	九	〇一	八	二六
五	三九	一	一〇	九	四八	七	二五
六	五九	一	一八	九	三五	七	二四
七	一八	二	二四	九	二一	七	二三
八	三七	二	三〇	九	〇六	七	二二
九	五六	二	三五	九	五一	六	二一
一〇	一五	三	四〇	九	三五	六	二〇
一一	三四	三	四四	九	一九	六	一九
一二	五三	三	四八	九	〇二	六	一八
一三	一一	四	五一	九	四五	五	一七
一四	二九	四	五三	九	二七	五	一六
一五	四六	四	五四	九	〇九	五	一五
一六	〇四	五	五四	九	五〇	四	一四
一七	二一	五	五四	九	三一	四	一三
一八	三七	五	五三	九	一二	四	一二
一九	五三	五	五一	九	五二	三	一一
二〇	〇九	六	四九	九	三二	三	一〇
二一	二五	六	四六	九	一二	三	九
二二	四〇	六	四三	九	五一	二	八
二三	五五	六	三八	九	三〇	二	七
二四	〇九	七	三三	九	〇九	二	六
二五	二三	七	二六	九	四八	一	五
二六	三六	七	二〇	九	二六	一	四
二七	四九	七	一三	九	〇五	一	三
二八	〇一	八	〇四	九	四三		二
二九	一二	八	五五	八	二二		一
三〇	二三	八	四五	八	〇		〇
順加	娵訾	鶉尾	元枵	鶉火	星紀	鶉首	逆減

[그림 7] 《역상고성후편》 제7권 〈일전표〉의 〈승도시차표(升度時差表)〉

[표 7] [그림 7]의 〈승도시차표〉에 주어진 값과 계산값

λ	α	승도시차		후편값		λ	α	승도시차		후편값		λ	α	승도시차		후편값	
도	분	분	초	분	초	도	분	분	초	분	초	도	분	분	초	분	초
0	0	0	0		〇	30	27.90264	8	23	八	二三	60	57.81012	8	46	八	四五
1	0.917191	0	20		二〇	31	28.85894	8	34	八	三四	61	58.85271	8	35	八	三五
2	1.83447	0	40		四〇	32	29.81768	8	44	八	四四	62	59.89808	8	24	八	二五
3	2.751927	0	60	一	〇〇	33	30.77892	8	53	八	五三	63	60.9462	8	13	八	一三
4	3.66965	1	19	一	一九	34	31.74272	9	2	九	〇二	64	61.99701	8	1	八	〇一
5	4.587727	1	39	一	三九	35	32.70913	9	10	九	一〇	65	63.05045	7	48	七	四八
6	5.506247	1	59	一	五九	36	33.67819	9	17	九	一八	66	64.10647	7	34	七	三五
7	6.425296	2	18	二	一八	37	34.64997	9	24	九	二四	67	65.165	7	20	七	二一
8	7.344964	2	37	二	三七	38	35.62449	9	30	九	三〇	68	66.22598	7	6	七	〇六
9	8.265337	2	56	二	五六	39	36.60181	9	36	九	三五	69	67.28931	6	51	六	五一
10	9.186501	3	15	三	一五	40	37.58195	9	40	九	四〇	70	68.35494	6	35	六	三五
11	10.10854	3	34	三	三四	41	38.56497	9	44	九	四四	71	69.42278	6	19	六	一九
12	11.03155	3	52	三	五三	42	39.55088	9	48	九	四八	72	70.49275	6	2	六	〇二
13	11.9556	4	11	四	一一	43	40.53972	9	50	九	五一	73	71.56475	5	44	五	四五
14	12.88079	4	29	四	二九	44	41.53152	9	52	九	五三	74	72.6387	5	27	五	二七
15	13.80719	4	46	四	四六	45	42.5263	9	54	九	五四	75	73.71449	5	9	五	〇九
16	14.73489	5	4	五	〇四	46	43.52408	9	54	九	五四	76	74.79204	4	50	四	五〇
17	15.66397	5	21	五	二一	47	44.52487	9	54	九	五四	77	75.87124	4	31	四	三一
18	16.59451	5	37	五	三七	48	45.52869	9	53	九	五三	78	76.95198	4	12	四	一二
19	17.52659	5	54	五	五三	49	46.53555	9	51	九	五一	79	78.03416	3	52	三	五二
20	18.46029	6	10	六	〇九	50	47.54545	9	49	九	四九	80	79.11767	3	32	三	三二
21	19.39568	6	25	六	二五	51	48.55839	9	46	九	四六	81	80.20239	3	11	三	一二
22	20.33285	6	40	六	四〇	52	49.57437	9	42	九	四三	82	81.28821	2	51	二	五一
23	21.27187	6	55	六	五五	53	50.59339	9	38	九	三八	83	82.37501	2	30	二	三〇
24	22.2128	7	9	七	〇九	54	51.61544	9	32	九	三三	84	83.46268	2	9	二	〇九
25	23.15573	7	23	七	二三	55	52.64049	9	26	九	二六	85	84.55109	1	48	一	四八
26	24.10072	7	36	七	三六	56	53.66854	9	20	九	二〇	86	85.64012	1	26	一	二六
27	25.04784	7	49	七	四九	57	54.69955	9	12	九	一三	87	86.72965	1	5	一	〇五
28	25.99716	8	1	八	〇一	58	55.73351	9	4	九	〇四	88	87.81956	0	43		四三
29	26.94874	8	12	八	一二	59	56.77038	8	55	八	五五	89	88.90972	0	22		二二
30	27.90264	8	23	八	二三	60	57.81012	8	46	八	四五	90	90	0	0		〇

※ $(\lambda - \alpha)$를 '도' 단위로 계산하고 4를 곱하여 시간 단위의 '분'으로 환산한 값(1시간에 15도를 이동하므로 1도는 4분에 해당한다.)과 후편에 주어진 승도시차 값이 거의 동일하다. 1초 정도 차이가 있을 뿐이다.

제8표

균수시차표(均數時差表)

원문	번역문
均數時差表，按最卑、最高，分順逆列之。最卑後六宮，列於上。最高後六宮，列於下。	〈균수시차표〉는 근지점[최비(最卑)]과 원지점[최고(最高)]을 기준으로 순방향과 역방향으로 나누어 배열하였다. 근지점 이후의 6개 궁은 상층에 배열하고, 원지점 이후의 6개 궁은 하층에 배열하였다.
前後列引數度，分順逆，以別加減。	앞줄과 뒷줄에 인수(引數 근지점 이각)의 도수를 배열하되 순방향과 역방향으로 나누어 가(加)와 감(減)을 구별하였다.
中列逐宮逐度之均數時差，即均數度分所變時刻之分秒。【每一度，變時之四分。每一十五分，變時之一分。每一十五秒，變時之一秒。】	가운뎃줄에 매궁(每宮), 매도(每度)에 대한 균수시차(均數時差 영축차로 인한 시차)를 배열하였는데, 이는 곧 균수의 도분을 시간의 분초로 환산한 값이다.【1도마다 시간의 4분으로 환산하고, 15분마다 시간의 1분으로 환산하고, 15초마다 시간의 1초로 환산한다.】
太陽引數在上六宮者，用順度，其號爲減。太陽引數在下六宮者，用逆度，其號爲加。俱與前表同。	태양의 인수가 상층의 여섯 궁에 속한 경우는 순방향의 도수를 사용하고 그 부호는 감(減)이 되며, 태양의 인수가 하층의 여섯 궁에 속한 경우는 역방향의 도수를 사용하고 그 부호는 가(加)가 된다. 이는 모두 이전의 표(《역상고성표》 제

1권 〈일전표〉의 제9표 〈균수시차표〉)와 동일하다.

用表之法, 以引數之宮, 對引數之度, 其縱橫相遇, 即所求之均數時差也。

표를 사용하는 방법은 다음과 같다. 인수의 궁(宮)을 인수의 도(度)와 마주하여 종횡으로 서로 만나는 곳의 수치가 곧 구하려는 균수시차이다.

設太陽引數爲十一宮二十五度, 求均數時差。則察十一宮二十五度, 所對之數爲四十一秒, 即所求之均數時差。其號爲加, 即爲加差也。十一宮在下, 故用逆度。

예를 들어 태양의 인수가 11궁25도일 때 균수시차를 구해 보자. 표에서 11궁25도를 찾으면 그에 대한 표값이 41초인데, 이것이 곧 구하려는 균수시차이다. 그 부호가 가(加)이므로 곧 가차(加差)이다. 11궁은 하층에 있으므로 역방향의 도수를 사용한다.

若引數有零分者, 按中比例法求之。

인수에 '분 단위의 우수리'[영분(零分)]가 있는 경우는 중비례법(中比例法 비례보간)에 따라 구한다.

내용 정리

1) 표의 구성과 형식

(1) 근지점[최비(最卑)]·원지점[최고(最高)]을 기준으로 순방향과 역방향으로 나누어 배열함.

① 근지점 후의 6개 궁은 상층에 배열함.

② 원지점 후의 6개 궁은 하층에 배열함.

(2) 표의 앞줄과 뒷줄에 인수(引數 근지점 이각)의 도수를 배열함.

- 순방향과 역방향으로 나누어 가(加)와 감(減)을 구별함.

(3) 가운뎃줄의 표값: 매궁 매도에 대한 균수시차(均數時差 영축차로 인한 시차)

① 균수시차: 균수의 도분을 시간으로 환산한 분초
(▼1도→시간 4분, 15분→시간 1분, 15초→시간 1초)

② 태양의 인수가 상층의 6궁에 속하면 순방향의 도수를 사용하고 감호(減號 —)가 됨.
태양의 인수가 하층의 6궁에 있으면 역방향의 도수를 사용하여 가호(加號 +)가 됨.
⇒ 이전의 표(《역상고성표》 제1권 〈일전표〉의 제9표 〈균수시차표〉)와 같음.

2) 표의 사용법

(1) 인수의 궁수와 도수가 종횡으로 만나는 곳의 값이 곧 구하려는 균수시차임.

(2) 계산 예: 태양의 인수가 11궁25도일 때 균수시차 구하기.

① 표에서 11궁25도에 대한 표값 41초가 곧 구하려는 균수시차임.
② 해당하는 부호가 가호(+)이므로 가차(加差)임.
③ 11궁은 하층에 있으므로 역방향의 도수를 사용함.
④ 인수에 '분 단위의 우수리[영분(零分)]'가 있는 경우는 중비례법(中比例法 비례보간)으로 구함.

표

○ **수록 범위**: 태양의 인수가 '초궁0도(근지점)~11궁30도(근지점)'인 범위
상층에 우에서 좌로 : 초궁(0궁)~5궁
하층에 좌에서 우로 : 6궁~11궁

○ **간격**: 태양의 인수 1도

○ **표값:** 초궁0도(근지점)에서 0분0초.

2궁27도(근지점 이각 87도)~3궁0도(근지점 이각 90도)에서 최대 감차 7분45초.

5궁30도(원지점)=6궁0도(원지점)에서 0분0초.

8궁30도(근지점 이각 270도)~9궁3도(근지점 이각 273도)에서 최대 가차 7분45초.[195]

11궁30도(근지점)에서 0분0초.

欽定四庫全書 御製曆象考成後編 卷七 四十二

引數度	初宮 分	初宮 秒	一宮 分	一宮 秒	二宮 分	二宮 秒	引數度
〇		〇	三	五七	六	四七	三〇
一		八	四	〇四	六	五一	二九
二		一七	四	一一	六	五四	二八
三		二五	四	一八	六	五八	二七
四		三三	四	二五	七	〇二	二六
五		四一	四	三一	七	〇五	二五
六		五〇	四	三八	七	〇八	二四
七		五八	四	四四	七	一一	二三
八	一	〇六	四	五一	七	一四	二二
九	一	一四	四	五七	七	一七	二一
一〇	一	二二	五	〇四	七	二〇	二〇
一一	一	三一	五	一〇	七	二二	一九
一二	一	三九	五	一六	七	二五	一八
一三	一	四七	五	二二	七	二七	一七
一四	一	五五	五	二八	七	二九	一六
一五	二	〇三	五	三四	七	三一	一五
一六	二	一一	五	三九	七	三三	一四
一七	二	一九	五	四五	七	三五	一三
一八	二	二七	五	五〇	七	三七	一二
一九	二	三四	五	五六	七	三八	一一
二〇	二	四二	六	〇一	七	三九	一〇
二一	二	五〇	六	〇六	七	四一	九
二二	二	五八	六	一一	七	四二	八
二三	三	〇五	六	一六	七	四二	七
二四	三	一三	六	二一	七	四三	六
二五	三	二〇	六	二五	七	四四	五
二六	三	二八	六	三〇	七	四四	四
二七	三	三五	六	三四	七	四五	三
二八	三	四二	六	三九	七	四五	二
二九	三	五〇	六	四三	七	四五	一
三〇	三	五七	六	四七	七	四五	〇
順減	十一宮		十宮		九宮		逆加

引數度	三宮 分	三宮 秒	四宮 分	四宮 秒	五宮 分	五宮 秒	引數度
〇	七	四五	六	三八	三	四八	三〇
一	七	四四	六	三四	三	四一	二九
二	七	四四	六	三〇	三	三四	二八
三	七	四四	六	二五	三	二七	二七
四	七	四三	六	二一	三	二〇	二六
五	七	四二	六	一六	三	一三	二五
六	七	四一	六	一一	三	〇五	二四
七	七	四〇	六	〇六	二	五八	二三
八	七	三九	六	〇二	二	五一	二二
九	七	三七	五	五六	二	四三	二一
一〇	七	三六	五	五一	二	三六	二〇
一一	七	三四	五	四六	二	二八	一九
一二	七	三三	五	四一	二	二一	一八
一三	七	三一	五	三五	二	一三	一七
一四	七	二九	五	二九	二	〇六	一六
一五	七	二六	五	二四	一	五八	一五
一六	七	二四	五	一八	一	五〇	一四
一七	七	二二	五	一二	一	四二	一三
一八	七	一九	五	〇六	一	三五	一二
一九	七	一六	五	〇〇	一	二七	一一
二〇	七	一四	四	五四	一	一九	一〇
二一	七	一一	四	四八	一	一一	九
二二	七	〇八	四	四一	一	〇三	八
二三	七	〇四	四	三五		五五	七
二四	七	〇一	四	二九		四八	六
二五	六	五七	四	二二		四〇	五
二六	六	五四	四	一五		三二	四
二七	六	五〇	四	〇九		二四	三
二八	六	四六	四	〇二		一六	二
二九	六	四二	三	五五		八	一
三〇	六	三八	三	四八		〇	〇
順減	八宮		七宮		六宮		逆加

[그림 8] 《역상고성후편》 제7권 〈일전표〉의 〈균수시차표(均數時差表)〉

195) 《역상고성표》 〈균수시차표〉에서는 2궁28도(근지점 이각 88도)~3궁0도(근지점 이각 90도)에서 최대 감차 8분13초, 8궁30도(근지점 이각 270도)~9궁2도(근지점 이각 272도)에서 최대 가차 8분13초를 보인다.

[표 8] [그림 8]의 〈균수시차표〉에 주어진 값과 계산값

M	T(도)	균수시차		후편 값		M	T(도)	균수시차		후편 값		M	T(도)	균수시차		후편 값	
M	T(도)	분	초	분	초	M	T(도)	분	초	분	초	M	T(도)	분	초	분	초
0	0	0	0		〇	30	30.98628	3	57	三	五七	60	61.69479	6	47	六	四七
1	1.034527	0	8		八	31	32.01575	4	4	四	〇四	61	62.71105	6	51	六	五一
2	2.069043	0	17		一七	32	33.04489	4	11	四	一一	62	63.72677	6	54	六	五四
3	3.103536	0	25		二五	33	34.07369	4	18	四	一八	63	64.74195	6	58	六	五八
4	4.137996	0	33		三三	34	35.10215	4	25	四	二五	64	65.75659	7	2	七	〇二
5	5.17241	0	41		四一	35	36.13026	4	31	四	三一	65	66.77068	7	5	七	〇五
6	6.206769	0	50		五〇	36	37.158	4	38	四	三八	66	67.78421	7	8	七	〇八
7	7.241061	0	58		五八	37	38.18537	4	44	四	四四	67	68.79718	7	11	七	一一
8	8.275275	1	6	一	〇六	38	39.21237	4	51	四	五一	68	69.8096	7	14	七	一四
9	9.309399	1	14	一	一四	39	40.23897	4	57	四	五七	69	70.82145	7	17	七	一七
10	10.34342	1	22	一	二二	40	41.26518	5	4	五	〇四	70	71.83273	7	20	七	二〇
11	11.37734	1	31	一	三一	41	42.29098	5	10	五	一〇	71	72.84345	7	22	七	二二
12	12.41113	1	39	一	三九	42	43.31637	5	16	五	一六	72	73.85359	7	25	七	二五
13	13.44478	1	47	一	四七	43	44.34135	5	22	五	二二	73	74.86316	7	27	七	二七
14	14.4783	1	55	一	五五	44	45.36589	5	28	五	二八	74	75.87214	7	29	七	二九
15	15.51165	2	3	二	〇三	45	46.39	5	34	五	三四	75	76.88055	7	31	七	三一
16	16.54485	2	11	二	一一	46	47.41366	5	39	五	三九	76	77.88838	7	33	七	三三
17	17.57786	2	19	二	一九	47	48.43688	5	45	五	四五	77	78.89562	7	35	七	三五
18	18.61069	2	27	二	二七	48	49.45964	5	50	五	五〇	78	79.90228	7	37	七	三七
19	19.64332	2	34	二	三四	49	50.48193	5	56	五	五六	79	80.90836	7	38	七	三八
20	20.67574	2	42	二	四二	50	51.50376	6	1	六	〇一	80	81.91384	7	39	七	三九
21	21.70795	2	50	二	五〇	51	52.52511	6	6	六	〇六	81	82.91874	7	40	七	四〇
22	22.73992	2	58	二	五八	52	53.54597	6	11	六	一一	82	83.92304	7	42	七	四二
23	23.77166	3	5	三	〇五	53	54.56635	6	16	六	一六	83	84.92676	7	42	七	四二
24	24.80315	3	13	三	一三	54	55.58623	6	21	六	二一	84	85.92989	7	43	七	四三
25	25.83437	3	20	三	二〇	55	56.6056	6	25	六	二五	85	86.93242	7	44	七	四四
26	26.86533	3	28	三	二八	56	57.62448	6	30	六	三〇	86	87.93436	7	44	七	四四
27	27.89601	3	35	三	三五	57	58.64284	6	34	六	三四	87	88.93572	7	45	七	四五
28	28.9264	3	42	三	四二	58	59.66068	6	39	六	三九	88	89.93648	7	45	七	四五
29	29.9565	3	50	三	五〇	59	60.678	6	43	六	四三	89	90.93665	7	45	七	四五
30	30.98628	3	57	三	五七	60	61.69479	6	47	六	四七	90	91.93623	7	45	七	四五

※ 가감차값 $q = T - M$을 '도' 단위로 계산하여 4를 곱하면 시간 단위 '분'으로 환산된다. 이렇게 계산된 값과 후편에 주어진 균수시차 값이 거의 동일하다. 1초 정도 차이가 있을 뿐이다.

제9표

태양거지심표(太陽距地心表)

원문	번역문
太陽距地心表，按太陽實引宮度分，分順逆列之。初宮至五宮，順列於上。六宮至十一宮，逆列於下。	〈태양거지심표〉는 태양의 실제 인수[실인(實引 실제 근지점 이각)][196]의 궁도분(궁수, 도수, 분수)에 따라 순방향과 역방향으로 나누어 배열하였다. 초궁(0궁)부터 5궁까지는 상층에 순방향으로 배열하고, 6궁부터 11궁까지는 하층에 역방향으로 배열하였다.
前後列實引度分。	앞줄과 뒷줄에 실제 인수[실인]의 도분(도수와 분수)을 배열하였다.
中列逐宮逐度之太陽距地心數【表數皆以千萬爲率，故列表止八位。今用九位者，因較數甚小，帶尾數一位，比例方準也。】及其對數，各列較數於其旁。	가운뎃줄에 매궁(每宮), 매도(每度)에 대한 '지구 중심에서 태양까지 거리'[태양거지심(太陽距地心)]【표값은 모두 1천만을 기준으로 하였으므로 표에 열거한 수치는 8자리에 그친다. 지금 9자리를 사용한 것은 증감분[교수(較數)]가 매우 작아서 끝의 한 자리를 함께 나타내어야 비례 계산이 정확해지기 때문이다.[197]】 및 그 대수(對數 log값)를 배열하고 각기 증감분을 그 옆에 배열하였다.[198]
宮在上者，用順度。宮在下者，用逆度。	궁(宮)이 상층에 있는 경우는 순방향의 도수를 사용하고, 궁이 하층에 있는 경우는 역방향의 도수를 사용한다.

用表之法, 以實引之宮, 對實引之度分, 其縱橫相遇, 即所求之太陽距地心數也。

표를 사용하는 방법은 다음과 같다. 실제 인수[실인]의 궁을 실제 인수의 도분과 마주하여 종횡으로 만나는 곳의 수치가 곧 구하려는 지구 중심에서 태양까지 거리이다.

表以十分爲率。若實引有零分者, 按中比例法求之。

이 표는 10분 간격으로 작성되었다. 실제 인수에 '분 단위의 한 자릿수'[영분(零分)]가 있는 경우는 중비례법(中比例法 비례보간)에 따라 구한다.

設太陽實引爲二宮五度一十二分, 求太陽距地心數。則察二宮五度一十分, 所對之太陽距地心數, 爲九九二六六八七六, 較數爲四四〇一。

예를 들어 태양의 실제 인수가 2궁5도12분일 때 지구 중심부터 태양까지 거리를 구해 보자. 표에서 2궁5도10분를 찾으면 그에 대한 '지구 중심에서 태양까지 거리'는 99,266,876이고, 증감분[교수]은 4,401이다.

乃以實引一十分爲一率, 較數四四〇一爲二率, 設數二分爲三率, 求得四率八八〇。與二宮五度一十分之太陽距地心數九九二六六八七六相加,【因二十分之太陽距地心數, 大於一十分之太陽距地心數, 故相加. 反是則相減也。】得九九二六七七五六, 即所求二宮五度一十二分之太陽距地心數也。求對數法同。

이제 실제 인수의 분 단위 수 10분을 1률로 삼고, 증감분[교수] 4,401을 2율로 삼고 처음에 설정한 2분을 3률로 삼아서 계산하면 4율로 880이 나온다. 이 수를 2궁5도10분일 때 지구 중심에서 태양까지 거리 99,266,876과 서로 더하면【20분일 때 지구 중심에서 태양까지 거리가 10분일 때 지구 중심에서 태양까지 거리보다 크기 때문에 서로 더한다. 이와 반대이면 서로 뺀다.】 99,267,756이 나오는데, 이것이 곧 구하려는 2궁5도12분일 때 지구 중심에서 태양까지 거리이다. 대수(log값)를 구하는 방법도 이와 같다.

196) 실제 인수[실인(實引)]: 평균 근지점 이각을 뜻하는 평균 인수[평인(平引)]에 상대되는 말이다. 《역상고성후편》 제2권 〈월리수리(月離數理)〉의 제3장 〈지구로부터 태음본천 중심까지 거리와 원지점의 운행도수는 때에 따라 다름[태음본천심거지급최고행수시불동(太陰本天心距地及最高行隨時不同)]〉의 소주(小註)에 실제 인수[실인]는 "원지점으로부터 떨어진 실제 운행도수[距最高之實行度]", 평균 인수[평인]는 "원지점으로부터 떨어진 평균운행도수[距最

내용 정리

1) 표의 구성과 형식

(1) 태양의 실제 인수[실인(實引 실제 근지점 이각)][196]의 궁도분(궁수, 도수, 분수)에 따라

순방향과 역방향으로 나누어 배열함.

① 초궁(0궁)~ 5궁: 상층에 순방향(우에서 좌로)으로 배열.

② 6궁~11궁: 하층에 역방향(좌에서 우로)으로 배열.

(2) 앞줄과 뒷줄에 실제 인수[실인]의 도분(도수와 분수)을 배열함.

(3) 가운뎃줄에 매궁(每宮), 매도(每度)에 대한 4가지 표값을 배열함.[198]

① '지구 중심~태양'의 거리[태양거지심(太陽距地心)]와 그 증감분[교수(較數)]

▾ 거리는 모두 1천만을 기준으로 나타낸 수치임 → 8자리 수
그런데 지금 이 표는 9자리를 사용함 → 증감분가 매우 작아서
끝의 한 자리를 함께 나타내 주어야 비례 계산이 정확해지기 때문.[197]

② '지구 중심~태양'의 거리에 대한 대수(對數 log값)와 그 증감분

(4) 상층에 속한 궁(宮): 순방향의 도수를 사용.
하층에 속한 궁: 역방향의 도수를 사용.

高之平行度]"라고 하였다. 다만, 이 표에서는 인수의 기점이 원지점이 아닌 근지점이다.

197) 표값은……때문이다: 사정이 이러하므로 이 표에 나타낸 '지구 중심~태양' 거리의 9자리 수 중 맨끝의 수는 소수점 아래의 수로 읽어야 한다.

198) 가운뎃줄에……배열하였다: 《숭정역서》 〈일전표〉의 제10표 〈태양거지심표〉에는 인수(근지점 이각)에 따른 '거수(距數: 지구중심부터 태양까지 거리의 수치)'만을 나타내었고, 《역상고성표》 〈일전표〉에는 이에 해당하는 표가 없다.

2) 표의 사용법

(1) 실제 인수[실인]의 궁을 실제 인수의 도분과 마주하여 종횡으로 만나는 곳의 수치가
곧 구하려는 '지구 중심~태양'의 거리.

(2) 이 표는 10분 간격으로 작성됨.

○ 실제 인수에 '분 단위의 한 자릿수'[영분(零分)]가 있는 경우는 중비례법(中比例法 비례보간)에 따라 구함.

(3) 계산 예: 태양의 실제 인수가 2궁5도12분일 때 '지구 중심~태양'의 거리 구하기.

① 표에서 2궁5도10분일 때 '지구 중심~태양'의 거리는 R(2궁5도10분) = 99,266,876
이때 실제 인수 차 10분에 대한 증감분[교수]은 ΔR(2궁5도10분) = 4,401

② 다음의 비례식으로 실제 인수 2분 차에 대한 증감분을 구함.
(실제 인수 10분 차) : (증감분 4,401) = (실제 인수 2분 차) : (2분 차에 대한 증감분)
∴ 2분 차에 대한 증감분 δR = 880

③ 실제 인수가 2궁5도12분일 때 태양의 지심거리는
R(2궁5도12분) = R(2궁5도10분)+δR = 99,266,876+880 = 99,267,756

④ 대수(log값)를 구하는 방법도 이와 같음.

표

○ **수록 범위**: 태양의 실제 인수[실인] 초궁0도(근지점)~11궁30도(근지점).

○ **간격**: 태양의 실제 인수 10분.

○ **표값의 항목**

ㄱ. 진수(眞數): 평균거리를 1천만으로 정의하여 나타낸 '지구 중심~태양'의 거리.
최대 9자리인데 끝의 한 자리는 소수점 아래의 수임.
상용로그를 취할 때 '지구 중심~태양'의 거리를 진수로 사용하기 때문에 항목명을 '진수'라고 한 것임.

ㄴ. 진수의 증감분[교수(較數)]: 본행과 다음 행의 '지구 중심~태양' 거리의 차.
각 위치에서 실제 인수의 차 10분에 대한 거리의 증감분.

ㄷ. 대수(對數): 평균거리를 1백만으로 정의하여 나타낸 '지구 중심~태양'의 거리를
진수로 삼은 상용로그 값.
첫 수는 일의 자리의 수이고, 그 뒤의 숫자 10개는 소수점 아래 자리의 수들임.

ㄹ. 대수의 증감분[교수(較數)]: 본행과 다음 행의 대수(對數)의 차.
각 위치에서 실제 인수의 차 10분에 대한 대수의 증감분.

○ **표값**

ㄱ. 태양의 실제 인수가 초궁0도(근지점)일 때와 11궁30도(근지점)일 때:
진수는 9831000.0,[199] 진수의 증감분은 ±0.7[200]
대수는 5.9925976961, 대수의 증감분은 ±0.0000000309

ㄴ. 태양의 실제 인수가 3궁1도(91도), 8궁29도(269도)일 때:
'지구 중심~태양' 거리가 1천만을 넘음.[201]
진수는 10000093.4, 진수의 증감분은 ±491.7
대수는 6.0000040561, 대수의 증감분은 ±0.0000213532
태양의 실제 인수가 3궁1도40분(91도40분)일 때와 8궁28도20분(268도20분)

---

199) 《숭정역서》〈태양거지심표〉에서는 평균거리를 10만으로 했을 때 근지점에서 거리가 98208이다.

200) '+'는 태양의 실제 인수가 초궁0도(근지점)일 때이고, '−'는 11궁30도(근지점)일 때이다. 이후에도 이와 같이 언급한 순서대로 나타내었다.

201) 《숭정역서》〈태양거지심표〉에서는 평균거리를 10만으로 했을 때 2궁29도(89도)일 때 10만을 넘어 100017을, 9궁2도(272도)일 때 10만보다 작아져 99985를 보인다.

일 때:

두 가지 증감분이 최대값을 보임.

진수는 10002060.1, 진수의 증감분 최대값 ±491.8

대수는 6.0000894640, 대수의 증감분 최대값 ±0.0000213533

태양의 실제 인수가 5궁30도(원지점)일 때와 6궁0도(원지점)일 때:

진수는 10169000.0,[202] 진수의 증감분은 ±0.7

대수는 6.0072782473, 대수의 증감분은 ±0.0000000299

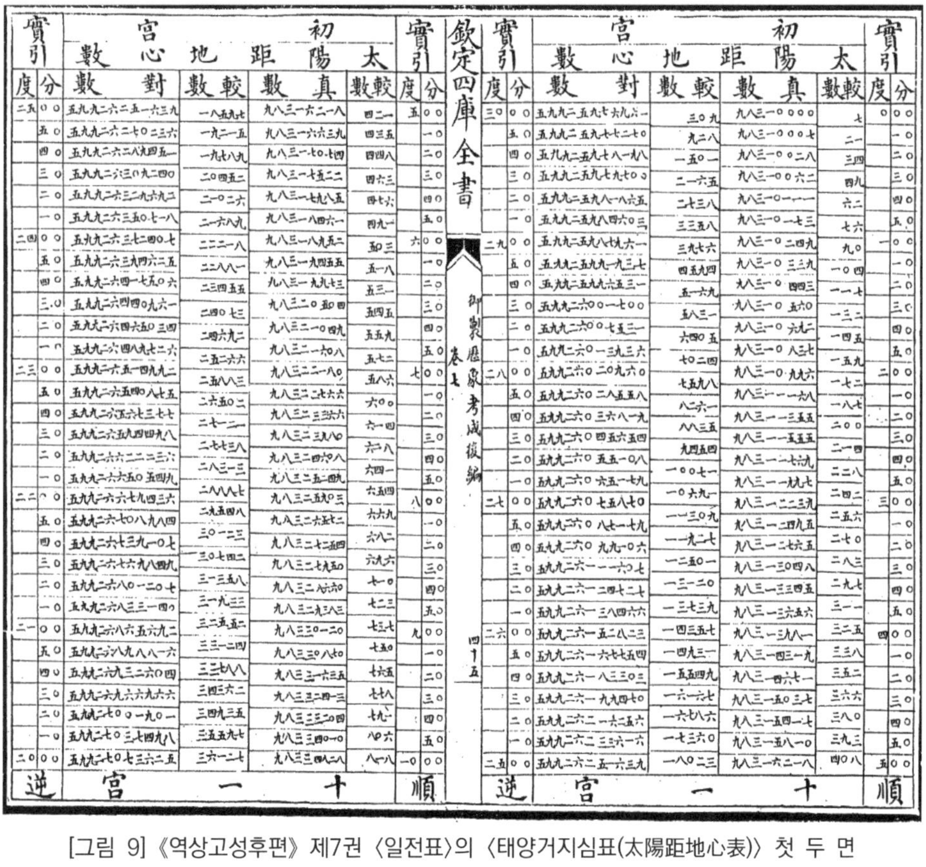
實引 初宮 太陽距地心數 實引
度 分 對數 較數 真數 較數 度 分
欽定四庫全書
御製曆象考成後編 卷七
四十五
逆 十一宮 順

[그림 9] 《역상고성후편》 제7권 〈일전표〉의 〈태양거지심표(太陽距地心表)〉 첫 두 면

202) 《숭정역서》 〈태양거지심표〉에서는 평균거리를 10만으로 정의했을 때 원지점에서 거리가 101792이다.

[표 9] [그림 9]의 〈태양거지심표〉에 주어진 값과 계산값

T		r	진수	대수		T		r	진수	대수	
도	분	계산값	후편값	계산값	후편값	도	분	계산값	후편값	계산값	후편값
0	0	98310000	九八三一〇〇〇〇	59925976961	五九九二五九七六九六	5	0	98316218	九八三一六二一八	59926251621	五九九二六二五一六三九
0	10	98310007	九八三一〇〇〇七	59925977266	五九九二五九七七二七	5	10	98316639	九八三一六六三九	59926270225	五九九二六二七〇二三六
0	20	98310028	九八三一〇〇二八	59925978182	五九九二五九七八一八	5	20	98317074	九八三一七〇七四	59926289437	五九九二六二八九四五一
0	30	98310062	九八三一〇〇六二	59925979709	五九九二五九七九七〇	5	30	98317522	九八三一七五二二	59926309258	五九九二六三〇九二四〇
0	40	98310111	九八三一〇一一一	59925981847	五九九二五九八一八六五	5	40	98317985	九八三一七九八五	59926329686	五九九二六三二九六九二
0	50	98310173	九八三一〇一七三	59925984595	五九九二五九八四六〇三	5	50	98318461	九八三一八四六一	59926350723	五九九二六三五〇七一八
1	0	98310249	九八三一〇二四九	59925987954	五九九二五九八七九六一	6	0	98318951	九八三一八九五二	59926372367	五九九二六三七二四〇七
1	10	98310339	九八三一〇三三九 九八三一〇四四三	59925991923	五九九二五九九一九三七 五九九二五九九六五三一	6	10	98319455	九八三一九四五五 九八三一九九七三	59926394618	五九九二六三九四六二五 五九九二六四一七五〇六
1	20	98310442	九八三一〇五六〇	59925996503	五九九二六〇〇一七〇〇	6	20	98319972	九八三二〇五〇四	59926417477	五九九二六四四〇九六一
1	30	98310560	九八三一〇六九二	59926001694	五九九二六〇〇七五三一	6	30	98320504	九八三二一〇四九	59926440944	五九九二六四六五〇三四
1	40	98310691	九八三一〇八三七	59926007495	五九九二六〇一三九三六	6	40	98321049	九八三二一六〇八	59926465017	五九九二六四八九七二六
1	50	98310836	九八三一〇九九六	59926013907	五九九二六〇二〇九六〇	6	50	98321607	九八三二二一八〇	59926489697	五九九二六五一四九九二
2	0	98310995	九八三一一一六八	59926020929	五九九二六〇二八五五八	7	0	98322180	九八三二二七六六	59926514983	五九九二六五四〇八七五
2	10	98311168	九八三一一三五五	59926028561	五九九二六〇三六八一九	7	10	98322766	九八三二三三六六	59926540876	五九九二六五六七三七七
2	20	98311355	九八三一一五五五	59926036804	五九九二六〇四五六五四	7	20	98323366	九八三二三九八〇	59926567375	五九九二六五九四四九八
2	30	98311555	九八三一一七六九	59926045657	五九九二六〇五五一〇八	7	30	98323980	九八三二四六〇八	59926594481	五九九二六六二二二三六
2	40	98311769	九八三一一九九七	59926055120	五九九二六〇六五一七九	7	40	98324607	九八三二五二四九	59926622191	五九九二六六五〇五四九
2	50	98311997	九八三一二二三九	59926065194	五九九二六〇七五八七〇	7	50	98325248	九八三二五九〇三	59926650508	五九九二六六七九四三六
3	0	98312239	九八三一二四九五	59926075877	五九九二六〇八七一七九	8	0	98325903	九八三二六五七二	59926679430	五九九二六七〇八九八四
3	10	98312495	九八三一二七六五	59926087170	五九九二六〇九九一〇六	8	10	98326571	九八三二七二五四	59926708956	五九九二六七三九一〇七
3	20	98312764	九八三一三〇四八	59926099073	五九九二六一一一六〇七	8	20	98327254	九八三二七九五〇	59926739088	五九九二六七六九八四九
3	30	98313048	九八三一三三四五	59926111586	五九九二六一二四七二七	8	30	98327949	九八三二八六六〇	59926769824	五九九二六八〇一二〇七
3	40	98313345	九八三一三六五六	59926124708	五九九二六一三八四六六	8	40	98328659	九八三二九三八三	59926801165	五九九二六八三三一四〇
3	50	98313655	九八三一三九八一	59926138440	五九九二六一五二八二三	8	50	98329382	九八三三〇一二〇	59926833110	五九九二六八六五六九二
4	0	98313980	九八三一四三一九	59926152782	五九九二六一六七七五四	9	0	98330119	九八三三〇八七〇	59926865658	五九九二六八九八八一六
4	10	98314319	九八三一四六七一	59926167732	五九九二六一八三三〇三	9	10	98330870	九八三三一六三五	59926898810	五九九二六九三二六〇四
4	20	98314671		59926183292		9	20	98331634	九八三三二四一三	59926932566	五九九二六九六六九六六
4	30	98315037	九八三一五〇三七	59926199461	五九九二六一九九四七〇	9	30	98332412		59926966924	
4	40	98315417	九八三一五四一七	59926216239	五九九二六二一六二五六	9	40	98333204	九八三三三二〇四	59927001885	五九九二七〇〇一九〇一
4	50	98315810	九八三一五八一〇	59926233626	五九九二六二三三六一六	9	50	98334009	九八三三四〇一〇	59927037449	五九九二七〇三七四九八
5	0	98316218	九八三一六二一八	59926251621	五九九二六二五一六三九	10	0	98334828	九八三三四八二八	59927073615	五九九二七〇七三六二五

※ $e = 0.0169$일 때, 진근점이각 T를 인수로 하여 10분 간격으로 태양~지구 사이의 거리를 $r = \dfrac{1-e^2}{1+e\cos T} \times 100{,}000{,}000$로 계산하고, 대수값으로는 $\log_{10}\left(\dfrac{r}{100}\right) \times 10{,}000{,}000{,}000$으로 계산하였다. 계산값과 후편값이 거의 동일하다. 대수값에서 뒤의 3자리 정도가 약간 차이가 난다.

제10표

청몽기차표(清蒙氣差表)

원문	번역문
清蒙氣差表, 分四段列之。 每段前列距地平之度分, 後列距天頂之度分, 中列蒙氣差之分秒。	〈청몽기차표〉는 4단으로 나누어 배열하였다. 각 단마다 앞줄에 '거지평(距地平 지평선으로부터 거리; 고도)'의 도분(도수와 분수)을 배열하고 뒷줄에 '거천정(距天頂 천정으로부터 거리; 천정거리)'을 배열하고, 가운뎃줄에 '몽기차(蒙氣差 청몽기차)'의 분초(분수와 초수)를 배열하였다.
第一段, 距地平自初度, 至五度三十分, 距天頂自九十度, 至八十四度三十分。	제1단은 고도[거지평]가 0도부터 5도30분까지이고, 천정거리[거천정]가 90도부터 84도30분까지이다.
第二段, 距地平自五度三十分, 至二十三度, 距天頂自八十四度三十分, 至六十七度。	제2단은 고도[거지평]가 5도30분부터 23도까지이고, 천정거리[거천정]가 84도30분부터 67도까지이다.
第三段, 距地平自二十三度, 至五十六度, 距天頂自六十七度, 至三十四度。	제3단은 고도[거지평]가 23도부터 56도까지이고, 천정거리[거천정]가 67도부터 34도까지이다.
第四段, 距地平自五十六度, 至八十	제4단은 고도[거지평]가 56도부터 89도까지이고, 천정거리[거천정]가 34도부터 1도까지이다.

九度，距天頂自三十四度，至一度。	
其每段，中列蒙氣差之分秒，即距地平與距天頂逐度之蒙氣差也。	각 단마다 가운뎃줄에 배열한 청몽기차[몽기차]의 분초가 곧 고도와 천정거리의 매도마다에 대한 청몽기차이다.
【表列距地平度分，自初度至七度. 因距地平近，距天頂遠，其蒙氣差之較數甚大，故俱以十分爲率。	【표에 고도[거지평]의 도분을 배열할 때, 초도(0도)부터 7도까지는 지평선에 가깝고 천정에서 멀어서 고도에 따른 청몽기차의 증감분이 매우 크기 때문에 모두 10분 간격으로 배열하였다.
自七度至十五度，因距地平漸遠，距天頂漸近，其蒙氣差之較數漸小，故俱以三十分爲率。	7도부터 15도까지는 지평선에서 점차 멀어지고 천정에 점차 가까워져서 청몽기차의 증감분이 점차 작아지기 때문에 모두 30분 간격으로 배열하였다.
自十五度至八十九度，因距地平遠，距天頂近，其蒙氣差之較數甚微，故俱以一度爲率。】	15도부터 89도까지는 지평선에서 멀고 천정에 가까워서 청몽기차의 증감분이 매우 작기 때문에 모두 1도 간격으로 배열하였다.】
用表之法， 如測得七政或恒星高四十度，求蒙氣差，則察距地平四十度，所對之數爲一分一十秒，即所求之蒙氣差。	표를 사용하는 방법은 다음과 같다. 예를 들어 일월・오성[칠정(七政)] 또는 항성의 고도를 40도로 측정하여 청몽기차를 구한다면, '거지평(고도)'이 40도인 행을 찾아서 그에 대한 표값이 1분10초이므로,[203] 이것이 곧 구하려는 청몽기차이다.
與視高四十度相減， 餘三十九度五十八分五十秒，爲實高。	이 수를 '겉보기 지평고도'[시고(視高)] 40도에서 빼고 남은 39도58분50초가 '실제 지평고도'[실고(實高)]가 된다.
如先推得實高三十九度五十八分	만약 실제 지평고도를 39도58분50초로 계산부터

五十秒，則以蒙氣差一分一十秒，與實高相加，得四十度，爲視高。

했다면 청몽기차 1분10초를 실제 지평고도에 더하여 나온 40도가 겉보기 지평고도가 된다.

如測得距天頂五十度，求蒙氣差，則察距天頂五十度，所對之數，爲一分一十秒，即所求之蒙氣差。

만약 천정거리를 50도로 측정하여 청몽기차를 구한다면, '거천정(천정거리)'이 50도인 행을 찾아서 그에 대한 표값이 1분10초이므로, 이것이 곧 구하려는 청몽기차이다.

與距天頂五十度相加，得五十度一分一十秒，爲實距天頂。

이 수를 천정거리 50도에 더하면 50도1분10초가 나오는데, 이것이 '실제 천정거리'[실거천정(實距天頂)]가 된다.

如先推得實距天頂五十度一分一十秒，則以蒙氣差一分一十秒，與實距天頂相減，得五十度，爲視距天頂也。

만약 실제 천정거리를 50도1분10초로 계산부터 했다면 청몽기차 1분10초와 실제 천정거리의 차를 구하여 나온 50도가 '겉보기 천정거리'[시거천정(視距天頂)]가 된다.

高度與距天頂有零分者，按中比例法求之。

고도와 천정거리에 '분 단위의 한 자릿수'[영분(零分)]가 있는 경우는 중비례법(中比例法 비례보간)에 따라 구한다.

---

203) 예를 들어……1분10초이므로: 《역상고성표》〈청몽기차표〉에도 이 예제가 실려 있는데, 고도 40도에 대한 청몽기차로 표에서 찾은 값이 10초이다.

내용 정리

1) 표의 구성과 형식

(1) 형식: 4단으로 배열함.

① 제1단: 고도 0도~5도30분, 천정거리 90도~84도30분

② 제2단: 고도 5도30분~23도, 천정거리 84도30분~67도

③ 제3단: 고도 23도~56도, 천정거리 67도~34도

④ 제4단: 고도 56도~89도, 천정거리 34도~1도

(2) 항목명

① 각 단 앞줄: '거지평(距地平 지평선으로부터 거리, 곧 고도)'의 도분(도수와 분수)

② 뒷줄: '거천정(距天頂 천정으로부터 거리, 곧 천정거리)의 도분

③ 가운뎃줄: '몽기차(蒙氣差 청몽기차)'의 분초(분수와 초수)

▾ **표값**: 구간별로 고도의 간격을 달리 함.

① 초도(0도)~7도: 지평선에 가깝고 천정에서 멀어서
고도에 따른 청몽기차의 증감분이 매우 큼.
→ 고도와 천정거리를 모두 10분 간격으로 배열.

② 7도~15도: 지평선에서 점차 멀어지고 천정에 점차 가까워져서
고도에 따른 청몽기차의 증감분이 점차 작아짐.
→ 고도와 천정거리를 모두 30분 간격으로 배열.

③ 15도~89도: 지평선에서 멀고 천정에 가까워서
청몽기차의 증감분이 매우 작음.
→ 고도와 천정거리를 모두 1도 간격으로 배열.

2) 표의 사용법

(1) 계산 예 1: 일월·오성[칠정(七政)] 또는 항성의 지평고도 측정치가 40도일 때 청몽기차[몽기차(蒙氣差)]와 '실제 지평고도'[실고(實高)] 구하기

① 이 표에서 '거지평(고도)' 40도에 해당하는 수: 1분10초[203] ⇒ 청몽기차

② 실제 지평고도＝('겉보기 지평고도'[시고(視高)] 40도)—(청몽기차 1분10초)
＝39도58분50초

(2) 계산 예 2: 실제 지평고도를 39도58분50초로 계산부터 했을 때 겉보기 지평고도 구하기

- 겉보기 지평고도＝(실제 지평고도 39도58분50초)+(청몽기차 1분10초)＝40도

(3) 계산 예 3: 천정거리 측정치가 50도일 때 청몽기차와 '실제 천정거리'[실거천정(實距天頂)] 구하기

① 이 표에서 '거천정(천정거리)' 50도에 해당하는 수: 1분10초 ⇒ 청몽기차

② 실제 천정거리＝('겉보기 천정거리'[시거천정(視距天頂)] 50도)+(청몽기차 1분10초)
＝50도1분10초

(4) 계산 예 4: 실제 천정거리를 50도1분10초로 계산부터 했을 때 겉보기 천정거리 구하기

- 겉보기 천정거리＝(실제 천정거리 50도1분10초)－(청몽기차 1분10초)＝50도

(5) 고도와 천정거리에 '분 단위의 한 자릿수'[영분(零分)]가 있는 경우는 중비례법(中比例法 비례보간)에 따라 구함.

표

○ **수록 범위:** 고도 0도~89도, 천정거리 90도~1도

○ **표값:** 고도 0도일 때 청몽기차 32분19초.

고도 45도일 때 청몽기차 59초.

고도 89도일 때 청몽기차 1초.[204)]

距天頂 度	距天頂 分	蒙氣差 分	蒙氣差 秒	距地平 度	距地平 分	距天頂 度	距天頂 分	蒙氣差 分	蒙氣差 秒	距地平 度	距地平 分
三四	○○		四○	五六	○○	六七	○○	二	一八	二三	○○
三三	○○		三八	五七	○○	六六	○○	二	一二	二四	○○
三二	○○		三七	五八	○○	六五	○○	二	○六	二五	○○
三一	○○		三五	五九	○○	六四	○○	二	○○	二六	○○
三○	○○		三四	六○	○○	六三	○○	一	五五	二七	○○
二九	○○		三三	六一	○○	六二	○○	一	五一	二八	○○
二八	○○		三一	六二	○○	六一	○○	一	四六	二九	○○
二七	○○		三○	六三	○○	六○	○○	一	四二	三○	○○
二六	○○		二八	六四	○○	五九	○○	一	三八	三一	○○
二五	○○		二七	六五	○○	五八	○○	一	三四	三二	○○
二四	○○		二五	六六	○○	五七	○○	一	三○	三三	○○
二三	○○		二六	六七	○○	五六	○○	一	二七	三四	○○
二二	○○		二四	六八	○○	五五	○○	一	二三	三五	○○
二一	○○		二二	六九	○○	五四	○○	一	二○	三六	○○
二○	○○		二一	七○	○○	五三	○○	一	一八	三七	○○
一九	○○		二○	七一	○○	五二	○○	一	一五	三八	○○
一八	○○		一九	七二	○○	五一	○○	一	一二	三九	○○
一七	○○		一八	七三	○○	五○	○○	一	一○	四○	○○
一六	○○		一七	七四	○○	四九	○○	一	○七	四一	○○
一五	○○		一六	七五	○○	四八	○○	一	○五	四二	○○
一四	○○		一四	七六	○○	四七	○○	一	○三	四三	○○
一三	○○		一三	七七	○○	四六	○○	一	○一	四四	○○
一二	○○		一二	七八	○○	四五	○○		五九	四五	○○
一一	○○		一一	七九	○○	四四	○○		五八	四六	○○
一○	○○		一○	八○	○○	四三	○○		五六	四七	○○
九	○○		九	八一	○○	四二	○○		五四	四八	○○
八	○○		八	八二	○○	四一	○○		五二	四九	○○
七	○○		七	八三	○○	四○	○○		五○	五○	○○
六	○○		六	八四	○○	三九	○○		四九	五一	○○
五	○○		五	八五	○○	三八	○○		四七	五二	○○
四	○○		四	八六	○○	三七	○○		四五	五三	○○
三	○○		三	八七	○○	三六	○○		四三	五四	○○
二	○○		二	八八	○○	三五	○○		四一	五五	○○
一	○○		一	八九	○○	三四	○○		四○	五六	○○

欽定四庫全書 御製歷象考成後編 卷七 六十五

距天頂 度	距天頂 分	蒙氣差 分	蒙氣差 秒	距地平 度	距地平 分	距天頂 度	距天頂 分	蒙氣差 分	蒙氣差 秒	距地平 度	距地平 分
八四	三○	九	三九	五	三○	九○	○○	三二	一九	○	○○
八四	二○	九	二四	五	四○	八九	五○	三二	○九	○	一○
八四	一○	九	○九	五	五○	八九	四○	三一	四二	○	二○
八四	○○	八	五五	六	○○	八九	三○	三一	○○	○	三○
八三	五○	八	四一	六	一○	八九	二○	三○	○七	○	四○
八三	四○	八	二八	六	二○	八九	一○	二九	○四	○	五○
八三	三○	八	一六	六	三○	八九	○○	二七	五五	一	○○
八三	二○	八	○五	六	四○	八八	五○	二六	四三	一	一○
八三	一○	七	五四	六	五○	八八	四○	二五	三○	一	二○
八三	○○	七	四三	七	○○	八八	三○	二四	二一	一	三○
八二	三○	七	一三	七	三○	八八	二○	二三	一一	一	四○
八二	○○	六	四七	八	○○	八八	一○	二二	○六	一	五○
八一	三○	六	二三	八	三○	八八	○○	二一	○四	二	○○
八一	○○	六	○三	九	○○	八七	五○	二○	○六	二	一○
八○	三○	五	四四	九	三○	八七	四○	一九	一○	二	二○
八○	○○	五	二八	一○	○○	八七	三○	一八	二○	二	三○
七九	三○	五	一二	一○	三○	八七	二○	一七	三一	二	四○
七九	○○	四	五八	一一	○○	八七	一○	一六	四八	二	五○
七八	三○	四	四五	一一	三○	八七	○○	一六	○六	三	○○
七八	○○	四	三三	一二	○○	八六	五○	一五	二六	三	一○
七七	三○	四	二二	一二	三○	八六	四○	一四	五○	三	二○
七七	○○	四	一二	一三	○○	八六	三○	一四	一六	三	三○
七六	三○	四	○二	一三	三○	八六	二○	一三	四四	三	四○
七六	○○	三	五三	一四	○○	八六	一○	一三	一五	三	五○
七五	三○	三	四五	一四	三○	八六	○○	一二	四八	四	○○
七五	○○	三	三八	一五	○○	八五	五○	一二	二一	四	一○
七四	○○	三	二四	一六	○○	八五	四○	一一	五六	四	二○
七三	○○	三	一一	一七	○○	八五	三○	一一	三四	四	三○
七二	○○	三	○○	一八	○○	八五	二○	一一	一二	四	四○
七一	○○	二	四九	一九	○○	八五	一○	一○	五一	四	五○
七○	○○	二	三九	二○	○○	八五	○○	一○	三二	五	○○
六九	○○	二	三一	二一	○○	八四	五○	一○	一三	五	一○
六八	○○	二	二五	二二	○○	八四	四○	九	五五	五	二○
六七	○○	二	一八	二三	○○	八四	三○	九	三九	五	三○

[그림 10] 《역상고성후편》 제7권 〈일전표〉의 〈청몽기차표(淸蒙氣差表)〉

204) 《역상고성표》 〈청몽기차표〉에서는 '실제 지평고도'[실고(實高)]가 0도일 때 34분, 33도일 때 55초, 45도일 때 5초이다. 《숭정역서》 〈청몽기차표〉도 마찬가지인데, '태양의 고도'[일고(日高)] 곧 '태양의 측정고도'[일궤고(日軌高)]를 독립변수로 삼았다. 《역상고성후편》 〈청몽기차표〉의 서설에 든 4개의 계산 예에서 보듯이 청몽기차표의 독립변수인 고도[거지평]는 '실제 지평고도'로 사용해도 되고, '겉보기 지평고도'(측정고도)로 사용해도 된다.

[표 10] [그림 10]의 〈청몽기차표〉에 주어진 값과 계산값

고도		청몽기		후편값		고도		청몽기		후편값		고도	청몽기		후편값		고도	청몽기	후편값
도	분	분	초	분	초	도	분	분	초	분	초	도	분	초	분	초	도	초	초
0	0	32	19	三二	一九	5	30	9	40	九	三九	23	2	18	二	一八	56	39	四〇
0	10	32	10	三二	〇九	5	40	9	24	九	二四	24	2	11	二	一二	57	38	三八
0	20	31	43	三一	四二	5	50	9	9	九	〇九	25	2	5	二	〇六	58	37	三七
0	30	31	1	三一	〇〇	6	0	8	55	八	五五	26	1	60	二	〇〇	59	35	三五
0	40	30	7	三〇	〇七	6	10	8	42	八	四一	27	1	55	一	五五	60	34	三四
0	50	29	4	二九	〇四	6	20	8	29	八	二八	28	1	50	一	五一	61	32	三三
1	0	27	55	二七	五五	6	30	8	16	八	一六	29	1	45	一	四六	62	31	三一
1	10	26	43	二六	四三	6	40	8	5	八	〇五	30	1	41	一	四二	63	30	三〇
1	20	25	31	二五	三〇	6	50	7	54	七	五四	31	1	37	一	三八	64	29	二八
1	30	24	21	二四	二一	7	0	7	43	七	四三	32	1	34	一	三四	65	27	二七
1	40	23	12	二三	一一	7	30	7	13	七	一三	33	1	30	一	三〇	66	26	二五
1	50	22	7	二二	〇六	8	0	6	47	六	四七	34	1	27	一	二七	67	25	二六
2	0	21	5	二一	〇四	8	30	6	24	六	二三	35	1	24	一	二三	68	24	二四
2	10	20	6	二〇	〇六	9	0	6	3	六	〇三	36	1	21	一	二〇	69	22	二二
2	20	19	11	一九	一〇	9	30	5	44	五	四四	37	1	18	一	一八	70	21	二一
2	30	18	20	一八	二〇	10	0	5	27	五	二八	38	1	15	一	一五	71	20	二〇
2	40	17	32	一七	三一	10	30	5	12	五	一二	39	1	12	一	一二	72	19	一九
2	50	16	48	一六	四八	11	0	4	58	四	五八	40	1	10	一	一〇	73	18	一八
3	0	16	6	一六	〇六	11	30	4	45	四	四五	41	1	7	一	〇七	74	17	一七
3	10	15	27	一五	二六	12	0	4	33	四	三三	42	1	5	一	〇五	75	16	一六
3	20	14	51	一四	五〇	12	30	4	22	四	二二	43	1	3	一	〇三	76	15	一四
3	30	14	17	一四	一六	13	0	4	11	四	一二	44	1	1	一	〇一	77	14	一三
3	40	13	45	一三	四四	13	30	4	2	四	〇二	45	0	59		五九	78	12	一二
3	50	13	15	一三	一五	14	0	3	53	三	五三	46	0	57		五八	79	11	一一
4	0	12	48	一二	四八	14	30	3	45	三	四五	47	0	55		五六	80	10	一〇
4	10	12	21	一二	二一	15	0	3	37	三	三八	48	0	53		五四	81	9	九
4	20	11	57	一一	五六	16	0	3	23	三	二四	49	0	51		五二	82	8	八
4	30	11	34	一一	三四	17	0	3	11	三	一一	50	0	49		五〇	83	7	七
4	40	11	12	一一	一二	18	0	2	59	三	〇〇	51	0	47		四九	84	6	六
4	50	10	51	一〇	五一	19	0	2	49	二	四九	52	0	46		四七	85	5	五
5	0	10	32	一〇	三二	20	0	2	40	二	三九	53	0	44		四五	86	4	四
5	10	10	14	一〇	一三	21	0	2	32	二	三一	54	0	43		四三	87	3	三
5	20	9	56	九	五五	22	0	2	25	二	二五	55	0	41		四一	88	2	二
5	30	9	40	九	三九	23	0	2	18	二	一八	56	0	39		四〇	89	1	一

※ 본서 맨앞의 [보충자료 1]을 참고하여 계산한 값과 후편에 주어진 값이 거의 동일하다. 1초 정도 차이가 있을 뿐이다.

공저자 소개

강민정 서울대학교 지구과학교육과와 (구)민족문화추진회 국역연수원 상임연구부를 졸업한 후 성균관대학교 한문고전번역협동과정에서 《구장술해(九章術解)의 연구와 역주》로 박사학위를 받았다. 한국고전번역원 연구원, 성균관대학교 대동문화연구원 수석연구원을 지냈으며, 지금은 천문산법류(天文算法類) 한문고전의 전문번역가로 활동하고 있다. 《승정원일기》, 《무명자집》, 《칠정산내편》 등의 번역에 참여하였다.

김슬기 서울대학교 과학학과(구 과학사 및 과학철학 협동과정)에서 조선후기 천문학사를 전공하고 있다. 현재 18세기 후반 조선 정부의 천문학 프로젝트를 분석하는 박사논문을 준비하고 있다. 최근 출판한 논문으로는 〈18세기 중·후반 관상감 관원의 정치적 지위 변화: 안국빈의 활동을 중심으로〉 등이 있다.

서원모 서울대학교 사회학과를 졸업한 후 미국 프리스턴대학교에서 시리아 기독교에 대한 연구로 박사학위를 받았다. 한국교회사학회장, 아시아기독교사학회장, 교부학회장을 역임하였으며, 지금은 장로회신학대학교 고대교회사 교수로 재직 중이다. 번역주해서로 《나달의 복음서 도해집 역주》, 《신편천주실록 라틴어본 중국어본 역주》 등이 있다.

이면우 서울대학교 지구과학교육과를 졸업한 후 동 대학원에서 지구과학교육의 역사로 박사학위를 받았다. 서울 자양고, 경동고, 한성과학고 교사를 거쳐 춘천교육대학교 교수 및 총장, 한국일본교육학회장, 에너지기후변화교육학회장, 한국과학사학회장을 역임하였으며, 지금은 춘천교육대학교 과학교육과 교수이다. 저서로는 《천문학 탐구자들》, 역서로는 《서운관지》(공역) 등이 있다.

최승언 서울대학교 천문학과를 졸업한 후 미국 미네소타대학교 대학원에서 천체물리학으로 박사학위를 받았다. 서울대학교 지구과학교육과 교수, 한국지구과학회장을 역임하였으며, 지금은 서울대학교 명예교수, (사)동서지행포럼 이사장이다. 저서로는 《천문학의 이해》, 《천체물리학의 이해》, 《최승언 교수의 천체지구과학 강의》 등이 있다.
(홈페이지: http://suchoe.snu.ac.kr)

역사천문학 시리즈 3

시헌력의 완성

역상고성후편에 기술된 태양의 운동

2023년 7월 1일 1판 1쇄 인쇄
2023년 7월 2일 1판 1쇄 발행

공저자와 협의하에 인지생략

공저자 : 강민정 김슬기 서원모
이면우 최승언
발행인 : 한 정 주
발행처 : 교 육 과 학 사

경기도 파주시 광인사길 71
전화 (031) 955-6956~8 / 팩스 (031) 955-6037
Home-page : www.kyoyookbook.co.kr
E-mail : kyoyook@chol.com
등록 : 1970년 5월 18일 제2-73호

잘못된 책은 바꾸어 드립니다.
Printed in Korea.

정가 24,000 원
ISBN 978-89-254-1796-7
978-89-254-1500-0(세트)